新闻出版总署
"盘配书" 项目

中文版

AutoCAD 2013

从新手到高手

史宇宏 编著

北京希望电子出版社
Beijing Hope Electronic Press
www.bhp.com.cn

内 容 简 介

　　本书以目前最新版本 AutoCAD 2013 为平台，全面讲解了 AutoCAD 2013 的功能，其内容涉及建筑设计、机械设计、室内装饰装潢设计等方面的技巧。

　　全书共 4 篇 17 章，内容包括 AutoCAD 2013 基础知识，绘制与编辑点线图元，几何图形和复合图形，图块、属性与资源共享，图层、对象特性与参数化绘图，文字与符号的应用，图形尺寸的标注，三维制图基础知识，实体、曲面与网格建模，三维模型的编辑细化，多个领域的经典应用案例以及图纸的打印输出。总之，从 AutoCAD 2013 的选项功能到实际操作，都做了详细、全面的讲解，使读者通过学习本书彻底掌握该软件的基本操作与实际应用技能。

　　本书语言通俗易懂，内容讲解到位，操作案例典型，具有很强的专业性、实用性和代表性，主要面向 AutoCAD 2013 初、中级用户，适合零基础又想快速掌握 AutoCAD 的读者进行学习，更适合广大绘图爱好者及各相关行业从业人员作为自学手册使用，还可以作为大中专院校或初中级电脑培训班的教材。

　　本书配套光盘中提供了书中案例的视频教学，读者结合视频学习，可以达到事半功倍的效果。光盘中还提供了部分案例的素材文件和最终效果文件，读者可以随时调用进行学习。

图书在版编目（CIP）数据

中文版 AutoCAD 2013 从新手到高手 / 史宇宏编著. —北京：北京希望电子出版社，2012.12

ISBN 978-7-83002-058-3

Ⅰ. ①中… 　Ⅱ. ①史… 　Ⅲ. ①AutoCAD 软件 　Ⅳ. ①TP391.72

中国版本图书馆 CIP 数据核字（2012）第 241410 号

出版：北京希望电子出版社	封面：深度文化
地址：北京市海淀区上地 3 街 9 号	编辑：焦昭君
金隅嘉华大厦 C 座 610	校对：高海霞
邮编：100085	开本：787mm×1092mm 1/16
网址：www.bhp.com.cn	印张：30.5
电话：010-62978181（总机）转发行部	印数：1-3 500
010-82702675（邮购）	字数：705 千字
传真：010-82702698	印刷：北京市双青印刷厂
经销：各地新华书店	版次：2013 年 1 月 1 版 1 次印刷

定价：59.80 元（配 1 张 DVD 光盘）

前 言

　　AutoCAD是目前应用最广泛的辅助设计软件之一，由于其具有简便的操作和强大的制图功能，因此一直是广大辅助设计人员和专业制图人员的首选软件。为了使广大用户快速掌握最新版AutoCAD 2013的操作技能，并将其应用到实际工作中，我们编写了这本《中文版AutoCAD 2013从新手到高手》。

❀ 本书内容及特点

　　本书内容丰富，实用性较强，内容涵盖了AutoCAD在建筑制图、机械设计、室内装饰装潢设计等方面的所有操作技能。在章节内容安排上，充分考虑到读者的学习习惯和接受能力，采用从易到难、循序渐进，同时穿插大量精彩实例操作的写作方式进行讲解，深入浅出地教会读者如何使用AutoCAD 2013软件进行实际工作，自始至终都渗透了"实例导学"的思想模式。

❀ 本书内容

　　本书共4篇17章内容。

　　第1篇：新手入门——二维设计篇。本篇包括第1～4章内容，重点讲解最新版AutoCAD 2013的基本概念、应用范围、界面基本操作、图形文件管理，绘制点图元、线图元、各类常用图元和图元的编辑细化等操作技能，使AutoCAD 2013新手能够快速掌握AutoCAD的基本操作技能，具体内容如下。

　　第1章：初识AutoCAD 2013。本章主要讲解AutoCAD 2013的工作空间、用户界面、基本操作方法以及AutoCAD 2013的新增功能。

　　第2章：绘制与编辑点、线图元。本章主要讲解绘制点、等分点、多线、多段线、作图辅助线以及线对象的编辑方法等相关知识。

　　第3章：绘制与编辑几何图形。本章主要讲解绘制圆、圆弧、圆环、矩形、多边形以及二维图形的基本编辑知识。

　　第4章：绘制与创建复合图形。本章主要讲解创建边界、面域、图案填充、夹点编辑以及阵列等操作知识。

　　第2篇：基础进阶——高效绘图篇。本篇包括第5～8章内容，结合大量典型案例，重点讲解创建和应用图块、参照、创建文字以及图形尺寸标注、图形资源共享等内容，具体内容包括创建图块、应用图块、定义属性、编辑属性、图形尺寸的标注、图形资源的管理与共享等，使读者通过本篇内容的学习，彻底掌握AutoCAD 2013二维制图技能，具体内容如下。

　　第5章：图块、属性与资源共享。本章主要讲解定义图块、应用图块、定义属性、设计中心以及工具选项板等知识。

　　第6章：图层、对象特性与参数化绘图。本章主要讲解设置图层、管理与控制图层、设置图层特性、图形特性编辑以及参数化绘图等知识。

　　第7章：文字与符号的应用。本章主要讲解设置文字样式、创建文字注释、编辑文字、创建引线文字、查询图形信息等相关知识。

　　第8章：图形尺寸的标注。本章主要讲解设置标注样式，标注直线型、曲线型、复合型尺寸，圆心标记与公差，以及编辑标注尺寸等相关知识。

　　第3篇：技能提高——三维设计篇。本篇包括第9～11章内容，结合大量典型案例，重点讲解AutoCAD 2013三维建模的相关知识，具体内容包括AutoCAD 2013三维视图的查看、显示，三维坐标

系的调整，网格几何体建模、三维实体建模、三维模型的编辑与操作等高级制图技巧，使读者通过本篇内容的学习，在掌握二维制图技巧的基础上更进一步，掌握AutoCAD 2013三维制图技能，具体内容如下。

第9章：三维制图基础知识。本章主要讲解三维观察、三维着色以及UCS坐标等知识。

第10章：实体、曲面与网格建模。本章主要讲解基本几何体建模、复杂几何体建模、曲面和网格建模以及组合体建模等相关知识。

第11章：三维模型的编辑细化。本章主要讲解三维基本操作、编辑实体边与面、编辑曲面与网格等相关知识。

第4篇：高手速成——职业案例篇。本篇包括第12～17章内容，主要从AutoCAD 2013在各制图领域中的实际应用入手，通过对大量实际工程案例的具体操作，重点讲解AutoCAD 2013在实际工程项目中的操作技能以及工程图纸的输出等知识，使读者通过本篇内容的学习，彻底掌握AutoCAD 2013在实际工程项目中的应用技巧，真正成为AutoCAD 2013制图高手，具体内容如下。

第12章：制作工程样板文件。本章通过多个案例，主要讲解样板图绘图环境的设置、样板图层及特性的设置、样板图绘图样式的设置，填充样板图框和样板图的页面布局等相关知识。

第13章：AutoCAD建筑设计案例——绘制某公寓楼建筑平面图。本章通过绘制某公寓楼建筑平面图案例，主要讲解AutoCAD 2013在建筑制图中的应用方法和技巧。

第14章：AutoCAD室内设计案例——绘制套三户型平面布置图。本章通过绘制室内装修平面布置图案例，主要讲解AutoCAD 2013在室内装饰装潢设计中的应用技巧和方法。

第15章：AutoCAD机械设计案例——绘制机械零件图。本章通过绘制机械零件二视图与三维造型案例，主要讲解AutoCAD 2013在机械制图中的应用技巧和方法。

第16章：AutoCAD工装室内设计案例——绘制KTV包厢室内设计图。本章通过绘制某KTV包厢室内设计图的具体工程案例，主要讲解AutoCAD 2013在工装室内设计中的应用技巧和方法。

第17章：工程图纸的打印与输出。本章主要讲解AutoCAD 2013图纸的后期输出等知识。

随书光盘内容及特点

为了使读者更好地学习、使用本书，本书附有1张DVD光盘，光盘中收录了本书部分案例的素材文件、效果文件以及多媒体视频文件，以便读者在使用本书时随时调用。

- 样板文件：该文件夹下存放的是本书各章所使用的绘图样板文件。
- 素材文件：该文件夹下存放的是各章所调用的素材文件。
- 效果文件：该文件夹下存放的是各章案例的最终效果文件。
- 图块文件：该文件夹下存放的是各章所调用的图块文件。
- 视频文件：该文件夹下存放的是各章知识讲解和案例操作的视频讲解文件。

关于编者

本书由史宇宏编写，参加本书资料整理和光盘制作的还有张传记、史小虎、陈玉蓉、张伟、姜华华、车宇、林永、赵明富、王莹、张恒立、赵卉亓、夏小寒、白春英、唐美灵、朱仁成、孙爱芳、王智强、徐丽、张桂敏、宿晓辉等人。由于作者水平所限，书中难免有不妥之处，恳请广大读者批评指正，如对本书有何意见或建议，请您发邮件至bhpbangzhu@163.com。如果希望知悉更多的图书信息，可登录北京希望电子出版社的网站www.bhp.com.cn。

编著者

CONTENTS 目录

第1篇　新手入门——二维设计篇

第1章　初识AutoCAD 2013

第2章　绘制与编辑点、线图元

第3章 绘制与编辑几何图形

第4章 绘制与创建复合图形

第2篇 基础进阶——高效绘图篇

第5章 图块、属性与资源共享

第6章 图层、对象特性与参数化绘图

第7章 文字与符号的应用

第8章 图形尺寸的标注

第3篇 技能提高——三维设计篇

第9章 三维制图基础知识

第10章 实体、曲面与网格建模

第11章　三维模型的编辑细化

第4篇　高手速成——职业案例篇

第12章　制作工程样板文件

第16章 AutoCAD工装室内设计案例——绘制KTV包厢室内设计图

第17章 工程图纸的打印与输出

新手入门——
二维设计篇

本篇通过第1~4章内容，重点讲解最新版AutoCAD 2013的基本概念、系统配置、应用范围、界面基本操作、图形文件管理，绘制各类点图元、线图元、常用图元以及图元的编辑细化等操作技能，使AutoCAD 2013新手能够快速掌握AutoCAD的基本操作技能。

本篇内容如下：

第1章 初识AutoCAD 2013

AutoCAD的诞生与应用，推动了工程设计各学科的新飞跃，它所提供的精确绘制功能、个性化造型设计功能以及开放性设计功能为机械设计、建筑设计、服装设计、广告设计、航空航天以及电子化工等各个学科的发展提供了一个广阔的大舞台，现已经成为国际上广为流行的绘图工具。

AutoCAD 2013是目前AutoCAD最新的版本，本章主要介绍AutoCAD 2013的功能概念、软件的启动与退出、认识工作空间与界面、文件设置与管理、视图调控、软件基本操作技能等基础知识，使读者对AutoCAD有快速的了解和认识。

1.1 AutoCAD 2013软件概述与基本操作

在学习AutoCAD 2013软件之前，首先简单介绍软件的基本概念、应用范围以及系统配置等知识。

1.1.1 AutoCAD软件的应用范围与优势

AutoCAD是由美国Autodesk公司开发的一款集多种功能于一体的高精度计算机辅助设计软件，具有功能强大、易于掌握、使用方便、系统可开发等特点，不仅在机械、建筑、服装和电子等设计领域得到了广泛的应用，而且在地理、气象、航天、造船等领域特殊图形的绘制，甚至乐谱和广告等制作领域也得到了多方面的应用，目前已成为计算机CAD系统中应用最为广泛的图形软件之一。此软件可使广大图形设计人员轻松高效地进行图形的设计与绘制工作，并且与传统的手工绘图相比，使用AutoCAD绘图的速度更快、精确度更高。

1.1.2 AutoCAD 2013的启动与退出

在简单了解AutoCAD 2013绘图软件的应用范围和绘图优势之后，本节主要学习AutoCAD 2013绘图软件的启动与退出方式。

当成功安装AutoCAD 2013绘图软件之后，通过以下几种方式可以启动AutoCAD 2013软件。

◆ 双击桌面上的软件启动图标。

◆ 执行桌面任务栏中的"开始"|"程序"|"Autodesk"|"AutoCAD 2013"中的 AutoCAD 2013 - 简体中文 (Simplified Chinese) 命令。

◆ 双击"*.dwg"格式的文件。

如果是AutoCAD的初始用户，那么启动AutoCAD 2013软件后，会进入如图1-1所示的"草图与注释"工作空间，同时自动打开一个名为"Drawing1.dwg"的默认绘图文件。

当退出AutoCAD 2013绘图软件时，首先要退出当前的AutoCAD文件，如果当前文件已经保存，那么用户可以使用以下几种方式

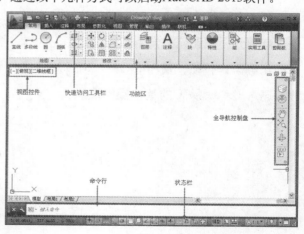

图1-1

退出软件。

◆ 单击AutoCAD 2013标题栏中的控制按钮 ✕ 。

◆ 按组合键Alt+F4。

◆ 执行菜单栏中的"文件"|"退出"命令。

◆ 在命令行中输入Quit或Exit后，按 Enter 键。

◆ 展开"应用程序菜单"，单击 退出 AutoCAD 按钮。

在退出AutoCAD 2013软件之前，如果没有将当前的绘图文件保存，那么系统将会弹出如图1-2所示的提示对话框，单击 是(Y) 钮，将弹出"图形另存为"对话框，用于对图形进行命名保存；单击 否(N) 钮，系统将放弃保存并退出AutoCAD 2013软件；单击 取消 钮，系统将取消当前执行的退出命令。

图1-2

1.1.3 AutoCAD 2013工作空间与切换方法

AutoCAD 2013绘图软件为用户提供了多种工作空间，除了初始的"草图与注释"工作空间之外，还有"AutoCAD经典"、"三维基础"和"三维建模"3种工作空间，用户可以根据不同的设计内容，选择更为合适的工作空间，其工作空间的切换非常方便，主要有以下几种方式。

◆ 在"草图与注释"工作空间中，单击快速访问工具栏中的工作空间切换按钮，弹出"草图与注释"按钮，单击该按钮，在弹出的下拉菜单中选择其他工作空间，如图1-3所示。

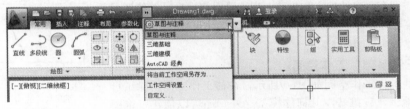

图1-3

◆ 在"三维基础"工作空间中，单击快速访问工具栏中的工作空间切换按钮，弹出"三维基础"按钮，单击该按钮，在弹出的下拉菜单中选择其他工作空间，如图1-4所示。

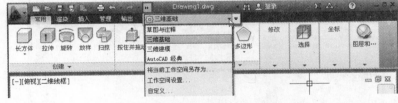

图1-4

◆ 在"三维建模"工作空间中，单击快速访问工具栏中的工作空间切换按钮，弹出"三维建模"按钮，单击该按钮，在弹出的下拉菜单中选择其他工作空间，如图1-5所示。

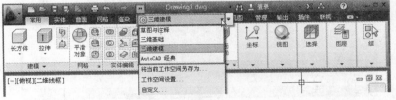

图1-5

◆ 在"AutoCAD经典"工作空间中，单击快速访问工具栏中的工作空间切换按钮，弹出"AutoCAD经典"按钮，单击该按钮，在弹出的下拉菜单中选择其他工作空间，如图1-6所示。

图1-6

◆ 在"AutoCAD经典"工作空间中，执行菜单栏中的"工具"|"工作空间"下一级菜单选项，切换工作空间，如图1-7所示。

图1-7

◆ 在任意工作空间内，单击状态栏中的"切换工作空间"按钮，从弹出的菜单中选择所需工作空间，如图1-8所示。

各工作空间有各自的特点和优势，用户可以根据自己的绘图习惯和设计内容，选择不同的工作空间。除了"草图与注释"工作空间之外，其他工作空间如下。

图1-8

1. "三维基础"工作空间

"三维基础"工作空间如图1-9所示，在该工作空间中除了可以非常方便地创建三维基本几何体模型之外，还可以创建二维图形、修改二维图形、通过二维图形编辑转换为三维模型以及设置坐标系和图层特性等，其工作空间界面布局与其他工作空间的界面布局一致。

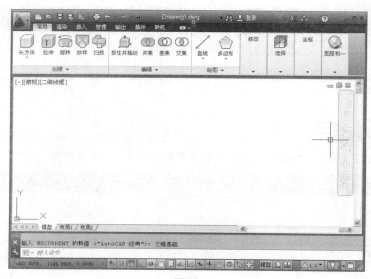

图1-9

2. "三维建模"工作空间

"三维建模"工作空间如图1-10所示，在此工作空间内可以非常方便地访问新的三维功能、创建二维图形、编辑二维图形和三维模型、设置坐标系、设置三维模型的视觉样式等，其工作空间界面布局与其他工作空间的界面布局一致。

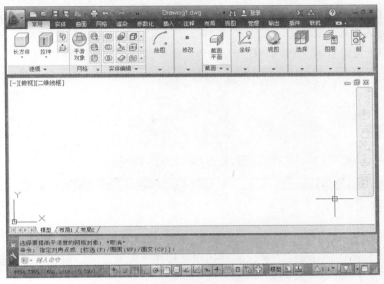

图1-10

3. "AutoCAD经典"工作空间

"AutoCAD经典"工作空间如图1-11所示，此工作空间集合了其他工作空间的优势，不仅可以使用户更加方便地访问新的三维功能、创建二维图形、编辑修改二维图形和三维模型、设置坐标系、设置三维模型的视觉样式等之外，界面中出现的工具选项板可以使用户非常方便地共享CAD图形资源，这对快速制图大有帮助。

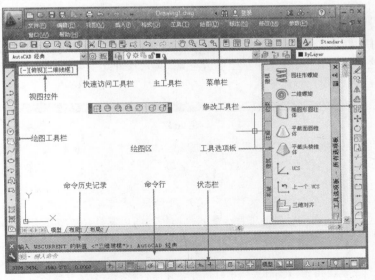

图1-11

1.2 AutoCAD 2013界面元素简介

AutoCAD 2013的4个工作空间各有特点及优势，但作为AutoCAD 2013基础用户，选择"AutoCAD经典"工作空间比较明智，该工作空间界面与其他应用程序界面比较相似，更为大众化，容易被初级用户所接受。因此，本节就以"AutoCAD经典"工作空间为例，首先介绍AutoCAD 2013的工作界面各元素及其功能。

从上图1-11中可以看出，AutoCAD 2013的界面主要由快速访问工具栏、菜单栏、主工具栏、修改工具栏、绘图工具栏、绘图区、命令行、状态栏等界面元素组成，本节首先简单介绍界面各元素的基本功能和操作。

1.2.1 标题栏

标题栏位于AutoCAD 2013工作界面的最顶部，如图1-12所示。

快速访问工具栏　　　　　　　　　　程序名称显示区　　　　搜索功能　　　　窗口控件

图1-12

标题栏的左端为快速访问工具栏，另外还包括程序名称显示区、信息中心和窗口控制按钮等内容。

- 快速访问工具栏不但可以快速访问某些命令，还可以添加、删除常用命令按钮到工具栏中，以及控制菜单栏的显示以及各工具栏的开关状态等。
- 程序名称显示区主要用于显示当前正在运行的程序名和当前被激活的图形文件名称。
- 信息中心可以快速获取所需信息、搜索所需资源等。
- 窗口控制按钮位于标题栏最右端，主要有"最小化" ▬ 、"恢复" ▢ 、"最大化" ▢ 和"关闭" ✕ ，分别用于控制AutoCAD窗口的大小和关闭。

1.2.2 菜单栏

菜单栏位于标题栏的下侧，如图1-13所示。AutoCAD的常用制图工具和管理编辑等工具都分门别类地排列在这些菜单中，在主菜单项上单击左键，即可展开此主菜单，然后将光标移至所需命令选项上单击左键，即可激活该命令。

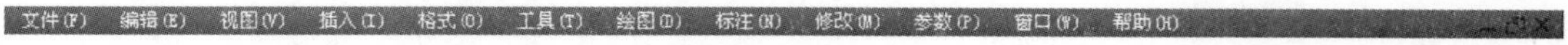

文件(F)　编辑(E)　视图(V)　插入(I)　格式(O)　工具(T)　绘图(D)　标注(N)　修改(M)　参数(P)　窗口(W)　帮助(H)

图1-13

AutoCAD共为用户提供了"文件"、"编辑"、"视图"、"插入"、"格式"、"工具"、"绘图"、"标注"、"修改"、"参数"、"窗口"、"帮助"共12个主菜单。各菜单的主要功能如下。

- "文件"菜单：用于对图形文件进行设置、保存、清理、打印以及发布等。
- "编辑"菜单：用于对图形进行一些常规编辑，包括复制、粘贴、链接等。
- "视图"菜单：主要用于调整和管理视图，以方便视图内图形的显示、便于查看和修改图形。
- "插入"菜单：用于向当前文件中引用外部资源，如块、参照、图像、布局以及超链接等。
- "格式"菜单：用于设置与绘图环境有关的参数和样式等，如绘图单位、颜色、线型及文字、尺寸样式等。

- ◆ "工具"菜单：为用户设置了一些辅助工具和常规的资源组织管理工具。
- ◆ "绘图"菜单：这是一个二维和三维图元的绘制菜单，几乎所有的绘图和建模工具都组织在此菜单内。
- ◆ "标注"菜单：这是一个专用于为图形标注尺寸的菜单，它包含了所有与尺寸标注相关的工具。
- ◆ "修改"菜单：主要用于对图形进行修整、编辑、细化和完善。
- ◆ "参数"菜单：主要用于为图形添加几何约束和标注约束等。
- ◆ "窗口"菜单：主要用于控制AutoCAD多文档的排列方式以及AutoCAD界面元素的锁定状态。
- ◆ "帮助"菜单：主要用于为用户提供一些帮助性的信息。

菜单栏左端的图标就是"菜单浏览器"图标，菜单栏最右边是AutoCAD文件的窗口控制按钮，如"最小化" ▬ 、"还原" 🗗 、"最大化" 🗖 和"关闭" ✖ 用于控制图形文件窗口的显示。

> **TIP** 默认设置下，"菜单栏"是隐藏的，当变量MENUBAR的值为1时，显示菜单栏；为0时，隐藏菜单栏。

1.2.3 工具栏

工具栏位于绘图窗口的两侧和上侧，分别是主工具栏、绘图工具栏和修改工具栏，将光标移至工具栏按钮上单击左键，即可快速激活该命令。

在默认设置下，AutoCAD 2013共为用户提供了51种工具栏，在任一工具栏中单击右键，即可打开下拉菜单，显示各工具选项，如图1-14所示。

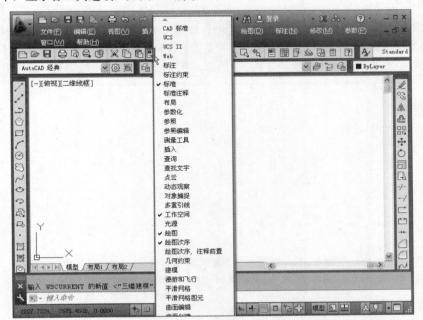

图1-14

在需要打开的选项上单击左键，即可打开相应的工具栏；将打开的工具栏拖到绘图区任一侧，松开左键即可将其固定；相反，也可将固定工具栏拖至绘图区，进行灵活控制工具栏的开关状态。

在工具栏快捷菜单上选择"锁定位置"｜"固定的工具栏／面板"命令，可以将绘图区四侧的工具栏固定，工具栏一旦被固定后，是不可以被拖动的。另外，用户也可以单击状态栏中的 按钮，从弹出的按钮菜单中控制工具栏和窗口的固定状态。

> **TIP** ▶▶ 在工具栏菜单中，带有勾号的表示当前已经打开的工具栏，不带有勾号的表示没有打开的工具栏。为了增大绘图空间，通常只将几种常用的工具栏放在用户界面上，而将其他工具栏隐藏，需要时再调出。

1.2.4 功能区

"功能区"主要出现在"二维草图与注释"、"三维建模"、"三维基础"等工作空间内，它代替了AutoCAD众多的工具栏，以面板的形式，将各工具按钮分门别类地集合在选项卡内，各工作空间中的功能区不尽相同，如图1-15所示是"草图与注释"工作空间的功能区。

图1-15

在功能区中，用户调用工具非常方便，只需在功能区中展开相应选项卡，然后在所需面板上单击相应按钮即可。由于在使用功能区时，无需再显示AutoCAD的工具栏，因此，使得应用程序窗口变得单一、简洁有序。通过这单一简洁的界面，功能区还可以将可用的工作区域最大化。

1.2.5 绘图区

绘图区位于工作界面的正中央，即被工具栏和命令行所包围的整个区域，如图1-16所示。此区域是用户的工作区域，图形的设计与修改工作就是在此区域内进行操作的，默认状态下绘图区是一个无限大的电子屏幕，无论尺寸多大或多小的图形，都可以在绘图区中绘制和灵活显示。

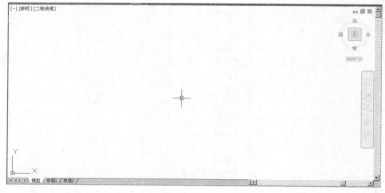

图1-16

1. 绘图区背景色

默认设置下，绘图区背景色为深灰色，用户可以使用"工具" | "选项"命令更改绘图区背景色。

① 执行菜单栏中的"工具" | "选项"命令，或使用命令简写OP激活"选项"命令，打开如图1-17所示的"选项"对话框。

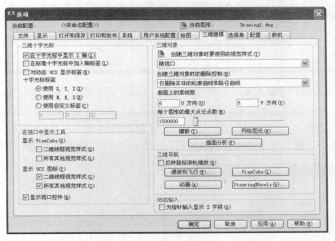

图1-17

② 展开"显示"选项卡，如图1-18所示。在"窗口元素"选项组中单击 颜色(C)... 按钮，打开"图形窗口颜色"对话框，展开"颜色"下拉列表，设置绘图背景颜色，如图1-19所示。

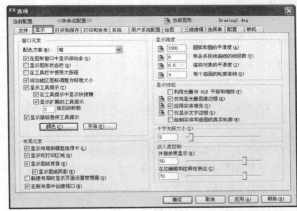

图1-18

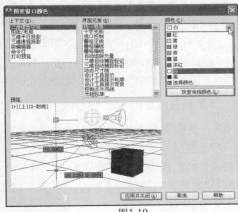

图1-19

③ 单击 应用并关闭(A) 按钮返回"选项"对话框，单击 确定 按钮，完成背景颜色的设置。

2. 绘图区光标

当用户移动鼠标时，绘图区会出现一个随光标移动的十字符号，此符号被称为"十字光标"，它是由"拾取点光标"和"选择光标"叠加而成的，其中"拾取点光标"是点的坐标拾取器，当执行绘图命令时，显示为拾点光标；"选择光标"是对象拾取器，当选择对象时，显示为选择光标；当没有任何命令执行的前提下，显示为十字光标，如图1-20所示。

十字光标   拾点光标   选择光标

图1-20

在绘图过程中，有时需要设置坐标系图标的样式、大小，或隐藏坐标系图标，下面来学习坐标系图标的设置与隐藏技能，操作步骤如下。

① 执行菜单栏中的"视图"｜"显示"｜"UCS图标"｜"特性"命令，打开如图1-21所示的"UCS图标"对话框。

> **TIP** 另外，用户在命令行中输入Ucsicon后按Enter键，也可打开如图1-21所示的"UCS图标"对话框。

② 从"UCS图标"对话框中可以看出，默认设置下系统显示三维UCS图标样式，用户也可以根据绘图需要，选择"二维"单选按钮，将UCS图标设置为二维样式，如图1-22所示。

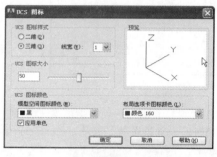

图1-21

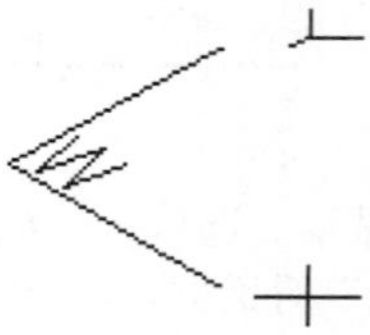

图1-22

③ 在"UCS图标样式"选项组中可以设置图标的大小，默认为50。

④ 在"UCS图标颜色"选项组中可以设置UCS图标的颜色，模型空间中UCS图标的默认颜色为黑色，布局空间中UCS图标的默认颜色为160号色。

⑤ 执行菜单栏中的"视图"｜"显示"｜"UCS图标"｜"开"命令，可以隐藏UCS图标。

3．绘图区标签

在绘图区左下部有3个标签，即模型、布局1和布局2，分别代表了两种绘图空间，即模型空间和布局空间。模型标签代表了当前绘图区窗口是处于模型空间，通常在模型空间进行绘图。布局1和布局2是默认设置下的布局空间，主要用于图形的打印输出。用户可以通过单击标签，在这两种操作空间之间进行切换。

1.2.6 命令行及文本窗口

绘图区的下侧则是AutoCAD独有的窗口组成部分，即"命令行"，它是用户与AutoCAD软件进行数据交流的平台，主要功能是用于提示和显示用户当前的操作步骤，如图1-23所示。

输入选项 [开(ON)/关(OFF)/全部(A)/非原点(N)/原点(OR)/可选(S)/特性(P)] <开>: _p
 键入命令

图1-23

"命令行"分为"命令历史窗口"和"命令输入窗口"两部分，上面一行为"命令历史窗口"，用于记录执行过的操作信息；下面一行是"命令输入窗口"，用于提示用户输入命令或命令选项。

> **TIP** 由于"命令历史窗口"的显示有限，如果需要直观快速地查看更多的历史信息，可以通过按功能键F2，系统则会以"文本窗口"的形式显示历史信息，再次按功能键F2，即可关闭文本窗口。

1.2.7　状态栏与快捷按钮

　　如图1-24所示的状态栏位于AutoCAD操作界面的最底部，它由坐标读数器、辅助功能区、状态栏菜单三部分组成，具体如下。

图1-24

　　状态栏左端为坐标读数器，用于显示十字光标所处位置的坐标值；坐标读数器右端为辅助功区，辅助功能区左端的按钮主要用于控制点的精确定位和追踪；中间的按钮主要用于快速查看布局、查看图形、定位视点、注释比例等；右端的按钮主要用于对工具栏或窗口等固定、工作空间切换以及绘图区的全屏显示等，是一些辅助绘图功能。

　　单击状态栏右侧的小三角，可以打开状态栏快捷菜单，菜单中的各选项与状态栏中的各按钮功能一致，用户也可以通过各菜单项以及菜单中的各功能键控制各辅助按钮的开关状态。

1.3　AutoCAD文件的基本操作

　　本节主要学习AutoCAD绘图文件的基本操作功能，具体有新建文件、保存文件、另存为文件、打开保存文件与清理垃圾文件等。

1.3.1　新建文件

　　当启动AutoCAD 2013软件之后，系统会自动打开一个名为"Drawing1.dwg"的绘图文件，如果用户需要重新创建一个绘图文件，则需要使用"新建"命令。

　　执行"新建"命令主要有以下几种方式。

◆　执行菜单栏中的"文件"|"新建"命令。
◆　单击"标准"工具栏或快速访问工具栏中的 按钮。
◆　在命令行输入New后按Enter键。
◆　按组合键Ctrl+N。

激活"新建"命令后，打开如图1-25所示的"选择样板"对话框。

图1-25

　　在此对话框中，系统为用户提供了多种基本样板文件，其中"acadISO-Named Plot Styles"和"acadiso"都是公制单位的样板文件，两者的区别就在于前者使用的打印样式为"命名打印样式"，后一个样板文件的打印样式为"颜色相关打印样式"，读者可以根据需求进行取舍。

选择"acadISO-Named Plot Styles"或"acadiso"样板文件后单击 打开(O) 按钮，即可创建一个新的空白文件，进入AutoCAD的默认设置的二维操作界面。

> **TIP** ▶▶ 如果用户需要创建一个三维操作空间的公制单位绘图文件，则可以启动"新建"命令，在打开的"选择样板"对话框中，选择"acadISO-Named Plot Styles3D"或"acadiso3D"样板文件作为基础样板，即可创建三维绘图文件，进入如图1-26所示的三维工作空间。

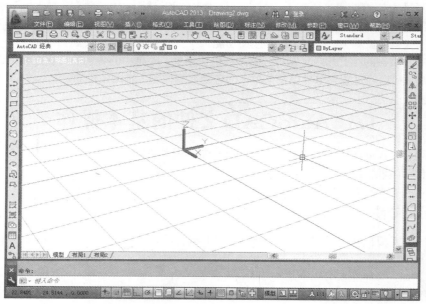

图1-26

另外，AutoCAD为用户提供了"无样板"方式创建绘图文件的功能，在"选择样板"对话框中单击 打开(O) 按钮右侧的下三角按钮，打开如图1-27所示的按钮菜单，选择"无样板打开-公制"选项，即可快速新建一个公制单位的绘图文件。

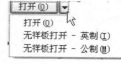

图1-27

1.3.2 存储文件

存储文件时可以执行"保存"或"另存为"命令，将绘制的图形以文件的形式进行保存，以便以后查看、使用或修改编辑等。

执行"保存"命令主要有以下几种方式。

◆ 执行菜单栏中的"文件"|"保存"命令。

◆ 单击"标准"工具栏或快速访问工具栏中的 按钮。

◆ 在命令行输入Save后按Enter键。

◆ 按组合键Ctrl+S。

执行"保存"命令后，可打开如图1-28所示的"图形另存为"对话框，在此对话框内，单击上侧的"保存于"列表，在展开的下拉列表内设置保存路径，然后在"文件名"文本框内输入文件的名称，单击对话框底部的"文件类型"下拉列表，在展开的下拉列表内设置文件的格式类型，如图1-29所示。

图1-28　　　　　　　　　　　　　　图1-29

然后单击 保存(S) 按钮，即可将当前文件保存。

TIP ▶▶ 默认的存储类型为"AutoCAD 2013图形（*.dwg）"，使用此种格式将文件保存后，只能被 AutoCAD 2013及其以后的版本所打开，如果用户需要在AutoCAD早期版本中打开此文件，必须使用低版本的文件格式进行保存。

另外，当用户在已保存图形的基础上进行了其他的修改工作，又不想将原来的图形覆盖，可以使用"另存为"命令，将修改后的图形以不同的路径或不同的文件名进行保存。

执行"另存为"命令主要有以下几种方式。

◆ 执行菜单栏中的"文件"|"另存为"命令。
◆ 单击快速访问工具栏中的按钮。
◆ 在命令行输入Saveas后按Enter键。
◆ 按组合键Ctrl+Shift+S。

执行"另存为"命令后打开"图形另存为"对话框，依照"保存"命令的执行方式，为需要另存的文件命名、设置存储路径和文件格式，然后单击 保存(S) 按钮，即可将当前文件另外保存。

1.3.3 打开文件

当用户需要查看、使用或编辑已经保存的图形时，可以使用"打开"命令，将此图形所在的文件打开。

执行"打开"命令主要有以下几种方式。

◆ 执行菜单栏中的"文件"|"打开"命令。
◆ 单击"标准"工具栏或快速访问工具栏中的按钮。
◆ 在命令行输入Open后按Enter键。
◆ 按组合键Ctrl+O。

执行"打开"命令后，系统将打开"选择文件"对话框，在此对话框中选择需要打开的图形文件，单击打开(0)按钮，即可将此文件打开。

1.3.4 清理垃圾文件

清理垃圾文件是指将图形文件中无用的一些图形信息删除，如图层、样式、图块等，以减小文件的存储空间，清除垃圾文件时可以使用"清理"命令。

执行"清理"命令主要有以下几种方式。

- ◆ 执行菜单栏中的"文件"|"图形实用程序"|"清理"命令。
- ◆ 在命令行输入Purge后按Enter键。
- ◆ 使用命令简写PU。

执行"清理"命令后,将打开如图1-30所示的"清理"对话框。

在此对话框中,带有"+"号的选项表示该选项内含有未使用的垃圾项目,单击该选项将其展开,即可选择需要清理的项目,如果用户需要清理文件中的所有未使用的垃圾项目,可以单击对话框底部的 全部清理(A) 按钮。

图1-30

1.4 AutoCAD视图的控制

AutoCAD为用户提供了众多的视窗控制功能,使用这些控制功能,用户可以随意调整图形在当前视窗的显示,以方便用户观察、编辑视窗内的图形细节或图形全貌。视图调控功能主要有菜单、工具栏以及导航栏及按钮等。

1.4.1 平移视图

使用视图的平移工具可以对视图进行平移,以方便观察视图内的图形。执行"视图"菜单中的"平移"下一级菜单中的各命令,即可对视图进行平移,如图1-31所示。

各菜单功能如下。

- ◆ "实时"用于将视图随着光标的移动而平移,也可在"标准"工具栏中单击 ✋ 按钮,以激活"实时平移"工具。
- ◆ "点"平移是根据指定的基点和目标点平移视图。定点平移时,需要指定两点,第一点作为基点,第二点作为位移的目标点,平移视图内的图形。

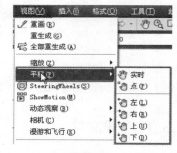

图1-31

- ◆ "左"、"右"、"上"和"下"命令分别用于在x轴和y轴方向上移动视图。

> **TIP** 激活"实时平移"命令后光标变为 ✋ 形状,此时可以按住鼠标左键向需要的方向平移视图,在任何时候都可以按Enter键或Esc键来停止平移。

1.4.2 缩放视图

使用"缩放"命令可以对视图进行放大和缩小显示。

1. 实时缩放

单击"标准"工具栏中的 🔍 按钮,或执行菜单栏中的"视图"|"缩放"|"实时"命令,都可以激活"实时缩放"功能,此时屏幕上将出现一个放大镜形状的光标,按住鼠标左键向下拖动鼠标,则视图缩小显示;按住鼠标左键向上拖动鼠标,则视图放大显示。

2. 窗口缩放

"窗口缩放"功能用于在需要缩放的区域内拉出一个矩形框，将位于框内的图形放大显示在视图内。单击"标准"工具栏中的 按钮，或执行菜单栏中的"视图"│"缩放"│"窗口"命令，都可激活该命令，此时在绘图区拖动鼠标拉出矩形缩放区域，释放鼠标后即可将窗口内的图形放大，如图1-32所示。

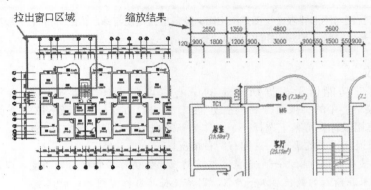

拉出窗口区域   缩放结果

图1-32

> **TIP**
> 当选择框的宽高比与绘图区的宽高比不同时，AutoCAD将使用选择框宽与高中相对当前视图放大倍数的较小者，以确保所选区域都能显示在视图中。

3. 比例缩放

"比例缩放"功能用于按照输入的比例参数调整视图，视图被比例调整后，中心点保持不变。在输入比例参数时，有以下3种情况。

◆ 第一种情况就是直接在命令行内输入数字，表示相对于图形界限的倍数。
◆ 第二种情况就是在输入的数字后加字母X，表示相对于当前视图的缩放倍数。
◆ 第三种情况是在输入的数字后加字母XP，表示系统将根据图纸空间单位确定缩放比例。

单击"标准"工具栏中的 按钮，或执行菜单栏中的"视图"│"缩放"│"比例"命令，都可激活该命令，根据命令行的提示输入缩放比例并按Enter键，即可对图形进行比例缩放。

4. 动态缩放

"动态缩放"功能用于动态地浏览和缩放视图，此功能常用于观察和缩放比例比较大的图形。单击"标准"工具栏中的 按钮，或执行菜单栏中的"视图"│"缩放"│"动态"命令，都可激活该命令，激活该功能后，屏幕将临时切换到虚拟显示屏状态，此时屏幕上显示三个视图框，如图1-33所示。

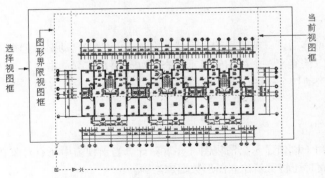

图1-33

- ◆ "图形界限视图框"是一个蓝色的虚线方框，该框显示图形界限和图形范围中较大的一个。
- ◆ "当前视图框"是一个绿色的线框，该框中的区域就是在使用这一选项之前的视图区域。
- ◆ 以实线显示的矩形框为"选择视图框"，该视图框有两种状态，一种是平移视图框，其大小不能改变，只可任意移动；一种是缩放视图框，它不能平移，但可调节大小。可用鼠标左键在两种视图框之间切换。

> **TIP** 如果当前视图与图形界限或视图范围相同，蓝色虚线框便与绿色虚线框重合。平移视图框中有一个"×"号，它表示下一视图的中心点位置。

5. 圆心缩放

"圆心缩放"功能用于根据所确定的中心点调整视图。单击"标准"工具栏中的 按钮，或执行菜单栏中的"视图"｜"缩放"｜"圆心"命令，都可激活该命令，当激活该功能后，用户可直接使用鼠标在屏幕上选择一个点作为新的视图中心点，确定中心点后，AutoCAD要求用户输入放大系数或新视图的高度，具体有两种情况。

- ◆ 第一，直接在命令行输入一个数值，系统将以此数值作为新视图的高度，以调整视图。
- ◆ 第二，如果在输入的数值后加一个X，则系统将其看作视图的缩放倍数。

6. 缩放对象

"缩放对象"功能用于最大限度地显示当前视图内选择的图形，单击"标准"工具栏中的 按钮，或执行菜单栏中的"视图"｜"缩放"｜"对象"命令，都可激活该命令，当激活该功能后，直接选取所要缩放的对象，然后按Enter键，即可最大限度地将对象放大。

7. 放大和缩小

"放大" 能用于将视图放大一倍显示，"缩小" 能用于将视图缩小至1/2显示。连续单击按钮，可以成倍地放大或缩小视图。单击"标准"工具栏中的 按钮或 按钮，或执行菜单栏中的"视图"｜"缩放"｜"放大"或"缩小"命令，都可激活该命令，当激活该功能后，图形被放大一倍或缩小1/2。

8. 全部缩放

"全部"功能用于按照图形界限或图形范围的尺寸，在绘图区域内显示图形。图形界限与图形范围中哪个尺寸大，便由哪个决定图形显示的尺寸。单击"标准"工具栏中的 按钮，或执行菜单栏中的"视图"｜"缩放"｜"全部"命令，都可激活该命令。

9. 范围缩放

"范围"功能用于将所有图形全部显示在屏幕上，并最大限度地充满整个屏幕，单击"标准"工具栏中的 按钮，或执行菜单栏中的"视图"｜"缩放"｜"范围"命令，都可激活该命令。

1.4.3 恢复视图

当视图被缩放或平移后，以前视图的显示状态会被AutoCAD自动保存起来，使用软件中的"缩放上一个" 功能可以恢复上一个视图的显示状态，如果用户连续单击该工具按钮，系统将连续地恢复视图，直至退回到前10个视图。

1.4.4 刷新视图

"重生成"命令用于刷新显示当前视图，并重新计算当前视窗中所有对象在屏幕上的坐标值，重新生成整个图形，同时还将重新建立图形数据库索引。

执行"重生成"命令主要有以下几种方式。

◆ 执行菜单栏中的"视图"|"重生成"命令。

◆ 在命令行输入Regen按Enter键。

◆ 使用命令简写RE。

如果系统变量Regenauto的模式设置为"开"状态时，那么当用户执行了一个需要重生成的操作时，AutoCAD系统将自动重生成图形。

另外，用户在图形中定义图块或文本字型、重新设置线型比例或冻结/解冻图层时，系统都将自动进行重生成操作。

1.5 AutoCAD绘图基础知识

本节主要讲解AutoCAD绘图基础，具体包括绘图界限与单位的设置、坐标的输入、点的捕捉与追踪以及对象的选择等绘图基础知识，灵活掌握这些基础知识，是使用AutoCAD绘图的关键。

1.5.1 绘图界限的设置

所谓"绘图界限"指的就是绘图的范围，它相当于手工绘图时事先准备的图纸。在AutoCAD绘图软件中，使用"图形界限"命令来设置绘图范围。

执行"图形界限"命令主要有以下几种方式。

◆ 执行菜单栏中的"格式"|"图形界限"命令。

◆ 在命令行输入Limits后按Enter键。

在默认设置下，图形界限是一个矩形区域，长度为490、宽度为270，其左下角点位于坐标系原点上。下面通过设置300×150的图形界限，学习图形界限的设置技能。

① 执行菜单栏中的"格式"|"图形界限"命令，以设置图形界限。

② 在命令行"指定左下角点或[开(ON)/关(OFF)]<0.0000,0.0000>:"提示下，直接按Enter键，以默认原点作为图形界限的左下角点。

③ 继续在命令行"指定右上角点<420.0000,297.0000>:"提示下，输入"300,150"后按Enter键，定位图形界限的右上角点。

④ 执行菜单栏中的"视图"|"缩放"|"全部"命令，将图形界限最大化显示。

当设置了图形界限之后，可以开启状态栏中的"栅格"功能，通过栅格点，可以将图形界限直观地显示出来，如图1-34所示，也可以使用栅格线显示图形界限，如图1-35所示。

图1-34

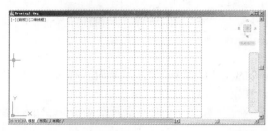

图1-35

> **TIP** 设置"图形界限"最实用的一个目的，就是为了满足不同范围的图形在有限窗口中的恰当显示，以方便于视图的调整及用户的观察和编辑等。

当用户设置了图形界限后，如果禁止绘制的图形超出所设置的图形界限，可以开启绘图界限的检测功能，系统会自动将坐标点限制在设置的图形界限区域内，拒绝图形界限之外的点，这样就不会使绘制的图形超出边界。

开启绘图区域检测功能的操作步骤如下。

① 在命令行输入"Limits"后按Enter键，激活"图形界限"命令。

② 在命令行"指定左下角点或 [开(ON)/关(OFF)]<0.0000,0.0000>:"提示下，输入"ON"后按Enter键，即可打开图形界限的自动检测功能。

1.5.2 设置绘图单位与精度

本节继续学习绘图单位与精度的设置，这是精确绘图的关键。在AutoCAD绘图软件中，使用"单位"命令不仅可以设置绘图的长度单位、角度单位、角度方向，同时也可以设置绘图的精度。

执行"单位"命令主要有以下几种方式。

◆ 执行菜单栏中的"格式"|"单位"命令。
◆ 在命令行输入Units后按Enter键。
◆ 使用命令简写UN。

执行"单位"命令后，可打开如图1-36所示的"图形单位"对话框，此对话框主要用于设置如下内容。

① 设置长度单位。在"长度"选项组中打开"类型"下拉列表，以设置长度的类型，默认为"小数"。

> **TIP** AutoCAD提供了"建筑"、"小数"、"工程"、"分数"和"科学"5种长度类型。单击下拉按钮，在打开的下拉列表中可以选择需要的长度类型。

② 设置长度精度。展开"精度"下拉列表，设置单位的精度，默认为"0.000"，用户可以根据需要设置单位的精度。

③ 设置角度单位。在"角度"选项组中展开"类型"下拉列表，设置角度的类型，默认为"十进制度数"。

④ 设置角度精度。展开"精度"下拉列表，设置角度的精度，默认为"0"，用户可以根据需要进行设置。

⑤ "插入时的缩放单位"选项组用于确定拖放内容的单位，默认为"毫米"。

⑥ 设置角度的基准方向。单击对话框底部的 方向(D)... 按钮，打开如图1-37所示的"方向控制"对话框，用来设置角度测量的起始位置。

图1-36   图1-37

> **TIP** "顺时针"复选框主要用于设置角度的方向，如果勾选该复选框，那么在绘图过程中就以顺时针为正角度方向，否则将以逆时针为正角度方向。

1.5.3 坐标输入

坐标输入是AutoCAD绘图的关键，任何图形的绘制都离不开坐标输入，本节主要讲解坐标输入的相关知识。

在AutoCAD绘图中，坐标输入主要包括"绝对直角坐标"输入、"绝对极坐标"输入、"相对直角坐标"输入和"相对极坐标"输入4种，具体内容如下。

1. 绝对直角坐标

绝对直角坐标是以坐标系原点（0,0）作为参考点进行定位其他点的，其表达式为（x,y,z）。用户可以直接输入该点的 x、y、z 绝对坐标值来表示点。如图1-38所示的图中，A点的绝对直角坐标为（4,7），其中4表示从A点向 x 轴引垂线，垂足与坐标系原点的距离为4个单位；7表示从A点向 y 轴引垂线，垂足与原点的距离为7个单位。

> **TIP** 在默认设置下，当前视图为正交视图，用户在输入坐标点时，只需输入点的 x 坐标和 y 坐标值即可。在输入点的坐标值时，其数字和逗号应在英文En方式下进行，坐标中 x 和 y 之间必须以逗号分割，且标点必须为英文标点。

2. 绝对极坐标

绝对极坐标也是以坐标系原点作为参考点，通过某点相对于原点的极长和角度来定义点的，其表达式为（$L<\alpha$），L 表示某点和原点之间的极长，即长度；α 表示某点连接原点的边线与 x 轴的夹角。如图1-38中的C（6<30）点就是用绝对极坐标表示的，6表示C点和原点连线的长度，30表示C点和原点连线与 x 轴的正向夹角。

> **TIP** 在默认设置下，AutoCAD是以逆时针来测量角度的。水平向右为0° 方向，90° 表示垂直向上，180° 表示水平向左，270° 表示垂直向下。

3. 相对直角坐标

相对直角坐标是某一点相对于参照点在x轴、y轴和z轴三个方向上的坐标变化，其表达式为（@x,y,z）。在实际绘图中常把上一点看作参照点，后续绘图操作是相对于前一点而进行的。如图1-38所示的坐标系中，如果以B点作为参照点，使用相对直角坐标表示A点，那么表达式则为（@7-4,6-7）=（@3,-1）。

> **TIP** AutoCAD为用户提供了一种变换相对坐标系的方法，只要在输入的坐标值前加"@"符号，就表示该坐标值是相对于前一点的相对坐标。

4. 相对极坐标点

相对极坐标是通过相对于参照点的极长距离和偏移角度来表示的，其表达式为（@L<α），L表示极长，α表示角度。在图1-38所示的坐标系中，如果以D点作为参照点，使用相对极坐标表示B点，那么表达式则为（@5<90），其中5表示D点和B点的极长距离为5个图形单位，偏移角度为90°。

> **TIP** 在默认设置下，AutoCAD是以x轴正方向作为0°的起始方向逆时针方向计算的，如果在图1-38所示的坐标系中，以B点作为参照点，使用相对坐标表示D点，则为(@5<270)。

5. 动态输入

另外，在输入相对坐标点时，可配合状态栏中的"动态输入"功能，当激活该功能后，输入的坐标点被看作是相对坐标点，用户只需输入点的坐标值即可，不需要输入符号"@"，因为系统会自动在坐标值前添加此符号。单击状态栏中的按钮，或按下键盘上的功能键F12，都可激活"动态输入"功能。

1.5.4 特征点的捕捉

除了坐标点的输入功能外，AutoCAD还为用户提供了点的精确捕捉功能，如"捕捉"、"对象捕捉"、"临时捕捉"等，使用这些功能可以快速、准确地定位点，以高精度地绘制图形。

1. 启用捕捉

捕捉指的就是强制性地控制十字光标，使其按照事先定义的x轴、y轴方向的固定距离（即步长）进行跳动，从而精确定位点。

启用捕捉功能时主要有以下几种方式。

- 执行菜单栏中的"工具"|"草图设置"命令，在打开的"草图设置"对话框中展开"捕捉和栅格"选项卡，勾选"启用捕捉"复选框，即可设置捕捉功能，如图1-39所示。
- 单击状态栏中的按钮（或在此按钮上单击右键），选择快捷菜单中的"启用"命令，以启动"捕捉"功能。
- 按下功能键F9以启动"捕捉"功能。

启用捕捉功能之后，可以在其选项下设置各参数。

- "捕捉间距"：设置捕捉的距离，在"捕捉X轴间距"文本框内输入数值可设置x轴方向上的步长，在"捕捉Y轴间距"文本框内输入数值可设

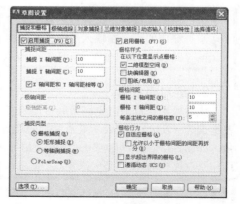

图1-39

置y轴方向上的步长，以控制捕捉的间距。

- "极轴间距"：设置极轴追踪的距离，此选项需要在"PolarSnap"捕捉类型下使用。
- "捕捉类型"：设置捕捉的类型，其中"栅格捕捉"单选按钮用于将光标沿垂直栅格或水平栅格捕捉点；"PolarSnap"单选按钮用于将光标沿当前极轴增量角方向进行追踪点，此选项需要配合"极轴追踪"功能使用。

2. 启用栅格

所谓"栅格"，指的是由一些虚拟的栅格点或栅格线组成，以直观地显示出当前文件内的图形界限区域。这些栅格点和栅格线仅起到一种参照显示功能，它不是图形的一部分，也不会被打印输出。

启用栅格功能主要有以下几种方式。

- 执行菜单栏中的"工具"|"草图设置"命令，在打开的"草图设置"对话框中展开"捕捉和栅格"选项卡，然后勾选"启用栅格"复选框。
- 单击状态栏中的▓按钮或▓按钮（或在此按钮上单击右键，选择快捷菜单中的"启用"命令）。
- 按功能键F7。
- 按组合键Ctrl+G。

启用栅格功能之后，可以在其选项下进行各种设置。

- "栅格样式"：设置在哪个位置出现栅格，包括"二维模型空间"、"块编辑器"窗口以及"图纸/布局"空间的栅格显示样式，如果选择了此选项组中的三个复选框，那么系统将会以栅格点的形式显示图形界限区域；反之，系统将会以栅格线的形式显示图形界限区域，如图1-40所示。

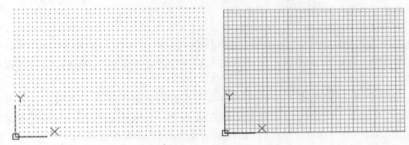

图1-40

- "栅格间距"选项组：用于设置x轴方向和y轴方向的栅格间距。两个栅格点之间或两条栅格线之间的默认间距为10。
- "栅格行为"选项组："自适应栅格"复选框用于设置栅格点或栅格线的显示密度；"显示超出界限的栅格"复选框用于显示图形界限区域外的栅格点或栅格线；"遵循动态UCS"复选框用于更改栅格平面，以跟随动态UCS的xy平面。

1.5.5 对象捕捉与临时捕捉

对象捕捉与临时捕捉都是用于精确定位图形上的特征点，以方便图形的绘制和修改操作，本节主要来学习对象捕捉和临时捕捉的相关知识。

1. 对象捕捉

对象捕捉又称之为自动捕捉，AutoCAD共提供了13种对象捕捉功能，位于"草图设置"对话框的"对象捕捉"选项卡下，如图1-41所示。

这些捕捉功能又称之为"自动捕捉"，一旦设置了某种捕捉模式后，系统将一直保持着这种捕捉模式，直到用户取消为止。

启用"对象捕捉"功能主要有以下几种方式。

◆ 按功能键F3。

◆ 单击状态栏中的□按钮。

◆ 在"草图设置"对话框中勾选"启用对象捕捉"复选框。

2. 临时捕捉

所谓临时捕捉是指设置只能使用一次的捕捉。按住Ctrl键或Shift键，单击鼠标右键，打开临时捕捉菜单，如图1-42所示。

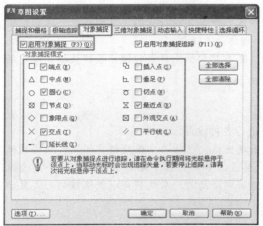

图1-41　　　　　　　　　　　　　　　　　图1-42

此菜单中的各选项功能属于对象的临时捕捉功能。用户一旦激活了菜单栏中的某一捕捉功能之后，系统仅允许捕捉一次，如果需要重复捕捉对象特征点时，需要反复地执行临时捕捉功能。

13种对象捕捉功能如下。

◆ 端点捕捉 ✏：用于捕捉线、弧的两侧端点和矩形、多边形等角点。在命令行出现的"指定点"提示下激活此功能，然后将光标放在对象上，系统会在距离光标最近处显示出矩形状的端点标记符号，如图1-43所示，此时单击左键即可捕捉到该端点。

◆ 中点捕捉 ✏：用于捕捉线、弧等对象的中点。激活此功能后，将光标放在对象上，系统会在对象中点处显示出中点标记符号，如图1-44所示，此时单击左键即可捕捉到对象的中点。

◆ 交点捕捉 ✕：用于捕捉对象之间的交点。激活此功能后，只需将光标放到对象的交点处，系统自动显示出交点标记符号，如图1-45所示，单击左键就可以捕捉到该交点。

　　　图1-43　　　　　　　　　　图1-44　　　　　　　　　　图1-45

◆ 外观交点捕捉 ✕：用于捕捉三维空间中、对象在当前坐标系平面内投影的交点，也可用于在二维制图中捕捉各对象的相交点或延伸交点。

◆ 延长线捕捉 —：用于捕捉线、弧等延长线上的点。激活此功能后，将光标放在对象的一端，然后沿着延长线方向移动光标，系统会自动在延长线处引出一条追踪虚线，如图1-46

所示，此时输入一个数值或单击左键，即可在对象延长线上捕捉点。

◆ **圆心捕捉◎**：用于捕捉圆、弧等对象的圆心。激活此功能后，将光标放在圆、弧对象上的边缘上或圆心处，系统会自动在圆心处显示出圆心标记符号，如图1-47所示，此时单击左键即可捕捉到圆心。

图1-46　　　　　　　　　　　　图1-47

◆ **象限点捕捉◇**：用于捕捉圆、弧等的象限点，如图1-48所示。
◆ **切点捕捉○**：用于捕捉到圆弧、圆、椭圆、椭圆弧或样条曲线的切点，以绘制对象的切线，如图1-49所示。
◆ **垂足捕捉⊥**：用于捕捉到圆、弧、直线、多段线等对象上的垂足点，以绘制对象的垂线，如图1-50所示。

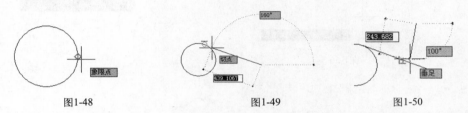

图1-48　　　　　　　　图1-49　　　　　　　　图1-50

◆ **平行线捕捉∥**：用于捕捉一点，使已知点与该点的连线平行于已知直线，常用此功能绘制与已知线段平行的线段。激活此功能后，需要拾取已知对象作为平行对象，如图1-51所示，然后引出一条向两方无限延伸的平行追踪虚线，如图1-52所示。在此平行追踪虚线上拾取一点或输入一个距离值，即可绘制出与已知线段平行的线，如图1-53所示。

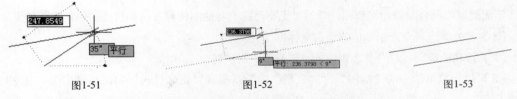

图1-51　　　　　　　　图1-52　　　　　　　　图1-53

◆ **节点捕捉○**：用于捕捉使用"点"命令绘制的对象，如图1-54所示。
◆ **插入点捕捉⊡**：用于捕捉图块、参照、文字、属性或属性定义等的插入点。
◆ **最近点捕捉✗**：用于捕捉光标距离图形对象上的最近点，如图1-55所示。

图1-54　　　　　　　　图1-55

1.5.6 目标点的追踪

使用"对象捕捉"功能只能捕捉对象上的特征点，如果捕捉特征点外的目标点，可以使用AutoCAD的追踪功能。常用的追踪功能有"正交模式"、"极轴追踪"、"对象追踪"和"捕捉自"4种。

1. 设置正交模式

"正交模式"功能用于将光标强行地控制在水平或垂直方向上，以追踪并绘制水平和垂直的线段。

启用"正交模式"功能主要有以下几种方式。

◆ 单击状态栏中的 ⌐ 按钮或 正交 按钮（或在此按钮上单击右键，选择快捷菜单中的"启用"命令）。

◆ 按功能键F8。

◆ 在命令行输入Ortho后按Enter键。

"正交模式"功能可以追踪定位4个方向，向右引导光标，系统将定位0°方向，如图1-56所示；向上引导光标，系统将定位90°方向，如图1-57所示；向左引导光标，系统将定位180°方向，如图1-58所示；向下引导光标，系统则定位270°方向，如图1-59所示。

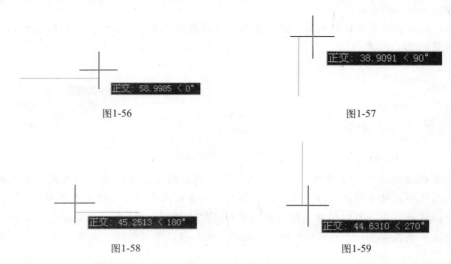

图1-56	图1-57
图1-58	图1-59

下面通过绘制台阶截面轮廓图，学习"正交追踪"功能的使用方法和技巧，操作步骤如下。

① 首先新建一个公制单位的空白文件。

② 按功能键F8，打开状态栏中的"正交模式"功能。

③ 执行菜单栏中的"绘图"｜"直线"命令，配合"正交模式"功能精确绘图，命令行操作如下。

```
命令：_line
    指定第一点：                        // 在绘图区拾取一点作为起点
    指定下一点或 [放弃(U)]：             // 向上引导光标，输入 150 Enter
    指定下一点或 [放弃(U)]：             // 向右引导光标，输入 300 Enter
    指定下一点或 [闭合(C)/放弃(U)]：      // 向上引导光标，输入 150 Enter
    指定下一点或 [闭合(C)/放弃(U)]：      // 向右引导光标，输入 300 Enter
    指定下一点或 [放弃(U)]：             // 向上引导光标，输入 150 Enter
    指定下一点或 [放弃(U)]：             // 向右引导光标，输入 300 Enter
    指定下一点或 [闭合(C)/放弃(U)]：      // 向上引导光标，输入 150 Enter
    指定下一点或 [闭合(C)/放弃(U)]：      // 向右引导光标，输入 300 Enter
    指定下一点或 [闭合(C)/放弃(U)]：      // 向下引导光标，输入 600 Enter
    指定下一点或 [闭合(C)/放弃(U)]：      // C Enter，闭合图形，结果如图 1-60 所示
```

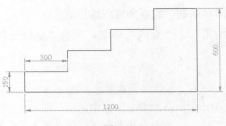

图1-60

2. 设置极轴追踪

"极轴追踪"功能用于根据当前设置的追踪角度，引出相应的极轴追踪虚线，进行追踪定位目标点。

启用"极轴追踪"功能有以下几种方式。

◆ 单击状态栏中的 按钮（或在此按钮上单击右键），选择快捷菜单中的"启用"命令。

◆ 按功能键F10。

◆ 执行菜单栏中的"工具"|"草图设置"命令，在打开的对话框中展开"极轴追踪"选项卡，勾选"启用极轴追踪"复选框。

> **TIP** "正交追踪"与"极轴追踪"功能不能同时打开，因为前者是使光标限制在水平或垂直轴上，而后者则可以追踪任意方向矢量。

下面通过绘制长度为120、角度为45°的倾斜线段，学习使用"极轴追踪"功能，操作步骤如下。

(1) 新建一个空白文件。

(2) 在状态栏中的 按钮上单击右键，在弹出的快捷菜单中选择"设置"命令，打开"草图设置"对话框，并进入"极轴追踪"选项卡。

(3) 在"极轴追踪"选项卡中勾选"启用极轴追踪"复选框。

(4) 单击"增量角"下拉按钮，在展开的下拉列表中选择45，如图1-61所示，将当前的追踪角设置为45°。

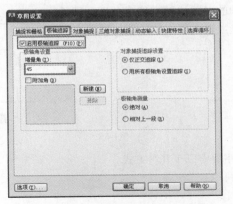

图1-61

> **TIP** 在"极轴角设置"选项组的"增量角"下拉列表内，系统提供了多种增量角，如90°、60°、45°、30°、15°、10°、5°等，用户可以从中选择一个角度值作为增量角。

⑤ 单击 确定 按钮关闭对话框，完成角度跟踪设置。

⑥ 执行菜单栏中的"绘图"｜"直线"命令，配合"极轴追踪"功能绘制长度斜线段，命令行操作如下。

```
命令: _line
    指定第一点:                // 在绘图区拾取一点作为起点
    指定下一点或 [ 放弃 (U)]:   // 向右上方引导光标，在 45°方向矢量上引出如图 1-62 所示的
                              极轴追踪虚线，然后输入 120 Enter
    指定下一点或 [ 放弃 (U)]:   // Enter，结束命令，绘制结果如图 1-63 所示
```

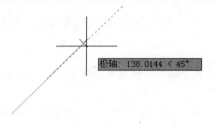

图1-62

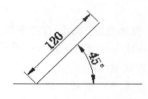

图1-63

> **TIP** ▶▶ AutoCAD不但可以在增量角方向上出现极轴追踪虚线，还可以在增量角的倍数方向上出现极轴追踪虚线。

　　如果要选择预设值以外的角度增量值，需事先勾选"附加角"复选框，然后单击 新建(N) 按钮，创建一个附加角，如图1-64所示。系统就会以所设置的附加角进行追踪，如果要删除一个角度值，在选取该角度值后单击 删除 按钮即可，需要说明的是，只能删除用户自定义的附加角，而系统预设的增量角不能被删除。

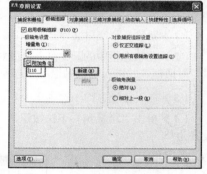

图1-64

3. 设置对象追踪

　　"对象追踪"功能用于以对象上的某些特征点作为追踪点，引出向两端无限延伸的对象追踪虚线，如图1-65所示，在此追踪虚线上拾取点或输入距离值，即可精确定位到目标点。

图1-65

　　启用"对象追踪"功能主要有以下几种方式。

◆ 单击状态栏中的 ∠ 按钮。
◆ 按功能键F11。
◆ 执行菜单栏中的"工具"｜"草图设置"命令，在打开的对话框中展开"对象捕捉"选项卡，然后勾选"启用对象捕捉追踪"复选框。

　　在默认设置下，系统仅以水平或垂直的方向进行追踪点，如果用户需要按照某一角度进行追踪点，可以在"极轴追踪"选项卡的"对象捕捉追踪设置"选项组中设置追踪的样式，如图1-66所示。

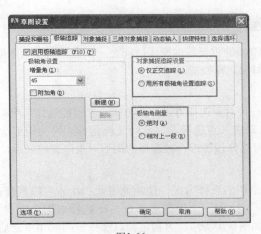

图1-66

> **TIP**　"对象追踪"功能只有在"对象捕捉"和"对象追踪"同时打开的情况下才可使用，而且只能追踪对象捕捉类型中设置的自动对象捕捉点。

- "仅正交追踪"单选按钮：与当前极轴角无关，它仅水平或垂直地追踪对象，即在水平或垂直方向上出现向两方无限延伸的对象追踪虚线。
- "用所有极轴角设置追踪"单选按钮：根据当前所设置的极轴角及极轴角的倍数出现对象追踪虚线，用户可以根据需要进行取舍。
- 在"极轴角测量"选项组中，"绝对"单选按钮用于根据当前坐标系确定极轴追踪角度；而"相对上一段"单选按钮用于根据上一个绘制的线段确定极轴追踪的角度。

4．"自"功能

"自"功能是借助捕捉和相对坐标定义窗口中相对于某一捕捉点的另外一点。使用"自"功能时需要先捕捉对象特征点作为目标点的偏移基点，然后再输入目标点的坐标值。

启用"捕捉自"功能主要有以下几种方式。

- 打开"对象捕捉"工具栏，单击"对象捕捉"工具栏中的█按钮，如图1-67所示。

图1-67

- 在命令行输入_from后按Enter键。
- 按住Ctrl或Shift键单击右键，选择快捷菜单中的"自"命令。

5．临时追踪点功能

"临时追踪点"与"对象追踪"功能类似，不同的是前者需要事先精确定位出临时追踪点，然后才能通过此追踪点，引出向两端无限延伸的临时追踪虚线，以进行追踪定位目标点。

启用"临时追踪点"功能主要有以下几种方式。

- 单击临时捕捉菜单中的"临时追踪点"选项。
- 单击"对象捕捉"工具栏中的█按钮，如图1-68所示。

图1-68

- 使用命令简写_tt。

1.5.7 图形对象的选择

选择图形对象是AutoCAD的重要基本操作技能之一，它常用于对图形对象进行修改编辑之前，下面简单介绍几种常用的对象选择技能。

1. 点选

"点选"是最简单的一种对象选择方式，此方式一次仅能选择一个对象。在命令行出现的"选择对象:"提示下，系统自动进入点选模式，此时光标指针切换为矩形选择框状，将选择框放在对象的边沿上单击左键，即可选择该图形，被选择的图形对象以虚线显示，如图1-69所示。

2. 窗口选择

"窗口选择"是一种常用的选择方式，使用此方式一次也可以选择多个对象。在命令行 "选择对象:"提示下，从左向右拉出一个矩形选择框，此选择框即为窗口选择框，选择框以实线显示，内部以浅蓝色填充，如图1-70所示。当指定窗口选择框的对角点之后，结果所有完全位于框内的对象都能被选择，如图1-71所示。

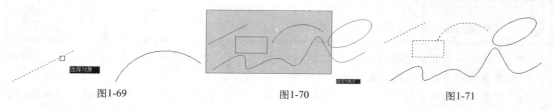

图1-69　　　　　　图1-70　　　　　　图1-71

3. 窗交选择

"窗交选择"是使用频率非常高的选择方式，使用此方式一次也可以选择多个对象。在命令行"选择对象:"提示下从右向左拉出一个矩形选择框，此选择框即为窗交选择框，选择框以虚线显示，内部以绿色填充，如图1-72所示。当指定选择框的对角点之后，结果所有与选择框相交和完全位于选择框内的对象才能被选择，如图1-73所示。

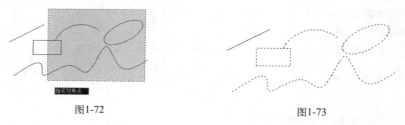

图1-72　　　　　　　　　图1-73

1.6 AutoCAD命令的执行方式

每个软件都有多种命令的执行特点，就AutoCAD绘图软件而言，其命令执行方式有以下几种。

1. 通过菜单栏与快捷菜单执行命令

选择菜单中的命令选项，是一种比较传统、常用的命令启动方式。另外，为了更加方便地启动某些命令或命令选项，AutoCAD为用户提供了快捷菜单，所谓快捷菜单，指的就是单击右键弹出的菜单，用户只需选择快捷菜单中的命令或选项，即可快速激活相应的功能。

根据操作过程的不同，快捷菜单归纳起来共有3种。

◆ 默认模式菜单。此种菜单是在没有命令执行的前提下或没有对象被选择的情况下，单击右键显示的菜单。

◆ 编辑模式菜单。此种菜单是在有一个或多个对象被选择的情况下单击右键出现的快捷菜单。
◆ 模式菜单。此种菜单是在一个命令执行的过程中单击右键而弹出的快捷菜单。

2. 通过工具栏与功能区执行命令

与其他电脑软件一样，单击工具栏或功能区中的命令按钮，也是一种常用、快捷的命令启动方式。通过形象而又直观的图标按钮代替AutoCAD的一个个命令，远比那些复杂繁琐的命令及菜单更为方便直接。用户只需将光标放在命令按钮上，系统就会自动显示出该按钮所代表的命令，单击按钮即可激活该命令。

3. 在命令行输入命令表达式

所谓"命令表达式"，指的就是AutoCAD的英文命令，用户只需在命令行的输入窗口中输入CAD命令的英文表达式，然后再按键盘上的Enter键，就可以启动命令。此种方式是一种最原始的方式，也是一种很重要的方式。

如果用户需要激活命令中的选项功能，可以在相应步骤提示下，在命令行输入窗口中输入该选项的代表字母，然后按Enter键，也可以使用快捷菜单方式启动命令的选项功能。

4. 使用快捷键及命令简写

"快捷键与命令简写"是最快捷的一种命令启动方式。每一种软件都配置了一些命令快捷键，如表1-1中列出了AutoCAD自身设定的一些命令快捷键，在执行这些命令时，只需要按下相应的键即可。

表1-1 AutoCAD功能键及快捷键

键名	功能	键名	功能
F1	AutoCAD帮助	Ctrl+N	新建文件
F2	打开文本窗口	Ctrl+O	打开文件
F3	对象捕捉开关	Ctrl+S	保存文件
F4	三维对象捕捉开关	Ctrl+P	打印文件
F5	等轴测平面转换	Ctrl+Z	撤销上一步操作
F6	动态UCS	Ctrl+Y	重复撤销的操作
F7	栅格开关	Ctrl+X	剪切
F8	正交开关	Ctrl+C	复制
F9	捕捉开关	Ctrl+V	粘贴
F10	极轴开关	Ctrl+K	超链接
F11	对象跟踪开关	Ctrl+0	全屏
F12	动态输入	Ctrl+1	特性管理器
Delete	删除	Ctrl+2	设计中心
Ctrl+A	全选	Ctrl+3	特性
Ctrl+4	图纸集管理器	Ctrl+5	信息选项板
Ctrl+6	数据库连接	Ctrl+7	标记集管理器
Ctrl+8	快速计算器	Ctrl+9	命令行
Ctrl+W	选择循环	Ctrl+Shift+P	快捷特性
Ctrl+Shift+I	推断约束	Ctrl+Shift+C	带基点复制
Ctrl+Shift+V	粘贴为块	Ctrl+Shift+S	另存为

另外，AutoCAD还有一种更为方便的"命令简写"，即命令表达式的缩写，使用这种命令简写能够起到快速执行命令的作用。不过使用此类命令简写时需要配合Enter键。例如"直线"命令的英文缩写为"L"，用户只需按下键盘上的L字母键后再按下Enter键，就能激活画线命令。

1.7　中文版AutoCAD 2013的新增功能

　　每一个版本的升级换代，都会有一些新增加的功能或新增强的功能出现，就AutoCAD 2013版本而言，除保留了2012版本中人性化的一些新功能之外，它还新增了其他几个新功能，主要体现在以下几个方面。

1.　用户交互命令行增强功能

　　命令行界面得以革新，包括颜色和透明度。用户还可以更灵活地显示历史记录访问最近使用的命令以及将命令行固定在窗口一侧，或使其浮动以最大化绘图区域。命令行中的新工具可使用户轻松访问提示历史记录的行数，以及自动完成、透明度和选项控件。

　　无论命令行是浮动还是固定，新增的命令图标有助于识别命令行，并在 AutoCAD 等待命令时进行指示。命令处于活动状态时，该命令的名称将始终显示在命令行中。以蓝色显示的可单击选项使用户易于访问活动命令中的选项。

2.　阵列增强功能

　　阵列增强功能可以更快捷方便地阵列对象。当选择了矩形阵列对象后，会立即显示在3行4列的栅格中；创建环形阵列时，当指定圆心后将立即在6个完整的环形阵列中显示选定的对象；当选择了路径阵列对象和路径后，对象会立即沿路径的整个长度均匀显示。对于每种类型的阵列，都可以通过阵列对象上的多功能夹点，进行动态编辑相关的特性。

3.　新增画布内特性预览功能

　　使用新增的画布内特性预览功能，用户可以在应用更改前，动态预览对对象和视口特性的更改。预览不局限于对象特性，视口内显示的任何更改都可以预览。例如，当光标经过视觉样式、视图、日光及天光特性、阴影显示和 UCS 图标时，其效果会随之动态地应用到视口中。

4.　图案填充编辑器

　　新增强的图案填充编辑功能可以更加轻松快捷地对多个图案填充同时进行编辑。同样，当使用图案填充编辑器的命令行版本时，也可以选择多个图案填充对象以便同时编辑。

5.　光栅图像及外部参照

　　光栅图像功能更新了两色重采样的算法，提高范围广泛的受支持图像的显示质量；使用外部参照的增强功能可以编辑参照的保存路径，找到的路径显示为只读。快捷菜单中包含一些其他更新。在对话框中，默认类型会更改为相对路径，除非相对路径不可用。例如，如果图形尚未保存或宿主图形和外部文件位于不同的磁盘分区中。

6.　新增强的点云支持功能

　　点云功能已得到显著增强，可以附着和管理点云文件，类似于使用外部参照、图像和其他外部参照的文件，提供关于选定点云的预览图像和详细信息，更轻松地查看和分析点云数据；而使用新增强的点索引功能可提供更平滑、更高效的工作流程等。

7.　提取曲面或实体素线

　　新版本中增加了曲面及实体表面的素线提取功能，用户可以非常方便地从曲面和实体表面中提取相关的素线，还可以更改提取素的方向、在曲面上绘制样条曲线等。

8.　多段线反转

　　新增加的多段线反转功能主要解决的是复合线型多段线中的字符或形的显示问题。在AutoCAD 2013中添加了PLINEREVERSEWIDTHS的新变量，当这个变量值为1时，反转多段线就会对线宽发生作用。

第2章 绘制与编辑点、线图元

在AutoCAD工程图设计中，任何复杂的工程设计图都是由点、线等基本图元通过编辑、组合而成的。因此，要学好AutoCAD绘图软件，就必须掌握这些基本图元的绘制方法和编辑技能，为之后更加方便灵活地绘制复杂设计图纸做好准备。本章主要学习点、线图元的绘制和修整技能。

2.1 绘制点图元

在AutoCAD工程图设计中，点图元充当了非常重要的角色，本节主要学习点样式的设置以及点图元的绘制等相关知识。

2.1.1 设置点样式

在AutoCAD中，默认模式下的点以一个小点显示，如图2-1所示。如果该点处在某轮廓线上，那么将会看不到点，因此，在绘制点时，首先需要设置点样式。AutoCAD为用户提供了"点样式"命令用于设置点的显示样式和大小。

① 执行菜单栏中的"格式"｜"点样式"命令，或在命令行输入Ddptype并按Enter键，打开如图2-2所示的"点样式"对话框。

图2-1   图2-2

② 设置点样式。在"点样式"对话框中共提供了20种点样式，在所需样式上单击，即可将此样式设置为当前点样式，在此设置"⊗"为当前点样式，如图2-3所示。

③ 设置点的尺寸。在"点大小"文本框内输入点的大小尺寸。其中，"相对于屏幕设置大小"选项表示按照屏幕尺寸的百分比显示点；"按绝对单位设置大小"选项表示按照点的实际尺寸来显示点。

④ 单击 确定 按钮，结果绘图区的点被更新，如图2-4所示。

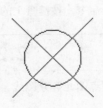

图2-3   图2-4

2.1.2 绘制单个点

单点是指执行一次命令，仅可以绘制一个点。当设置好点样式之后，执行"单点"命令即可绘制单个的点对象。

执行"单点"命令主要有以下几种方式。

◆ 执行菜单栏中的"绘图"|"点"|"单点"命令。
◆ 在命令行输入Point后按Enter键。
◆ 使用命令简写PO。

执行"单点"命令后，AutoCAD系统提示如下。

> 命令: _point
> 　　当前点模式: PDMODE=0 PDSIZE=0.0000
> 　　指定点: 　　// 在绘图区拾取点或输入点的坐标，即可绘制单点，结果如上图 2-4 所示

2.1.3 绘制多个点

所谓多点是指执行一次命令，可以连续绘制多个点，直到用户中止为至。使用"多点"命令可以绘制多个点对象。

执行"多点"命令主要有以下几种方式。

◆ 执行菜单栏中的"绘图"|"点"|"多点"命令。
◆ 单击"绘图"工具栏或面板中的 · 按钮。

执行"多点"命令后，命令行提示如下。

> 命令: Point
> 　　当前点模式: PDMODE=0 PDSIZE=0.0000（Current point modes: PDMODE=0 PDSIZE=0.0000）
> 　　指定点: 　　// 在绘图区给定点的位置
> 命令: Point
> 　　当前点模式: PDMODE=0 PDSIZE=0.0000（Current point modes: PDMODE=0 PDSIZE=0.0000）
> 　　指定点: 　　// 在绘图区给定点的位置
> … …

依次多次在绘图区拾取点坐标，或输入点的坐标值，即可绘制多个点对象，结果如图2-5所示。

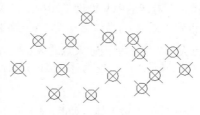

图2-5

如果要退出"多点"命令，按键盘上的Esc键即可。

2.2　等分点

"等分点"是指使用点图元等分图线。本节就来学习如何等分点，具体有"定数等分"和"定距等分"两个命令。

2.2.1 定数等分

"定数等分"命令用于按照指定的等分数目等分图线，图线被等分的结果仅仅是在等分点处放置了点的标记符号，而源图线并没有被等分为多个对象。

执行"定数等分"命令主要有以下几种方式。

- ◆ 执行菜单栏中的"绘图"|"点"|"定数等分"命令。
- ◆ 在命令行输入Divide后按Enter键。
- ◆ 单击功能区"常用"选项卡|"绘图"面板中的 ⋏ 按钮。
- ◆ 使用命令简写DVI。

下面通过将长度为100个绘图单位的图线五等分，学习"定数等分"命令的使用方法和操作技巧。

① 新建一个空白文件。

② 激活"直线"命令，绘制长度为100的水平线段作为等分对象。

③ 执行菜单栏中的"格式" | "点样式"命令，将当前点样式设置为"×"。

④ 执行菜单栏中的"绘图" | "点" | "定数等分"命令，根据命令行的提示定数等分线段，命令行操作如下。

```
命令：_divide
    选择要定数等分的对象：    // 选择刚绘制的水平线段
    输入线段数目或 [ 块 (B)]:  //5 Enter ，设置等分数目，并结束命令
```

⑤ 等分结果如图2-6所示。

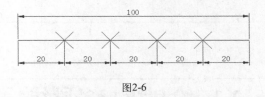

图2-6

> **TIP** "块"选项用于在对象等分点处放置内部图块，以代替点标记。在执行此选项时，必须确保当前文件中存在所需使用的内部图块。

2.2.2 定距等分

"定距等分"命令用于按照指定的等分距离等分对象。等分的结果仅仅是在等分点处放置了点的标记符号，而源对象并没有被等分为多个对象。

执行"定距等分"命令主要有以下几种方式。

- ◆ 执行菜单栏中的"绘图"|"点"|"定距等分"命令。
- ◆ 在命令行输入Measure后按Enter键。
- ◆ 单击功能区"常用"选项卡|"绘图"面板中的 ⋏ 按钮。
- ◆ 使用命令简写ME。

下面通过将长度为200个绘图单位的线段每隔45个单位的距离进行等分，学习"定距等分"命令的使用方法和操作技巧。

① 新建一个空白文件。

② 使用"直线"命令绘制长度为200个绘图单位的水平线段。

③ 执行菜单栏中的"格式"｜"点样式"命令，设置点的样式为"⊗"。

④ 执行菜单栏中的"绘图"｜"点"｜"定距等分"命令，对线段进行定距等分，命令行操作如下。

命令：_measure

选择要定距等分的对象： // 在水平线段左端单击

指定线段长度或 [块 (B)]: //45 Enter，设置等分距离

⑤ 定距等分的结果如图2-7所示。

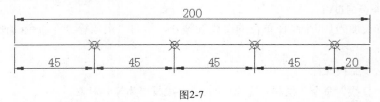

图2-7

TIP 在"定距等分"对象时，拾取对象的位置会影响等分的结果，在命令行"选择要定距等分的对象:"提示下，如果在对象左端单击，则系统会由左边开始定距等分，如上图2-7所示；如果在线段的右端单击，则系统会从右端开始定距等分对象，如图2-8所示。

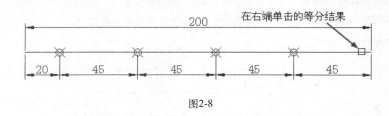

图2-8

2.3 绘制线与多段线

本节主要来学习绘制直线与多段线。

2.3.1 绘制线

线是最基本、最常用的一种几何图元，它是组成工程图纸必不可少的元素之一，在AutoCAD中，使用"直线"命令，配合坐标输入功能，可以绘制一条或多条直线段，每条直线都被看作是一个独立的对象。

执行"直线"命令主要有以下几种方式。

◆ 执行菜单栏中的"绘图"｜"直线"命令。

◆ 单击"绘图"工具栏或面板中的 按钮。

◆ 在命令行输入Line后按Enter键。

◆ 使用命令简写L。

下面通过绘制边长为300的正三角形，学习使用"直线"命令和绝对坐标的输入功能绘制直线的方法。

① 执行"新建"命令，新建一个公制单位的空白文件。

② 执行菜单栏中的"格式"｜"图形界限"命令，设置图形界限为320×320，命令行操作

如下。

> 命令：'_limits
> 重新设置模型空间界限：
> 指定左下角点或 [开 (ON)/ 关 (OFF)] <0.0000,0.0000>: // Enter
> 指定右上角点 <420.0000,297.0000>: //320,320 Enter

③ 单击"缩放"工具栏中的 按钮，将图形界限最大化显示。

④ 单击"绘图"工具栏中的 按钮，激活"直线"命令，绘制直线，命令行操作如下。

> 命令：_line
> 指定第一点： //0,0 Enter，以原点作为起点
> 指定下一点或 [放弃 (U)]: //320,0 Enter，定位第二点
> 指定下一点或 [放弃 (U)]: //320<120 Enter，定位第三点
> 指定下一点或 [闭合 (C)/ 放弃 (U)]: //C Enter，闭合图形，结果如图 2-9 所示

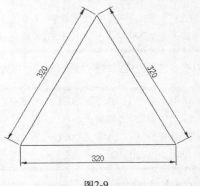

图2-9

> **TIP**　使用"放弃"选项可以取消上一步操作；使用"闭合"选项可以绘制首尾相连的封闭图形。

2.3.2 绘制多段线

多段线是由一系列直线段或弧线段连接而成的一种特殊几何图元，此图元无论包括多少条直线元素或弧线元素，系统都将其看作单个对象。

在AutoCAD中，使用"多段线"命令可以绘制多段线，所绘制的多段线可以具有宽度、可以闭合或不闭合、可以为直线段也可以为弧线段，甚至可以绘制箭头，如图2-10所示。

图2-10

执行"多段线"命令主要有以下几种方式。

◆ 执行菜单栏中的"绘图"|"多段线"命令。
◆ 单击"绘图"工具栏或面板中的 按钮。
◆ 在命令行输入Pline后按Enter键。
◆ 使用命令简写PL。

下面通过绘制如图2-11所示的浴盘简易轮廓图，学习"多段线"命令的使用方法和技巧。

① 执行"新建"命令，新建一个公制单位的绘图文件。

② 执行菜单栏中的"视图"｜"缩放"｜"圆心"命令，将视图高度调整为1500个单位，命令行操作如下。

命令：'_zoom
    指定窗口的角点，输入比例因子 (nX 或 nXP)，或者 [全部 (A)/ 中心 (C)/ 动态 (D)/ 范围 (E)/ 上一个 (P)/ 比例 (S)/ 窗口 (W)/ 对象 (O)] < 实时 >: _c
    指定中心点：   // 在绘图区拾取一点
    输入比例或高度 <2114.7616>: //1500 Enter

③ 单击"绘图"工具栏中的 ⊃ 按钮，激活"多段线"命令，配合坐标输入功能绘制浴盘外轮廓线，命令行操作如下。

命令：_pline
    指定起点：   // 在绘图区拾取一点作为起点
    当前线宽为 0.0000
    指定下一个点或 [圆弧 (A)/ 半宽 (H)/ 长度 (L)/ 放弃 (U)/ 宽度 (W)]:   //@1300,0 Enter
    指定下一点或 [圆弧 (A)/ 闭合 (C)/ 半宽 (H)/ 长度 (L)/ 放弃 (U)/ 宽度 (W)]: // A Enter

> **TIP** ▶▶ 激活"圆弧"选项，可以将当前画线模式转换为画弧模式，以绘制弧线段。

    指定圆弧的端点或 [角度 (A)/ 圆心 (CE)/ 闭合 (CL)/ 方向 (D)/ 半宽 (H)/ 直线 (L)/ 半径 (R)/ 第二个点 (S)/ 放弃 (U)/ 宽度 (W)]:   //@800<90 Enter
    指定圆弧的端点或 [角度 (A)/ 圆心 (CE)/ 闭合 (CL)/ 方向 (D)/ 半宽 (H)/ 直线 (L)/ 半径 (R)/ 第二个点 (S)/ 放弃 (U)/ 宽度 (W)]:   //L Enter

> **TIP** ▶▶ 激活"直线"选项，可以将当前画弧模式转换为画线模式，以绘制直线段。

    指定下一点或 [圆弧 (A)/ 闭合 (C)/ 半宽 (H)/ 长度 (L)/ 放弃 (U)/ 宽度 (W)]: //@1300<180 Enter
    指定下一点或 [圆弧 (A)/ 闭合 (C)/ 半宽 (H)/ 长度 (L)/ 放弃 (U)/ 宽度 (W)]: //A Enter
    指定圆弧的端点或 [角度 (A)/ 圆心 (CE)/ 闭合 (CL)/ 方向 (D)/ 半宽 (H)/ 直线 (L)/ 半径 (R)/ 第二个点 (S)/ 放弃 (U)/ 宽度 (W)]:   //@-100,-100 Enter
    指定圆弧的端点或 [角度 (A)/ 圆心 (CE)/ 闭合 (CL)/ 方向 (D)/ 半宽 (H)/ 直线 (L)/ 半径 (R)/ 第二个点 (S)/ 放弃 (U)/ 宽度 (W)]:   // L Enter
    指定下一点或 [圆弧 (A)/ 闭合 (C)/ 半宽 (H)/ 长度 (L)/ 放弃 (U)/ 宽度 (W)]: //@0,-600 Enter
    指定下一点或 [圆弧 (A)/ 闭合 (C)/ 半宽 (H)/ 长度 (L)/ 放弃 (U)/ 宽度 (W)]: // A Enter
    指定圆弧的端点或 [角度 (A)/ 圆心 (CE)/ 闭合 (CL)/ 方向 (D)/ 半宽 (H)/ 直线 (L)/ 半径 (R)/ 第二个点 (S)/ 放弃 (U)/ 宽度 (W)]:   //CL Enter，结束命令，绘制结果如图 2-11 所示

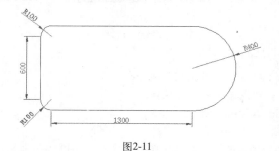

图2-11

在激活"多段线"命令并指定起点后，命令行会出现"指定下一个点或[圆弧(A)/半宽(H)/长度(L)/放弃(U)/宽度(W)]:"提示，提示用户指定下一点或选择一个选项，本节将学习这些选项功能。

1. "圆弧"选项

"圆弧"选项用于将当前多段线模式切换为画弧模式，以绘制由弧线组合而成的多段线。在命令行提示下输入"A"，或在绘图区单击右键，在弹出的快捷菜单中选择"圆弧"命令，都可激活此选项，系统自动切换到画弧状态，且命令行提示如下。

> 指定圆弧的端点或 [角度 (A)/ 圆心 (CE)/ 闭合 (CL)/ 方向 (D)/ 半宽 (H)/ 直线 (L)/ 半径 (R)/ 第二个点 (S)/ 放弃 (U)/ 宽度 (W)]:

各次级选项功能如下。

- ◆ "角度"选项：用于指定要绘制的圆弧的圆心角。
- ◆ "圆心"选项：用于指定圆弧的圆心。
- ◆ "闭合"选项：使用弧线封闭多段线。
- ◆ "方向"选项：用于取消直线与圆弧的相切关系，改变圆弧的起始方向。
- ◆ "半宽"选项：用于指定圆弧的半宽值。激活此选项功能后，AutoCAD将提示用户输入多段线的起点半宽值和终点半宽值。
- ◆ "直线"选项：用于切换直线模式。
- ◆ "半径"选项：用于指定圆弧的半径。
- ◆ "第二个点"选项：用于选择三点画弧方式中的第二个点。
- ◆ "宽度"选项：用于设置弧线的宽度值。

2. 其他选项

- ◆ "闭合"选项：激活此选项后，AutoCAD将使用直线段封闭多段线，并结束多段线命令。

> **TIP** ▶▶ 当用户需要绘制一条闭合的多段线时，最后一定要使用此选项功能，才能保证绘制的多段线是完全封闭的。

- ◆ "长度"选项：此选项用于定义下一段多段线的长度，AutoCAD按照上一线段的方向绘制这一段多段线。若上一段是圆弧，AutoCAD绘制的直线段与圆弧相切。
- ◆ "半宽"/"宽度"选项："半宽"选项用于设置多段线的半宽，"宽度"选项用于设置多段线的起始宽度值，起始点的宽度值可以相同也可以不同。

> **TIP** ▶▶ 在绘制具有宽度的多段线时，变量Fillmode控制着多段线是否被填充，当变量值为1时，绘制的宽度多段线将被填充；变量值为0时，宽度多段线将不会填充，如图2-12所示。左边是Fillmode变量为1时绘制的宽度为20的多段线，而右边是Fillmode变量为0时绘制的宽度为20的多段线。

图2-12

2.3.3 编辑多段线

"编辑多段线"命令用于编辑多段线或具有多段线性质的图形，如矩形、正多边形、圆环、三维多段线、三维多边形网格等。

> **TIP** ▶▶ 使用"编辑多段线"命令可以闭合、打断、拉直、拟合多段线，还可以增加、移动、删除多段线顶点等。

执行"编辑多段线"命令主要有以下几种方式。

- 执行菜单栏中的"修改"|"对象"|"多段线"命令。
- 单击"修改II"工具栏或"修改"面板中的 按钮。
- 在命令行输入Pedit按Enter键。
- 使用命令简写PE。

执行"编辑多段线"命令后AutoCAD提示如下。

命令：Pedit
　　选择多段线或 [多条 (M)]:　　　　// 选择需要编辑的多段线

如果用户选择了直线或圆弧，而不是多段线，系统出现如下提示。

　　选定的对象不是多段线。
　　是否将其转换为多段线？<Y>:　　// 输入 Y，将选择的对象即直线或圆弧转换为多段线，
　　　　　　　　　　　　　　　　　　　再进行编辑

如果选择的对象是多段线，系统出现如下提示。

　　输入选项 [闭合 (C)/ 合并 (J)/ 宽度 (W)/ 编辑顶点 (E)/ 拟合 (F)/ 样条曲线 (S)/ 非曲线化 (D)/
线型生成 (L) / 反转 (R)/ 放弃 (U)]:

1. 选项解析

- "闭合"选项：用于打开或闭合多段线。如果用户选择的多段线是非闭合的，使用该选项可使其封闭；如果用户选中的多段线是闭合的，该选项替换成"打开"，使用该选项可打开闭合的多段线。
- "合并"选项：用于将其他的多段线、直线或圆弧连接到正在编辑的多段线上，形成一条新的多段线。

> **TIP** 要往多段线上连接实体，与原多段线必须有一个共同的端点，即需要连接的对象必须首尾相连。

- "宽度"选项：用于修改多段线的线宽，并将多段线的各段线宽统一变为新输入的线宽值。激活该选项后，系统提示输入所有线段的新宽度。
- "拟合"选项：用于对多段线进行曲线拟合，将多段线变成通过每个顶点的光滑连续的圆弧曲线，曲线经过多段线的所有顶点并使用任何指定的切线方向，如图2-13所示。

（曲线拟合前）　　　　　（曲线拟合后）

图2-13

- "非曲线化"选项：用于还原已被编辑的多段线。取消拟合、样条曲线以及"多段线"命令中"弧"选项所创建的圆弧段，将多段线中各段拉直，同时保留多段线顶点的所有切线信息。
- "线型生成"选项：用于控制多段线为非实线状态时的显示方式。当"线型生成"选项为ON状态时，虚线或中心线等非实线线型的多段线在角点处封闭；该项为OFF状态时，角点处是否封闭，取决于线型比例的大小。
- "样条曲线"选项：将用B样条曲线拟合多段线，生成由多段线顶点控制的样条曲线。

> **TIP** 变量"Splinesegs"控制样条曲线的精度，值越大，曲线越光滑。变量"Splframe"决定是否显示原多段线，值设置为1时，样条曲线与原多段线一同显示；值设置为0时，不显示原多段线。变量"Splinetype"控制样条曲线的类型，值为5时，为二次B样条曲线；值为6时，为三次B样条曲线，如图2-14所示。

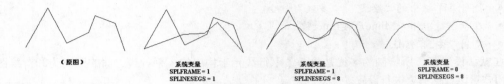

图2-14

2. 编辑顶点

此选项用于对多段线的顶点进行移动、插入新顶点、改变顶点的线宽及切线方向等。执行该选项后，系统会在多段线的第一个顶点上出现"×"标记，且以该顶点作为当前的修改顶点，AutoCAD出现"输入顶点编辑选项[下一个(N)/上一个(P)/打断(B)/插入(I)/移动(M)/重生成(R)/拉直(S)/切向(T)/宽度(W)/退出(X)]<N>:"，提示用户输入顶点编辑的选项。

部分选项功能如下。

- ◆ "下一个"选项：用于移动顶点的位置标记。当执行"下一个"选项，此标记移动到多段线的下一个顶点，作为当前的修改顶点。
- ◆ "上一个"选项：用于将当前的编辑顶点记号移动到上一个顶点，与"下一个"选项相反。
- ◆ "打断"选项：用于删除多段线上两个顶点之间的线段。执行该选项，AutoCAD把当前的编辑顶点作为第一个断点。
- ◆ "插入"选项：用于为多段线增加新的顶点。激活该选项后，系统将在多段线的当前顶点的后面增加一个新顶点。
- ◆ "移动"选项：用于将当前的编辑顶点移动到新的位置。
- ◆ "重生成"选项：用于重新生成多段线，使其编辑的特性显示出来。
- ◆ "拉直"选项：用于将多段线两个指定点之间的所有线段拉直。
- ◆ "切向"选项：用于改变当前所编辑顶点的切线方向，可用曲线拟合。执行该选项，系统提示"指定顶点切向:"，用于指定顶点的切线方向，可直接输入表示切线方向的角度值，也可以选取一点，该点与多段线上的当前点的连线方向为切线方向。
- ◆ "宽度"选项：为多段线的不同部分指定宽度，当起始和终止宽度不同时，起始宽度用于当前点，终止宽度用于下一顶点。

2.4 绘制与编辑多线

所谓"多线"，指的就是由多条平行线元素组合成的复合线图元，在建筑制图中，常使用"多线"命令绘制墙线和窗线。本节主要学习多线图元的绘制、编辑和多线样式的设置等知识。

2.4.1 绘制多线

"多线"命令用于绘制两条或两条以上的平行线元素构成的复合对象，并且平行线元素的线型、颜色及间距都是可以设置的，如图2-15所示。

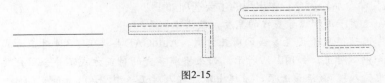

图2-15

执行"多线"命令主要有以下几种方式。

◆ 执行菜单栏中的"绘图"|"多线"命令。

◆ 在命令行中输入Mline后按Enter键。

◆ 使用命令简写ML。

在默认设置下，所绘制的多线是由两条平行线元素构成的，平行线之间的距离为20个绘图单位，用户可以根据需要进行设置。

执行"多线"命令后，其命令行操作如下。

```
命令：_mline
    当前设置：对正＝上，比例＝20.00，样式＝STANDARD
    指定起点或 [ 对正 (J)/ 比例 (S)/ 样式 (ST)]:    //S Enter，激活"比例"选项
    输入多线比例 <20.00>:                          //15 Enter，设置多线的比例
    当前设置：对正＝上，比例＝15.00，样式＝STANDARD
    指定起点或 [ 对正 (J)/ 比例 (S)/ 样式 (ST)]:    //J Enter，激活"对正"选项
    输入对正类型 [ 上 (T)/ 无 (Z)/ 下 (B)] < 上 >:  //B Enter，设置对正方式
    当前设置：对正＝下，比例＝12.00，样式＝STANDARD
    指定起点或 [ 对正 (J)/ 比例 (S)/ 样式 (ST)]:    //在适当位置拾取一点作为起点
    指定下一点：                                   //@250,0 Enter
    指定下一点或 [ 放弃 (U)]:                       //@0,400 Enter
    指定下一点或 [ 闭合 (C)/ 放弃 (U)]:             //@-250,0 Enter
    指定下一点或 [ 闭合 (C)/ 放弃 (U)]:             //C Enter，闭合图形，绘制结果如图 2-16 所示
```

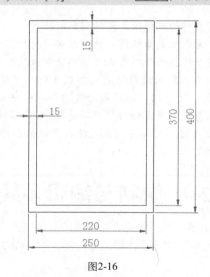

图2-16

> **TIP** 另外，在设置好多线的对正方式之后，还要注意光标的引导方向，引导方向不同，绘制的图形的尺寸也不同。

执行"多线"命令后，命令行中出现的主要选项如下。

◆ "比例"选项：用于设置多线的宽度，默认比例为20。

◆ "对正"选项：用于设置多线的对正方式，AutoCAD共提供了3种对正方式，即上对正、下对正和中心对正，如图2-17所示。如果当前多线的对正方式不符合用户要求的话，可在命令行中输入J，激活该选项，系统出现"输入对正类型[上(T)/无(Z)/下(B)]<上>:"提示，提示用户输入多线的对正方式。

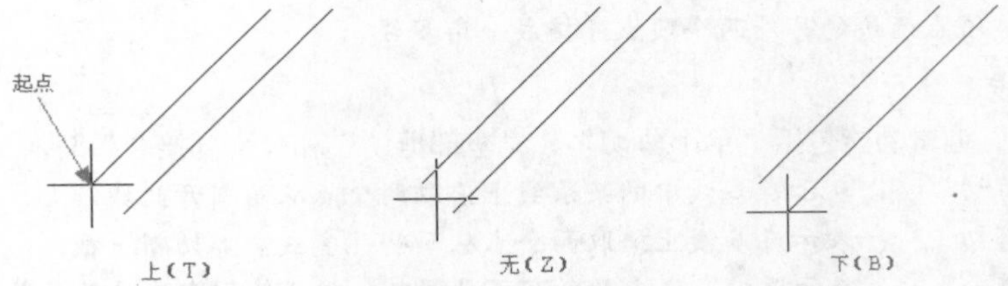

起点

上（T）　　　　　　无（Z）　　　　　　下（B）

图2-17

2.4.2 编辑多线

"多线编辑工具"命令用于控制和编辑多线的交叉点、断开多线和增加多线顶点等。执行菜单栏中的"修改"｜"对象"｜"多线"命令或在需要编辑的多线上双击左键，可打开如图2-18所示的"多线编辑工具"对话框，从此对话框中可以看出，AutoCAD共提供了4类共12种编辑工具，具体如下。

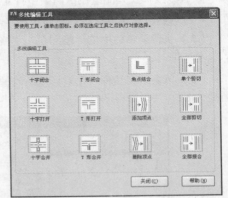

图2-18

1. 十字交线

所谓"十字交线"，指的是两条多线呈十字形交叉状态，此种状态下的编辑功能包括"十字闭合"、"十字打开"和"十字合并"3种。

◆ "十字闭合" ：表示相交两条多线的十字封闭状态。

◆ "十字打开" ：表示相交两条多线的十字开放状态，将两条线的相交部分全部断开，第一条多线的轴线在相交部分也要断开。

◆ "十字合并" ：表示相交两条多线的十字合并状态，将两条线的相交部分全部断开，但两条多线的轴线在相交部分相交。

2. T形交线

所谓"T形交线"，指的是两条多线呈"T形"相交状态，此种状态下的编辑功能包括"T形闭合"、"T形打开"和"T形合并"3种。

◆ "T形闭合" ：表示相交两条多线的T形封闭状态，将选择的第一条多线与第二条多线相交的部分修剪掉，而第二条多线保持原样连通。

◆ "T形打开" ：表示相交两条多线的T形开放状态，将两条线的相交部分全部断开，但第一条多线的轴线在相交部分也断开。

◆ "T形合并" ：表示相交两多线的T形合并状态，将两条线的相交部分全部断开，但第一条与第二条多线的轴线在相交部分相交。

3. 角形交线

"角形交线"编辑功能包括"角点结合"、"添加顶点"和"删除顶点"3种。

◆ "角点结合" ：表示修剪或延长两条多线直到它们接触形成一个相交角，将第一条和第二条多线的拾取部分保留，并将其相交部分全部断开剪去。

◆ "添加顶点" ：表示在多线上产生一个顶点并显示出来，相当于打开显示连接开关，显示交点一样。

◆ "删除顶点" ：表示删除多线转折处的交点，使其变为直线形多线。删除某顶点后，系统会将该顶点两边的另外两个顶点连接成一条多线。

4. 切断交线

"切断交线"编辑功能包括"单个剪切"、"全部剪切"和"全部接合"3种。

◆ "单个剪切"：表示在多线中的某条线上拾取两个点从而断开此线。
◆ "全部剪切"：表示在多线上拾取两个点从而将此多线全部切断一截。
◆ "全部接合"：表示连接多线中的所有可见间断，但不能用来连接两条单独的多线。

2.4.3 设置多线样式

默认多线样式只能绘制由两条平行元素构成的多线，如果需要绘制其他样式的多线时，可以使用"多线样式"命令进行设置，具体设置步骤如下。

① 执行菜单栏中的"绘图"｜"格式"｜"多线样式"命令，打开如图2-19所示的"多线样式"对话框。

② 单击"多线样式"对话框中的 新建(N) 按钮，在打开的"创建新的多线样式"对话框中为新样式名称，如图2-20所示。

图2-19

图2-20

③ 在"创建新的多线样式"对话框中单击 继续 按钮，打开如图2-21所示的"新建多线样式"对话框。

图2-21

④ 单击 添加(A) 按钮，添加一个0号元素，并设置元素颜色为红色，如图2-22所示。

⑤ 单击 线型(Y) 按钮，在打开的"选择线型"对话框中单击 加载(L) 按钮，并在打开的"加载或重载线型"对话框中选择名为"CENTER"的线型。

(6) 单击 确定 按钮，将该线型加载到"选择线型"对话框内，然后选择加载的线型，单击 确定 按钮，将此线型赋予刚添加的多线元素，结果如图2-23所示。

图2-22 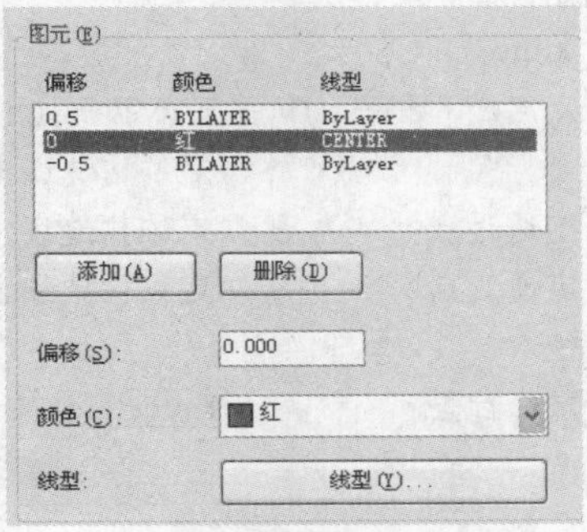   图2-23

(7) 在左侧的"封口"选项组中，勾选封口的起点为"直线"，封口的端点也为"直线"。

(8) 单击 确定 按钮返回"多线样式"对话框，结果新线样式出现在预览框中，如图2-24所示。

(9) 返回"多线样式"对话框，单击 保存(A) 按钮，在打开的"保存多线样式"对话框中可以将样新式以"*mln"的格式进行保存，以方便在其他文件中进行使用。

(10) 在"多线样式"对话框中选择设置的多线样式，单击 置为当前(U) 按钮，将其设置为当前样式。

(11) 使用命令简写ML激活"多线"命令，使用当前多线样式绘制一条水平多段，观看其效果，如图2-25所示。

图2-24

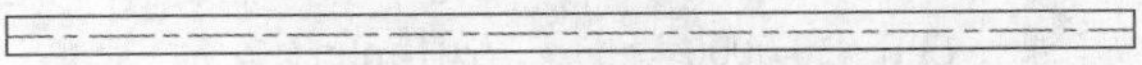

图2-25

2.5 绘制辅助线与曲线

除了直线、多段线和多线之外，AutoCAD还为用户提供了专用于绘制作图辅助线和曲线的相关工具，这些工具有构造线、样条曲线、云线和螺旋线。本节来学习这些线的绘制方法和技巧。

2.5.1 绘制构造线

"构造线"命令用于绘制向两端无限延伸的绘图辅助线，此种辅助线不能作为图形轮廓线的一部分，但是可以通过修改工具将其编辑为图形轮廓线。

执行"构造线"命令有以下几种方式。

◆ 执行菜单栏中的"绘图"|"构造线"命令。

◆ 单击"绘图"工具栏或面板中的 ✍ 按钮。

◆ 在命令行输入Xline后按Enter键。

◆ 使用命令简写XL。

执行"构造线"命令后，可以连续绘制多条构造线，直到结束命令为止。激活"构造线"命令后，命令行操作如下。

命令：_xline
　　指定点或 [水平 (H)/ 垂直 (V)/ 角度 (A)/ 二等分 (B)/ 偏移 (O)]:
　　　　　　　　　　　　// 定位构造线上的一点
　　指定通过点：　　　　// 定位构造线上的通过点
　　指定通过点：　　　　// 定位构造线上的通过点
　　……
　　指定通过点：　　　　// Enter，结束命令，绘制结果如图2-26所示

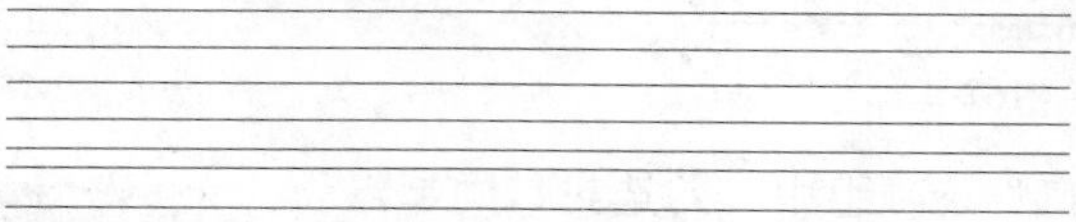

图2-26

使用"构造线"命令，不仅可以绘制水平构造线和垂直构造线，还可以绘制具有一定角度的辅助线以及绘制角的等分线。当激活该命令后，其选项功能如下。

◆ "水平"选项：激活该选项，可以绘制向两端无限延伸的水平构造线。
◆ "垂直"选项：激活该选项，可以绘制向两端无限延伸的垂直构造线。
◆ "偏移"选项：激活该选项，可以绘制与参照线平行的构造线。

下面通过一个简单操作，学习"偏移"选项的使用方法和技巧。

① 使用"直线"命令绘制倾斜角度为30°的一条直线，如图2-27所示。

② 激活"构造线"命令，其命令行操作如下。

命令：_xline
　　指定点或 [水平 (H)/ 垂直 (V)/ 角度 (A)/ 二等分 (B)/ 偏移 (O)]: //O Enter，激活"偏移"选项
　　指定偏移距离或 [通过 (T)] <50.0000>: 　　//20 Enter
　　选择直线对象：　　　　　　　　　　　　　　// 选择倾斜直线，如图 2-28 所示

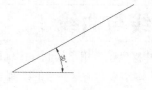

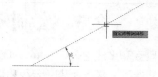

图2-27　　　　　　　　　　　　　　　　图2-28

　　指定向哪侧偏移：　　　　　　　　　　// 在直线左边拾取一点
　　选择直线对象：　　　　　　　　　　　// Enter，偏移结果如图 2-29 所示

◆ "角度"选项：激活该选项，可以绘制具有任意角度的绘图辅助线，其命令行操作如下。

命令：_xline
　　指定点或 [水平 (H)/ 垂直 (V)/ 角度 (A)/ 二等分 (B)/ 偏移 (O)]:
　　　　　　　　　　　　　　　　　　　　//A Enter，激活"角度"选项
　　输入构造线的角度 (0) 或 [参照 (R)]: 　　//23 Enter

指定通过点：	// 拾取通过点
指定通过点：	// Enter，结果如图 2-30 所示

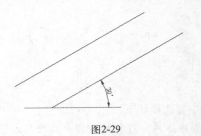 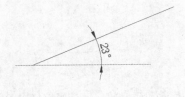

图2-29 　　　　　　　　　　　　　　　　　　图2-30

◆ "二等分"选项：激活该选项，可以绘制任意角度的角平分线，其命令行操作如下。

命令：_xline	
指定点或 [水平 (H)/ 垂直 (V)/ 角度 (A)/ 二等分 (B)/ 偏移 (O)]：	// B Enter，激活选项
指定角的顶点：	// 捕捉线 A 和线 B 的交点
指定角的起点：	// 捕捉线 A 的端点
指定角的端点：	// 捕捉线 B 的端点
指定角的端点：	// Enter，结束操作，结果如图 2-31 所示

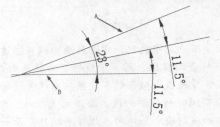

图2-31

2.5.2 绘制样条曲线

"样条曲线"命令用于绘制由通过某些拟合点（接近控制点）的光滑曲线，所绘制的曲线可以是二维曲线，也可以是三维曲线。

执行"样条曲线"命令主要有以下几种方式。

◆ 执行菜单栏中的"绘图"|"样条曲线"命令。

◆ 单击"绘图"工具栏中的～按钮。

◆ 在命令行输入Spline后按Enter键。

◆ 使用命令简写SPL。

执行"样条曲线"命令之后，其命令行操作如下。

命令：_spline	
当前设置：方式 = 拟合　节点 = 弦	
指定第一个点或 [方式 (M)/ 节点 (K)/ 对象 (O)]：	// 拾取一点 Enter
输入下一个点或 [起点切向 (T)/ 公差 (L)]：	// 拾取下一点 Enter
输入下一个点或 [端点相切 (T)/ 公差 (L)/ 放弃 (U)]：	// 拾取下一点 Enter
输入下一个点或 [端点相切 (T)/ 公差 (L)/ 放弃 (U)/ 闭合 (C)]：	// Enter，结束操作，绘制非闭合的样条曲线，如图 2-32 所示

如果想绘制闭合的样条曲线，在命令行"输入下一个点或[端点相切(T)/公差(L)/放弃(U)/闭合(C)]:"提示下，输入C并按Enter键，即可绘制闭合的样条曲线，如图2-33所示。

图2-32　　　　　　　　　　　　　　　　图2-33

在执行"样条曲线"命令后，命令行中出现的主要选项如下。

◆ "方式"选项：主要用于设置样条曲线的创建方式，即使用拟合点或使用控制点，两种方式下样条曲线的夹点示例如图2-34所示。

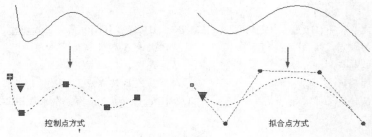

控制点方式　　　　　　　　　　　　拟合点方式

图2-34

◆ "节点"选项：用于指定节点的参数化，它会影响曲线在通过拟合点时的形状。

◆ "对象"选项：用于将样条曲线拟合的多段线转变为样条曲线。激活此选项后，如果用户选择的是没有经过"编辑多段线"拟合的多段线，系统无法转换选定的对象。

◆ "闭合"选项：用于绘制闭合的样条曲线。激活此选项后，AutoCAD将使样条曲线的起点和终点重合，并且共享相同的顶点和切向，此时系统只提示一次让用户给定切向点。

◆ "公差"选项：用于控制样条曲线对数据点的接近程度。公差的大小直接影响到当前图形，公差越小，样条曲线越接近数据点。

> **TIP** 如果公差为 0，样条曲线通过拟合点；如果输入大于 0 的公差，将使样条曲线在指定的公差范围内通过拟合点。

2.5.3　绘制修订云线

"修订云线"命令用于绘制由连续圆弧构成的图线，所绘制的图线被看作是一条多段线，此种图线可以是闭合的，也可以是断开的，如图2-35所示。

图2-35

执行"修订云线"命令主要有以下几种方式。

◆ 执行菜单栏中的"绘图"|"修订云线"命令。

◆ 单击"绘图"工具栏或面板中的  按钮。

◆ 在命令行输入Revcloud后按Enter键。

执行"修订云线"命令后，根据命令行的操作提示绘制闭合云线。

命令：_revcloud

最小弧长：30 最大弧长：30 样式：普通

指定起点或 [弧长 (A)/ 对象 (O)/ 样式 (S)] < 对象 >:

// 在绘图区拾取一点作为起点

沿云线路径引导十字光标 ... // 按住鼠标左键不放,沿着所需闭合路径引导光标,

即可绘制闭合的云线图形,如图 2-36 所示

修订云线完成。

┌─────┐
│ TIP │ 在绘制闭合的云线时，需要移动光标将云线的端点放在起点处，系统会自动绘制闭合云线。
└─────┘

下面以绘制最大弧长为25、最小弧长为10的非闭合云线为例，学习"弧长"选项功能的应用，命令行操作如下。

命令：_revcloud

最小弧长：30 最大弧长：30 样式：普通

指定起点或 [弧长 (A)/ 对象 (O)/ 样式 (S)] < 对象 >: //A Enter，激活"弧长"选项

指定最小弧长 <30>: //15 Enter，设置最小弧长度

指定最大弧长 <10>: //30 Enter，设置最大弧长度

指定起点或 [弧长 (A)/ 对象 (O)/ 样式 (S)] < 对象 >: // 在绘图区拾取一点作为起点

沿云线路径引导十字光标 ... // 按住鼠标左键不放,沿着所需闭合路径引导光标

反转方向 [是 (Y)/ 否 (N)] < 否 >: // N Enter，采用默认设置，结果如图 2-37 所示

修订云线完成。

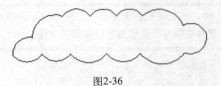

图2-36  图2-37

┌─────┐
│ TIP │ 使用命令行中的"弧长"选项，可以设置云线的最小弧和最大弧的长度，所设置的最大弧长最大
│   │ 为最小弧长的三倍。
└─────┘

执行"修订云线"命令后，命令行中出现的主要选项如下。

◆ "对象"选项：用于对非云线图形，如直线、圆弧、矩形以及圆形等，按照当前的样式和尺寸，将其转换为云线图形，如图2-38所示。另外，在编辑的过程中还可以修改弧线的方向，如图2-39所示。

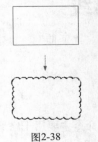

图2-38

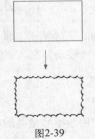

图2-39

◆ "样式"选项：用于设置修订云线的样式，具体有"普通"和"手绘"两种样式，默认为"普通"样式。如图2-40所示的云线就是在"手绘"样式下绘制的。

图2-40

2.5.4 绘制螺旋线

"螺旋"命令用于绘制二维螺旋线，将螺旋用作 SWEEP 命令的扫掠路径以创建弹簧、螺纹和环形楼梯等。

执行"螺旋"命令主要有以下几种方式。

◆ 执行菜单栏中的"绘图"|"建模"|"螺旋"命令。

◆ 单击"建模"工具栏或"绘图"面板中的 ▤ 按钮。

◆ 在命令行输入Helix后按Enter键。

下面通过绘制高度为120、圈数为7的螺旋线，学习"螺旋"命令，命令行操作如下。

```
命令：_Helix
    圈数 = 3.0000    扭曲 =CCW
    指定底面的中心点：                      // 在绘图区拾取一点
    指定底面半径或 [ 直径 (D)] <27.9686>：   //50 Enter
    指定顶面半径或 [ 直径 (D)] <50.0000>：   // Enter
```

> **TIP** ▶▶ 如果指定一个值来同时作为底面半径和顶面半径，将创建圆柱形螺旋；如果指定不同值作为顶面半径和底面半径，将创建圆锥形螺旋；不能指定 0 来同时作为底面半径和顶面半径。

```
    指定螺旋高度或 [ 轴端点 (A)/ 圈数 (T)/ 圈高 (H)/ 扭曲 (W)] <923.5423>：// T Enter
    输入圈数 <3.0000>：           //7 Enter
    指定螺旋高度或 [ 轴端点 (A)/ 圈数 (T)/ 圈高 (H)/ 扭曲 (W)] <23.5423>：
                              //120 Enter，绘制结果如图 2-41 所示
```

> **TIP** ▶▶ 默认设置下螺旋圈数为3。绘制图形时，圈数的默认值始终是先前输入的圈数值，螺旋的圈数不能超过 500。另外，如果将螺旋指定的高度值设置为 0，则将创建扁平的二维螺旋。

图2-41

2.6 编辑图线

本节学习几个常用的图线编辑工具，具体有"修剪"、"延伸"、"分解"、"打断"、"合并"、"光滑曲线"、"移动"和"删除"等命令。

2.6.1 修剪图线

"修剪"命令是使用频率非常高的一个编辑命令，此命令主要用于修剪掉对象上指定的部分，

不过在修剪时，需要事先指定一个修剪边界。

执行"修剪"命令主要有以下几种方式。

◆ 执行菜单栏中的"修改"|"修剪"命令。

◆ 单击"修改"工具栏或面板中的 按钮。

◆ 在命令行输入Trim按Enter键。

◆ 使用命令简写TR。

在修剪对象时，边界的选择是关键，边界必须要与修剪对象相交，或与其延长线相交。AutoCAD为用户设定了两种修剪模式，即"修剪模式"和"不修剪模式"，默认模式为"不修剪模式"。下面通过具体实例，学习默认模式下的修剪操作。

①执行"打开"命令，打开随书光盘中的"素材文件"\"修剪图线.dwg"文件，如图2-42所示。

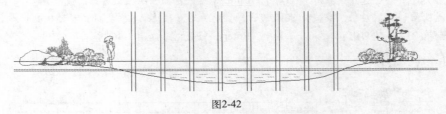

图2-42

②单击"修改"工具栏中的 按钮，激活"修剪"命令，对垂直的构造线进行修剪，命令行操作如下。

```
命令：_trim
    当前设置：投影=UCS，边=无
    选择剪切边 ...
    选择对象或 <全部选择>：    //选择上侧的水平构造线作为第一条修剪边界
    选择对象：    //选择下侧的样条曲线作为第二条修剪边界，边界的选择效果
        如图 2-43 所示
```

图2-43

```
    选择对象：    // Enter
    选择要修剪的对象，或按住 Shift 键选择要延伸的对象，或 [ 栏选 (F)/ 窗交 (C)/ 投影 (P)/ 边
    (E)/ 删除 (R)/ 放弃 (U)]：//使用 "窗交" 方式，窗交选择如图 2-44 所示的构造线进行修剪
```

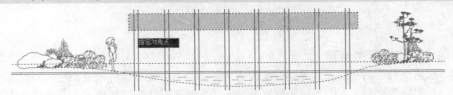

图2-44

```
    选择要修剪的对象，或按住 Shift 键选择要延伸的对象，或 [ 栏选 (F)/ 窗交 (C)/ 投影 (P)/ 边
    (E)/ 删除 (R)/ 放弃 (U)]：    // F Enter
```

指定第一个栏选点： // 在右下侧拾取第一个栏选点 A
指定下一个栏选点或 [放弃 (U)]： // 在左下侧拾取第二个栏选点 B，绘制一条栅栏线，
如图 2-45 所示

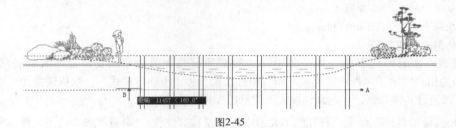

图2-45

指定下一个栏选点或 [放弃 (U)]： //Enter，结果与栅栏线相交的图线被修剪
选择要修剪的对象，或按住 Shift 键选择要延伸的对象，或 [栏选 (F)/ 窗交 (C)/ 投影 (P)/ 边
(E)/ 删除 (R)/ 放弃 (U)]： //Enter，修剪结果如图 2-46 所示

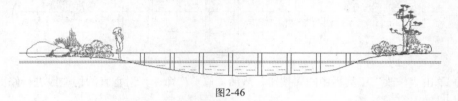

图2-46

TIP 当修剪多个对象时，可以使用"栏选"和"窗交"两种选项功能，而"栏选"方式需要绘制一条或多条栅栏线，所有与栅栏线相交的对象都会被选择并修剪。

③ 重复"修剪"命令，选择如图2-47所示的垂直轮廓线和下侧的样条曲线作为边界，对三条水平的构造线进行修剪，修剪结果如图2-48所示。

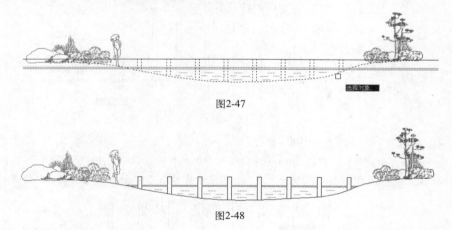

图2-47

图2-48

1."隐含交点"下的修剪

所谓"隐含交点"，指的是边界与对象没有实际的交点，而是边界被延长后，与对象存在一个隐含交点。对"隐含交点"下的图线进行修剪时，需要更改默认的修剪模式，即将默认模式更改为"修剪模式"。下面通过实例学习这种操作。

① 使用画线命令绘制如图2-49所示的两条图线。

② 单击"修改"工具栏中的 ✂ 按钮，执行"修剪"命令，对水平图线进行修剪，命令行操作如下。

> 命令：_trim
>
> 　　　当前设置：投影 =UCS，边 = 无
>
> 　　　选择剪切边 ...
>
> 　　　选择对象或 < 全部选择 >：　　　　　　//Enter，选择倾斜图线
>
> 　　　选择对象：
>
> 　　　选择要修剪的对象，或按住 Shift 键选择要延伸的对象，或 [栏选 (F)/ 窗交 (C)/ 投影 (P)/ 边 (E)/ 删除 (R)/ 放弃 (U)]：　　　　　　//E Enter，激活"边"选项功能
>
> 　　　输入隐含边延伸模式 [延伸 (E)/ 不延伸 (N)] < 不延伸 >：
>
> 　　　　　　　　　　　　　　　　　　//E Enter，设置修剪模式为延伸模式
>
> 　　　选择要修剪的对象，或按住 Shift 键选择要延伸的对象，或 [栏选 (F)/ 窗交 (C)/ 投影 (P)/ 边 (E)/ 删除 (R)/ 放弃 (U)]：　　　　　　// 在水平图线的左端单击左键
>
> 　　　选择要修剪的对象，或按住 Shift 键选择要延伸的对象，或 [栏选 (F)/ 窗交 (C)/ 投影 (P)/ 边 (E)/ 删除 (R)/ 放弃 (U)]：　　　　　　//Enter，结束修剪命令，修剪结果如图 2-50 所示

图2-49　　　　　　　　　　　　　　　　　　　图2-50

> **TIP** "边"选项用于确定修剪边的隐含延伸模式，其中"延伸"选项表示剪切边界可以无限延长，边界与被剪实体不必相交；"不延伸"选项指剪切边界只有与被剪实体相交时才有效。

2."投影"选项

"投影"选项用于设置三维空间剪切实体的不同投影方法，选择该选项后，命令行中出现"输入投影选项[无(N)/UCS(U)/视图(V)]<无>："的操作提示，其中：

- ◆ "无"选项：表示不考虑投影方式，按实际三维空间的相互关系修剪。
- ◆ "UCS"选项：指在当前UCS的xoy平面上修剪。
- ◆ "视图"选项：表示在当前视图平面上修剪。

> **TIP** 当系统提示"选择剪切边"时，直接按Enter键即可选择待修剪的对象，系统在修剪对象时将使用最靠近的候选对象作为剪切边。

2.6.2 延伸图线

"延伸"命令用于将对象延伸至指定的边界上，用于延伸的对象有直线、圆弧、椭圆弧、非闭合的二维多段线和三维多段线以及射线等。

执行"延伸"命令主要有以下几种方式。

- ◆ 执行菜单栏中的"修改"|"延伸"命令。
- ◆ 单击"修改"工具栏或面板中的 ⟋ 按钮。
- ◆ 在命令行输入Extend按Enter键。

◆ 使用命令简写EX。

在延伸对象时，也需要为对象指定边界。指定边界时，有两种情况，一种是对象被延长后与边界存在有一个实际的交点，另一种就是与边界的延长线相交于一点。

为此，AutoCAD为用户提供了两种模式，即"延伸模式"和"不延伸模式"，系统默认模式为"不延伸模式"。

下面通过典型的实例学习"延伸"命令的使用方法和操作技巧。

① 打开随书光盘中的"素材文件"\"延伸图线.dwg"文件。

② 执行菜单栏中的"修改"|"删除"命令，选择如图2-51所示的图线进行删除。

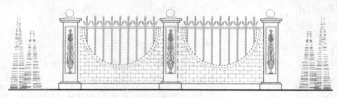

图2-51

③ 单击"修改"工具栏或面板中的 按钮，激活"延伸"命令，以下侧的水平图线作为延伸边界，对栏杆轮廓线进行延伸，命令行操作如下。

```
命令：_extend
    当前设置：投影 =UCS，边 = 无
    选择边界的边 ...
    选择对象或 < 全部选择 >:                 // 选择如图 2-52 所示的图线作为延伸边界
    选择对象：                             // Enter，结束对象的选择
    选择要延伸的对象，或按住 Shift 键选择要修剪的对象，或 [ 栏选 (F)/ 窗交 (C)/ 投影 (P)/
    边 (E)/ 放弃 (U)]:                      // 在如图 2-53 所示的位置单击图线，结果此图
                                          线被延伸到边界上，如图 2-54 所示
```

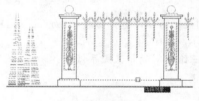

图2-52

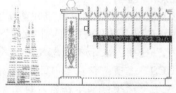

图2-53

```
    ………
    选择要延伸的对象，或按住 Shift 键选择要修剪的对象，或 [ 栏选 (F)/ 窗交 (C)/ 投影 (P)/
    边 (E)/ 放弃 (U)]:          // 分别在其他图线的下侧单击
    选择要延伸的对象，或按住 Shift 键选择要修剪的对象，或 [ 栏选 (F)/ 窗交 (C)/ 投影 (P)/
    边 (E)/ 放弃 (U)]:          // Enter，结束命令，延伸效果如图 2-55 所示
```

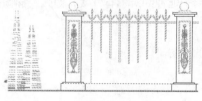

图2-54

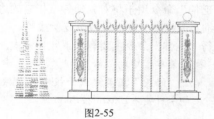

图2-55

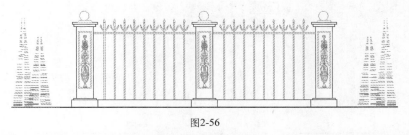

TIP ▶▶ 如果对象的延长线不能与所指定的延伸边界相交,那么在延伸该对象之前,必须将当前的延伸模式设置为"延伸",否则对象不能被延伸。

④ 按Enter键,重复执行"延伸"命令,使用相同的方法,对右侧的图线进行延伸,结果如图2-56所示。

图2-56

TIP ▶▶ 在使用"栏选"方式选择延伸图线时,有时并不能完全延伸栏选对象,这时可以重复使用"栏选"功能。另外,在选择延伸对象时,要在靠近延伸边界的一端选择需要延伸的对象,否则对象将不被延伸。

所谓"隐含交点",指的是边界与对象延长线没有实际的交点,而是边界被延长后,与对象延长线存在一个隐含交点。对"隐含交点"下的图线进行延伸时,需要更改默认的延伸模式,即将默认模式更改为"延伸模式"。下面通过具体的实例,学习此种模式下的延伸操作。

⑤ 使用画线命令绘制如图2-57所示的两条图线。

⑥ 执行"延伸"命令,将垂直图线的下端延长,使之与水平图线的延长线相交,将水平图线的右端延伸,使之与垂直图线的下端相交,命令行操作如下。

```
命令:_extend
    当前设置:投影 =UCS,边 = 无
    选择边界的边 ...
    选择对象:                // 选择水平的图线作为延伸边界
    选择对象:                // Enter,结束边界的选择
    选择要延伸的对象,或按住 Shift 键选择要修剪的对象,或 [ 栏选 (F)/ 窗交 (C)/ 投影 (P)/
边 (E)/ 放弃 (U)]:          // E Enter,激活"边"选项
    输入隐含边延伸模式 [ 延伸 (E)/ 不延伸 (N)] < 不延伸 >:
                            //E Enter,设置模式为延伸模式
    选择要延伸的对象,或按住 Shift 键选择要修剪的对象,或 [ 栏选 (F)/ 窗交 (C)/ 投影 (P)/
边 (E)/ 放弃 (U)]:          // 在垂直图线的下端单击左键
    选择要延伸的对象,或按住 Shift 键选择要修剪的对象,或 [ 栏选 (F)/ 窗交 (C)/ 投影 (P)/
边 (E)/ 放弃 (U)]:          //Enter,结束命令
命令:_extend
    当前设置:投影 =UCS,边 = 无
    选择边界的边 ...
    选择对象:                // 选择垂直的图线作为延伸边界
    选择对象:                // Enter,结束边界的选择
    选择要延伸的对象,或按住 Shift 键选择要修剪的对象,或 [ 栏选 (F)/ 窗交 (C)/ 投影 (P)/
边 (E)/ 放弃 (U)]:          //E Enter,激活"边"选项
```

输入隐含边延伸模式 [延伸 (E)/ 不延伸 (N)] < 不延伸 >:
//E Enter，设置模式为延伸模式
　　选择要延伸的对象，或按住 Shift 键选择要修剪的对象，或 [栏选 (F)/ 窗交 (C)/ 投影 (P)/
边 (E)/ 放弃 (U)]:　　　　　　　 // 在水平图线的右端单击左键
　　选择要延伸的对象，或按住 Shift 键选择要修剪的对象，或 [栏选 (F)/ 窗交 (C)/ 投影 (P)/
边 (E)/ 放弃 (U)]:　　　　　　　 // Enter，结束命令，结果如图 2-58 所示

图2-57 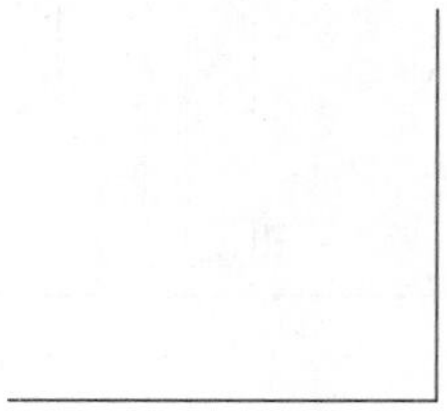　　　　　　　　　　　　　　　　图2-58

> **TIP** ▶▶ "边"选项用来确定延伸边的方式。"延伸"选项将使用隐含的延伸边界来延伸对象，而实际上边界和延伸对象并没有真正相交，AutoCAD会假想将延伸边延长，然后再延伸；"不延伸"选项确定边界不延伸，而只有边界与延伸对象真正相交后才能完成延伸操作。

2.6.3 分解图线

　　"分解"命令用于将组合对象分解成各自独立的对象，以方便对分解后的各对象进行编辑，常用于分解的组合对象有矩形、正多边形、多段线、边界以及一些图块等。

　　执行"分解"命令主要有以下几种方式。

- ◆ 执行菜单栏中的"修改"|"分解"命令。
- ◆ 单击"修改"工具栏或面板中的 按钮。
- ◆ 在命令行输入Explode按Enter键。
- ◆ 使用命令简写X。

　　在激活"分解"命令后，只需选择需要分解的对象按Enter键即可将对象分解。如果是对具有一定宽度的多段线分解，AutoCAD将忽略其宽度并沿多段线的中心放置分解多段线。

> **TIP** ▶▶ AutoCAD一次只能删除一个编组级，如果一个块中包含一个多段线或嵌套块，那么对该块的分解就首先分解出该多段线或嵌套块，然后再分别分解该块中的各个对象。

2.6.4 打断图线

　　所谓"打断"，指的是将对象打断为相连的两部分，或打断并删除图形对象上的一部分，在建筑制图中，常用"打断"命令创建门洞和窗洞。

　　执行"打断"命令主要有以下几种方式。

- ◆ 执行菜单栏中的"修改"|"打断"命令。
- ◆ 单击"修改"工具栏或面板中的 按钮。
- ◆ 在命令行输入Break按Enter键。
- ◆ 使用命令简写BR。

下面通过实例学习"打断"命令的使用方法和操作技巧。

① 新建一个空白文件。

② 使用画线命令绘制长度为500的图线，如图2-59（上）所示。

③ 单击"修改"工具栏中的◻按钮，配合点的捕捉和输入功能，在水平图线距离左端点50个绘图单位的位置删除200个单位的距离，命令行操作如下。

```
命令：_break
    选择对象：                      //选择刚绘制的线段
    指定第二个打断点 或 [第一点 (F)]：   //F Enter，激活"第一点"选项
    指定第一个打断点：                //激活"自"选项，捕捉线的左端点
    _from 基点：<偏移>：            // @50,0 Enter
    指定第二个打断点：               // @200,0 Enter，定位第二断点，结果如图 2-59（下）所示
```

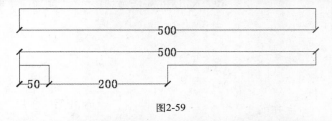

图2-59

> **TIP** ▶▶ "第一点"选项用于重新确定第一断点。由于在选择对象时不可能拾取到准确的第一点，所以需要激活该选项，以重新定位第一断点。另外，要将一个对象拆分为二，而不删除其中的任何部分，可以在指定第二断点时输入相对坐标符号@，也可以直接单击"修改"工具栏中的◻按钮。

2.6.5 合并图线

所谓"合并对象"，指的是将同角度的两条或多条线段合并为一条线段，还可以将圆弧或椭圆弧合并为一个整圆和椭圆。

执行"合并"命令主要有以下几种方式。

- ◆ 执行菜单栏中的"修改"|"合并"命令。
- ◆ 单击"修改"工具栏或面板中的┼┼按钮。
- ◆ 在命令行输入Join按Enter键。
- ◆ 使用命令简写J。

下面通过将两条线段合并为一条线段、将圆弧合并为一个整圆、将椭圆弧合并为一个椭圆，学习使用"合并"命令的使用方法和操作技巧。

① 继续上一节的操作，在视图中绘制圆弧。

② 执行菜单栏中的"修改" | "合并"命令，将上一节中打断的两条线段合并为一条线段，将圆弧合并成为一个圆，命令行操作如下。

```
命令：_join
    选择源对象或要一次合并的多个对象：   //选择左侧的线段作为源对象
    选择要合并的对象：               //选择右侧线段
    选择要合并的对象：               // Enter，合并结果如图 2-60 所示
    2 条直线已合并为 1 条直线
```

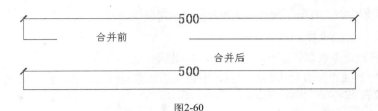

图2-60

命令：　　　　　　　　　　　　　　　// Enter

JOIN

选择源对象或要一次合并的多个对象：// 选择圆弧作为源对象

选择要合并的对象：　　　　　　　　// Enter

选择圆弧，以合并到源或进行 [闭合 (L)]:

　　　　　　　　　　　// L Enter，激活"闭合"选项，合并结果如图 2-61 所示

已将圆弧转换为圆。

图2-61

2.6.6 光顺曲线

　　"光顺曲线"命令用于在两条选定的直线或曲线之间的间隙中创建样条曲线，有效的编辑对象包括直线、圆弧、椭圆弧、螺旋、开放的多段线和开放的样条曲线等。

　　执行"光顺曲线"命令主要有以下几种方式。

◆ 执行菜单栏中的"修改"|"光顺曲线"命令。

◆ 单击"修改"工具栏或面板中的 ✓ 按钮。

◆ 在命令行输入BLEND按Enter键。

◆ 使用命令简写BL。

　　使用"光顺曲线"命令在两条图线之间创建样条曲时，具体有两个过渡类型，分别是"相切"和"平滑"。下面通过小实例学习使用"光顺曲线"命令。

① 执行"新建"命令，快速创建空白文件。

② 分别使用"直线"和"样条曲线"命令，绘制直线和样条曲线。

③ 单击"修改"工具栏中的 ✓ 按钮，激活"光顺曲线"命令，在直线和样条曲线之间创建一条过渡样条曲线，命令行操作如下。

命令：_BLEND

连续性 = 相切

选择第一个对象或 [连续性 (CON)]: // 在直线的右上端点单击

选择第二个点：　　　　　　　　　// 在样条曲线的左端单击，创建如图 2-62 所示的光顺曲线

图2-62

> **TIP**　如图2-62所示的光顺曲线是在"相切"模式下创建的一条3阶样条曲线（其夹点效果如图2-63所示），在选定对象的端点处具有相切(G1)连续性。

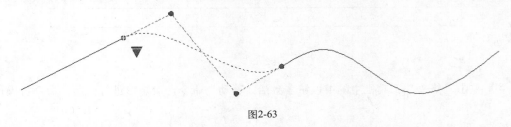

图2-63

④ 重复执行"光顺曲线"命令，在"平滑"模式下创建一条5阶样条曲线，命令行操作如下。

```
命令：_BLEND
    连续性 = 相切
    选择第一个对象或 [ 连续性 (CON)]:        //CON Enter
    输入连续性 [ 相切 (T)/ 平滑 (S)] < 切线 >:  //S Enter，激活"平滑"选项
    选择第一个对象或 [ 连续性 (CON)]:        // 在直线的右上端点单击
    选择第二个点：                       // 在样条曲线的左端单击，创建如图 2-64 所示的光顺曲线
```

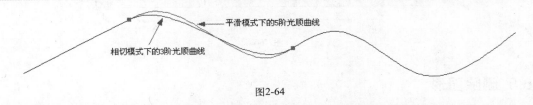

平滑模式下的5阶光顺曲线

相切模式下的3阶光顺曲线

图2-64

> **TIP**　如果使用"平滑"选项，请勿将显示从控制点切换为拟合点。此操作将样条曲线更改为 3 阶，这会改变样条曲线的形状。

2.6.7　移动图形

"移动"命令用于将目标对象从一个位置移动到另一个位置，源对象的尺寸及形状均不发生变化，改变的仅仅是对象的位置。

执行"移动"命令主要有以下几种方式。

◆ 执行菜单栏中的"修改" | "移动"命令。

◆ 单击"修改"工具栏或面板中的 按钮。

◆ 在命令行输入Move按Enter键。

◆ 使用命令简写M。

在移动对象时,一般需要配合点的捕捉功能或坐标的输入功能精确地位移对象,下面学习"移动"命令的应用方法。

① 新建一个绘图文件。

② 执行"多段线"和"直线"命令,以坐标系的原点作为基点,绘制50×50的矩形和长度为500的水平直线,如图2-65所示。

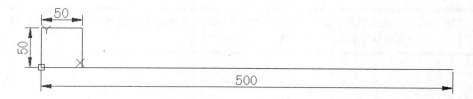

图2-65

③ 单击"修改"工具栏中的 ⊹ 按钮,激活"移动"命令,对矩形进行位移,命令行操作如下。

```
命令:_move
  选择对象:                              //单击矩形
  选择对象:                              //Enter,结束对象的选择
  指定基点或 [位移(D)] <位移>:            //0,0 Enter,定位基点
  指定第二个点或 <使用第一个点作为位移>:   //@500,0 Enter,定位目标点
```

④ 位移结果如图2-66所示。

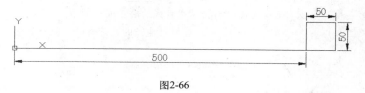

图2-66

2.6.8 删除图形

"删除"命令用于删除选定的目标对象。此外,键盘上的Delete键与"删除"命令具有相同的功能,也可以删除需要的图形对象。

执行"删除"命令主要有以下几种方式。

◆ 执行菜单栏中的"修改"|"删除"命令。

◆ 单击"修改"工具栏或面板中的 ∥ 按钮。

◆ 在命令行输入Erase按Enter键。

◆ 使用命令简写E。

第3章 绘制与编辑几何图形

在AutoCAD中，除了点线图元之外，常用的几何图元还有正多边形、圆、圆弧、椭圆、矩形等，本章继续学习这些几何图元的基本绘制方法和常规编辑技能。

3.1 绘制正多边形

正多边形是由多条直线元素首尾相连组合而成的一种复合图元，这种复合图元被看作是一条闭合的多段线，属于一个独立的对象。

执行"正多边形"命令主要有以下几种方式。

◆ 执行菜单栏中的"绘图"|"正多边形"命令。
◆ 单击"绘图"工具栏或面板中的◎按钮。
◆ 在命令行输入Polygon后按Enter键。
◆ 使用命令简写POL。

正多边形的绘制方式有"边"方式、"内接于圆"方式和"外切于圆"方式，下面进行逐一讲解。

3.1.1 "边"方式

"边"方式是通过输入多边形一条边的边长来精确绘制正多边形，在定位边长时，需要分别定位出边的两个端点。下面通过绘制边长为150的正六边形为例，学习使用"边"方式绘制正多边形的方法。

① 执行"新建"命令，快速创建一个公制单位的空白文件。

② 采用以上任意方式激活"正多边形"命令，其命令行操作如下。

命令：_polygon

输入边的数目 <4>:	//6 Enter，设置边数
指定正多边形的中心点或 [边 (E)]:	//E Enter，激活"边"选项
指定边的第一个端点：	// 拾取一点作为边的一个端点
指定边的第二个端点：	// @150,0 Enter，定位第二个端点，结果如图 3-1 所示

图3-1

使用按"边"方式绘制正多边形，在指定边的两个端点A、B时，系统按从A至B顺序以逆时针方向绘制正多边形。

3.1.2 内接于圆方式

"内接于圆"方式是系统默认的方式，当指定边数和中心点之后，直接输入正多边形外接圆的半径，即可精确绘制正多边形。

下面继续通过绘制内接圆半径为120的正五边形为例，学习"内接于圆"方式绘制正多边形的方法，其命令行操作如下。

```
命令：_polygon
    输入边的数目 <4>:              // 5 Enter，设置边数
    指定正多边形的中心点或 [ 边 (E)]:   // 在绘图区拾取一点作为中心点
    输入选项 [ 内接于圆 (I)/ 外切于圆 (C)] <I>://I Enter，激活"内接于圆"选项
    指定圆的半径：                  // 120 Enter，输入外接圆半径，
                                   结果如图 3-2 所示
```

图3-2

3.1.3 外切于圆方式

"外切于圆"也是一种常用方式，当确定了正多边形的边数和中心点之后，使用此种方式输入正多边形内切圆的半径，即可精确绘制出正多边形。

下面继续通过绘制外切于圆半径为120的正五边形为例，学习"外切于圆"方式绘制正多边形的方法，其命令行操作如下。

```
命令：_polygon
    输入边的数目 <4>:              // 5 Enter
    指定正多边形的中心点或 [ 边 (E)]:   // 在绘图区拾取一点
    输入选项 [ 内接于圆 (I)/ 外切于圆 (C)] <C>://C Enter，激活"外切于圆"选项
    指定圆的半径：                  // 120 Enter，输入内切圆的半径，
                                   结果如图 3-3 所示
```

图3-3

3.2 绘制圆

圆是一种较常用的二维图形，AutoCAD共为用户提供了6种画圆方式。执行"圆"命令主要有以下几种方式。

◆ 执行菜单栏"绘图"|"圆"级联菜单中的各个命令。
◆ 单击"绘图"工具栏或面板中的◎按钮。
◆ 在命令行输入Circle后按Enter键。
◆ 使用命令简写C。

本节继续学习绘制圆的方法和技巧。

3.2.1 半径、直径画圆

"半径画圆"和"直径画圆"是两种较为常用的画圆方式，系统默认方式为"半径画圆"，采用默认方式画圆时，当定位出圆心之后，只需输入圆的半径或直径即可精确画圆。下面通过绘制半径为120和直径为240的两个圆，学习这种方式绘制圆的方法，其命令行操作如下。

```
命令：_circle
    指定圆的圆心或 [ 三点 (3P)/ 两点 (2P)/ 切点、切点、半径 (T)]:
                                   // 在绘图区拾取一点作为圆的圆心
    指定圆的半径或 [ 直径 (D)]:      //120 Enter，输入半径，结果如图 3-4（左）所示
命令：_circle
    指定圆的圆心或 [ 三点 (3P)/ 两点 (2P)/ 切点、切点、半径 (T)]:
                                   // 在绘图区拾取一点作为圆的圆心
    指定圆的半径或 [ 直径 (D)]:      //D Enter，激活"直径"选项
    指定圆的直径 <240.0000>:        //240 Enter，绘制结果如图 3-4（右）所示
```

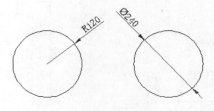

图3-4

3.2.2 两点、三点画圆

"两点画圆"和"三点画圆"这两种方式需要分别定位出圆周上的两个点或三个点，其中"两点画圆"需要指定圆直径的两个端点。

下面通过绘制直径为240的圆的实例，学习这两种画圆方法，其命令行操作如下。

命令：_circle
　　指定圆的圆心或 [三点 (3P)/ 两点 (2P)/ 切点、切点、半径 (T)]：//2P Enter，激活"两点"命令
　　指定圆直径的第一个端点：　　　　　　　// 拾取一点
　　指定圆直径的第二个端点：　　　　　　　//@240,0 Enter，结果如图 3-5（左）所示
命令：
CIRCLE
　　指定圆的圆心或 [三点 (3P)/ 两点 (2P)/ 切点、切点、半径 (T)]：//3P Enter，激活"三点"命令
　　指定圆上的第一个点：　　　　　　　　　// 拾取一点
　　指定圆上的第二个点：　　　　　　　　　//@120,120 Enter
　　指定圆上的第三个点：　　　　　　　　　// @0,-240 Enter，结果如图 3-5（右）所示

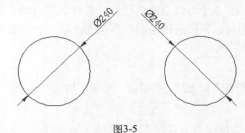

图3-5

3.2.3 相切、相切、半径画圆

使用"相切、相切、半径"命令可以绘制与已知两个对象都相切的相切圆，此种相切圆需要事先拾取两个相切对象，然后再输入相切圆的半径，即可绘制相切圆。

下面通过绘制一个与两条直线形成的直角相切、半径为50的圆的实例，学习这种画圆方式。

① 执行"新建"命令，快速创建一个公制单位的空白文件。

② 使用"直线"命令绘制长度均为150、垂直相交的直线，如图3-6所示。

③ 采用任意方式激活"圆"命令，其命令行操作如下。

命令：_circle
　　指定圆的圆心或 [三点 (3P)/ 两点 (2P)/ 切点、切点、半径 (T)]：　　// T Enter，激活选项
　　指定对象与圆的第一个切点：　　　　　　// 在如图 3-7 所示的垂直直线上拾取切点

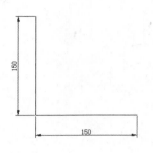

图3-6

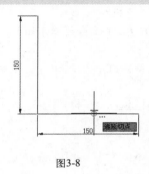

图3-7

指定对象与圆的第二个切点： //在如图 3-8 所示的水平直线上拾取切点
指定圆的半径 <120.0000>: //50 Enter，结果如图 3-9 所示

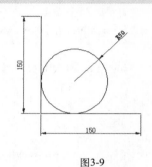

图3-8

图3-9

3.2.4 相切、相切、相切画圆

使用"相切、相切、相切"命令可以绘制与已知三个对象都相切的圆，在绘制此种相切圆时，只需分别拾取三个相切对象即可。下面通过绘制与两条直线和一个圆都相切的圆的实例，学习这种画圆方法。

① 继续上一节操作。

② 执行菜单栏中的"绘图"|"圆"|"相切、相切、相切"命令，命令行操作如下。

命令：_circle
  指定圆的圆心或 [三点 (3P)/ 两点 (2P)/ 切点、切点、半径 (T)]: _3p 指定圆上的第一个点: _tan 到
                                      // 在如图 3-10 所示的直线上拾取第一个切点
  指定圆上的第二个点: _tan 到   // 在如图 3-11 所示的直线上拾取第二个切点

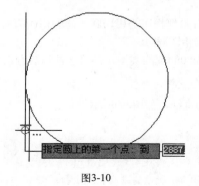

图3-10

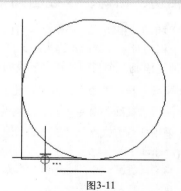

图3-11

62

指定圆上的第三个点：_tan 到
// 在如图 3-12 所示的圆上拾取第三个切点，绘制结果如图 3-13 所示

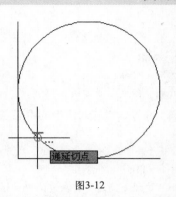
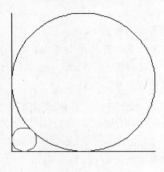

图3-12   图3-13

> **TIP** 在拾取相切对象时，系统会自动在距离光标最近的对象上显示出一个相切符号，此时单击左键即可拾取该对象作为相切对象。另外光标拾取的位置不同，所绘制的相切圆位置也不同。

3.3 上机练习一——绘制某机械零件平面图

前面章节中主要学习了多边形和圆的绘制方法和技巧，本节通过绘制如图3-14所示的某机械零件平面图的实例，对以上所学知识进行巩固练习。

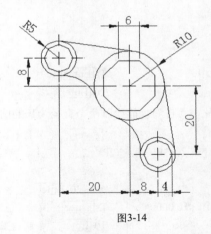

图3-14

① 执行"新建"命令，快速创建一个公制单位的空白文件。

② 执行菜单栏中的"工具" | "草图设置"命令，在打开的"草图设置"对话框中设置捕捉模式为"端点"、"中点"和"圆心"捕捉模式。

③ 使用命令简写Z激活"视图缩放"功能，将当前的视口高度调整为75，其命令行操作如下。

命令：'_zoom
指定窗口的角点，输入比例因子 (nX 或 nXP)，或者 [全部 (A)/ 中心 (C)/ 动态 (D)/ 范围 (E)/ 上一个 (P)/ 比例 (S)/ 窗口 (W)/ 对象 (O)] < 实时 >：_c
指定中心点：   // 在绘图区拾取一点
输入比例或高度 <300.5404>：   //75 Enter

中文版 AutoCAD 2013 从新手到高手

1
2
3
4
5

④ 执行菜单栏中的"绘图"｜"正多边形"命令，或单击"绘图"工具栏中的◎按钮，激活"正多边形"命令，绘制边长为6的正八边形，命令行操作如下。

命令：_polygon
　　输入边的数目 <4>:　　　　　　　//8 Enter，设置多边形的边数
　　指定正多边形的中心点或 [边 (E)]:　　//E Enter，激活"边"选项功能
　　指定边的第一个端点：　　　　　　// 在绘图区中央拾取一点
　　指定边的第二个端点：　　　　　　//@6,0 Enter，绘制结果如图 3-15 所示

⑤ 单击"绘图"工具栏或面板中的◎按钮，激活"圆"命令，以正八边形的中心点作为圆心，绘制直径为20的圆，命令行操作如下。

命令：_circle　　　　　　　　　　// Enter，激活画圆命令
　　指定圆的圆心或 [三点 (3P)/ 两点 (2P)/ 切点、切点、半径 (T)]:
　　　　　　　　　　　　　　　　// 分别以正八边形下侧边和右侧边的中点作为追踪点，引出两条相互垂直的对象追踪虚线，然后捕捉追踪虚线的交点，如图 3-16 所示

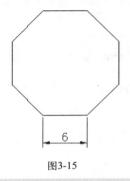

图3-15

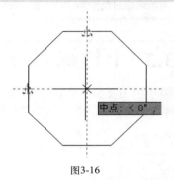

图3-16

　　指定圆的半径或 [直径 (D)]:　　　//D Enter
　　指定圆的直径：　　　　　　　　//20 Enter，绘制结果如图 3-17 所示

⑥ 重复执行"圆"命令，配合"自"功能绘制两个直径为10的圆，命令行操作如下。

命令：　　　　　　　　　　　　// Enter，重复执行画圆命令
CIRCLE 指定圆的圆心或 [三点 (3P)/ 两点 (2P)/ 切点、切点、半径 (T)]:
　　_from 基点：　　　　　　　　// 激活"自"功能，捕捉圆的圆心
　　<偏移>:　　　　　　　　　　//@8,-20 Enter
　　指定圆的半径或 [直径 (D)] <10.0000>:　//D Enter，激活"直径"选项
　　指定圆的直径 <20.0000>:　　　　//10 Enter，绘制结果如图 3-18 所示

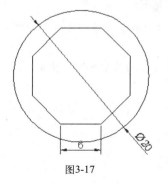

图3-17

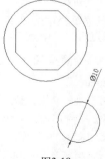

图3-18

命令：	//Enter，重复执行画圆命令
CIRCLE 指定圆的圆心或 [三点 (3P)/ 两点 (2P)/ 切点、切点、半径 (T)]:	
_from 基点：	// 激活"自"功能，捕捉大圆的圆心
< 偏移 >:	//@-20,8 Enter
指定圆的半径或 [直径 (D)] <5.0000>:	//D Enter
指定圆的直径 <10.0000>:	//10 Enter，绘制结果如图 3-19 所示

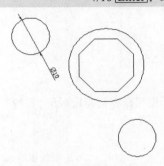

图3-19

⑦ 执行菜单栏中的"绘图"｜"圆"｜"切点、切点、半径"命令，绘制与大圆和小圆都相切的圆，命令行操作如下。

命令：_circle	
指定圆的圆心或 [三点 (3P)/ 两点 (2P)/ 切点、切点、半径 (T)]: _ttr	
指定对象与圆的第一个切点：	// 在下方小圆如图 3-20 所示的位置拾取相切点
指定对象与圆的第二个切点：	// 在大圆如图 3-21 所示的位置上拾取相切点
指定圆的半径 <5.0000>:	//10 Enter，绘制如图 3-22 所示的相切圆

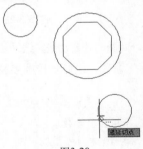

图3-20

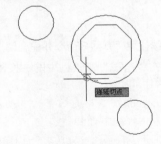

图3-21

⑧ 重复执行"切点、切点、半径"命令，绘制上端的相切圆，相切圆半径为10，绘制结果如图3-23所示。

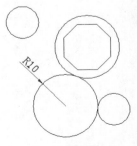

图3-22

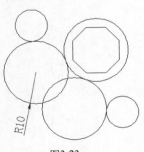

图3-23

⑨ 执行菜单栏中的"修改"｜"修剪"命令，以如图3-24所示的三个圆作为边界，对相切圆进行修剪，结果如图3-25所示。

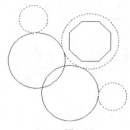

图3-24

图3-25

⑩ 设置"切点"捕捉模式，使用命令简写L激活"直线"命令，配合切点捕捉功能绘制圆的公切线，命令行操作如下。

命令：_line	
指定第一个点：	// 在如图 3-26 所示的圆上拾取切点
指定下一点或 [放弃 (U)]:	// 在如图 3-27 所示的圆上拾取切点
指定下一点或 [放弃 (U)]:	// Enter，绘制结果如图 3-38 所示

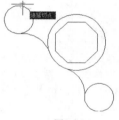

图3-26

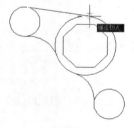

图3-27

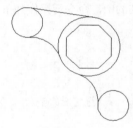

图3-28

⑪ 继续使用"直线"命令并配合切点捕捉功能，绘制另外两圆的外公切线，结果如图3-29所示。

⑫ 单击"绘图"工具栏中的⬡按钮，激活"正多边形"命令，绘制外接圆半径为4的正八边形，命令行操作如下。

命令：_polygon	
输入边的数目 <8>:	// Enter，采用当前参数设置
指定正多边形的中心点或 [边 (E)]:	// 捕捉直径为 10 的圆的圆心
输入选项 [内接于圆 (I)/ 外切于圆 (C)] <I>:	// Enter，采用默认参数设置
指定圆的半径：	//@4,0 Enter，绘制结果如图 3-30 所示

⑬ 继续以下侧小圆的圆心作为中心点，绘制外接圆半径为4的正八边形，绘制结果如图3-31所示。

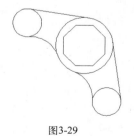

图3-29

图3-30

图3-31

⑭ 使用命令简写L激活"直线"命令，配合延伸捕捉功能绘制中心线，最终结果如上图3-14所示。

⑮ 执行"保存"命令，将图形命名存储为"上机练习一.dwg"文件。

3.4 绘制圆弧

圆弧也是一种较常用的二维图形，AutoCAD为用户提供了5类共11种画弧方式，这些画弧工具都位于菜单栏"绘图"｜"圆弧"子菜单下。本节继续学习绘制圆弧的方法和技巧。

执行"圆弧"命令主要有以下几种方式。

◆ 执行菜单栏"绘图"｜"圆弧"子菜单中的各命令。

◆ 单击"绘图"工具栏或面板中的 按钮。

◆ 在命令行输入Arc后按Enter键。

◆ 使用命令简写A。

3.4.1 "三点"画弧

"三点"方式画弧需要定位出弧上的三个点，即可精确绘制圆弧，其中第一点和第三个点分别被作为圆弧的起点和端点。执行"三点"画弧命令后，其命令行操作如下。

命令：_arc
    指定圆弧的起点或 [圆心 (C)]：   // 拾取一点作为圆弧
                            的起点
    指定圆弧的第二个点或 [圆心 (C)/ 端点 (E)]：
                  // 在适当位置拾取圆弧上的第二点
    指定圆弧的端点：// 拾取第三点作为圆弧的端点，结果
                  如图 3-32 所示

图3-32

3.4.2 "起点圆心"画弧

"起点圆心"画弧方式分为"起点、圆心、端点"、"起点、圆心、角度"和"起点、圆心、长度"三种方式。当用户确定圆弧的起点和圆心后，只需要定位出圆弧的端点或角度、弧长等参数，即可精确画弧。

"起点、圆心、端点"画弧的命令行操作如下。

命令：_arc
    指定圆弧的起点或 [圆心 (C)]：   // 在绘图区拾取一点作为圆弧的起点
    指定圆弧的第二个点或 [圆心 (C)/ 端点 (E)]：// C Enter
    指定圆弧的圆心：   // 在适当位置拾取一点作为圆弧的圆心
    指定圆弧的端点或 [角度 (A)/ 弦长 (L)]：// 拾取一点作为圆弧端点，结果如图 3-33 所示

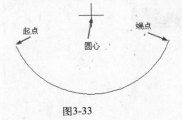

图3-33

另外，当指定了圆弧的起点和圆心后，直接输入圆弧的包含角或圆弧的弦长，也可精确绘制圆弧，如图3-34和图3-35所示。

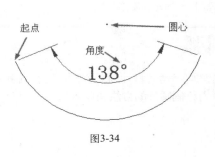

图3-34

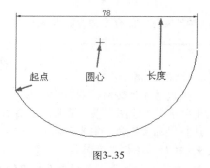

图3-.35

3.4.3 "起点端点"画弧

"起点端点"画弧方式分为"起点、端点、角度"、"起点、端点、方向"和"起点、端点、半径"三种方式。当定位出圆弧的起点和端点后，只需再确定弧的角度、半径或方向，即可精确画弧。"起点、端点、角度"画弧的命令行操作如下。

```
命令: _arc
    指定圆弧的起点或 [ 圆心 (C)]:              // 定位弧的起点
    指定圆弧的第二个点或 [ 圆心 (C)/ 端点 (E)]: _e
    指定圆弧的端点 :                          // 定位弧的端点
    指定圆弧的圆心或 [ 角度 (A)/ 方向 (D)/ 半径 (R)]: _a 指定包含角 :
                               //180 Enter，定位弧的角度，结果如图 3-36 所示
```

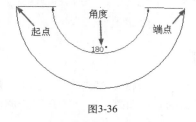

图3-36

> **TIP** ▶▶ 如果输入的角度为正值，系统将按逆时针方向绘制圆弧；反之将按顺时针方向绘制圆弧。另外，当指定圆弧起点和端点后，输入弧的半径，如图3-37所示，或指定起点切向，如图3-38所示，也可精确画弧。

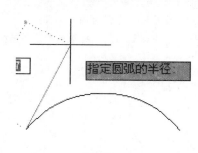

图3-37

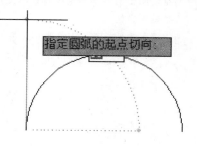

图3-38

3.4.4 "圆心起点"画弧

"圆心起点"画弧方式分为"圆心、起点、端点"、"圆心、起点、角度"和"圆心、起点、长度"三种。当确定了圆弧的圆心和起点后，只需再给出圆弧的端点，或角度、弧长等参数，即可精确绘制圆弧。"圆心、起点、端点"画弧的命令行操作如下。

```
命令：_arc
    指定圆弧的起点或 [ 圆心 (C)]: _c 指定圆弧的圆心：    // 拾取一点作为弧的圆心
    指定圆弧的起点：                              // 拾取一点作为弧的起点
    指定圆弧的端点或 [ 角度 (A)/ 弦长 (L)]：        // 拾取一点作为弧的端点，结果如图 3-39 所示
```

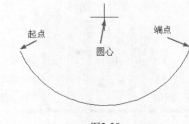

图3-39

> **TIP** 当给定了圆弧的圆心和起点后，输入圆心角，如图3-40所示，或输入弦长，如图3-41所示，也可精确绘制圆弧。在配合"长度"绘制圆弧时，如果输入的弦长为正值，系统将绘制小于180°的劣弧；如果输入的统将绘制大于180°的优弧。

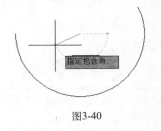

图3-40

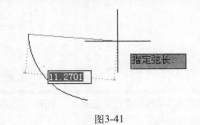

图3-41

3.4.5 绘制相切圆弧

执行菜单栏中的"绘图"｜"圆弧"｜"继续"命令，可进入连续画弧状态，所绘制的圆弧与上一个圆弧自动相切。

另外，在结束画弧命令后，连续两次按Enter键，也可进入"相切圆弧"绘制模式，所绘制的圆弧与前一个圆弧的终点连接并与之相切，如图3-42所示。

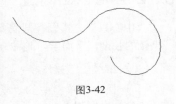

图3-42

3.5 绘制椭圆

"椭圆"是由两条不等的椭圆轴所控制的闭合曲线，包含中心点、长轴和短轴等几何特征。执行"椭圆"命令主要有以下几种方式。

- ◆ 执行菜单栏"绘图"｜"椭圆"子菜单中的各命令。
- ◆ 单击"绘图"工具栏或面板中的◯按钮。

◆ 在命令行输入Ellipse后按Enter键。

◆ 使用命令简写EL。

下面继续学习绘制椭圆的方法。

3.5.1 轴端点方式画椭圆

"轴端点"方式用于指定一条轴的两个端点和另一条轴的半长，即可精确画椭圆，下面通过绘制长轴为200、短轴为80的椭圆，学习此种方式。

① 新建一个空白文件。

② 单击"绘图"工具栏中的 ◎ 按钮，激活"椭圆"命令，绘制水平长轴为200、短轴为120的椭圆，命令行操作如下。

> 命令：_ellipse
> 指定椭圆轴的端点或 [圆弧 (A)/ 中心点 (C)]:　　　　// 拾取一点，定位椭圆轴的一个端点
> 指定轴的另一个端点:　　　　　　　　　　　　　　//@200,0 Enter
> 指定另一条半轴长度或 [旋转 (R)]:　　　　　　　　//40 Enter

TIP "旋转"选项是以椭圆的短轴和长轴的比值，将一个圆绕定义的第一轴旋转成椭圆。

③ 绘制结果如图3-43所示。

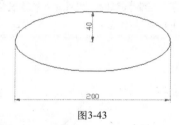

图3-43

TIP 如果在轴测图模式下启动了"椭圆"命令，那么在此操作步骤中将增加"等轴测圆"选项，用于绘制轴测圆。

3.5.2 中心点画椭圆

"中心点"方式画椭圆需要首先确定出椭圆的中心点，然后再确定椭圆轴的一个端点和椭圆另一半轴的长度，下面学习此种方式。

① 继续上节操作。

② 执行菜单栏中的"绘图" ｜ "椭圆" ｜ "中心点"命令，使用"中心点"方式绘制椭圆，命令行操作如下。

> 命令：_ellipse
> 指定椭圆的轴端点或 [圆弧 (A)/ 中心点 (C)]: _c
> 指定椭圆的中心点:　　　　　　　　　　　　　// 捕捉刚绘制的椭圆的中心点
> 指定轴的端点:　　　　　　　　　　　　　　　//@0,60 Enter
> 指定另一条半轴长度或 [旋转 (R)]:　　　　　　//35 Enter

③ 绘制结果如图3-44所示。

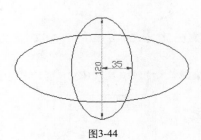

图3-44

3.5.3 绘制椭圆弧

使用"椭圆"命令中的"圆弧"选项可以绘制椭圆弧，所绘制的椭圆弧除了包含中心点、长轴和短轴等几何特征外，还具有角度特征。

此外，用户也可以直接单击"绘图"工具栏或面板中的 按钮，以绘制椭圆弧。下面以绘制长轴为120、短轴为60、角度为90的椭圆弧，学习使用"椭圆弧"命令。

① 新建一个空白文件。

② 单击"绘图"工具栏中的 按钮，激活"椭圆弧"命令。

③ 根据AutoCAD命令行的操作提示绘制椭圆弧，命令行操作如下。

```
命令：_ellipse
    指定椭圆的轴端点或 [ 圆弧 (A)/ 中心点 (C)]:        //A Enter
    指定椭圆弧的轴端点或 [ 中心点 (C)]:               // 拾取一点，定位弧端点
    指定轴的另一个端点：                            //@120,0 Enter，定位长轴
    指定另一条半轴长度或 [ 旋转 (R)]:                //30 Enter，定位短轴
    指定起始角度或 [ 参数 (P)]:                      //90 Enter，定位起始角度
    指定终止角度或 [ 参数 (P)/ 包含角度 (I)]:         //180 Enter，定位终止角度
```

3.6 绘制矩形

矩形是由4条首尾相连的直线组成的闭合图形。在AutoCAD中，将矩形看作是一条闭合多段线，是一个单独的图形对象。

执行"矩形"命令主要有以下几种方式。

◆ 执行菜单栏中的"绘图"|"矩形"命令。

◆ 单击"绘图"工具栏或面板中的 按钮。

◆ 在命令行输入Rectang后按Enter键。

◆ 使用命令简写REC。

3.6.1 绘制标准矩形

所谓"标准矩形"，指的是4个角都为直角的矩形，常用的绘制方式为"对角点"方式，使用此方式，只需要定位矩形的两个对角点，即可精确绘制矩形。

下面通过绘制50×50的矩形的实例，学习标准矩形的绘制方法。

① 新建一个空白文件。

② 采用上述任意方式激活"矩形"命令，绘制矩形，命令行操作如下。

```
命令：_rectang
    指定第一个角点或 [ 倒角 (C)/ 标高 (E)/ 圆角 (F)/ 厚度 (T)/ 宽度 (W)]:
                                                    // 在绘图区拾取一点作为角点
    指定另一个角点或 [ 面积 (A)/ 尺寸 (D)/ 旋转 (R)]: //@50,50 Enter，结果如图 3-45 所示
```

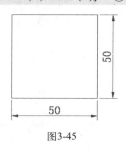

图3-45

> **TIP** "面积"选项用于根据已知的面积和矩形一条边的尺寸，进行精确绘制矩形；而"旋转"选项则用于绘制具有一定倾斜角度的矩形。另外，由于矩形被看作是一条多段线，当用户编辑某一条边时，需要事先使用"分解"命令将其分解。

3.6.2 使用尺寸方式绘制倒角矩形

使用"矩形"命令中的"倒角"选项，可以绘制具有一定倒角特征的矩形，下面通过绘制倒角距离为5、边长为50的正四边形，学习倒角矩形的绘制方法。

① 继续上一节的操作。

② 采用任意方式激活"矩形"命令，使用"尺寸"方式绘制倒角矩形，命令行操作如下。

```
命令：_rectang
    指定第一个角点或 [ 倒角 (C)/ 标高 (E)/ 圆角 (F)/ 厚度 (T)/ 宽度 (W)]:
                                                    //C Enter，激活"倒角"选项
    指定矩形的第一个倒角距离 <0.0000>:              //5 Enter，设置第一倒角距离
    指定矩形的第二个倒角距离 <25.0000>:             //5 Enter，设置第二倒角距离
    指定第一个角点或 [ 倒角 (C)/ 标高 (E)/ 圆角 (F)/ 厚度 (T)/ 宽度 (W)]:
                                                    // 在适当位置拾取一点
    指定另一个角点或 [ 面积 (A)/ 尺寸 (D)/ 旋转 (R)]: // D Enter，激活"尺寸"选项
    指定矩形的长度 <10.0000>:                       //50 Enter
    指定矩形的宽度 <10.0000>:                       //50 Enter
    指定另一个角点或 [ 面积 (A)/ 尺寸 (D)/ 旋转 (R)]: // 在绘图区拾取一点
```

③ 倒角矩形的绘制效果如图3-46所示。

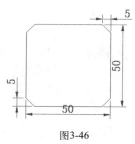

图3-46

3.6.3 使用面积方式绘制圆角矩形

使用"矩形"命令中的"圆角"选项，可以绘制具有一定圆角特征的矩形，下面继续通过绘制圆角半径为5、面积为2500的正四边形，学习圆角矩形的绘制方法。

① 新建一个空白文件。

② 单击"绘图"工具栏中的▱按钮，激活"矩形"命令。

③ 根据AutoCAD命令行的提示，使用"面积"方式绘制圆角矩形，命令行操作如下。

```
命令：_rectang
    指定第一个角点或 [ 倒角 (C)/ 标高 (E)/ 圆角 (F)/ 厚度 (T)/ 宽度 (W)]:
                                              //F Enter，激活"圆角"选项
    指定矩形的圆角半径 <0.0000>:              //5 Enter，设置圆角半径
    指定第一个角点或 [ 倒角 (C)/ 标高 (E)/ 圆角 (F)/ 厚度 (T)/ 宽度 (W)]:
                                              // 拾取一点作为起点
    指定另一个角点或 [ 面积 (A)/ 尺寸 (D)/ 旋转 (R)]:  //A Enter，激活"面积"选项
    输入以当前单位计算的矩形面积 <100.0000>:  //2500 Enter，指定矩形面积
    计算矩形标注时依据 [ 长度 (L)/ 宽度 (W)] < 长度 >:  //L Enter，激活"长度"选项
    输入矩形长度 <200.0000>:                  //50 Enter，结束命令
```

④ 圆角矩形的绘制效果如图3-47所示。

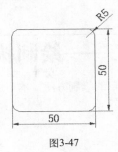

图3-47

3.6.4 绘制宽度矩形

使用"矩形"命令中的"宽度"选项，可以绘制具有一定宽度的矩形，下面通过绘制宽度为5、边长为50的正四边形，学习绘制宽度矩形的方法。

```
命令：_rectang
    指定第一个角点或 [ 倒角 (C)/ 标高 (E)/ 圆角 (F)/ 厚度 (T)/ 宽度 (W)]:
                                              //W Enter，激活"宽度"选项
    指定矩形的线宽 <0.0000>:                  //5 Enter
    指定第一个角点或 [ 倒角 (C)/ 标高 (E)/ 圆角 (F)/ 厚度 (T)/ 宽度 (W)]:
                                              // 拾取一点
    指定另一个角点或 [ 面积 (A)/ 尺寸 (D)/ 旋转 (R)]: //@50,50 Enter，如图 3-48 所示
```

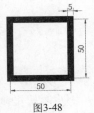

图3-48

3.6.5 绘制厚度矩形

使用"矩形"命令中的"厚度"选项，可以绘制具有一定厚度的矩形，下面继续通过绘制宽度为5、厚度为20、50×50的矩形的实例，学习厚度矩形的绘制方法。

```
命令：_rectang
当前矩形模式：厚度 =10.0000  宽度 =5.0000
指定第一个角点或 [ 倒角 (C)/ 标高 (E)/ 圆角 (F)/ 厚度 (T)/ 宽度 (W)]: // W Enter，激活选项
指定矩形的线宽 <5.0000>:                    //5 Enter，设置宽度
指定第一个角点或 [ 倒角 (C)/ 标高 (E)/ 圆角 (F)/ 厚度 (T)/ 宽度 (W)]: //T Enter，激活选项
指定矩形的厚度 <10.0000>:                   //10 Enter，设置厚度
指定第一个角点或 [ 倒角 (C)/ 标高 (E)/ 圆角 (F)/ 厚度 (T)/ 宽度 (W)]: // 拾取一点
指定另一个角点或 [ 面积 (A)/ 尺寸 (D)/ 旋转 (R)]: //@50,50 Enter，如图 3-49 所示
```

在俯视图中，矩形的厚度不可见，将视图切换到西南等轴测视图，此时矩形效果如图3-50所示。

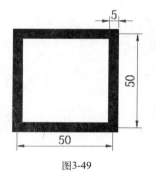

图3-49

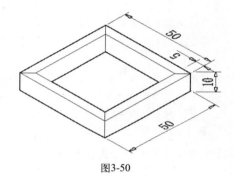

图3-50

3.7 上机练习二——绘制拔叉零件平面图

前面章节中学习了圆弧、椭圆和矩形的绘制方法，本节通过绘制如图3-51所示的拔叉零件的平面图，对所学知识进行巩固和练习。

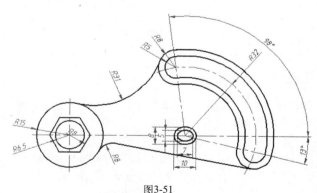

图3-51

① 执行"新建"命令，快速创建一个公制单位的空白文件。

② 使用命令简写Z激活"视图缩放"功能，将当前的视口高度调整为100，命令行操作如下。

命令 : '_zoom

指定窗口的角点，输入比例因子 (nX 或 nXP)，或者 [全部 (A)/ 中心 (C)/ 动态 (D)/ 范围 (E)/ 上一个 (P)/ 比例 (S)/ 窗口 (W)/ 对象 (O)] < 实时 >: _c

指定中心点：　　　　　　　　　　　// 在绘图区拾取一点

输入比例或高度 <200.5404>:　　　//100 [Enter]

③ 使用命令简写LT激活 "线型" 命令，设置当前线型为 "CENTER2"，并设置线型比例为0.5。

④ 将当前颜色设置为红色，使用命令简写L激活 "直线" 命令，绘制如图3-52所示的直线作为中心线。

⑤ 使用命令简写C激活 "圆" 命令，配合交点捕捉功能绘制半径为32的圆形，如图3-53所示。

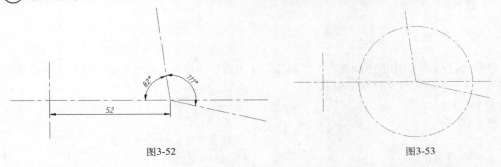

图3-52　　　　　　　　　　　　　　　　　　　　　　图3-53

⑥ 使用命令简写BR激活 "打断" 命令，配合最近点捕捉功能对圆形进行打断，结果如图3-54所示。

图3-54

⑦ 在 "特性" 工具栏中设置当前线宽为0.3mm，设置当前颜色以及当前线型为 "ByLayer"。

⑧ 打开状态栏上的线宽显示功能。激活 "圆" 命令，配合交点捕捉功能绘制同心圆，命令行操作如下。

命令 : _circle

指定圆的圆心或 [三点 (3P)/ 两点 (2P)/ 切点、切点、半径 (T)]:

　　　　　　　　　　　　　　// 捕捉左侧中心线的交点

指定圆的半径或 [直径 (D)] <0.5000>:　　//6.5 [Enter]

命令 :　　　　　　　　　　　　// [Enter]

CIRCLE 指定圆的圆心或 [三点 (3P)/ 两点 (2P)/ 切点、切点、半径 (T)]:

　　　　　　　　　　　　　　// 捕捉刚绘制的圆的圆心

指定圆的半径或 [直径 (D)] <6.5000>:　　//15 [Enter]，绘制结果如图 3-55 所示

⑨ 激活 "正多边形" 命令，配合圆心捕捉功能绘制正六边形，命令行操作如下。

```
命令：_polygon
    输入侧面数 <4>:                                //6 Enter
    指定正多边形的中心点或 [ 边 (E)]:              // 捕捉同心圆的圆心
    输入选项 [ 内接于圆 (I)/ 外切于圆 (C)] <I>:    //C Enter
    指定圆的半径:                                  //8 Enter，绘制结果如图 3-56 所示
```

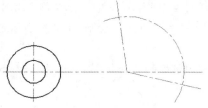
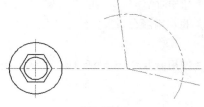

图3-55   图3-56

⑩ 执行菜单栏中的"绘图"｜"圆弧"｜"圆心、起点、角度"命令，配合交点捕捉和极坐标功能绘制圆弧，命令行操作如下。

```
命令：_arc
    指定圆弧的起点或 [ 圆心 (C)]: _c 指定圆弧的圆心:
                                                // 捕捉如图 3-57 所示的圆心
    指定圆弧的起点:                              //@8<98 Enter
    指定圆弧的端点或 [ 角度 (A)/ 弦长 (L)]: _a 指定包含角:
                                                //180 Enter，绘制结果如图 3-58 所示
```

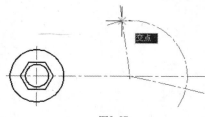
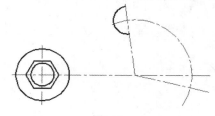

图3-57   图3-58

⑪ 执行菜单栏中的"绘图"｜"圆弧"｜"继续"命令，配合"捕捉自"和极坐标功能绘制相切弧轮廓线，命令行操作如下。

```
命令：_arc
    指定圆弧的起点或 [ 圆心 (C)]:
    指定圆弧的端点:                              // 激活"捕捉自"功能
    _from 基点:                                 // 捕捉如图 3-59 所示的交点
    < 偏移 >:                                   //@24<-13 Enter，绘制结果如图 3-60 所示
```

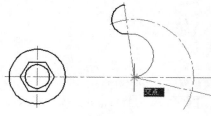
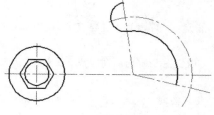

图3-59   图3-60

⑫ 重复执行"继续画弧"命令，配合极坐标输入功能继续绘制圆弧轮廓线，命令行操作如下。

```
命令：                              // Enter
ARC 指定圆弧的起点或 [ 圆心 (C)]： // Enter
指定圆弧的端点：                    //@16<-13 Enter，绘制结果如图 3-61 所示
命令：                              // Enter
ARC 指定圆弧的起点或 [ 圆心 (C)]： // Enter
指定圆弧的端点：                    // 捕捉如图 3-62 所示的端点，绘制结果如图 3-63 所示
```

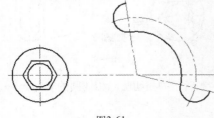 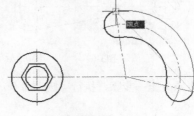

图3-61   图3-62

⑬ 参照步骤11~13的操作，使用"圆弧"命令绘制内侧的相切弧轮廓线，结果如图3-64所示。

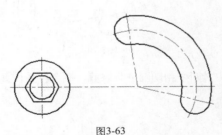 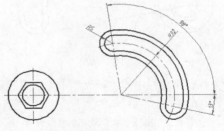

图3-63   图3-64

⑭ 执行菜单栏中的"绘图"｜"直线"命令，配合切点捕捉功能绘制相切线，命令行操作如下。

```
命令：_line
指定第一点：                        // 捕捉左侧同心圆的圆心
指定下一点或 [ 放弃 (U)]：_tan 到   // 捕捉如图 3-65 所示的切点
指定下一点或 [ 放弃 (U)]：          // Enter，绘制结果如图 3-66 所示
```

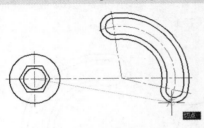 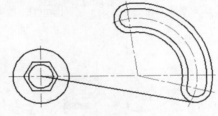

图3-65   图3-66

⑮ 执行菜单栏中的"绘图"｜"圆"｜"相切、相切、半径"命令，绘制相切圆，命令行操作如下。

命令：_circle

指定圆的圆心或 [三点 (3P)/ 两点 (2P)/ 切点、切点、半径 (T)]：_ttr

指定对象与圆的第一个切点：   // 在如图 3-67 所示的位置单击

指定对象与圆的第二个切点：   // 在如图 3-68 所示的位置单击

指定圆的半径 <1.0000>:   //8 [Enter]，绘制结果如图 3-69 所示

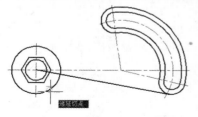

图3-67

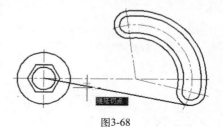

图3-68

⑯ 重复上一步骤，执行"圆"命令，绘制如图3-70所示的相切圆，相切圆的半径为31。

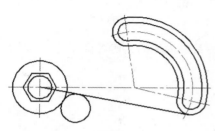

图3-69

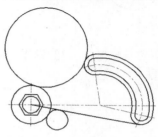

图3-70

⑰ 执行菜单栏中的"修改"｜"修剪"命令，对两个相切圆进行修剪，命令行操作如下。

命令：_trim

当前设置：投影 =UCS，边 = 延伸

选择剪切边 ...

选择对象或 < 全部选择 >：   // 分别选择如图 3-71 所示的圆、直线和圆弧三个对象

选择对象：   // [Enter]

选择要修剪的对象，或按住 Shift 键选择要延伸的对象，或 [栏选 (F)/ 窗交 (C)/ 投影 (P)/ 边 (E)/ 删除 (R)/ 放弃 (U)]：   // 在上侧相切圆的上侧单击左键

选择要修剪的对象，或按住 Shift 键选择要延伸的对象，或 [栏选 (F)/ 窗交 (C)/ 投影 (P)/ 边 (E)/ 删除 (R)/ 放弃 (U)]：   // 在下侧相切圆的下侧单击左键

选择要修剪的对象，或按住 Shift 键选择要延伸的对象，或 [栏选 (F)/ 窗交 (C)/ 投影 (P)/ 边 (E)/ 删除 (R)/ 放弃 (U)]：   // [Enter]，修剪结果如图 3-72 所示

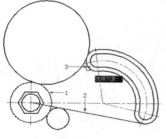

图3-71

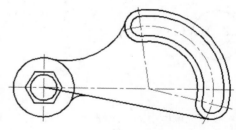

图3-72

⑱ 重复执行"修剪"命令，以下侧的相切弧作为边界，对相切线进行修剪，结果如图3-73所示。

⑲ 执行菜单栏中的"绘图"｜"椭圆"｜"圆心"命令，配合交点捕捉功能绘制长轴为10、短轴为8的椭圆，命令行操作如下。

```
命令：_ellipse
    指定椭圆的轴端点或 [ 圆弧 (A)/ 中心点 (C)]: _c
    指定椭圆的中心点：                         // 捕捉如图 3-74 所示的交点
```

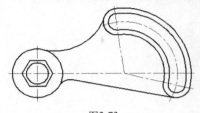

图3-73

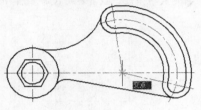

图3-74

```
    指定轴的端点：                         //@5,0 Enter
    指定另一条半轴长度或 [ 旋转 (R)]:      // 4 Enter ，绘制结果如图 3-75 所示
```

⑳ 重复上一步骤，配合交点捕捉功能绘制长轴为7、短轴为5的同心椭圆，结果如图3-76所示。

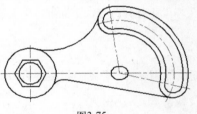

图3-75

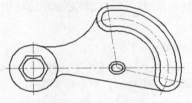

图3-76

㉑ 执行"保存"命令，将图形另名存储为"上机练习二.dwg"文件。

3.8 几何图元的编辑

前面章节中主要学习了绘制几何图元，本节来学习几何图元的常规编辑与细化功能，具体有"旋转"、"缩放"、"倒角"、"圆角"、"拉伸"、"拉长"和"对齐"命令。

3.8.1 旋转对象

"旋转"命令用于将选择的图形对象围绕指定的基点旋转一定的角度。执行"旋转"命令主要有以下几种方式。

◆ 执行菜单栏中的"修改"｜"旋转"命令。
◆ 单击"修改"工具栏中的⊙按钮。
◆ 在命令行输入Rotate按Enter键。
◆ 使用命令简写RO。

在旋转对象时，如果输入的角度为正值，系统将按逆时针方向旋转；如果输入的角度为负值，按顺时针方向旋转。下面通过典型的小实例，学习使用"旋转"命令。

① 使用"矩形"命令绘制50×50的矩形，如图3-77所示。

② 执行菜单栏中的"修改"｜"旋转"命令，或单击"修改"工具栏中的 ◯ 按钮，激活"旋转"命令，将矩形旋转45°，命令行操作如下。

```
命令：_rotate
    UCS 当前的正角方向：ANGDIR= 逆时针 ANGBASE=0
    选择对象：                              // 选择绘制的矩形
    选择对象：                              // Enter，结束对象的选择
    指定基点：                              // 捕捉矩形的左下角点
    指定旋转角度，或 [ 复制 (C)/ 参照 (R)] <0>：  //45 Enter，结果如图 3-78 所示
```

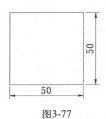

图3-77

图3-78

3.8.2 旋转复制对象

在旋转对象时，还可以将对象旋转复制，而源对象不发生任何改变，下面继续学习旋转复制对象的方法。

① 继续上一节的操作。

② 再次单击"修改"工具栏中的 ◯ 按钮，重复执行"旋转"命令，将旋转后的矩形对象再次旋转复制45°和-45°，命令行操作如下。

```
命令：_rotate
    UCS 当前的正角方向：ANGDIR= 逆时针 ANGBASE=0
    选择对象：                              // 选择旋转后的矩形对象
    选择对象：                              // Enter，结束对象的选择
    指定基点：                              // 捕捉矩形下角点作为基点
    指定旋转角度，或 [ 复制 (C)/ 参照 (R)] <52>：   //C Enter，激活"复制"选项
    指定旋转角度，或 [ 复制 (C)/ 参照 (R)] <308>：  //45 Enter，结果如图 3-79 所示
    命令：                                  // Enter，重复执行"旋转"命令
    UCS 当前的正角方向：ANGDIR= 逆时针 ANGBASE=0
    选择对象：                              // 选择旋转后的矩形对象
    选择对象：                              // Enter，结束对象的选择
    指定基点：                              // 捕捉矩形下角点作为基点
    指定旋转角度，或 [ 复制 (C)/ 参照 (R)] <52>：   //C Enter，激活"复制"选项
    指定旋转角度，或 [ 复制 (C)/ 参照 (R)] <308>：  //-45 Enter，结果如图 3-80 所示
```

图3-79

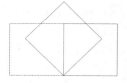

图3-80

3.8.3　参照旋转对象

参照旋转是指将选择的图形对象根据所指定的参照角和新角度进行旋转，而不必知道对象的实际旋转角度。下面继续通过一个简单操作，学习参照旋转对象的方法。

单击"修改"工具栏中的 按钮，使用"参照"旋转功能，将内部的五角形和圆形进行参照旋转，命令行操作如下。

命令：_rotate
　　UCS 当前的正角方向：ANGDIR= 逆时针 ANGBASE=0
　　选择对象：　　　　　　　// 单击如上图 3-80 所示的右边的矩形
　　选择对象：　　　　　　　// Enter ，结束对象的选择
　　指定基点：　　　　　　　// 捕捉该矩形右下角点
　　指定旋转角度，或 [复制 (C)/ 参照 (R)] <308>: //R Enter
　　指定参照角 <0>:　　　　 // 继续捕捉该矩形右下角点
　　指定第二点：　　　　　　// 捕捉该矩形左上角点
　　指定新角度或 [点 (P)] <0>: // 捕捉中间矩形上端角点

命令：_rotate
　　UCS 当前的正角方向：ANGDIR= 逆时针 ANGBASE=0
　　选择对象：　　　　　　　// 单击如上图 3-79 所示的左边的矩形
　　选择对象：　　　　　　　// Enter ，结束对象的选择
　　指定基点：　　　　　　　// 捕捉该矩形左下角点
　　指定旋转角度，或 [复制 (C)/ 参照 (R)] <308>: //R Enter
　　指定参照角 <0>:　　　　 // 继续捕捉该矩形左下角点
　　指定第二点：　　　　　　// 捕捉该矩形右上角点
　　指定新角度或 [点 (P)] <0>: // 捕捉中间矩形上端角点，旋转

结果如图 3-81 所示

图3-81

3.8.4　缩放对象

缩放是指将对象进行等比例放大或缩小，在等比例缩放对象时，如果输入的比例大于1，对象将被放大；如果输入的比例小于1，对象将被缩小。

执行"缩放"命令主要有以下几种方式。

◆　执行菜单栏中的"修改"|"缩放"命令。
◆　单击"修改"工具栏中的 按钮。
◆　在命令行输入Scale按Enter键。
◆　使用命令简写SC。

下面通过一个简单操作，学习使用"缩放"命令缩放对象的方法。

1
2
3
4
5

① 继续上一节的操作。

② 单击"修改"工具栏中的▣按钮，激活"缩放"命令，将上图3-81所示的中间的矩形等比缩小至1/2，命令行操作如下。

命令：_scale
　　选择对象：　　　　　　　　　　　　　　// 选择上图 3-81 所示的中间的矩形
　　选择对象：　　　　　　　　　　　　　　// Enter，结束对象的选择
　　指定基点：　　　　　　　　　　　　　　// 捕捉矩形的下角点
　　指定比例因子或 [复制 (C)/ 参照 (R)] <1.0000>：　　//0.5 Enter，输入缩放比例

③ 缩放结果如图3-82所示。

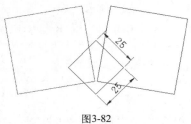

图3-82

 选择基点最好指定在对象的几何中心或对象的特殊点上，可用目标捕捉的方式来指定。

3.8.5 缩放复制对象

所谓"缩放复制对象"，指的就是在等比缩放对象的同时将其进行复制，源对象保持不变，下面学习此种缩放功能。

① 继续上一节的操作。

② 单击"修改"工具栏中的▣按钮，激活"缩放"命令，将上图3-32所示的中间的矩形缩放复制，命令行操作如下。

命令：_scale
　　选择对象：　　　　　　　　　　　　　　// 选择上图 3-32 所示的中间的矩形
　　选择对象：　　　　　　　　　　　　　　// Enter，结束对象的选择
　　指定基点：　　　　　　　　　　　　　　// 捕捉该矩形下角点
　　指定比例因子或 [复制 (C)/ 参照 (R)] <1.0000>：　　// C Enter
　　缩放一组选定对象。
　　指定比例因子或 [复制 (C)/ 参照 (R)] <0.6000>：　　//1.5 Enter，输入缩放比例

③ 缩放复制的结果如图3-83所示。

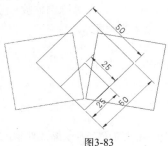

图3-83

3.8.6 参照缩放对象

参照缩放是使用参考值作为比例因子缩放对象，此选项需要用户分别指定一个参照长度和一个新长度，AutoCAD将以参考长度和新长度的比值决定缩放的比例因子。下面继续通过一个简单操作，学习参照缩放对象的方法。

① 继续上一节的操作。

② 单击"修改"工具栏中的🔲按钮，激活"缩放"命令，将上图3-83所示的左边矩形缩放复制，命令行操作如下。

```
命令：_scale
    选择对象：                         // 选择如上图 3-83 所示的左边矩形
    选择对象：                         // Enter
    指定基点：                         // 捕捉该矩形的右下角点
    指定比例因子或 [ 复制 (C)/ 参照 (R)]：   // R Enter
    指定参照长度 <25.0000>：            // 捕捉该矩形的右下角点
    指定第二点：                       // 捕捉该矩形的左下角点
  ● 指定新的长度或 [ 点 (P)] <25.0000>：   // 捕捉该矩形下边的中点，结果如图 3-84 所示
```

③ 使用相同的方法继续对右边的矩形进行参照缩放，结果如图3-85所示。

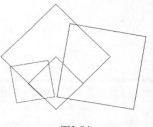

图3-84

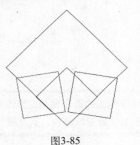

图3-85

3.8.7 倒角对象

倒角是指使用一条线段连接两个非平行的图线，用于倒角的图线一般有直线、多段线、矩形、多边形等，不能倒角的图线有圆、圆弧、椭圆和椭圆弧等。

执行"倒角"命令主要有以下几种方式。

◆ 执行菜单栏中的"修改"|"倒角"命令。

◆ 单击"修改"工具栏中的◻按钮。

◆ 在命令行输入Chamfer按Enter键。

◆ 使用命令简写CHA。

在倒角对象时，有"距离倒角"、"角度倒角"、"多段线倒角"、"修剪倒角"和"不修剪倒角"，下面对其进行逐一讲解。

1. 距离倒角

所谓"距离倒角"，指的就是直接输入两条图线上的倒角距离进行倒角图线，下面学习此种倒角功能。

① 新建一个空白文件，使用命令简写L激活"直线"命令，绘制图3-86（左）所示的两条图线。

② 单击"修改"工具栏中的 按钮，激活"倒角"命令，对两条图线进行距离倒角，命令行操作如下。

> 命令：_chamfer
> （"修剪"模式）当前倒角距离 1 = 0.0000，距离 2 = 0.0000
> 选择第一条直线或 [放弃 (U)/ 多段线 (P)/ 距离 (D)/ 角度 (A)/ 修剪 (T)/ 方式 (E)/ 多个 (M)]:
> //D Enter，激活"距离"选项
> 指定第一个倒角距离 <0.0000>:   //150 Enter，设置第一倒角长度
> 指定第二个倒角距离 <25.0000>:   //100 Enter，设置第二倒角长度
> 选择第一条直线或 [放弃 (U)/ 多段线 (P)/ 距离 (D)/ 角度 (A)/ 修剪 (T)/ 方式 (E)/ 多个 (M)]:
> // 选择水平线段
> 选择第二条直线，或按住 Shift 键选择要应用角点的直线：   // 选择倾斜线段

TIP 在此操作提示中，"放弃"选项用于在不中止命令的前提下，撤销上一步操作；"多个"选项用于在执行一次命令时，可以对多个图线进行倒角操作。

③ 距离倒角的结果如图3-86（右）所示。

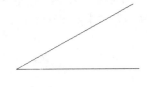 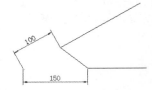

图3-86

TIP 用于倒角的两个倒角距离值不能为负值，如果将两个倒角距离设置为0，那么倒角的结果就是两条图线被修剪或延长，直至相交于一点。

2. 角度倒角

所谓"角度倒角"，指的是通过设置一条图线的倒角长度和倒角角度为图线倒角，下面学习此种倒角功能。

① 绘制如上图3-86（左）所示的两条图线。

② 单击"修改"工具栏中的 按钮，激活"倒角"命令，对两条图形进行角度倒角，命令行操作如下。

> 命令：_chamfer
> （"修剪"模式）当前倒角距离 1 = 25.0000，距离 2 = 15.0000
> 选择第一条直线或 [放弃 (U)/ 多段线 (P)/ 距离 (D)/ 角度 (A)/ 修剪 (T)/ 方式 (E)/
> 多个 (M)]:   //A Enter，激活"角度"选项
> 指定第一条直线的倒角长度 <0.0000>:   //100 Enter，设置倒角长度
> 指定第一条直线的倒角角度 <0>:   //30 Enter，设置倒角距离
> 选择第一条直线或 [放弃 (U)/ 多段线 (P)/ 距离 (D)/ 角度 (A)/ 修剪 (T)/ 方式 (E)/ 多个 (M)]:
> // 选择水平线段
> 选择第二条直线，或按住 Shift 键选择要应用角点的直线：
> // 选择倾斜线段作为第二倒角对象

③ 角度倒角的结果如图3-87所示。

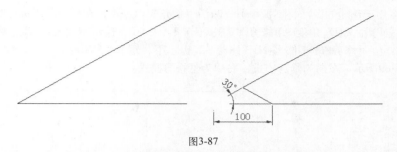

图3-87

> **TIP** ▶▶ 在此操作提示中，"方式"选项用于确定倒角的方式，要求选择"距离倒角"或"角度倒角"。另外，系统变量Chammode控制着倒角的方式，当Chammode值为0时，系统支持"距离倒角"；当Chammode值为1时，系统支持"角度倒角"模式。

3. 多段线倒角

多段线倒角是指为整条多段线的所有相邻元素边同时进行倒角操作。在为多段线进行倒角操作时，可以使用相同的倒角距离值，也可以使用不同的倒角距离值，下面学习此种倒角功能。

①　首先使用"矩形"命令绘制如图3-88（左）所示的矩形（矩形也属于闭合多段线）。

②　单击"修改"工具栏中的 □ 按钮，激活"倒角"命令，对多段线进行倒角，命令行操作如下。

```
命令：_chamfer
    （"修剪"模式）当前倒角距离 1 = 0.0000，距离 2 = 0.0000
    选择第一条直线或 [ 放弃 (U)/ 多段线 (P)/ 距离 (D)/ 角度 (A)/ 修剪 (T)/ 方式 (E)/ 多个 (M)]：
                                    // D Enter，激活"距离"选项
    指定第一个倒角距离 <0.0000>:        //30 Enter，设置第一倒角长度
    指定第二个倒角距离 <50.0000>:       //30 Enter，设置第二倒角长度
    选择第一条直线或 [ 放弃 (U)/ 多段线 (P)/ 距离 (D)/ 角度 (A)/ 修剪 (T)/ 方式 (E)/ 多个 (M)]：
                                    // P Enter，激活"多段线"选项
    选择二维多段线：                    // 选择刚绘制的矩形
    6 条直线已被倒角
```

③　多段线倒角的结果如图3-88（右）所示。

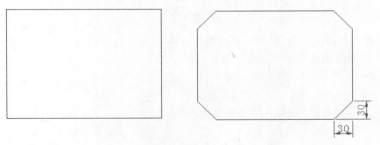

图3-88

4. 设置倒角模式

在进行倒角操作时，系统提供了两种倒角边的修剪模式，即"修剪"和"不修剪"，系统默认下为"修剪"模式，此种模式下，被倒角的两条直线被修剪到倒角的端点；当倒角模式设置为"不

修剪"时，那么用于倒角的图线将不被修剪。激活"倒角"命令后，在命令行"选择第一条直线或
[放弃(U)/多段线(P)/距离(D)/角度(A)/修剪(T)/方式(E)/多个(M)]:"提示下输入T选项，继续在命令行
"输入修剪模式选项[修剪(T)/不修剪(N)]<修剪>:"提示下，输入T选择修剪模式，输入N选择不修
剪模式，如图3-89所示，左图为修剪模式，右图为不修剪模式。

图3-89

> **TIP** 系统变量Trimmode控制倒角的修剪状态。当Trimmode值为0时，系统保持对象不被修剪；当
> Trimmode值为1时，系统支持倒角的修剪模式。

3.8.8 圆角对象

所谓"圆角对象"，指的就是使用一段给定半径的圆弧光滑连接两条图线，一般情况下，用于
圆角的图线有直线、多段线、样条曲线、构造线、射线、圆弧和椭圆弧等。

执行"圆角"命令主要有以下几种方式。

◆ 执行菜单栏中的"修改"|"圆角"命令。
◆ 单击"修改"工具栏中的◻按钮。
◆ 在命令行输入Fillet按Enter键。
◆ 使用命令简写F。

下面通过简单操作，学习"圆角"命令的操作方法和操作技巧。

① 使用"矩形"命令和"直线"命令绘制如图3-90所示的矩形和图线。

图3-90

② 执行菜单栏中的"修改"｜"圆角"命令，或单击"修改"工具栏中的◻按钮，激活
"圆角"命令，对圆弧和直线进行圆角，命令行操作如下。

```
命令：_fillet
    当前设置：模式 = 修剪，半径 = 0
    选择第一个对象或 [ 放弃 (U)/ 多段线 (P)/ 半径 (R)/ 修剪 (T)/ 多个 (M)]:
                                    //R Enter，激活"半径"选项
    指定圆角半径 <0>:               //30 Enter，设置圆角半径
    选择第一个对象或 [ 放弃 (U)/ 多段线 (P)/ 半径 (R)/ 修剪 (T)/ 多个 (M)]:
                                    //P Enter，激活"多段线"选项
    选择二维多段线或 [ 半径 (R)]:    // 单击矩形，圆角效果如图 3-91 所示
    4 条直线已被圆角
```

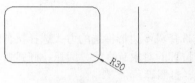

图3-91

命令： // Enter，重复执行"圆角"命令
　　当前设置：模式 = 修剪，半径 = 0
　　选择第一个对象或 [放弃 (U)/ 多段线 (P)/ 半径 (R)/ 修剪 (T)/ 多个 (M)]:
　　　　　　　　　　　　　　　　　//R Enter，激活"半径"选项
　　指定圆角半径 <0>: //50 Enter，设置圆角半径
　　选择第一个对象或 [放弃 (U)/ 多段线 (P)/ 半径 (R)/ 修剪 (T)/ 多个 (M)]:
　　　　　　　　　　　　　　　　　// 单击水平图线
　　选择第二个对象，或按住 Shift 键选择对象以应用角点或 [半径 (R)]:
　　　　　　　　　　　　　　　　　// 单击垂直图线，结果如图 3-92 所示

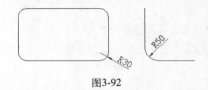

图3-92

TIP "多个"选项用于为多个对象进行圆角处理，不需要重复执行命令。如果用于圆角的图线处于同一图层中，那么圆角也处于同一图层上；如果两圆角对象不在同一图层中，那么圆角将处于当前图层上。同样，圆角的颜色、线型和线宽也都遵守这一规则。

当对平行线进行圆角操作时，与当前的圆角半径无关，圆角的结果就是使用一条半圆弧光滑连接平行线，半圆弧的直径为平行线之间的间距，如图3-93所示。

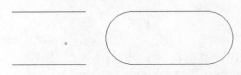

图3-93

另外，与"倒角"命令一样，"圆角"命令也存在两种圆角模式，即"修剪"和"不修剪"，系统默认情况下为"修剪"模式，如图3-94所示，左图为"修剪"模式下的圆角效果，右图为"不修剪"模式下的圆角效果。

图3-94

TIP 用户也可通过系统变量Trimmode设置圆角的修剪模式，当该系统变量的值设置为0时，保持对象不被修剪；当设置为1时，表示圆角后进行修剪对象。

中文版 AutoCAD 2013 从新手到高手

1
2
3
4
5

3.8.9 拉伸对象

"拉伸"命令用于通过窗交选择或多边形框选的方式选择拉伸对象,进行不等比缩放,进而改变对象的尺寸或形状,通常用于拉伸的对象有直线、圆弧、椭圆弧、多段线、样条曲线等,而不能被拉伸的对象有圆、椭圆、图块、参照等。

执行"拉伸"命令主要有以下几种方式。

◆ 执行菜单栏中的"修改"|"拉伸"命令。

◆ 单击"修改"工具栏中的 按钮。

◆ 在命令行输入Stretch按Enter键。

◆ 使用命令简写S。

下面通过将某单人沙发立面图拉伸为三人沙发立面图的实例,学习"拉伸"命令的使用方法与操作技巧。

① 打开随书光盘中的"素材文件"\"拉伸图形.dwg"文件,如图3-95所示。

② 执行菜单栏中的"修改" | "拉伸"命令,或单击"修改"工具栏中的 按钮,对打开的单人沙发平面图进行拉伸,命令行操作如下。

命令:_stretch
　　以交叉窗口或交叉多边形选择要拉伸的对象 ...
　　选择对象: 　　　　　　　　　　　　　　// 以窗交方式选择沙发图形对象,如图 3-96 所示

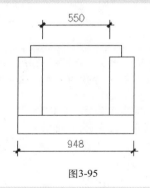

图3-95

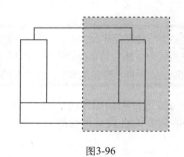

图3-96

选择对象: 　　　　　　　　　　　　// Enter ,结束对象的选择
指定基点或 [位移 (D)] < 位移 >: 　　// 在任意位置单击左键,拾取一点作为拉伸基点
指定第二个点或 < 使用第一个点作为位移 >:
　　　　　　　　　　　　　　　　　　// 向左拉出水平的极轴虚线,输入 1150 并按 Enter
　　　　　　　　　　　　　　　　　　　键,结果如图 3-97 所示

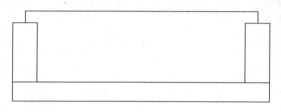

图3-97

③ 执行菜单栏中的"绘图" | "直线"命令,配合"捕捉自"和端点捕捉功能绘制内部的垂直轮廓线,结果如图3-98所示。

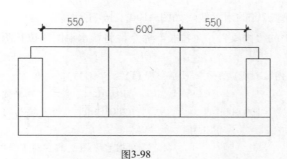

图3-98

3.8.10 拉长对象

"拉长"命令用于将对象进行拉长或缩短，在拉长的过程中，不仅可以改变线对象的长度，还可以更改弧对象的角度。

执行"拉长"命令主要有以下几种方式。

◆ 执行菜单栏中的"修改" | "拉长"命令。

◆ 在命令行输入Lengthen按Enter键。

◆ 使用命令简写LEN。

在拉长对象时，有"增量"拉长、"百分数"拉长、"全部"拉长和"动态"拉长。

1. 增量拉长

所谓"增量"拉长，指的是按照事先指定的长度增量或角度增量进行拉长或缩短对象，下面学习此种拉长方式。

① 首先使用画线命令绘制长度为200的水平直线，如图3-99（左）所示。

② 执行菜单栏中的"修改" | "拉长"命令，将水平直线水平向右拉长50个单位，命令行操作如下。

命令：_lengthen	
选择对象或 [增量 (DE)/ 百分数 (P)/ 全部 (T)/ 动态 (DY)]:	
	//DE Enter，激活"增量"选项
输入长度增量或 [角度 (A)] <0.0000>:	//50 Enter，设置长度增量
选择要修改的对象或 [放弃 (U)]:	// 在直线的右端单击左键
选择要修改的对象或 [放弃 (U)]:	// Enter，退出命令
拉长结果如图 3-99（右）所示。	

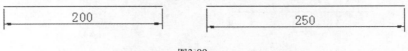

图3-99

> **TIP** 如果将增量值设置为正值，系统将拉长对象；反之则缩短对象。

2. 百分数拉长

所谓"百分数"拉长，指的是以总长的百分比值进行拉长或缩短对象，长度的百分数值必须为正且非0，下面学习此种拉长方式。

① 绘制一条长度为200的水平线，如图3-100（上）所示。

② 执行菜单栏中的"修改"｜"拉长"命令，将该水平图线拉长两倍，命令行操作如下。

命令：_lengthen

　　选择对象或 [增量 (DE)/ 百分数 (P)/ 全部 (T)/ 动态 (DY)]：

　　　　　　　　　　　　　　　　　　　　//P Enter，激活"百分数"选项

　　输入长度百分数 <100.0000>：　　　　//200 Enter，设置拉长的百分比值

　　选择要修改的对象或 [放弃 (U)]：

　　　　　　　　　　　　　　　　　　　　// 在水平图线的右端单击左键

　　选择要修改的对象或 [放弃 (U)]：

　　　　　　　　　　　　　　　　　　　　// Enter，结束命令，拉长效果如图 3-100（下）所示

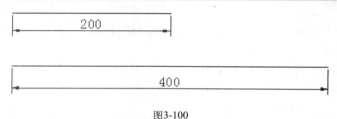

图3-100

> **TIP** 当长度百分比值小于100时，将缩短对象；当长度百分比值大于100时，将拉伸对象。

3. 全部拉长

所谓"全部"拉长，指的是根据指定一个总长度或者总角度进行拉长或缩短对象，下面学习此种拉长方式。

① 使用画线命令绘制长度为200的水平图线，如图3-101（上）所示。

② 执行菜单栏中的"修改"｜"拉长"命令，将水平图线拉长为500个单位，命令行操作如下。

命令：_lengthen

　　选择对象或 [增量 (DE)/ 百分数 (P)/ 全部 (T)/ 动态 (DY)]：

　　　　　　　　　　　　　　　　　　　　//T Enter，激活"全部"选项

　　指定总长度或 [角度 (A)] <1.0000)>：　//500 Enter，设置总长度

　　选择要修改的对象或 [放弃 (U)]：　　　// 在线段的一端单击左键

　　选择要修改的对象或 [放弃 (U)]：

　　　　　　　　　　　　　　　　　　　　// Enter，退出命令，结果如图 3-101（下）所示

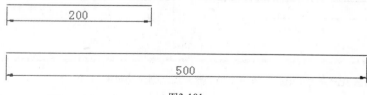

图3-101

> **TIP** 如果原对象的总长度或总角度大于所指定的总长度或总角度，结果原对象将被缩短；反之，将被拉长。

4.动态拉长

所谓"动态"拉长，指的是根据图形对象的端点位置动态改变其长度。激活"动态"选项功能之后，AutoCAD将端点移动到所需长度的线段的端点，用户动态地移动光标，以拉长对象，如图3-102所示。

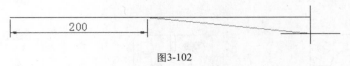

图3-102

3.8.11 对齐图形

"对齐"是指将选择的图形对象在二维空间或三维空间中与其他图形对象进行对齐。在对齐图形时，需要指定三个源点和三个目标点，这些点不能处在同一水平或垂直位置上。

执行"对齐"命令主要有以下几种方式。

◆ 执行菜单栏中的"修改"|"三维操作"|"对齐"命令。

◆ 单击"修改"面板中的 按钮。

◆ 在命令行输入Align按Enter键。

◆ 使用命令简写AL。

本例将某散装零件图通过对齐组装成完整的零件图，学习"对齐"命令的使用方法和操作技巧。

① 打开随书光盘中的"素材文件"\"对齐图形.dwg"文件，如图3-103所示。

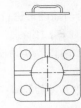

图3-103

② 使用命令表达式Align并按Enter键，激活"对齐"命令，将左侧的两个图形进行对齐，命令行操作如下。

命令：Align	// Enter ，激活"对齐"命令
选择对象：	// 以窗口选择方式选择左上侧的零件图，如图 3-104 所示
选择对象：	// Enter ，结束选择
指定第一个源点：	// 捕捉如图 3-105 所示的中点作为对齐的第一个源点
指定第一个目标点：	// 捕捉如图 3-106 所示的中点作为对齐的第一个目标点

图3-104

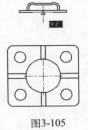

图3-105

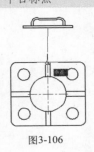

图3-106

指定第二个源点： // 捕捉如图 3-107 所示的端点作为对齐的第二个源点
指定第二个目标点： // 捕捉如图 3-108 所示的端点作为对齐的第二个目标点
指定第三个源点或 <继续>: // 捕捉如图 3-109 所示的端点作为对齐的第三个源点

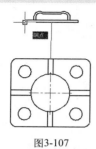 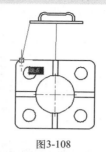 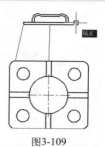

图3-107 图3-108 图3-109

指定第三个目标点： // 捕捉如图 3-110 所示的端点作为对齐的第三个目标点，对齐结果
如图 3-111 所示

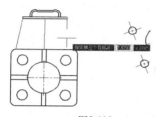 

图3-110 图3-111

3 使用命令简写AL激活"对齐"命令，继续对当前图形进行对齐操作，命令行操作如下。

命令：AL // Enter，激活"对齐"命令
ALIGN 选择对象： // 窗口选择如图 3-112 所示的图形作为对齐的源对象
选择对象： // Enter，结束选择
指定第一个源点： // 捕捉如图 3-113 所示的圆心作为对齐的第一个源点

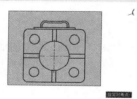

图3-112 图3-113

指定第一个目标点： // 捕捉如图 3-114 所示的圆心作为对齐的第一个目标点

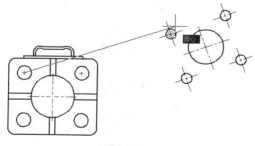

图3-114

指定第二个源点：　　　　　　// 捕捉如图 3-115 所示的圆心作为对齐的第二个源点
指定第二个目标点：　　　　　// 捕捉如图 3-116 所示的圆心作为对齐的第二个目标点

图3-115

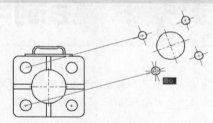

图3-116

指定第三个源点或＜继续＞：// 捕捉如图 3-117 所示的圆心作为对齐的第三个源点

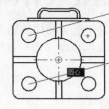

图3-117

指定第三个目标点：　　　　// 捕捉如图 3-118 所示的圆心作为第三个目标点，效果如图 3-119 所示

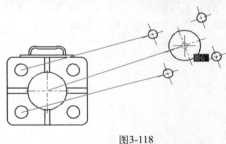

图3-118

图3-119

第4章 绘制与创建复合图形

前几章主要学习了各类常用几何图元的绘制功能和编辑功能，本章主要学习复杂图形的创建与绘制方法，这些方法主要有夹点编辑、创建边界和面域、图案填充、复制以及阵列对象等，为日后绘制复杂工程图奠定基础。

4.1 创建复合图形对象

所谓复合图形，是指由多个图形对象组合而成的图形，在AutoCAD中，创建复合图形最常用的命令有"复制"、"偏移"和"镜像"命令，使用这些命令，可以快速创建较为复杂的复合图形对象。

4.1.1 通过复制创建复合对象

复制是指将图形对象通过克隆，使其生成多个结构完全相同的图形。在AutoCAD中，使用"复制"命令可创建结构相同、位置不同的复合图形，需要说明的是，此命令只能在当前文件中使用，如果要将图形对象复制到另一个文件中，则需要使用"编辑"菜单中的"复制"命令。

执行"复制"命令主要有以下几种方式。

- ◆ 执行菜单栏中的"修改"|"复制"命令。
- ◆ 单击"修改"工具栏或面板中的 按钮。
- ◆ 在命令行输入Copy按Enter键。
- ◆ 使用命令简写CO。

下面通过一个简单操作，学习"复制"命令的使用方法和操作技巧。

① 使用"圆"命令，配合"象限点"捕捉功能绘制如图4-1所示的图形。

② 采用上述任意方式激活"复制"命令，对小圆进行复制，以创建复杂图形，命令行操作如下。

```
命令：_copy
    选择对象：                              //选择上方的小圆对象
    选择对象：                              // Enter
    当前设置：复制模式 = 多个
    指定基点或 [ 位移 (D)/ 模式 (O)] < 位移 >:   //拾取小圆的圆心作为基点
    指定第二个点或 [ 阵列 (A)/ 退出 (E)/ 放弃 (U)] < 退出 >:
                                        //捕捉大圆的左象限点
    指定第二个点或 [ 阵列 (A)/ 退出 (E)/ 放弃 (U)] < 退出 >:
                                        //捕捉大圆的下象限点
    指定第二个点或 [ 阵列 (A)/ 退出 (E)/ 放弃 (U)] < 退出 >:
                                        //捕捉大圆的右象限点
    指定第二个点或 [ 阵列 (A)/ 退出 (E)/ 放弃 (U)] < 退出 >:
                                        // Enter ，复制结果如图 4-2 所示
```

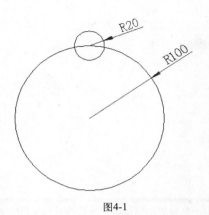

图4-1   图4-2

③ 使用命令简写TR激活"修剪"命令，对大圆和小圆进行修剪，命令行操作如下。

```
命令：_trim
    当前设置：投影 =UCS，边 = 延伸
    选择剪切边 ...
    选择对象或 < 全部选择 >:                    // 单击大圆
    选择对象：                                  //Enter
    选择要修剪的对象，或按住 Shift 键选择要延伸的对象，或 [ 栏选 (F)/ 窗交 (C)/ 投影 (P)/
边 (E)/ 删除 (R)/ 放弃 (U)]:                     // 在上侧小圆的上方位置单击
    选择要修剪的对象，或按住 Shift 键选择要延伸的对象，或 [ 栏选 (F)/ 窗交 (C)/ 投影 (P)/
边 (E)/ 删除 (R)/ 放弃 (U)]:                     // 在左侧小圆的左边位置单击
    选择要修剪的对象，或按住 Shift 键选择要延伸的对象，或 [ 栏选 (F)/ 窗交 (C)/ 投影 (P)/
边 (E)/ 删除 (R)/ 放弃 (U)]:                     // 在下侧小圆的下方位置单击
    选择要修剪的对象，或按住 Shift 键选择要延伸的对象，或 [ 栏选 (F)/ 窗交 (C)/ 投影 (P)/
边 (E)/ 删除 (R)/ 放弃 (U)]:                     // 在右侧小圆的右边位置单击
    选择要修剪的对象，或按住 Shift 键选择要延伸的对象，或 [ 栏选 (F)/ 窗交 (C)/ 投影 (P)/
边 (E)/ 删除 (R)/ 放弃 (U)]:                     //Enter，修剪结果如图 4-3 所示
命令：                                          //Enter，重复执行命令
    当前设置：投影 =UCS，边 = 延伸
    选择剪切边 ...
    选择对象或 < 全部选择 >:                    // 分别单击修剪后的小圆弧
    选择对象：                                  //Enter
    选择要修剪的对象，或按住 Shift 键选择要延伸的对象，或 [ 栏选 (F)/ 窗交 (C)/ 投影 (P)/
边 (E)/ 删除 (R)/ 放弃 (U)]:                     // 在上方小圆弧区域单击大圆
    选择要修剪的对象，或按住 Shift 键选择要延伸的对象，或 [ 栏选 (F)/ 窗交 (C)/ 投影 (P)/
边 (E)/ 删除 (R)/ 放弃 (U)]:                     // 在左边小圆弧区域单击大圆
    选择要修剪的对象，或按住 Shift 键选择要延伸的对象，或 [ 栏选 (F)/ 窗交 (C)/ 投影 (P)/
边 (E)/ 删除 (R)/ 放弃 (U)]:                     // 在下方小圆弧区域单击大圆
    选择要修剪的对象，或按住 Shift 键选择要延伸的对象，或 [ 栏选 (F)/ 窗交 (C)/ 投影 (P)/
边 (E)/ 删除 (R)/ 放弃 (U)]:                     // 在右边小圆弧区域单击大圆
    选择要修剪的对象，或按住 Shift 键选择要延伸的对象，或 [ 栏选 (F)/ 窗交 (C)/ 投影 (P)/
边 (E)/ 删除 (R)/ 放弃 (U)]:                     //Enter，修剪结果如图 4-4 所示
```

1
2
3
4
5

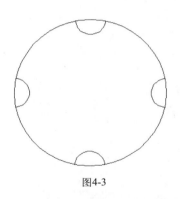

图4-3

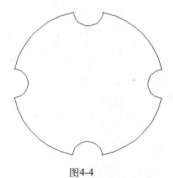

图4-4

> **TIP** ▶▶ 使用命令中的"阵列"选项，可以在复制图形的过程中，将选择的对象进行有规则的快速阵列复制。使用命令中的"模式"选项，可以设置复制的模式，有"单个"和"多个"两种模式，系统默认为"多个"模式，使用"多个"模式，在执行"复制"命令后可以复制多个对象，直到用户终止"复制"命令，如果选择"单个"模式，则执行"复制"命令后，只能复制一个对象。

4.1.2 通过偏移创建复合对象

"偏移"命令用于将选择的图形对象按照一定的距离或指定的通过点进行偏移复制，以创建复杂图形对象。

执行"偏移"命令主要有以下几种方式。

- ◆ 执行菜单栏中的"修改"｜"偏移"命令。
- ◆ 单击"修改"工具栏或面板中的▲按钮。
- ◆ 在命令行输入Offset后按Enter键。
- ◆ 使用命令简写O。

下面通过典型实例，学习使用"偏移"命令创建复杂图形的方法和技巧。

① 使用"圆"和"直线"命令，配合"象限点"捕捉功能绘制如图4-5所示的图形。

② 采用上述任意方式激活"偏移"命令，使用"通过"选项对图形进行定点偏移，命令行操作如下。

```
命令：_offset
    当前设置：删除源＝否  图层＝源  OFFSETGAPTYPE=0
    指定偏移距离或 [ 通过 (T)/ 删除 (E)/ 图层 (L)] <4.0>:        // T Enter
    选择要偏移的对象，或 [ 退出 (E)/ 放弃 (U)] < 退出 >:          // 选择水平直径
    指定通过点或 [ 退出 (E)/ 多个 (M)/ 放弃 (U)] < 退出 >:        // 在圆上象限点位置单击
    选择要偏移的对象，或 [ 退出 (E)/ 放弃 (U)] < 退出 >:          // 选择水平直径
    指定通过点或 [ 退出 (E)/ 多个 (M)/ 放弃 (U)] < 退出 >:        // 在圆下象限点位置单击
    选择要偏移的对象，或 [ 退出 (E)/ 放弃 (U)] < 退出 >:          // 选择垂直直径
    指定通过点或 [ 退出 (E)/ 多个 (M)/ 放弃 (U)] < 退出 >:        // 在圆左象限点位置单击
    选择要偏移的对象，或 [ 退出 (E)/ 放弃 (U)] < 退出 >:          // 选择垂直直径
    指定通过点或 [ 退出 (E)/ 多个 (M)/ 放弃 (U)] < 退出 >:

                                                            // 在圆右象限点位置单击，
                                                               结果如图 4-6 所示
```

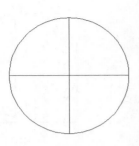

图4-5

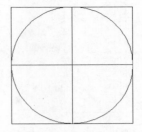

图4-6

③ 重复执行"偏移"命令，对图形进行距离偏移，命令行操作如下。

```
命令 : _offset
        当前设置 : 删除源 = 否　图层 = 源　OFFSETGAPTYPE=0
        指定偏移距离或 [ 通过 (T)/ 删除 (E)/ 图层 (L)] <4.0>:        //10 Enter
        选择要偏移的对象，或 [ 退出 (E)/ 放弃 (U)] < 退出 >:        // 选择水平直径
        指定要偏移的那一侧上的点，或 [ 退出 (E)/ 多个 (M)/ 放弃 (U)] < 退出 >:
                                                               // 在水平直径上方单击
        选择要偏移的对象，或 [ 退出 (E)/ 放弃 (U)] < 退出 >:        // 选择水平直径
        指定要偏移的那一侧上的点，或 [ 退出 (E)/ 多个 (M)/ 放弃 (U)] < 退出 >:
                                                               // 在水平直径下方单击
        选择要偏移的对象，或 [ 退出 (E)/ 放弃 (U)] < 退出 >:        // 选择垂直直径
        指定要偏移的那一侧上的点，或 [ 退出 (E)/ 多个 (M)/ 放弃 (U)] < 退出 >:
                                                               // 在垂直直径左边单击
        选择要偏移的对象，或 [ 退出 (E)/ 放弃 (U)] < 退出 >:        // 选择垂直直径
        指定要偏移的那一侧上的点，或 [ 退出 (E)/ 多个 (M)/ 放弃 (U)] < 退出 >:
                                                               // 在垂直直径右边单击
        选择要偏移的对象，或 [ 退出 (E)/ 放弃 (U)] < 退出 >:        // 选择圆
        指定要偏移的那一侧上的点，或 [ 退出 (E)/ 多个 (M)/ 放弃 (U)] < 退出 >:  // 在圆内部单击
        选择要偏移的对象，或 [ 退出 (E)/ 放弃 (U)] < 退出 >:        // Enter，结果如图 4-7 所示
```

④ 使用命令简写TR激活"修剪"命令，以如图4-8所示的图线作为修剪边界，对外侧的4个图形和两个圆进行修剪，结果如图4-9所示。

图4-7

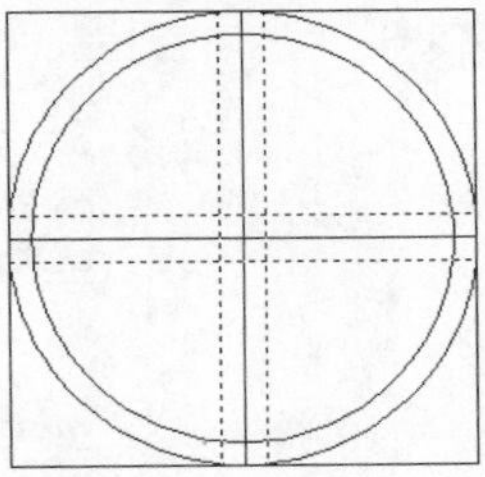

图4-8

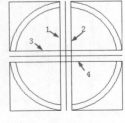

图4-9

⑤ 继续激活"修剪"命令，以如图4-10所示的内侧4条圆弧作为修剪边界，对如上图4-9所示的1、2、3和4这几条直线进行修剪，结果如图4-11所示。

⑥ 继续以直线1和2作为修剪边，对直线3和4进行修剪；以3和4作为修剪边，对1和2进行修剪，最后删除水平和垂直直径，结果如图4-12所示。

中文版AutoCAD 2013从新手到高手

1
2
3
4
5

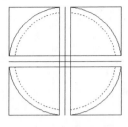

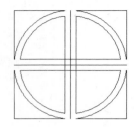

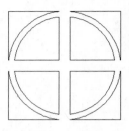

图4-10   图4-11   图4-12

在执行"偏移"命令后，命令行中会出现如下选项。

- "删除"选项：激活该选项，可以在偏移图线的过程中将源图线删除。
- "图层"选项：可以设置偏移后的图线所在图层。
- "通过"选项：可以按照指定的通过点偏移对象，所偏移出的对象将通过事先指定的目标点。

4.1.3 通过镜像创建复合对象

"镜像"命令用于将选择的对象沿着指定的两点进行对称复制。执行"镜像"命令主要有以下几种方式。

- 执行菜单栏中的"修改"|"镜像"命令。
- 单击"修改"工具栏或面板中的 按钮。
- 在命令行输入Mirror后按Enter键。
- 使用命令简写MI。

在镜像过程中，源对象可以保留，也可以删除。下面通过典型的实例学习"镜像"命令的使用方法和操作技巧。

①执行"打开"命令，打开随书光盘中的"素材文件"\"镜像图形.dwg"文件，如图4-13所示。

②单击"修改"工具栏中的 按钮，激活"镜像"命令，对平面图进行镜像，命令行操作如下。

命令：_mirror
选择对象：   //框选如图 4-14 所示的图形

图4-13   图4-14

选择对象：   // Enter ，结束选择
指定镜像线的第一点：   // 捕捉如图 4-15 所示的中点
指定镜像线的第二点：   // 捕捉如图 4-16 所示的中点
要删除源对象吗？[是 (Y)/ 否 (N)] <N>：   // Enter

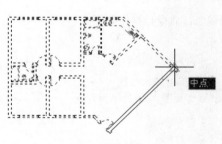

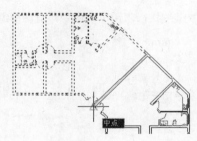

图4-15　　　　　　　　　　　　　　　　　　图4-16

③ 镜像结果如图4-17所示。

图4-17

④ 继续执行"镜像"命令，对图形继续进行镜像，命令行操作如下。

命令：_mirror
　　选择对象：　　　　　　　　　　　// 框选所有图形对象
　　选择对象：　　　　　　　　　　　// Enter，结束选择
　　指定镜像线的第一点：　　　　　　// 捕捉如图 4-18 所示的端点
　　指定镜像线的第二点：　　　　　　// 捕捉如图 4-19 所示的端点

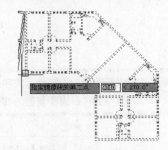

图4-18　　　　　　　　　　　　　　　　　　图4-19

要删除源对象吗？ [是 (Y)/ 否 (N)] <N>：　　// Enter，镜像结果如图 4-20 所示

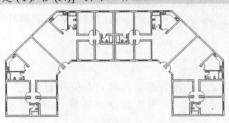

图4-20

⑤ 继续执行"镜像"命令，对图形继续进行镜像，命令行操作如下。

命令：_mirror
    选择对象：   // 框选所有图形对象
    选择对象：   // Enter，结束选择
    指定镜像线的第一点：   // 捕捉如图 4-21 所示的端点

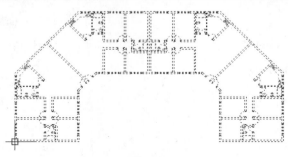

图4-21

    指定镜像线的第二点：   // 捕捉如图 4-22 所示的端点
    要删除源对象吗？[是 (Y)/ 否 (N)] <N>：   // Enter，镜像结果如图 4-23 所示

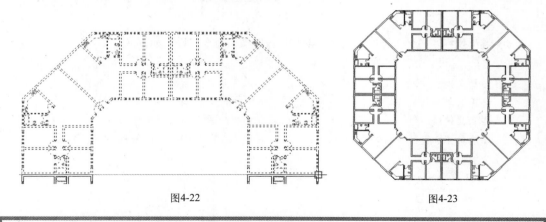

图4-22   图4-23

> **TIP** ▶ 如果对文字进行镜像时，镜像后文字的可读性取决于系统变量MIRRTEX的值，当变量值为1时，镜像文字不具有可读性；当变量值为0时，镜像后的文字具有可读性。

4.2 通过边界和面域创建复合图形

    除了通过复制、偏移和镜像创建复合图形对象外，还可以通过绘制边界和创建面域来创建复合图形对象，本节就来学习通过绘制边界和创建面域以创建复合图形对象的方法和技巧。

4.2.1 关于边界

    所谓"边界"，实际上就是一条闭合的多段线，与完全意义上的闭合多段线不同的是，这种闭合多段线不能直接绘制，而需要使用"边界"命令，从多个相交对象中进行提取，或将多个首尾相连的对象转换成边界。

执行"边界"命令主要有以下几种方式。

◆ 执行菜单栏中的"绘图"|"边界"命令。

◆ 单击"绘图"工具栏或面板中的██按钮。

◆ 在命令行输入Boundary后按Enter键。

◆ 使用命令简写BO。

4.2.2 通过创建边界以获得复合图形

下面通过从多个对象中提取边界，学习"边界"命令的使用方法和创建技巧。

①使用"圆"和"旋转"命令绘制如图4-24所示的图形。

②执行菜单栏中的"绘图"｜"边界"命令，打开如图4-25所示的"边界创建"对话框。

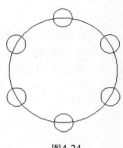

图4-24

图4-25

> **TIP** "对象类型"选项用于设置导出的是边界还是面域，默认为多段线边界。如果需要导出面域，即可将面域设置为当前。

③采用默认设置，单击左上角的"拾取点"按钮██，返回绘图区，在命令行"拾取内部点:"提示下，在大圆内部拾取一点，此时系统自动分析出一个闭合的虚线边界，如图4-26所示。

④继续在命令行"拾取内部点:"提示下按Enter键，结束命令，结果创建出一个闭合的多段线边界。

⑤使用命令简写M激活"移动"命令，使用"点选"的方式选择刚创建的闭合边界，将其外移，结果如图4-27所示。

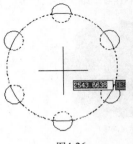

图4-26

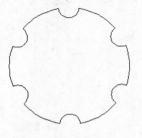

图4-27

在"边界创建"对话框中包括如下选项。

◆ "边界集"选项组：用于定义从指定点定义边界时AutoCAD导出来的对象集合，主要包括"当前视口"和"现有集合"两种类型，其中前者主要用于从当前视口中可见的对象中定义边界集，后者是从选择的所有对象中定义边界集。

◆ "新建"按钮⬛: 单击该按钮，在绘图区选择对象后，系统返回"边界创建"对话框，在"边界集"选项组中显示"现有集合"类型，用户可以从选择的现有对象集合中定义边界集。

4.2.3 关于面域

"面域"的概念比较抽象，用户可以将其看作实体的表面，它是一个没有厚度的二维实心区域，具备实体模型的一切特性，不但含有边的信息，还有边界内的信息，可以利用这些信息计算工程属性，如面积、重心和惯性矩等。

执行"面域"命令主要有以下几种方式。

◆ 执行菜单栏中的"绘图"|"面域"命令。
◆ 单击"绘图"工具栏或面板中的⬛按钮。
◆ 在命令行输入Region后按Enter键。
◆ 使用命令简写REG。

面域不能直接被创建，而是通过其他闭合图形进行转换。封闭对象在没有转换为面域之前，仅是一种几何线框，没有什么属性信息；而这些封闭图形一旦被转换为面域，就转变为一种实体对象，具备实体属性，可以着色渲染等，当激活"面域"命令后，只需选择封闭的图形对象即可将其转换为面域。

4.2.4 通过转换面域创建实体表面模型

下面通过将上一节创建的边界转换为面域的实例操作，学习通过转换面域创建实体表面模型的方法和技巧。

① 继续上一节的操作。

② 执行菜单栏中的"绘图" | "面域"命令，命令行操作如下。

```
命令：_region
    选择对象：              //单击上一节创建的编辑图形
    选择对象：              //Enter，结束操作
    已提取 1 个环。
    已创建 1 个面域。
```

③ 将图形转换为面域后，在二维视图中，面域与二维图形没有任何区别，可以执行菜单栏中的"视图"|"视觉样式"|"概念"等相关着色命令后才能看出与二维图形的区别，如图4-28所示。

转化面域前   转化面域后

图4-28

> **TIP** ▶▶ 使用"面域"命令只能将单个闭合对象或由多个首尾相连的闭合区域转换成面域，如果用户需要从多个相交对象中提取面域，则可以使用"边界"命令，在"边界创建"对话框中，将"对象类型"设置为"面域"。

4.3 上机练习一——绘制椭圆压板表面模型

前面章节中主要学习了复制、偏移、镜像、边界和面域命令，本节通过绘制如图4-29所示的椭圆压板表面模型的实例，对上述所学知识进行综合练习。

图4-29

① 执行"新建"命令，创建一个新文件。

② 单击"标准"工具栏中的 ▣ 按钮，在弹出的"选择样板"对话框中打开一个名称为"acadiso.dwt"的样板文件作为一个新的图形文件。

③ 单击"绘图"工具栏中的 ◎ 按钮，激活"圆"命令，以点"100,100"为圆心绘制两个直径分别为38和22的同心圆，具体操作如下。

```
命令 : _circle
    指定圆的圆心或 [ 三点 (3P)/ 两点 (2P)/ 相切、相切、半径 (T)]:
                                    //100,100 Enter，输入圆心的绝对坐标值
    指定圆的半径或 [ 直径 (D)]:        //D Enter，激活"直径"选项
    指定圆的直径 :                     //38 Enter，结果绘制了一个直径为 38 的圆
```

④ 激活"偏移"命令，将绘制的圆进行偏移，命令行操作如下。

```
命令 : _offset
    当前设置 : 删除源 = 否 图层 = 源 OFFSETGAPTYPE=0
    指定偏移距离或 [ 通过 (T)/ 删除 (E)/ 图层 (L)] <8.0000>:     //8 Enter
    选择要偏移的对象，或 [ 退出 (E)/ 放弃 (U)] < 退出 >:         // 选择绘制的圆
    指定要偏移的那一侧上的点，或 [ 退出 (E)/ 多个 (M)/ 放弃 (U)] < 退出 >:
                                                        // 在圆形内部拾取一点
    选择要偏移的对象，或 [ 退出 (E)/ 放弃 (U)] < 退出 >:     // Enter，结果如图 4-31 所示
```

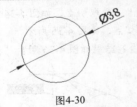

图4-30

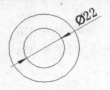

图4-31

⑤ 再次执行"圆"命令，以点"74,100"为圆心绘制两个半径为5和10的同心圆，具体操作如下。

```
命令 : _circle
    指定圆的圆心或 [ 三点 (3P)/ 两点 (2P)/ 相切、相切、半径 (T)]:
                                //74,100 Enter，输入圆心的绝对坐标值
    指定圆的半径或 [ 直径 (D)] <11.0000>:     //5 Enter，绘制一个半径为 5 的圆
```

```
命令:                                        // Enter，重复执行命令
    CIRCLE
    指定圆的圆心或 [ 三点 (3P)/ 两点 (2P)/ 相切、相切、半径 (T)]:   //74,100 Enter
    指定圆的半径或 [ 直径 (D)] <5.0000>:          //10 Enter，绘制结果如图 4-32 所示
```

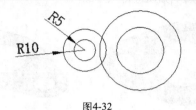

图4-32

6 执行"复制"命令，将左边的两个同心圆复制到右边位置，命令行操作如下。

```
命令: _copy
    选择对象: 指定对角点:                        // 框选左边两个同心圆
    选择对象:                                   // Enter
    当前设置: 复制模式 = 多个
    指定基点或 [ 位移 (D)/ 模式 (O)] < 位移 >:       // 捕捉左边同心圆的圆心
    指定第二个点或 [ 阵列 (A)] < 使用第一个点作为位移 >:  //@52,0 Enter
    指定第二个点或 [ 阵列 (A)/ 退出 (E)/ 放弃 (U)] < 退出 >:  // Enter，结果如图 4-33 所示
```

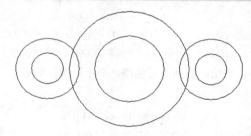

图4-33

7 执行菜单栏中的"绘图"｜"直线"命令，配合切点捕捉功能绘制圆的公切线，命令行操作如下。

```
命令: _line
    指定第一点:          // 在左边同心圆的大圆上方拾取切点，如图 4-34 所示
    指定下一点或 [ 放弃 (U)]:  // 在中间大圆上方拾取切点，如图 4-35 所示
    指定下一点或 [ 放弃 (U)]:  // Enter，结束命令，绘制结果如图 4-36 所示
```

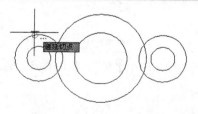

图4-34

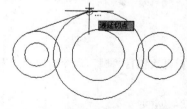

图4-35

8 重复执行步骤7的操作，绘制其他位置的公切线，绘制结果如图4-37所示。

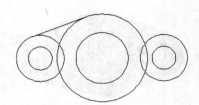
图4-36

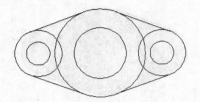
图4-37

⑨ 执行菜单栏中的"修改"｜"修剪"命令，对图形进行修剪，命令行操作如下。

```
命令：_trim
    当前设置：投影 =UCS，边 = 延伸
    选择剪切边 ...
    选择对象或 < 全部选择 >:                              // 选择 4 条公切线
    选择对象：                                           // Enter
    选择要修剪的对象，或按住 Shift 键选择要延伸的对象，或
[ 栏选 (F)/ 窗交 (C)/ 投影 (P)/ 边 (E)/ 删除 (R)/ 放弃 (U)]:   // 在中间大圆的左边单击
    选择要修剪的对象，或按住 Shift 键选择要延伸的对象，或
[ 栏选 (F)/ 窗交 (C)/ 投影 (P)/ 边 (E)/ 删除 (R)/ 放弃 (U)]:   // 在中间大圆的右边单击
    选择要修剪的对象，或按住 Shift 键选择要延伸的对象，或
[ 栏选 (F)/ 窗交 (C)/ 投影 (P)/ 边 (E)/ 删除 (R)/ 放弃 (U)]:   // 在左边大圆的右边单击
    选择要修剪的对象，或按住 Shift 键选择要延伸的对象，或
[ 栏选 (F)/ 窗交 (C)/ 投影 (P)/ 边 (E)/ 删除 (R)/ 放弃 (U)]:   // 在右边大圆的左边单击
    选择要修剪的对象，或按住 Shift 键选择要延伸的对象，或
[ 栏选 (F)/ 窗交 (C)/ 投影 (P)/ 边 (E)/ 删除 (R)/ 放弃 (U)]:   // Enter，修剪结果如图 4-38 所示
```

⑩ 执行菜单栏中的"绘图"｜"边界"命令，打开"边界创建"对话框，在"对象类型"下拉列表中选择"面域"选项。

⑪ 单击"边界创建"对话框左上角的"拾取点"按钮，返回绘图区，在命令行"拾取内部点:"提示下，在图形内部拾取一点，此时系统自动分析出一个闭合的虚线边界，如图4-39所示。

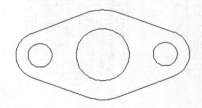
图4-38

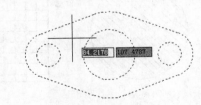
图4-39

⑫ 继续在命令行"拾取内部点:"提示下，按Enter键，创建4个面域并结束命令。

⑬ 执行菜单栏中的"视图"｜"视觉样式"｜"概念"命令，对图形进行概念着色，效果如图4-40所示。

⑭ 执行菜单栏中的"修改"｜"实体编辑"｜"差集"命令，对图形进行差集运算，命令行操作如下。

```
命令：_subtract 选择要从中减去的实体、曲面和面域 ...
    选择对象：              // 选择如图 4-41 所示的大面域
```

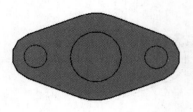

图4-40

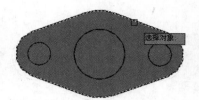

图4-41

选择对象：   // Enter
选择要减去的实体、曲面和面域 ...
选择对象：   // 分别单击内部的三个圆形面域，如图 4-42 所示
选择对象：   // Enter ，结束操作，差集效果如图 4-43 所示

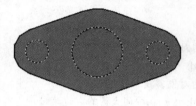

图4-42

图4-43

⑮ 执行菜单栏中的"文件"｜"另存为"命令，将该文件另存为"上机练习一.dwg"
文件。

4.4　填充图案与渐变色

"图案"是由各种图线进行不同的排列组合而构成的一种图形元素，此类图形元素作为一个独
立的整体，被填充到各种封闭的区域内，以表达各自的图形信息，如图4-44所示。

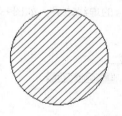 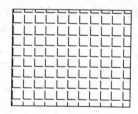 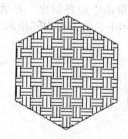

图4-44

执行"图案填充"命令主要有以下几种方式。

◆ 执行菜单栏中的"绘图"｜"图案填充"命令。
◆ 单击"绘图"工具栏或面板中的▩按钮。
◆ 在命令行输入Bhatch后按Enter键。
◆ 使用命令简写H或BH。

执行"图案填充"命令后打开"图案填充和渐变色"对话框，用户可以选择"图案"或"渐变
色"两种填充内容，当选择填充图案后，可以选择预定义图案或用户自定义图案进行填充，如果选
择填充渐变色，可以选择填充单色或双色。下面对其进行详细讲解。

4.4.1 填充预定义图案

AutoCAD为用户提供了"预定义图案"和"用户定义图案"两种现有图案,下面学习预定义图案的填充过程。

(1) 在绘图区中绘制圆、矩形和多边形。

(2) 执行菜单栏中的"绘图" | "图案填充"命令,打开如图4-45所示的"图案填充和渐变色"对话框。

(3) 单击"样例"文本框中的图案,或单击"图案"列表右端的 ▓ 按钮,打开"填充图案选项板"对话框,进入ANSI选项卡,选择如图4-46所示的填充图案。

图4-45

图4-46

> **TIP** "样例"文本框用于显示当前图案的预览图像,在样例图案上直接单击左键,也可快速打开"填充图案选项板"对话框,以选择所需图案。

(4) 单击 确定 按钮,返回"图案填充和渐变色"对话框,设置填充角度和填充比例如图4-47所示。

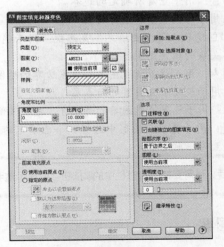

图4-47

> **TIP** ▶▶ "角度"下拉列表用于设置图案的倾斜角度；"比例"下拉列表用于设置图案的填充比例。

⑤ 在"边界"选项组中单击"添加:选择对象"按钮圆，返回绘图区，将光标移动到矩形内，图形内显示填充的预览，如图4-48所示。

图4-48

⑥ 在矩形内单击鼠标确定填充边界，边界以虚线显示，此时按Enter键返回"图案填充和渐变色"对话框，单击 确定 按钮结束命令，填充结果如图4-49所示。

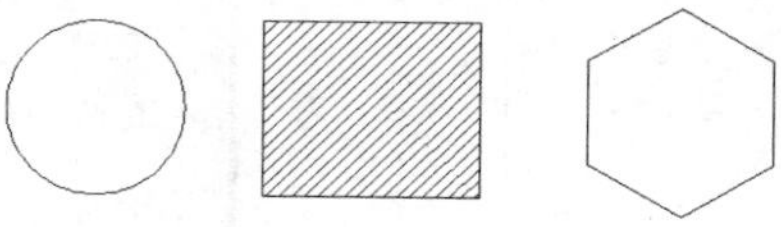

图4-49

> **TIP** ▶▶ 如果填充效果不理想，或者不符合需要，可按下Esc键返回"图案填充和渐变色"对话框重新调整参数。

在"图案填充和渐变色"对话框中包括如下选项。

- ◆ "添加:拾取点"按钮圆：用于在填充区域内部拾取任意一点，AutoCAD将自动搜索到包含该点的区域边界，并以虚线显示边界。

> **TIP** ▶▶ 用户可以连续地拾取多个要填充的目标区域，如果选择了不需要的区域，此时可单击鼠标右键，从弹出的快捷菜单中选择"放弃上次选择/拾取"或"全部清除"命令。

- ◆ "添加:选择对象"按钮圆：用于直接选择需要填充的单个闭合图形，作为填充边界。
- ◆ "删除边界"按钮圆：用于删除位于选定填充区内但不填充的区域。
- ◆ "查看选择集"按钮圆：用于查看所确定的边界。
- ◆ "注释性"复选框：用于为图案添加注释特性。
- ◆ "关联"复选框与"创建独立的图案填充"复选框：用于确定填充图形与边界的关系，分别用于创建关联和不关联的填充图案。
- ◆ "绘图次序"下拉列表：用于设置填充图案和填充边界的绘图次序。
- ◆ "图层"下拉列表：用于设置填充图案的所在层。
- ◆ "透明度"下拉列表：用于设置填充图案的透明度，拖动下侧的滑块可以调整透明度值。
- ◆ "继承特性"按钮圆：用于在当前图形中选择一个已填充的图案，系统将继承该图案类型的一切属性并将其设置为当前图案。

> **TIP** ▶▶ 当为图案指定透明度后，还需要打开状态栏中的圆按钮，以显示透明度效果。

4.4.2 填充用户定义图案

用户定义图案是两条平行的图线，可以通过设置"双向"使其成为网格状图案。另外，可以设置"间距"调整图案的密度。下面通过简单操作，学习用户定义图案的填充方法和技巧。

① 继续上节操作。

② 使用命令简写H激活"图案填充"命令，打开"图案填充和渐变色"对话框。

③ 在打开的"图案填充和渐变色"对话框的"类型"选项下选择"用户定义"选项，在"间距"文本框中设置间距，如图4-50所示。

④ 单击"添加:选择对象"按钮，返回绘图区，在左边的圆内拾取一点确定填充边界。

⑤ 按Enter键返回"图案填充和渐变色"对话框，单击 确定 按钮结束命令，填充结果如图4-51所示。

图4-50

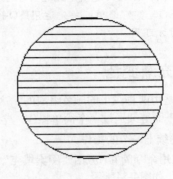

图4-51

⑥ 继续使用命令简写H激活"图案填充"命令，打开"图案填充和渐变色"对话框，在如上图4-50所示的对话框中勾选"双向"复选框，然后设置"角度"为30，如图4-52所示。

⑦ 单击"添加:选择对象"按钮，返回绘图区，在左边的圆内拾取一点确定填充边界。

⑧ 按Enter键返回"图案填充和渐变色"对话框，单击 确定 按钮结束命令，填充结果如图4-53所示。

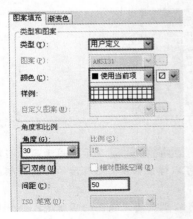

图4-52

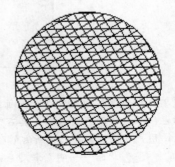

图4-53

"图案填充"选项卡用于设置填充图案的类型、样式、填充角度及填充比例等，各常用选项如下。

◆ "类型"下拉列表：用于选择填充图案的类型，包含"预定义"、"用户定义"和"自定义"三种图样类型。

中文版 **AutoCAD 2013** 从新手到高手

> "预定义"图样只适用于封闭的填充边界；"用户定义"图样可以使用图形的当前线型创建填充图样；"自定义"图样就是使用自定义的PAT文件中的图样进行填充。

- ◆ "图案"下拉列表：用于显示预定义类型的填充图案名称。用户可从下拉列表中选择所需的图案。
- ◆ "相对图纸空间"复选框：仅用于布局选项卡，它是相对图纸空间单位进行图案的填充。运用此选项，可以根据适合于布局的比例显示填充图案。
- ◆ "双向"复选框：仅适用于用户定义图案，勾选该复选框，将增加一组与原图线垂直的线。
- ◆ "间距"文本框：可设置用户定义填充图案的直线间距，只有选择了"类型"下拉列表中的"用户定义"选项，此选项才可用。
- ◆ "ISO笔宽"选项：决定运用ISO剖面线图案的线与线之间的间隔，它只在选择ISO线型图案时才可用。

4.4.3 填充渐变色

渐变色是由两种以上的颜色组成的，这种颜色具有连贯性，一般是由两种以上的颜色依次相连续所构成。下面继续通过一个简单操作，学习渐变色图案的填充过程和方法。

① 继续上一节的操作。

② 使用命令简写H激活"图案填充"命令，打开"图案填充和渐变色"对话框，展开"渐变色"选项卡，如图4-54所示。

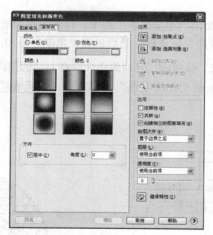

图4-54

- ◆ "单色"单选按钮用于以一种渐变色进行填充；▬▬▬显示框用于显示当前的填充颜色，双击该颜色框或单击其右侧的▭按钮，可以弹出如图4-55所示的"选择颜色"对话框，用户可根据需要选择所需的颜色。
- ◆ ◀▬▬▶"暗——明"滑动条：拖动滑动块可以调整填充颜色的明暗度，如果用户选择"双色"单选按钮，此滑动条将自动转换为颜色显示框。
- ◆ "双色"单选按钮：用于以两种颜色的渐变色作为填充色。
- ◆ "角度"选项：用于设置渐变填充的倾斜角度。

③ 选择"单色"单选按钮，单击"颜色1"颜色块旁边的▭按钮，在打开的"选择颜色"对话框中设置颜色为150号颜色。

④ 确认返回到"渐变色"选项卡，调整渐变色的明度，并设置其他选项如图4-55所示。

⑤ 单击"添加:选择对象"按钮囲，返回绘图区，在右边的多边形内拾取一点指定填充边界进行填充，填充效果如图4-56所示。

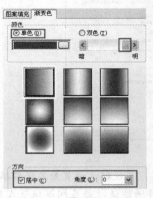
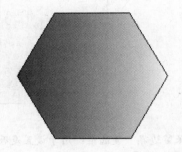

图4-55　　　　　　　　　　　图4-56

⑥ 再次打开"图案填充和渐变色"对话框，展开"渐变色"选项卡，选择"双色"单选按钮。

⑦ 依照步骤3的操作，将颜色1的颜色设置为211号色，将颜色2的颜色设置为黄色，然后选择渐变方式，并设置其他参数，如图4-57所示。

⑧ 单击"添加:选择对象"按钮囲，返回绘图区，在右边的多边形图形内单击指定填充边界进行填充，结果如图4-58所示。

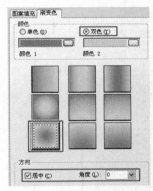
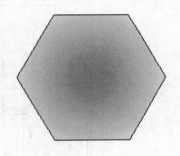

图4-57　　　　　　　　　　　图4-58

4.4.4 孤岛检测与其他

在填充设置中，孤岛是指在一个边界包围的区域内又定义了另外一个边界，它可以实现对两个边界之间的区域进行填充，而内边界包围的内区域不填充。

在"图案填充和渐变色"对话框中，"孤岛显示样式"用于设置填充的方式，单击右下角的"更多选项"扩展按钮⊙，即可展开右侧的"孤岛"选项，该选项组中提供了"普通"、"外部"和"忽略"三种方式，如图4-59所示。

其中"普通"方式是从最外层的外边界向内边界填充，第一层填充，第二层不填充，如此交替进行；"外部"方式只填充从最外边界向内第一边界之间的区域；"忽略"方式忽略最外层边界以内的其他任何边界，以最外层边界向内填充全部图形。除此之外，还包括如下选项设置。

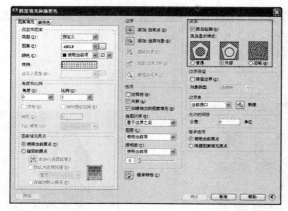

图4-59

- ◆ "保留边界"复选框：用于设置是否保留填充边界。系统默认设置为不保留填充边界。
- ◆ "允许的间隙"选项组：用于设置填充边界的允许间隙值，处在间隙值范围内的非封闭区域也可填充图案。
- ◆ "继承选项"选项组：用于设置图案填充的原点，即使用当前原点还是使用源图案填充的原点。

4.5 上机练习二——绘制户型地面装饰图

前面章节中主要学习了填充图案和渐变色的相关知识，本节将通过绘制如图4-60所示的某户型地面装饰图的实例，对所学知识进行巩固练习。

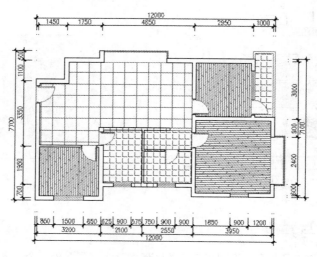

图4-60

① 打开随书光盘中的"素材文件"\"普通住宅户型图.dwg"文件，这是一个某普通住宅户型图。

② 执行"图层"命令，在打开的"图层特性管理器"面板中，双击"填充层"，将其设置为当前层。

③ 使用命令简写L激活"直线"命令，配合捕捉功能分别将各房间两侧门洞连接起来，以形成封闭区域，如图4-61所示。

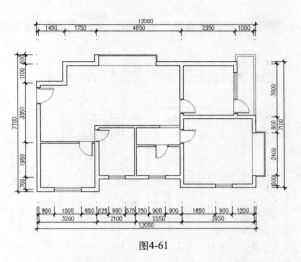

图4-61

④ 单击"绘图"工具栏中的 ▤ 按钮，激活"图案填充"命令，在打开的"图案填充和渐变色"对话框中选择图案类型为"预定义"，然后选择如图4-62所示的图案。

⑤ 单击 确定 按钮返回"图案填充和渐变色"对话框，设置填充比例和填充类型等参数如图4-63所示。

图4-62

图4-63

⑥ 单击对话框右上角的"添加:拾取点"按钮 ▤ ，返回绘图区，分别在左下角的次卧和右上角的书房区域内单击左键，拾取填充边界，边界显示虚线，如图4-64所示。

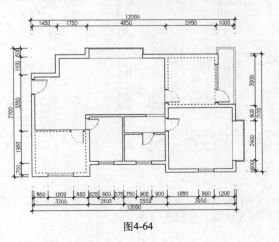

图4-64

⑦ 按Enter键返回"图案填充和渐变色"对话框，单击 确定 按钮进行图案填充，结果如图4-65所示。

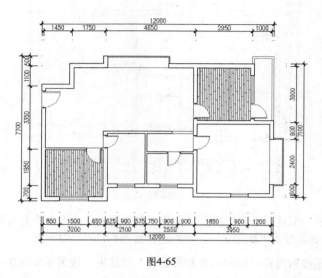

图4-65

⑧ 继续执行"图案填充"命令，选择如上图4-64所示的图案，然后设置"角度"为0，其他设置默认。

⑨ 单击对话框右上角的"添加:拾取点"按钮，返回绘图区，在右下角的主卧区域内单击左键，拾取填充边界。

⑩ 按Enter键返回"图案填充和渐变色"对话框，单击 确定 按钮进行图案填充，结果如图4-66所示。

⑪ 继续执行"图案填充"命令，在打开的"图案填充和渐变色"对话框中设置填充类型为"用户定义"，然后设置填充比例和间距，如图4-67所示。

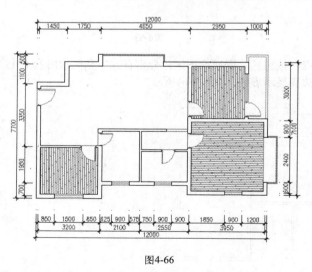

图4-66

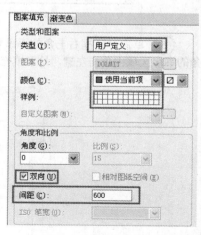

图4-67

⑫ 在对话框中单击"添加:拾取点"按钮返回绘图区，在左上角的客厅内部的空白区域单击左键，系统会自动分析出填充区域，如图4-68所示。

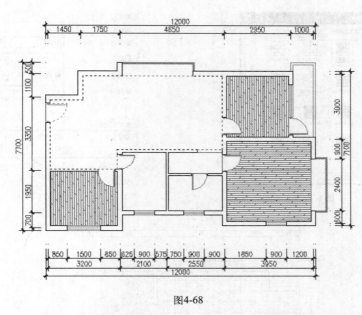

图4-68

13 按Enter键返回"图案填充和渐变色"对话框,单击 确定 按钮对客厅进行填充,填充后的效果如图4-69所示。

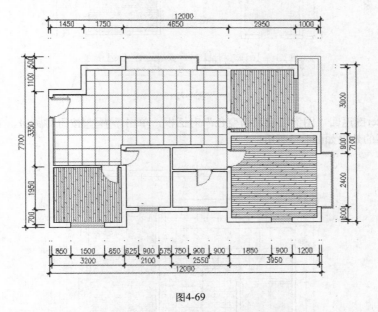

图4-69

14 使用命令简写H激活"图案填充"命令,选择填充类型为"预定义",然后选择如图4-70所示的图案。

15 单击 确定 按钮返回到"图案填充和渐变色"对话框,设置填充比例等参数,如图4-71所示。

16 单击"添加:拾取点"按钮 ⊞,返回绘图区,分别在厨房、卫生间、阳台等空白区域单击左键,拾取填充区域,如图4-72所示。

图4-70   图4-71

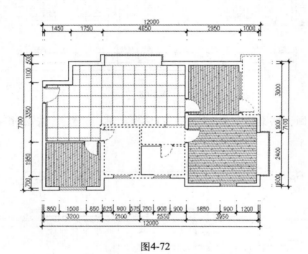

图4-72

⑰ 按Enter键返回"图案填充和渐变色"对话框，单击 确定 按钮对厨房、卫生间和阳台进行填充，填充后的效果如图4-73所示。

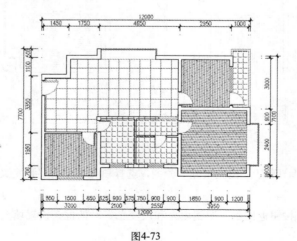

图4-73

⑱ 至此，该户型图地面装饰效果图绘制完毕，执行"另存为"命令，将当前图形另名存储为"上机练习二.dwg"文件。

4.6 通过夹点编辑创建复合图形

夹点编辑功能是一种比较特殊而且方便实用的编辑功能,使用此功能,可以非常方便地进行编辑图形。这一节主要学习夹点编辑功能的概念及使用方法。

4.6.1 关于夹点编辑

在学习此功能之前,首先了解两个概念,即"夹点"和"夹点编辑"。在没有命令执行的前提下选择图形,那么这些图形上会显示出一些蓝色实心的小方框,如图4-74所示,而这些蓝色小方框即为图形的夹点,不同的图形结构,其夹点个数及位置也会不同。

而"夹点编辑"功能就是将多种修改工具组合在一起,通过编辑图形上的这些夹点,来达到快速编辑图形的目的。用户只需单击图形上的任何一个夹点,即可进入夹点编辑模式,此时所单击的夹点以"红色"亮显,称之为"热点"或者是"夹基点",如图4-75所示。

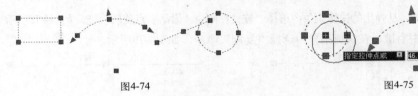

图4-74 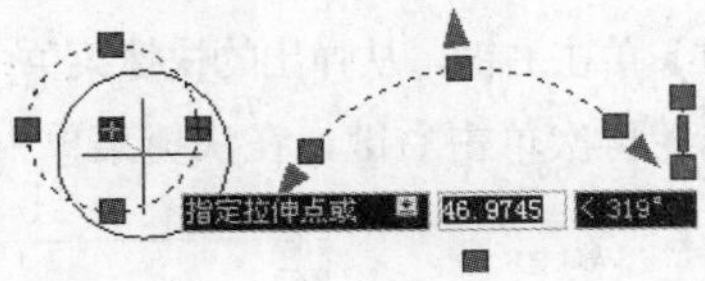   图4-75

4.6.2 使用夹点菜单

当进入夹点编辑模式后,在绘图区单击右键,可打开夹点编辑菜单,如图4-76所示。用户可以在夹点快捷菜单中选择一种夹点模式或在当前模式下可用的任意选项。

此夹点菜单中共有两类夹点命令,第一类夹点命令为一级修改菜单,包括"移动"、"旋转"、"比例"、"镜像"、"拉伸"命令,这些命令是平级的,用户可以通过执行菜单栏中的中的各修改命令进行编辑。

> **TIP** 夹点编辑菜单中的"移动"、"旋转"等功能与"修改"(Modify)工具栏中的"移动"、"旋转"等功能是一样的,在此不再细述。

第二类夹点命令为二级选项菜单。如"基点"、"复制"、"参照"、"放弃"等,不过这些选项菜单在一级修改命令的前提下才能使用。

图4-76

> **TIP** 如果用户要将多个夹点作为夹基点,并且保持各选定夹点之间的几何图形完好如初,需要在选择夹点时按住Shift键再点击各夹点使其变为夹基点;如果要从显示夹点的选择集中删除特定对象也要按住Shift键。

除了通过夹点菜单编辑图形之外,当进入夹点编辑模式后,在命令行输入各夹点命令及各命令选项,进行夹点编辑图形。另外,用户也可以通过连续按Enter键,系统即可在"移动"、"旋转"、"比例"、"镜像"、"拉伸"这5种命令及各命令选项中循环执行,也可以通过命令简写MI、MO、RO、ST、SC循环选取这些模式。

> **TIP** 夹点编辑菜单中的"移动"、"旋转"等功能与"修改"(Modify)工具栏中的"移动"、"旋转"等功能是一样的,在此不再细述。

4.6.3 应用夹点编辑

下面以绘制边长为100、角度为40°的菱形为例，学习夹点编辑工具的使用方法和操作技巧。

① 首先绘制一条长度为100的水平线段。

② 在无命令执行的前提下选择刚绘制的线段使其夹点显示，单击左侧的夹点，使其变为夹基点，进入夹点编辑模式，如图4-77所示。

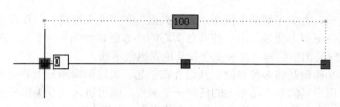

图4-77

③ 单击右键，从弹出的快捷菜单中选择"旋转"命令，激活夹点旋转功能，如图4-78所示。

④ 再次单击右键，在快捷菜单中选择"复制"命令，如图4-79所示。

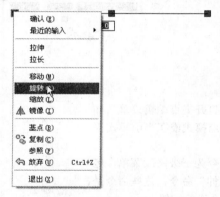

图4-78

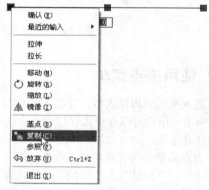

图4-79

⑤ 执行"复制"命令后，根据命令行的提示进行旋转和复制线段，命令行操作如下。

```
命令：
    ** 拉伸 **
    指定拉伸点或 [ 基点 (B)/ 复制 (C)/ 放弃 (U)/ 退出 (X)]：_rotate
    ** 旋转 **
    指定旋转角度或 [ 基点 (B)/ 复制 (C)/ 放弃 (U)/ 参照 (R)/ 退出 (X)]：_copy
    ** 旋转 ( 多重 ) **
    指定旋转角度或 [ 基点 (B)/ 复制 (C)/ 放弃 (U)/ 参照 (R)/ 退出 (X)]：//20 Enter
    ** 旋转 ( 多重 ) **
    指定旋转角度或 [ 基点 (B)/ 复制 (C)/ 放弃 (U)/ 参照 (R)/ 退出 (X)]：//-20 Enter
    ** 旋转 ( 多重 ) **
    指定旋转角度或 [ 基点 (B)/ 复制 (C)/ 放弃 (U)/ 参照 (R)/ 退出 (X)]：
                    // Enter，退出夹点编辑模式，编辑结果如图 4-80 所示
```

⑥ 按下Delete键，删除夹点显示的水平线段，然后选择夹点编辑出的两条线段，使其呈现夹点显示，如图4-81所示。

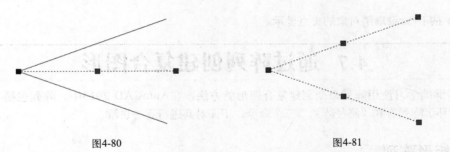

图4-80　　　　　　　　　　　　　　　图4-81

(7) 按住Shift键，依次单击线段右侧的两个夹点，将其转变为夹基点，如图4-82所示。

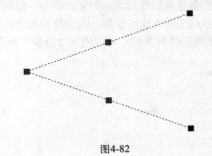

图4-82

(8) 释放鼠标，然后单击其中的一个夹基点进入夹点编辑模式，然后根据命令行的提示，对夹点图线进行镜像复制，命令行操作如下。

命令：
　　** 拉伸 **
　　指定拉伸点或 [基点 (B)/ 复制 (C)/ 放弃 (U)/ 退出 (X)]:　　　　　　// Enter
　　** 移动 **
　　指定移动点或 [基点 (B)/ 复制 (C)/ 放弃 (U)/ 退出 (X)]:　　　　　　// Enter
　　** 旋转 **
　　指定旋转角度或 [基点 (B)/ 复制 (C)/ 放弃 (U)/ 参照 (R)/ 退出 (X)]:// Enter
　　** 比例缩放 **
　　指定比例因子或 [基点 (B)/ 复制 (C)/ 放弃 (U)/ 参照 (R)/ 退出 (X)]:// Enter
　　** 镜像 **
　　指定第二点或 [基点 (B)/ 复制 (C)/ 放弃 (U)/ 退出 (X)]:　　　　　//C Enter，激活 "复制" 选项
　　** 镜像 (多重) **
　　指定第二点或 [基点 (B)/ 复制 (C)/ 放弃 (U)/ 退出 (X)]:　　　　　//@0,1 Enter
　　** 镜像 (多重) **
　　指定第二点或 [基点 (B)/ 复制 (C)/ 放弃 (U)/ 退出 (X)]:
　　　　　　　　　　　　　　　// Enter，退出夹点编辑模式，编辑结果如图 4-83 所示

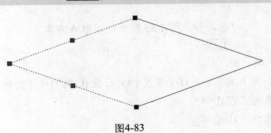

图4-83

⑨ 按下Esc键取消对象的夹点显示。

4.7 通过阵列创建复合图形

本节继续学习使用阵列命令创建复合图形的方法，在AutoCAD 2013中，阵列包括"矩形阵列"、"环形阵列"和"路径阵列"三个命令，下面对其进行逐一讲解。

4.7.1 矩形阵列

"矩形阵列"命令是一种用于创建规则图形结构的复合命令，使用此命令可以将图形按照指定的行数和列数，成"矩形"的排列方式进行大规模复制，以创建均布结构的图形，这些矩形结构的图形具有关联性，如图4-84所示，跟图块的性质类似，可以使用"分解"命令取消这种关联特性。

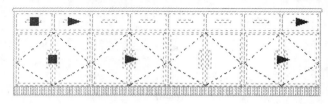

图4-84

执行"矩形阵列"命令主要有以下几种方式。

◆ 执行菜单栏中的"修改"|"阵列"|"矩形阵列"命令。
◆ 单击"修改"工具栏或面板中的▦按钮。
◆ 在命令行输入Arrayrect后按Enter键。
◆ 使用命令简写AR。

下面通过一个简单实例操作，学习"矩形阵列"命令的操作方法和操作技巧。

① 执行"打开"命令，打开随书光盘中的"素材文件"\"矩形阵列.dwg"文件，如图4-85所示。

图4-85

② 单击"修改"工具栏或面板中的▦按钮，激活"矩形阵列"命令，对橱柜进行阵列，命令行操作如下。

```
命令：_arrayrect
    选择对象：          // 选择如上图 4-85 所示的矩形 A 对象
    选择对象：          // Enter
    类型 = 矩形 关联 = 是
    为项目数指定对角点或 [ 基点 (B)/ 角度 (A)/ 计数 (COU)] < 计数 >: // COU Enter
    输入列数或 [ 表达式 (E)] <4>:                              //8 Enter
    输入行数或 [ 表达式 (E)] <4>:                              //1 Enter
```

指定对角点以间隔项目或 [间距 (S)] < 间距 >:　　　　　// S Enter

指定列之间的距离或 [表达式 (E)] <60>:　　　　　　//339 Enter

按 Enter 键接受或 [关联 (AS)/ 基点 (B)/ 行 (R)/ 列 (C)/ 层 (L)/ 退出 (X)] < 退出 >:

　　　　　　　　　　　　　　　　　　　// Enter，阵列结果如图 4-86 所示

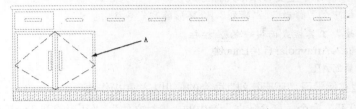

图4-86

③ 重复执行"矩形阵列"命令，继续对橱柜立面图进行阵列，命令行操作如下。

命令：_arrayrect

选择对象：　　　　　　　　　　　　　　　// 选择如上图 4-86 所示的对象 A

选择对象：　　　　　　　　　　　　　　　// Enter

类型 = 矩形　关联 = 是

为项目数指定对角点或 [基点 (B)/ 角度 (A)/ 计数 (COU)] < 计数 >: // COU Enter

输入列数或 [表达式 (E)] <4>:　　　　　　//4 Enter

输入行数或 [表达式 (E)] <4>:　　　　　　//1 Enter

指定对角点以间隔项目或 [间距 (S)] < 间距 >:　　　　　// S Enter

指定列之间的距离或 [表达式 (E)] <60>:　　　　　　//679 Enter

按 Enter 键接受或 [关联 (AS)/ 基点 (B)/ 行 (R)/ 列 (C)/ 层 (L)/ 退出 (X)] < 退出 >:

　　　　　　　　　　　　　　　　　　　// Enter，阵列结果如图 4-87 所示

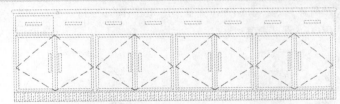

图4-87

◆ "基点"选项用于设置阵列的基点；"角度"选项用于设置阵列对象的放置角度，使阵列后的图形对象沿着某一角度进行倾斜，如图4-88所示；不设置倾斜角度下的阵列效果如图4-89所示。

◆ "行"选项用于设置阵列的行数；"列"选项用于输入阵列的列数。

◆ "间距"选项用于设置对象的行偏移或阵列偏距离。

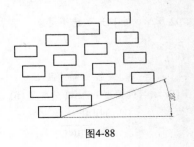

图4-88

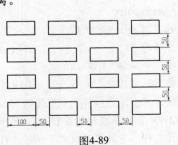

图4-89

中文版AutoCAD 2013从新手到高手

1

2

3

4

5

4.7.2 环形阵列

"环形阵列"指的是将图形按照阵列中心点和数目，成"圆形"排列，以快速创建聚心结构图形。

执行"环形阵列"命令主要有以下几种方式。

◆ 执行菜单栏中的"修改"|"阵列"|"环形阵列"命令。

◆ 单击"修改"工具栏或面板中的 ⊞ 按钮。

◆ 在命令行输入Arraypolar后按Enter键。

◆ 使用命令简写AR。

下面通过典型实例学习"环形阵列"命令的使用方法和操作技巧。

① 执行"打开"命令，打开随书光盘中的"素材文件"\"环形阵列.dwg"文件。

② 单击"修改"工具栏中的 ⊞ 按钮，激活"环形阵列"命令，窗口选择如图4-90所示的对象A进行阵列，命令行操作如下。

```
命令：_arraypolar
    选择对象：指定对角点：                  // 从左向右拉出如图 4-90 所示的窗口选区选择对象
    选择对象：                          //Enter
    类型 = 极轴  关联 = 否
    指定阵列的中心点或 [ 基点 (B)/ 旋转轴 (A)]: // 捕捉圆的圆心
    选择夹点以编辑阵列或 [ 关联 (AS)/ 基点 (B)/ 项目 (I)/ 项目间角度 (A)/ 填充角度 (F)/ 行 (ROW)/
层 (L)/ 旋转项目 (ROT)/ 退出 (X)] < 退出 >：                      //I Enter
    输入阵列中的项目数或 [ 表达式 (E)] <6>：                     //8 Enter
    选择夹点以编辑阵列或 [ 关联 (AS)/ 基点 (B)/ 项目 (I)/ 项目间角度 (A)/ 填充角度 (F)/ 行 (ROW)/
层 (L)/ 旋转项目 (ROT)/ 退出 (X)] < 退出 >：                      //F Enter
    指定填充角度 (+= 逆时针、-= 顺时针 ) 或 [ 表达式 (EX)] <360>：// Enter
    选择夹点以编辑阵列或 [ 关联 (AS)/ 基点 (B)/ 项目 (I)/ 项目间角度 (A)/ 填充角度 (F)/ 行 (ROW)/
层 (L)/ 旋转项目 (ROT)/ 退出 (X)] < 退出 >：           // Enter，结果如图 4-91 所示
```

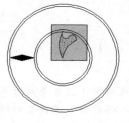
图4-90

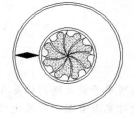
图4-91

③ 重复执行"环形阵列"命令，对外侧的菱形单元进行环形阵列，命令行操作如下。

```
命令：_arraypolar
    选择对象：指定对角点：     // 从左向右拉出如图 4-92 所示的窗口选区选择对象
    选择对象：               // Enter
    类型 = 极轴  关联 = 否
    指定阵列的中心点或 [ 基点 (B)/ 旋转轴 (A)]:                    // 捕捉圆的圆心
    选择夹点以编辑阵列或 [ 关联 (AS)/ 基点 (B)/ 项目 (I)/ 项目间角度 (A)/ 填充角度 (F)/
行 (ROW)/ 层 (L)/ 旋转项目 (ROT)/ 退出 (X)] < 退出 >：             //I Enter
    输入阵列中的项目数或 [ 表达式 (E)] <6>：                      //36 Enter
```

选择夹点以编辑阵列或 [关联 (AS)/ 基点 (B)/ 项目 (I)/ 项目间角度 (A)/ 填充角度 (F)/ 行 (ROW)/ 层 (L)/ 旋转项目 (ROT)/ 退出 (X)] < 退出 >: //F Enter

　　指定填充角度 (+= 逆时针、-= 顺时针) 或 [表达式 (EX)] <360>: // Enter

　　选择夹点以编辑阵列或 [关联 (AS)/ 基点 (B)/ 项目 (I)/ 项目间角度 (A)/ 填充角度 (F)/ 行 (ROW)/ 层 (L)/ 旋转项目 (ROT)/ 退出 (X)] < 退出 >: // Enter，结果如图 4-93 所示

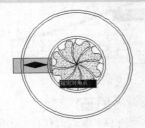

图4-92　　　　　　　　　　　　　　　　图4-93

- ◆ "基点"选项：用于设置阵列对象的基点。
- ◆ "旋转轴"选项：用于指定阵列对象的旋转轴。
- ◆ "项目数"文本框：用于输入环形阵列的数量。
- ◆ "填充角度"文本框：用于输入环形阵列的角度，正值为逆时针阵列，负值为顺时针阵列。

4.7.3 路径阵列

"路径阵列"命令用于将对象沿指定的路径或路径的某部分进行等距阵列，如图4-94所示。

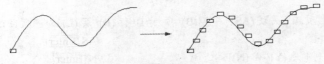

图4-94

执行"路径阵列"命令主要有以下几种方式。

- ◆ 执行菜单栏中的"修改"|"阵列"|"阵列"命令。
- ◆ 单击"修改"工具栏或面板中的🔲按钮。
- ◆ 在命令行输入Arraypath后按Enter键。
- ◆ 使用命令简写AR。

下面通过典型实例学习"路径阵列"命令的使用方法和操作技巧。

① 执行"打开"命令，打开随书光盘中的"素材文件"\"路径阵列.dwg"文件。

② 单击"修改"工具栏或面板中的🔲按钮，激活"路径阵列"命令，对左侧的栏杆柱进行阵列，命令行操作如下。

命令：_arraypath

　　选择对象： // 窗口选择如图 4-95 所示的栏杆柱

图4-95

选择对象： // Enter
类型 = 路径 关联 = 是
选择路径曲线： // 选择如图 4-96 所示的样条曲线

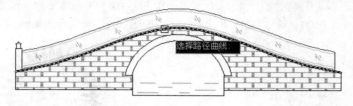

图4-96

输入沿路径的项数或 [方向 (O)/ 表达式 (E)] < 方向 >: //9 Enter
指定沿路径的项目之间的距离或 [定数等分 (D)/ 总距离 (T)/ 表达式 (E)] < 沿路径平均
定数等分 (D)>: //T Enter
输入起点和端点 项目 之间的总距离 <2391>: // 捕捉如图 4-97 所示的端点

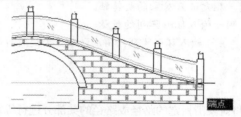

图4-97

按 Enter 键接受或 [关联 (AS)/ 基点 (B)/ 项目 (I)/ 行 (R)/ 层 (L)/ 对齐项目 (A)/Z 方向 (Z)/
退出 (X)] < 退出 >: //AS Enter
创建关联阵列 [是 (Y)/ 否 (N)] < 是 >: //N Enter
按 Enter 键接受或 [关联 (AS)/ 基点 (B)/ 项目 (I)/ 行 (R)/ 层 (L)/ 对齐项目 (A)/Z 方向 (Z)/
退出 (X)] < 退出 >: // Enter，阵列结果如图 4-98 所示

图4-98

(3) 接下来使用"修剪"和"延伸"命令，对轮廓线进行修剪和完善，结果如图4-99所示。

图4-99

基础进阶——
高效绘图篇

本篇包括第5~8章内容，结合大量典型案例，重点讲解了创建块、应用块、参照、创建文字、表格以及图形尺寸标注、图形资源共享等内容，具体内容包括创建图块、应用图块、定义属性、编辑属性、图形尺寸的标注，图形资源的管理与共享等。使读者通过本篇内容的学习，彻底掌握使用AutoCAD 2013二维制图技能。

本篇内容如下：

第5章 图块、属性与资源共享

为了方便用户快速、高效地绘制设计图样，AutoCAD 2013为用户提供了相关的高级制图工具，掌握这些高级制图工具，可以使用户快速绘制图形，并对图形进行综合组织、管理和完善。本章就来学习这些高级制图工具。

5.1 图块及其概念

所谓图块，就是指通过将多个图形或文字组合起来形成单个对象的集合，以方便用户对其进行选择、应用和编辑等。在文件中引用了图块之后，不仅可以很大程度地提高绘图速度、节省存储空间，还可以使绘制的图形更标准化和规范化。

图块有内部图块和外部图块之分，内部图块只能被当前文件引用，不能用于其他文件，而外部图块则可以应用到任何文件中。

本节首先来学习有关图块的相关知识。

5.1.1 定义内部块

定义内部块时，需要使用"创建块"命令，该命令用于将单个或多个图形集合成为一个整体图形单元，保存于当前图形文件内，以供当前文件重复使用，而不能被其他文件使用，因此使用此命令创建的图块被称之为"内部块"。

执行"创建块"命令主要有以下几种方式。

◆ 执行菜单栏中的"绘图"|"块"|"创建"命令。
◆ 单击"绘图"工具栏或"块"面板中的 🔲 按钮。
◆ 在命令行输入Block或Bmake后按Enter键。
◆ 使用命令简写B。

下面通过将某"沙发与茶几"文件定义成内部块，学习"创建块"命令的使用方法和操作技巧。

①打开随书光盘中的"素材文件"\"沙发与茶几.dwg"文件。

②在没有定义图块之前，该图形文件中的每一个图形都是独立的，如图5-1所示。

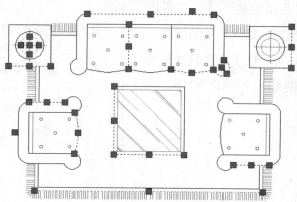

图5-1

③ 单击"绘图"工具栏或"块"面板中的 按
钮，激活"创建块"命令，打开如图5-2所示的"块定义"
对话框。

④ 定义块名。在"名称"文本框内输入"沙发与茶
几"作为块的名称，在"对象"选项组中选择"保留"单
选按钮，其他参数采用默认设置。

图5-2

TIP

图块名是一个不超过255个字符的字符串，可包含字母、数字、"$"、"-"及"_"等符号。

⑤ 定义基点。在"基点"选项组中，单击"拾取点"按钮 ，返回绘图区捕捉如图5-3所示
的中点作为块的基点。

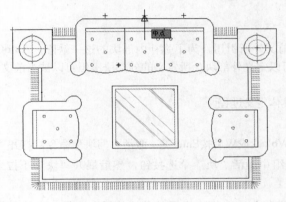

图5-3

TIP

在定位图块的基点时，一般是在图形上的特征点中进行捕捉。

⑥ 选择块对象。单击"选择对象"按钮 ，返回绘图区框选所有的图形对象，按Enter键返
回到"块定义"对话框，则在此对话框内出现图块的预览图标，如图5-4所示。

图5-4

TIP

如果在定义块时，若勾选"按统一比例缩放"复选框，那么在插入块时，仅可以对块进行等比
缩放。

⑦ 单击 确定 按钮关闭"块定义"对话框，结果所创建的图块保存在当前文件内，此块将
会与文件一起保存。

在"块定义"对话框中包括如下选项。

- ◆ "名称"文本框：用于为新块命名。
- ◆ "基点"选项组：用于确定图块的插入基点。在定义基点时，用户可以直接在"X"、"Y"、"Z"文本框中输入基点坐标值，也可以在绘图区直接捕捉图形上的特征点。AutoCAD默认基点为原点。
- ◆ "快速选择"按钮圆：单击该按钮，将弹出"快速选择"对话框，用户可以按照一定的条件定义一个选择集。
- ◆ "转换为块"单选按钮：用于将创建块的源图形转换为图块。
- ◆ "删除"单选按钮：用于将组成图块的图形对象从当前绘图区中删除。
- ◆ "在块编辑器中打开"复选框：用于定义完块后自动进入块编辑器窗口，以便对图块进行编辑管理。

5.1.2 定义外部块

"内部块"仅供当前文件所引用，为了弥补内部块的这一缺陷，AutoCAD为用户提供了"写块"命令，使用此命令可以定义外部块，所定义的外部块不但可以被当前文件所使用，还可以供其他文件重复进行引用。

下面学习外部块的具体定义过程。

① 继续上节操作。

② 在命令行输入Wblock或W后按Enter键，激活"写块"命令，打开"写块"对话框。

③ 在"源"选项组中激活"块"单选按钮，然后展开"块"下拉列表，选择"沙发与茶几"内部块。

④ 在"文件名或路径"文本框内设置外部块的保存路径、名称和单位，如图5-5所示。

图5-5

⑤ 单击 确定 按钮，结果"沙发与茶几"内部块被转换为外部图块，以独立文件形式保存。

TIP 在默认状态下，系统将继续使用源内部块的名称作为外部图块的新名称进行保存。

外部块选项解析如下。

◆ "块"单选按钮：用于将当前文件中的内部图块转换为外部块进行保存。当激活该选项时，其右侧的下拉列表被激活，可从中选择需要被写入块文件的内部图块。

◆ "整个图形"单选按钮：用于将当前文件中的所有图形对象创建为一个整体图块进行保存。

◆ "对象"单选按钮：这是系统默认选项，用于有选择性地将当前文件中的部分图形或全部图形创建为一个独立的外部图块。具体操作与创建内部块相同。

5.2 应用图块

本节主要学习图块的引用、块的编辑更新、块的嵌套与分解等技能，以更有效地组织、使用和管理图块。

5.2.1 插入块

插入块时可以使用"插入块"命令，该命令用于将内部块、外部块和保存的DWG文件引用到当前图形文件中，以组合更为复杂的图形结构。

执行"插入块"命令主要有以下几种方式。

◆ 执行菜单栏中的"插入"|"块"命令。

◆ 单击"绘图"工具栏或"块"面板中的 按钮。

◆ 在命令行输入Insert后按Enter键。

◆ 使用命令简写I。

下面以不同的缩放比例和旋转角度向当前图形文件内插入刚定义的"沙发与茶几"图块，以学习"插入块"命令的使用方法和操作技巧。

① 继续上节操作。

② 单击"绘图"工具栏中的 按钮，激活"插入块"命令，打开"插入"对话框。

③ 展开"名称"下拉列表，选择"沙发与茶几"内部块作为需要插入块的图块。

④ 在"比例"选项组中勾选下侧的"统一比例"复选框，同时设置图块的缩放比例为0.6，设置"角度"为90，如图5-6所示。

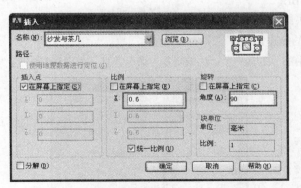

图5-6

> **TIP** 如果勾选"分解"复选框，那么插入的图块不是一个独立的对象，而是被还原成一个个单独的图形对象。

⑤ 其他参数采用默认设置，单击 确定 按钮返回绘图区，在命令行"指定插入点或[基点(B)/比例(S)/旋转(R)]:"提示下，拾取一点作为块的插入点，结果如图5-7所示。

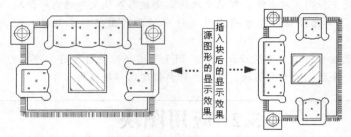

图5-7

在"插入"对话框中包括如下选项。

◆ "名称"文本框：用于设置需要插入的内部块。

> **TIP** 如果需要插入外部块或已保存的图形文件，可以单击 浏览(B)... 按钮，在打开的"选择图形文件"对话框中选择相应外部块或文件。

◆ "插入点"选项组：用于确定图块插入点的坐标。用户可以勾选"在屏幕上指定"复选框，直接在屏幕绘图区拾取一点，也可以在"X"、"Y"、"Z"三个文本框中输入插入点的坐标值。
◆ "比例"选项组：用于确定图块的插入比例。
◆ "旋转"选项组：用于确定图块插入时的旋转角度。用户可以勾选"在屏幕上指定"复选框，直接在绘图区指定旋转的角度，也可以在"角度"文本框中输入图块的旋转角度。

5.2.2 编辑块

使用"块编辑器"命令，可以对当前文件中的图块进行修改编辑，以更新先前块的定义。
执行"块编辑器"命令主要有以下几种方式。
◆ 执行菜单栏中的"工具"|"块编辑器"命令。
◆ 在命令行输入Bedit后按Enter键。
◆ 使用命令简写BE。
下面通过典型的实例，学习"块编辑器"命令的使用方法和操作技巧。

① 继续上一节的操作。
② 执行菜单栏中的"工具" | "块编辑器"命令，打开如图5-8所示的"编辑块定义"对话框。

图5-8

③ 在"编辑块定义"对话框中双击"会议椅"图块，进入如图5-9所示的块编辑窗口。

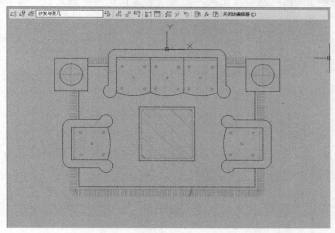

图5-9

④ 执行菜单栏中的"绘图"｜"图案填充"命令，设置填充图案及填充参数如图5-10所示，为左侧的单人沙发进行填充，填充效果如图5-11所示。

图5-10

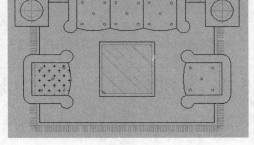

图5-11

> **TIP** 在块编辑器窗口中可以为块添加约束、参数及动作特征，还可以对块进行另名存储。

⑤ 重复执行"图案填充"命令，设置填充图案及填充参数如图5-12所示，为沙发扶手和靠背平面图填充，结果如图5-13所示。

图5-12

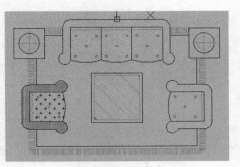

图5-13

⑥ 单击上侧的"保存块定义"按钮 ，将上述操作进行保存。

⑦ 单击 关闭块编辑器(C) 按钮，返回绘图区，结果所有会议椅图块被更新，如图5-14所示。

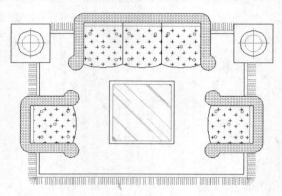

图5-14

5.2.3 嵌套块

用户可以在一个图块中引用其他图块，称之为"嵌套块"，如可以将厨房作为插入到每一个房间的图块，而在厨房块中，又包含水池、冰箱、炉具等其他图块。

使用嵌套块需要注意以下两点。

第一，块的嵌套深度没有限制。

第二，块定义不能嵌套自身，即不能使用嵌套块的名称作为将要定义的新块名称。

总之一句话，AutoCAD对嵌套块的复杂程度没有限制，只是不可以引用自身。

5.3 上机练习一——为某户型图布置单开门

前面章节中主要学习了创建图块和插入图块的相关知识，本节通过为某户型图布置单开门的实例，对以上所学知识进行综合练习和巩固。

① 执行"打开"命令，打开随书光盘中的"素材文件"\"户型平面图.dwg"文件，如图5-15所示。

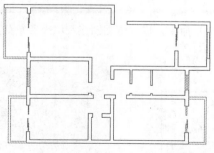

图5-15

② 打开状态栏中的对象捕捉功能，并将捕捉模式设置为中点捕捉。

③ 展开"图层"工具栏中的"图层控制"下拉列表，将"0图层"设置为当前图层。

④ 使用命令简写L激活"直线"命令，配合正交追踪功能绘制单开门的门垛，命令行操作如下。

```
命令：_line
    指定第一点：                           // 在绘图窗口的左下区域拾取一点
    指定下一点或 [ 放弃 (U)]：              // 水平向右引导光标，输入 60 Enter
    指定下一点或 [ 放弃 (U)]：              // 水平向上引导光标，输入 80 Enter
    指定下一点或 [ 闭合 (C)/ 放弃 (U)]：    // 水平向左引导光标，输入 40 Enter
    指定下一点或 [ 闭合 (C)/ 放弃 (U)]：    // 水平向下引导光标，输入 40 Enter
    指定下一点或 [ 闭合 (C)/ 放弃 (U)]：    // 水平向左引导光标，输入 20 Enter
    指定下一点或 [ 闭合 (C)/ 放弃 (U)]：    // C Enter，闭合图形，结果如图 5-16 所示
```

⑤ 使用命令简写MI激活"镜像"命令，配合"捕捉自"功能，将刚绘制的门垛镜像复制，命令行操作如下。

```
命令：_mirror
    选择对象：                    // 选择刚绘制的门垛
    选择对象：                    // Enter
    指定镜像线的第一点：          // 激活"捕捉自"功能
    _from 基点：                 // 捕捉门垛的右下角点
    ＜偏移＞：                    //@-450,0 Enter
    指定镜像线的第二点：          //@0,1 Enter
    要删除源对象吗？ [ 是 (Y)/ 否 (N)] <N>：  // Enter，镜像结果如图 5-17 所示
```

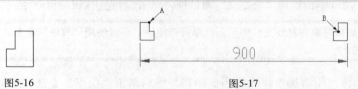

图5-16   图5-17

⑥ 使用命令简写REC激活"矩形"命令，以图5-17所示的点A、B作为对角点，绘制如图5-18所示的矩形作为门的轮廓线。

⑦ 使用命令简写RO激活"旋转"命令，对刚绘制的矩形进行旋转，命令行操作如下。

```
命令：_rotate
    UCS 当前的正角方向：ANGDIR= 逆时针  ANGBASE=0.00
    选择对象：                    // 选择刚绘制的矩形
    选择对象：                    // Enter
    指定基点：                    // 捕捉矩形的右上角点
    指定旋转角度，或 [ 复制 (C)/ 参照 (R)] <0.00>：
                                 //-90 Enter，结束命令，旋转结果如图 5-19 所示
```

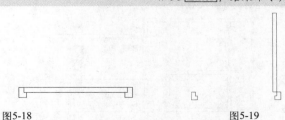

图5-18   图5-19

⑧ 执行菜单栏中的"绘图"｜"圆弧"｜"起点、圆心、端点"命令，绘制圆弧作为门的开启方向，命令行操作如下。

中文版 **AutoCAD 2013** 从新手到高手

1

2

3

4

5

```
命令：_arc
    指定圆弧的起点或 [ 圆心 (C)]:                // 捕捉矩形左上角点
    指定圆弧的第二个点或 [ 圆心 (C)/ 端点 (E)]: _c 指定圆弧的圆心：
                                              // 捕捉矩形右下角点
    指定圆弧的端点或 [ 角度 (A)/ 弦长 (L)]:
                                              // 捕捉如图 5-20 所示的端点，绘制结果如图 5-21 所示
```

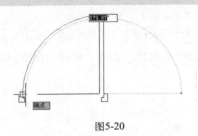

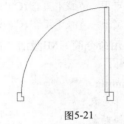

图5-20   图5-21

⑨ 执行菜单栏中的"绘图"｜"块"｜"创建"命令，打开"块定义"对话框，在此对话框内设置块名及创建方式等参数，如图5-22所示。

⑩ 单击"拾取点"按钮，返回绘图区，拾取单开门右侧门垛的中心点作为基点。

⑪ 按Enter键返回"块定义"对话框，单击"选择对象"按钮，框选刚绘制的单开门图形。

⑫ 按Enter键返回"块定义"对话框，单击 确定 按钮结束命令。

> **TIP** 如果需要在其他文件中引用此单开门图块，可以使用"写块"命令，将单开门内部块转换为外部块。

⑬ 将"门窗层"设置为当前图层，然后单击"绘图"工具栏中的按钮，在打开的"插入"对话框内选择"单开门"内部块，同时设置参数如图5-23所示。

图5-22   图5-23

⑭ 单击 确定 按钮返回绘图区，在命令行"指定插入点或 [基点(B)/比例(S)/旋转(R)]:"提示下，捕捉如图5-24所示的交点作为插入点。

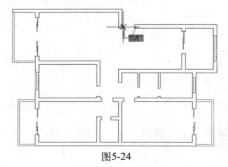

图5-24

⑮ 重复执行"插入块"命令，设置参数如图5-25所示。

⑯ 配合中点捕捉功能，捕捉如图5-26所示的墙线中点作为插入点，插入单开门。

图5-25

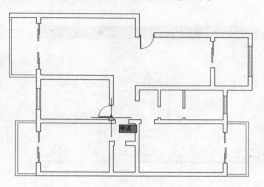

图5-26

⑰ 重复执行"插入块"命令，设置参数如图5-27所示。

⑱ 以如图5-28所示的墙线中点作为插入点，插入单开门。

图5-27

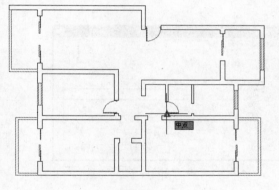

图5-28

⑲ 重复执行"插入块"命令，设置参数如图5-29所示。

⑳ 以如图5-30所示的墙线中点作为插入点，插入单开门。

图5-29

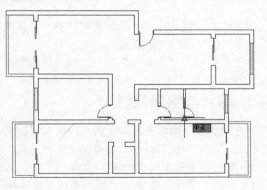

图5-30

㉑ 重复执行"插入块"命令，设置参数如图5-31所示。

22 以如图5-32所示的墙线中点作为插入点，插入单开门。

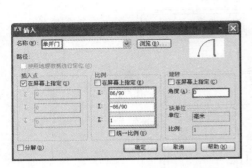

图5-31

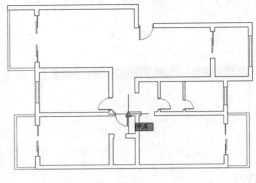

图5-32

23 重复执行"插入块"命令，设置参数如图5-33所示。

24 以如图5-34所示的墙线中点作为插入点，插入单开门。

图5-33

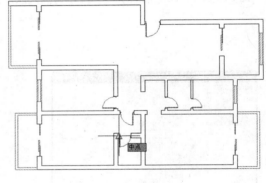

图5-34

25 最后执行"另存为"命令，将图形另名存储为"上机练习一.dwg"文件。

5.4 定义属性

属性实际上就是一种"块的文字信息"，属性不能独立存在，它是依附于图块的一种非图形信息，用于对图块进行文字说明。

本节主要学习"定义属性"、"编辑属性"、"编辑块属性"以及"块属性管理器"等命令。

5.4.1 定义与编辑属性

"定义属性"命令主要用于为几何图形定制文字属性，以表达几何图形无法表达的一些内容。

执行"定义属性"命令主要有以下几种方式。

◆ 执行菜单栏中的"绘图"|"块"|"定义属性"命令。
◆ 单击"常用"选项卡|"块"面板中的 按钮。
◆ 在命令行输入Attdef后按Enter键。
◆ 使用命令简写ATT。

下面通过典型实例，学习"定义属性"命令的使用方法和操作技巧，具体操作步骤如下。

① 执行"打开"命令，打开随书光盘中的"素材文件"\"标注轴标号.dwg"文件。

② 使用命令简写C激活"圆"命令，在如图5-35所示的位置绘制直径为800的轴标号圆。

图5-35

③ 打开状态栏中的对象捕捉功能，并将捕捉模式设置为圆心捕捉。

④ 执行菜单栏中的"绘图" | "块" | "定义属性"命令，打开"属性定义"对话框，然后设置属性的标记名、提示说明、默认值、对正方式以及属性高度等参数，如图5-36所示。

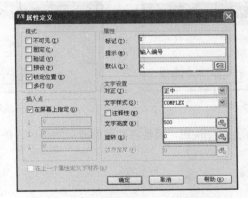

图5-36

"模式"选项组主要用于控制属性的显示模式，具体功能如下。

◆ "不可见"复选框：用于设置插入属性块后是否显示属性值。

◆ "固定"复选框：用于设置属性是否为固定值。

◆ "验证"复选框：用于设置在插入块时提示确认属性值是否正确。

◆ "预设"复选框：用于将属性值设定为默认值。

◆ "锁定位置"复选框：用于将属性位置进行固定。

◆ "多行"复选框：用于设置多行的属性文本。

> **TIP** 当用户需要重复定义对象的属性时，可以勾选"在上一个属性定义下对齐"复选框，系统将自动沿用上次设置的各属性的文字样式、对正方式以及高度等参数的设置。

⑤ 单击 **确定** 按钮返回绘图区，在命令行"指定起点:"提示下捕捉绘制的直径为800的圆心作为属性插入点，插入结果如图5-37所示。

图5-37

> **TIP**
>
> 当用户为几何图形定义了文字属性后，所定义的文字属性暂时以属性标记名显示。

当定义了属性后，如果需要改变属性的标记、提示或默认值，可以进行如下操作。

① 继续操作。

② 执行菜单栏中的"修改"｜"对象"｜"文字"｜"编辑"命令，在命令行"选择注释对象或[放弃(U)]:"提示下，单击插入的属性，打开"编辑属性定义"对话框，如图5-38所示。

③ 在"标记"文本框中修改属性的标记，例如修改为A，如图5-39所示。

图5-38

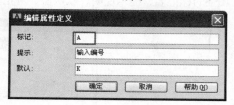

图5-39

④ 单击对话框中的 确定 按钮，属性将按照修改后的标记、提示或默认值进行显示，结果如图5-40所示。

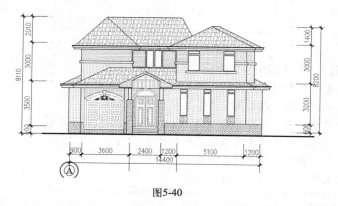

图5-40

5.4.2 编辑块属性

"编辑属性"命令主要对含有属性的图块进行编辑和管理，比如更改属性的值、特性等。

执行"编辑属性"命令主要有以下几种方式。

◆ 执行菜单栏中的"修改"|"对象"|"属性"|"单个"命令。

◆ 单击"修改 II"工具栏或"块"面板中的 按钮。

◆ 在命令行输入Eattedit后按Enter键。

下面通过典型的实例,学习"编辑属性"命令的使用方法和操作技巧。

① 继续上节操作。

② 使用命令简写B激活"创建块"命令,将上例绘制的圆及其属性一起创建为属性块,基点为圆的上象限点,其他参数设置如图5-41所示。

③ 单击 确定 按钮,打开如图5-42所示的"编辑属性"对话框,在此对话框中即可定义正确的文字属性值。

图5-41

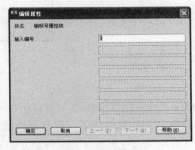

图5-42

④ 在该对话框中可以输入新的属性值,此属性值在此采用默认设置,然后单击 确定 按钮,结果创建了一个属性值为K的属性块,如图5-43所示。

图5-43

⑤ 使用命令简写CO激活"复制"命令,将轴号属性块分别复制到其他位置,结果如图5-44所示。

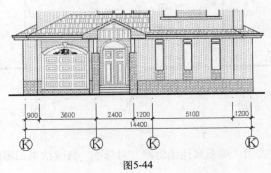

图5-44

6 执行菜单栏中的"修改"｜"对象"｜"属性"｜"单个"命令，在命令行"选择块:"提示下，选择复制出的属性块，打开"增强属性编辑器"对话框，然后修改属性值为G，如图5-45所示。

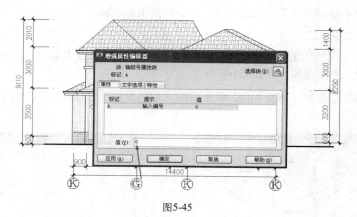

图5-45

7 在"增强属性编辑器"对话框中单击 应用(A) 按钮，然后单击"选择块"按钮 🔲，返回绘图区，选择右侧的属性块进行修改属性值，如图5-46所示。

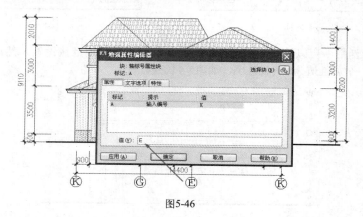

图5-46

8 重复上一步骤，修改右侧属性块的属性值，结果如图5-47所示。

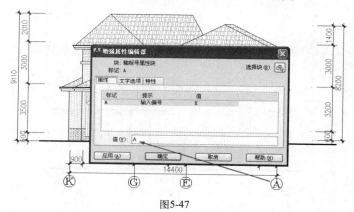

图5-47

9 单击 确定 按钮关闭"增强属性编辑器"对话框，修改结果如图5-48所示。

图5-48

在"增强属性编辑器"对话框中包括如下选项卡。

◆ "属性"选项卡：用于显示当前文件中所有属性块的属性标记、提示和默认值，还可以修改属性块的属性值。

> **TIP**
>
> 通过单击右上角的"选择块"按钮 🔲，可以连续对当前图形中的其他属性块进行修改。

◆ "特性"选项卡：可以修改属性的图层、线型、颜色和线宽等特性，如图5-49所示。
◆ "文字选项"选项卡：用于修改属性的文字特性，比如属性文字样式、对正方式、高度和宽度比例等，如图5-50所示。

图5-49

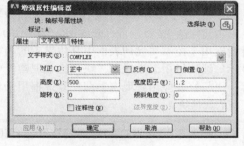

图5-50

5.4.3 块属性管理器

"块属性管理器"命令用于对当前文件中的众多属性块进行编辑管理，是一个综合性的属性块管理工具。使用此工具，不但可以修改属性的标记、提示以及属性默认值等属性的定义，还可以修改属性所在的图层、颜色、宽度及重新定义属性文字如何在图形中的显示；另外，还可以用来修改属性块各属性值的显示顺序以及从当前属性块中删除不需要的属性内容。

执行"块属性管理器"命令主要有以下几种方式。

◆ 执行菜单栏中的"修改"|"对象"|"属性"|"块属性管理器"命令。
◆ 单击"修改 II"工具栏中的 🔲 按钮。
◆ 在命令行输入Battman后按Enter键。

激活"块属性管理器"命令后，系统将弹出如图5-51所示的"块属性管理器"对话框，用于对当前图形文件中的所有属性块进行管理。

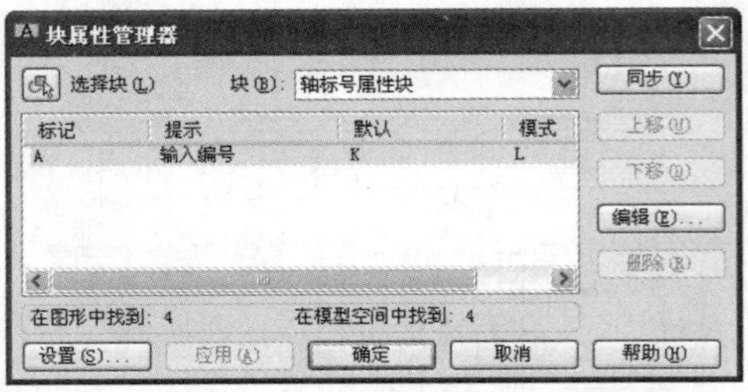

图5-51

TIP　在执行"块属性管理器"命令时，必须在当前图形文件中包含带有属性的图块。

◆ "块"文本框 双开门 ▼：用于显示当前正在编辑属性块的名称，单击此下拉按钮使其展开，在此下拉列表中列出了当前图形中所有带有属性的图块名称，用户可以选择其中的一个属性块将其设置为当前需要编辑的属性块。

◆ 在属性列表框中列出了当前选择块的所有属性定义，包括属性的标记、提示、默认和模式等。在属性列表框下侧的选项组中，都标有选择的属性块在当前图形和在当前布局中相应块的总数目。

◆ 同步(T) 按钮：用于更新已修改的属性特性，它不会影响在每个块中指定给属性的任何值。

◆ 上移(U) 和 下移(D) 按钮：用于修改属性值的显示顺序。

◆ 编辑(E)... 按钮：用于修改属性块的各属性的特性。

◆ 删除(R) 按钮：用于删除在属性列表框中选中的属性定义。对于仅具有一个属性的块，此按钮不可使用。

单击 设置(S)... 按钮，可打开如图5-52所示的"设置"对话框，此对话框用于控制属性列表框中具体显示的内容。其中"在列表中显示"选项组用于设置在"块属性管理器"中属性的具体显示内容；"将修改应用到现有参照"复选框用于将修改的属性应用到现有的属性块。

图5-52

TIP　默认情况下所做的属性更改将应用到当前图形中现有的所有块参照。如果在对属性块进行编辑修改时，当前文件中的固定属性或嵌套属性块受到一定影响，此时可使用"重生成"命令更新这些块的显示。

5.5　DWG参照

"DWG参照"命令用于为当前文件中的图形附着外部参照，使附着的对象与当前图形文件存在一种参照关系。

执行此命令主要有以下几种方式。

◆ 执行菜单栏中的"插入"｜"DWG参照"命令。

◆ 单击"参照"工具栏中的 按钮。

◆ 在命令行输入Xattach后按Enter键。

◆ 使用命令简写XA。

激活"外部参照"命令后，在打开的"选择参照文件"对话框中选择所要附着的图形文件，如图5-53所示。

然后单击 打开(Q) 按钮，系统将弹出如图5-54所示的"附着外部参照"对话框。

图5-53   图5-54

当用户附着了一个外部参照后，该外部参照的名称将出现在此文本框内，并且此外部参照文件所在的位置及路径都显示在文本框的下部。如果在当前图形文件中含有多个参照时，这些参照的文件名都排列在此下拉文本框中。单击"名称"文本框右侧的 浏览(B)... 按钮，可以打开"选择参照文件"对话框，用户可以从中为当前图形选择新的外部参照。

"参照类型"选项组用于指定外部参照图形文件的引用类型。引用的类型主要影响嵌套参照图形的显示。系统提供了"附着型"和"覆盖型"两种参照类型。如果在一个图形文件中以"附着型"的方式引用了外部参照图形，当这个图形文件又被参照在另一个图形文件中时，AutoCAD仍显示这个图形文件中的嵌套的参照图形；如果在一个图形文件中以"覆盖型"的方式引用了外部参照图形，当这个图形文件又被参照在另一个图形文件中时，AutoCAD将不再显示这个图形文件中的嵌套的参照图形。

> **TIP** ▶▶ 当A图形以外部参照的形式被引用到B图形，而B图形又以外部参照的形式被引用到C图形，则相对C图形来说，A图形就是一个嵌套参照图形，它在C图形中的显示与否，取决于它被引用到B图形时的参照类型。

"路径类型"下拉列表用于指定外部参照的保存路径，AutoCAD提供了"完整路径"、"相对路径"和"无路径"三种路径类型。将路径类型设置为"相对路径"之前，必须保存当前图形。

对于嵌套的外部参照，相对路径通常是指其直接宿主的位置，而不一定是当前打开图形的位置。如果参照的图形位于另一个本地磁盘驱动器或网络服务器上，"相对路径"选项不可用。

> **TIP** ▶▶ 一个图形可以作为外部参照同时附着到多个图形中。同样，也可以将多个图形作为外部参照附着到单个图形中。如果一个被定义属性的图形以外部参照的形式引用到另一个图形中，那么AutoCAD将把参照的属性忽略掉，仅显示参照图形，不显示图形的属性。

5.6　快速应用图形资源

在AutoCAD图形设计中，图形资源的应用不仅可以加快用户绘图的速度，同时也能使绘制的图形更加精准。AutoCAD提供了"设计中心"和"工具选项板"命令来管理、查看和快速应用图形资源。本节就来学习这两个命令。

5.6.1　使用"设计中心"应用图形资源

"设计中心"是一个图形资源的管理器，通过"设计中心"用户可以快速查看、管理和应用图形资源。

执行"设计中心"命令主要有以下几种方式。

◆ 执行菜单栏中的"工具"|"选项板"|"设计中心"命令。

◆ 单击"标准"工具栏或"选项板"面板中的■按钮。

◆ 在命令行输入Adcenter后按Enter键。

◆ 使用命令简写ADC。

◆ 按组合键Ctrl+2。

执行"设计中心"命令后，会打开如图5-55所示的"设计中心"窗口。

该窗口共包括"文件夹"、"打开的图形"和"历史记录"三个选项卡，分别用于显示计算机和网络驱动器上的文件与文件夹的层次结构、打开图形的列表、自定义内容等，具体如下。

图5-55

◆ 在"文件夹"选项卡中，左侧为"树状管理视窗"，用于显示计算机或网络驱动器中文件和文件夹的层次关系；右侧为"控制面板"，用于显示在左侧树状视窗中选定文件的内容。

◆ "打开的图形"选项卡用于显示AutoCAD任务中当前所有打开的图形，包括最小化的图形。

◆ "历史记录"选项卡用于显示最近在设计中心打开的文件的列表，它可以显示"浏览Web"对话框中最近链接过的20条地址的记录。

◆ 单击"加载"按钮■，将弹出"加载"对话框，以方便浏览本地和网络驱动器或Web上的文件，然后选择内容加载到内容区域。

◆ 单击"上一级"按钮■，将显示当前活动容器的上一级容器的内容。容器可以是文件夹也可以是一个图形文件。

◆ 单击"搜索"按钮■，可弹出"搜索"对话框，用于指定搜索条件，查找图形、块以及图形中的非图形对象，如线型、图层等，还可以将搜索到的对象添加到当前文件中，为当前图形文件所使用。

◆ 单击"收藏夹"按钮■，将在设计中心右侧窗口中显示"Autodesk Favorites"文件夹内容。

◆ 单击"主页"按钮■，系统将使设计中心返回到默认文件夹。安装时，默认文件夹被设置为"...\Sample\DesignCenter"。

◆ 单击"树状图切换"按钮■，设计中心左侧将显示或隐藏树状管理视窗。如果在绘图区域中需要更多空间，可以单击该按钮隐藏树状管理视窗。

◆ "预览"按钮■用于显示和隐藏图像的预览框。当预览框被打开时，在上部的面板中选择一个项目，则在预览框内将显示出该项目的预览图像。如果选定项目没有保存的预览图像，则该预览框为空。

◆ "说明"按钮■用于显示和隐藏选定项目的文字信息。

5.6.2 通过"设计中心"查看图形资源

通过"设计中心"窗口，不但可以方便查看本机或网络机上的AutoCAD资源，还可以单独将选择的CAD文件进行打开。

① 查看文件夹资源。在左侧树状窗口中定位并展开需要查看的文件夹，那么在右侧窗口中

即可查看该文件夹中的所有图形资源，例如定位"素材文件"文件夹，则在右侧窗口中显示该文件夹下的所有图形资源，如图5-56所示。

② 查看文件内部资源。在左侧树状窗口中定位需要查看的文件，在右侧窗口中即可显示出文件内部的所有资源，例如定位"户型平面图"文件，则在右侧窗口中显示该文件的内部资源信息，如图5-57所示。

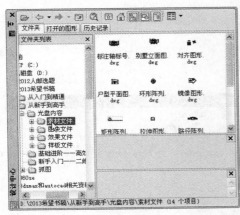

图5-56

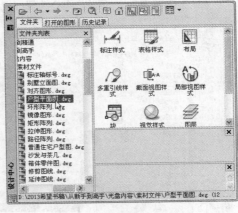

图5-57

③ 如果用户需要进一步查看某一类内部资源，如文件内部的所有图块，可以在右侧窗口中双击块的图标，即可显示出所有的图块，如图5-58所示。

④ 打开CAD文件。如果用户需要打开某CAD文件，可以在该文件图标上单击右键，然后选择快捷菜单中的"在应用程序窗口中打开"命令，即可打开此文件，如图5-59所示。

图5-58

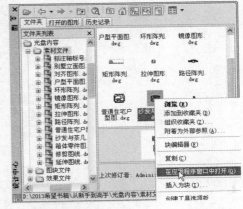

图5-59

> **TIP** 在窗口中按住Ctrl键定位文件，按住左键不动将其拖动到绘图区域，即可打开此图形文件；将图形图标从设计中心直接拖动到应用程序窗口或绘图区域以外的任何位置，即可打开此图形文件。

5.6.3 通过"设计中心"共享图形资源

在"设计中心"窗口中不但可以查看本机上的所有设计资源，还可以将有用的图形资源以及图形的一些内部资源应用到自己的图纸中。

① 共享文件资源。在左侧树状窗口中查找并定位所需文件的上一级文件夹，然后在右侧窗口中定位所需文件。

② 在此文件图标上单击右键，从弹出的快捷菜单中选择"插入为块"命令，如图5-60所示。

③ 此时打开如图5-61所示的"插入"对话框，根据实际需要设置参数，然后单击 确定 按钮，即可将选择的图形以块的形式共享到当前文件中。

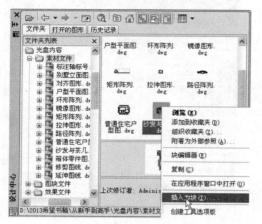
图5-60

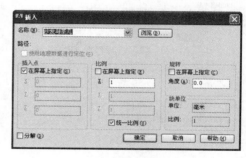
图5-61

④ 共享文件内部资源。定位并打开所需文件的内部资源，在"设计中心"右侧窗口中选择某一图块，单击右键，从弹出的快捷菜单中选择"插入块"命令，如图5-62所示，就可以将此图块插入到当前图形文件中。

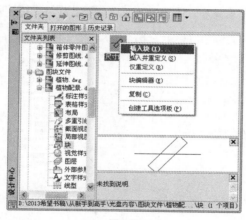
图5-62

> **TIP** 另外，用户也可以共享图形文件内部的文字样式、尺寸样式、图层以及线型等资源。

5.6.4 关于"工具选项板"

"工具选项板"用于组织、共享图形资源和高效执行命令等，其窗口包含一系列选项板，这些选项板以选项卡的形式分布在"工具选项板"窗口中。

执行"工具选项板"命令主要有以下几种方式。

◆ 执行菜单栏中的"工具"|"选项板"|"工具选项板"命令。

◆ 单击"标准"工具栏或"选项板"面板中的 按钮。

◆ 在命令行输入Toolpalettes后按Enter键。

◆ 按组合键Ctrl+3。

执行"工具选项板"命令后，可打开如图5-63所示的"工具选项板"窗口。该窗口主要由各选项卡和标题栏两部分组成，在窗口标题栏上单击右键，可打开标题栏菜单，以控制窗口及工具选项卡的显示状态等。

在选项板中单击右键，可打开如图5-64所示的快捷菜单，通过此快捷菜单，可以控制工具面板的显示状态、透明度，还可以很方便地创建、删除和重命名工具面板等。

图5-63

图5-64

5.6.5 通过"工具选项板"应用图形资源

下面通过向图形文件中插入图块及填充图案，学习"工具选项板"命令的使用方法和技巧。

① 新建一个空白文件。

② 打开"工具选项板"窗口，然后展开"建筑"选项卡，选择如图5-65所示的名称为"树-公制"的图例。

③ 在选择的图例上单击左键，然后在命令行"指定插入点或[基点(B)/比例(S)/X/Y/Z/旋转(R)]:"提示下，在绘图区拾取一点，将此图例插入到当前文件内，结果如图5-66所示。

图5-65

图5-66

> **TIP** 用户也可以将光标定位到所需图例上，然后按住鼠标左键不放，将其拖入到当前图形中。

5.6.6 自定义"工具选项板"

用户可以根据需要自定义选项板中的内容以及创建新的工具选项板，下面将通过具体实例学习此功能。

① 首先打开"设计中心"窗口和"工具选项板"窗口。

② 定义选项板内容。在"设计中心"窗口中定位需要添加到选项板中的图形、图块或图案填充等内容，然后按住鼠标左键不放，将选择的内容直接拖到选项板中，如图5-67所示。

③ 释放鼠标按键，即可将该项目添加到"工具选项板"窗口中，如图5-68所示。

④ 定义选项板。在"设计中心"左侧窗口中选择文件夹，然后单击右键，在弹出的快捷菜单中选择"创建块的工具选项板"命令，如图5-69所示。

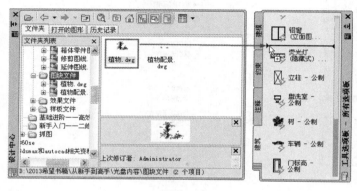

图5-67　　　　　　　　　　　　　　　　　　　　图5-68

⑤ 系统将此文件夹中的所有图形文件创建为新的工具选项板，选项板名称为文件的名称，如图5-70所示。

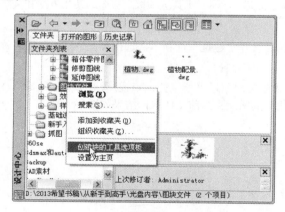

图5-69

图5-70

第6章 图层、对象特性与参数化绘图

图层是AutoCAD绘图中重要的操作对象，通过图层可以有效管理图形对象、修改编辑图形对象等，而特性则可以使用户快速修改、完善图形对象。本章继续学习图层、对象特性以及参数化绘图等相关知识。

6.1 图层及其图层设置

图层的概念比较抽象，用户可以将图层想象为一张张透明的电子纸，用户可以在不同的透明电子纸上绘制不同的图形对象，最后将这些透明电子纸叠加起来，得到最终的复杂图形。

在AutoCAD绘图软件中，"图层"命令是一个综合性的制图工具，主要用于规划和组合复杂的图形。通过将不同性质、不同类型的对象（如几何图形、尺寸标注、文本注释等）放置在不同的图层上，可以很方便地通过图层的状态控制功能来显示和管理复制图形，以方便对其观察和编辑。

执行"图层"命令主要有以下几种方式。

◆ 执行菜单栏中的"格式"|"图层"命令。
◆ 单击"图层"工具栏或面板中的 按钮。
◆ 在命令行输入Layer后按Enter键。
◆ 使用命令简写LA。

6.1.1 新建图层

在默认状态下，AutoCAD仅为用户提供了"0图层"，以前所绘制的图形都位于该"0图层"上。一般情况下，在绘制大型设计图纸时，需要根据图形的表达内容等因素新建不同类型的图层，并且为各图层进行命名，以便对图形对象进行有效管理。

本节首先学习图层的具体新建过程。

①新建一个绘图文件。

②单击"图层"工具栏中的 按钮，激活"图层"命令，打开如图6-1所示的"图层特性管理器"面板。

图6-1

③单击"图层特性管理器"面板中的 按钮新建图层，新图层将以临时名称"图层1"显示

在列表中，如图6-2所示。

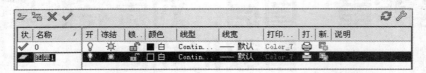

状. 名称 开 冻结 锁.. 颜色 线型 线宽 打印... 打. 新. 说明
0 白 Contin... —— 默认 Color_7
图层1 白 Contin... —— 默认 Color_7

图6-2

4 在图层名称反白显示区域输入新图层的名称，例如输入“点划线”，以对图层进行重命名，如图6-3所示。

状. 名称 开 冻结 锁.. 颜色 线型 线宽 打印... 打. 新. 说明
0 白 Contin... —— 默认 Color_7
点画线 白 Contin... —— 默认 Color_7

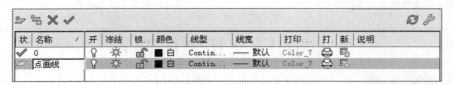

图6-3

> **TIP** 图层名最长可达255个字符，可以是数字、字母或其他字符；图层名中不允许含有大于号（>）、小于号（<）、斜杠（/）、反斜杠（\）以及标点等符号；另外，为图层命名时，必须确保图层名的唯一性。

5 按组合键Alt+N，或再次单击按钮，创建另外两个图层，并对其进行重命名，结果如图6-4所示。

> **TIP** 如果在创建新图层时选择了一个现有图层，或为新建图层指定了图层特性，那么后面创建的新图层将继承先前图层的一切特性（如颜色、线型等）。

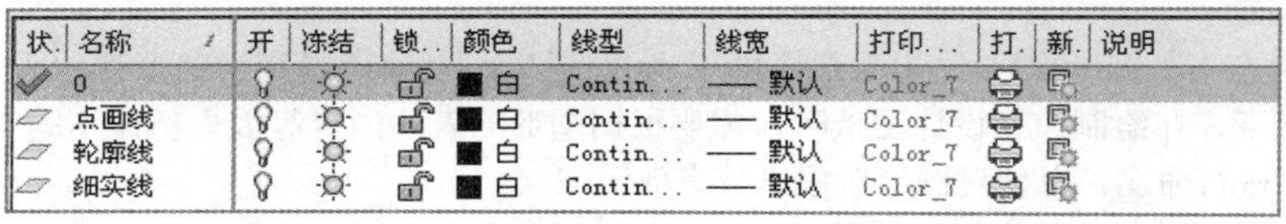

状. 名称 开 冻结 锁.. 颜色 线型 线宽 打印... 打. 新. 说明
0 白 Contin... —— 默认 Color_7
点画线 白 Contin... —— 默认 Color_7
轮廓线 白 Contin... —— 默认 Color_7
细实线 白 Contin... —— 默认 Color_7

图6-4

6.1.2 设置图层颜色

在创建图层后，一般还需要为图层指定不同的颜色特性，下面继续学习图层颜色特性的具体设置过程。

1 继续上节操作。

2 在“图层特性管理器”面板中单击“点画线”图层将其激活，然后在如图6-5所示的颜色块上单击。

状. 名称 开 冻结 锁.. 颜色 线型 线宽 透明度 打印... 打. 新. 说明
0 白 Contin... —— 默认 0 Color_7
点划线 白 Contin... —— 默认 0 Color_7
轮廓线 白 Contin... —— 默认 0 Color_7
细实线 白 Contin... —— 默认 0 Color_7

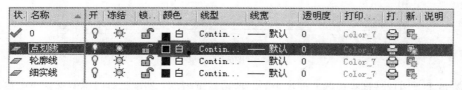

图6-5

③ 此时打开"选择颜色"对话框，在该对话框中选择一种颜色作为该图层的颜色，例如选择红色作为该图层的颜色，如图6-6所示。

图6-6

④ 单击"选择颜色"对话框中的 确定 按钮，即可将图层的颜色设置为红色，结果如图6-7所示。

状.	名称	/	开	冻结	锁..	颜色	线型	线宽	打印...	打.	新.	说明
✔	0		♀	☼	🔓	■白	Contin...	—— 默认	Color_7	🖨	🖫	
⬚	点画线		♀	☼	🔓	■红	Contin...	—— 默认	Color_1	🖨	🖫	
⬚	轮廓线		♀	☼	🔓	■白	Contin...	—— 默认	Color_7	🖨	🖫	
⬚	细实线		♀	☼	🔓	■白	Contin...	—— 默认	Color_7	🖨	🖫	

图6-7

⑤ 参照上述操作，将"细实线"图层的颜色设置为102号色，结果如图6-8所示。

状.	名称	/	开	冻结	锁..	颜色	线型	线宽	打印...	打.	新.	说明
✔	0		♀	☼	🔓	■白	Contin...	—— 默认	Color_7	🖨	🖫	
⬚	点画线		♀	☼	🔓	■红	Contin...	—— 默认	Color_1	🖨	🖫	
⬚	轮廓线		♀	☼	🔓	■白	Contin...	—— 默认	Color_7	🖨	🖫	
⬚	细实线		♀	☼	🔓	■102	Contin...	—— 默认	Colo...	🖨	🖫	

图6-8

> **TIP** 用户也可以单击对话框中的"真彩色"和"配色系统"两个选项卡，如图6-9和图6-10所示，以定义自己需要的色彩。

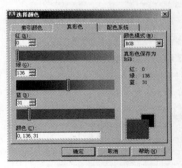

图6-9

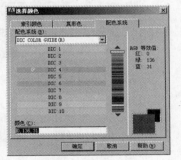

图6-10

6.1.3 设置图层线型

在默认设置下，系统为用户提供了一种"Continuous"线型，但在实际的绘图过程中，要根据具体绘制内容设置不同的线型，线型的设置需要进行加载。下面继续学习加载线型的方法和技巧。

① 继续上节操作。

② 在"点划线"图层如图6-11所示的线型按钮上单击，打开如图6-12所示的"选择线型"对话框。

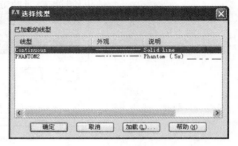

图6-11   图6-12

③ 在"选择线型"对话框中单击 加载(L)... 按钮，打开"加载或重载线型"对话框，选择"ACAD ISO04W100"线型，如图6-13所示。

④ 单击 确定 按钮，结果选择的线型被加载到"选择线型"对话框内，如图6-14所示。

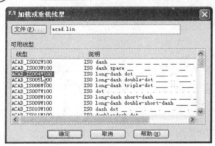

图6-13   图6-14

⑤ 选择刚加载的线型后单击 确定 按钮，即将此线型附加给当前被选择的图层，结果如图6-15所示。

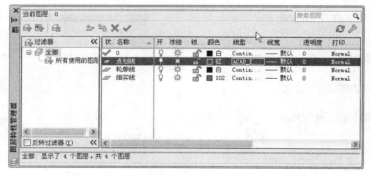

图6-15

6.1.4 设置图层线宽

本节继续学习图层线宽的具体设置过程。

① 继续上节操作。

② 在"轮廓线"图层如图6-16所示的线宽按钮上单击,打开如图6-17所示的"线宽"对话框。

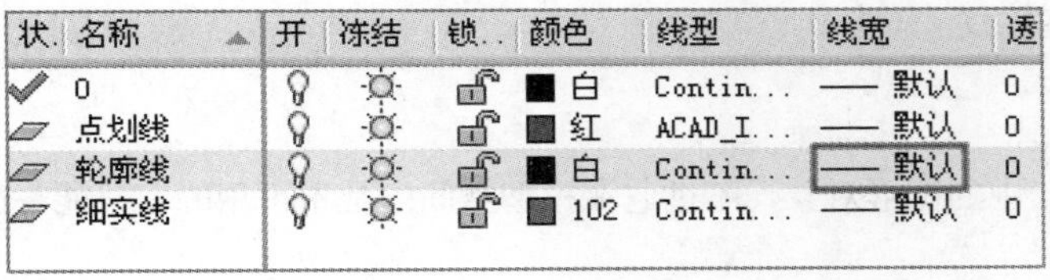

图6-16

图6-17

③ 在"线宽"对话框中选择"0.30mm"线宽,然后单击 确定 按钮返回"图层特性管理器"面板,结果"轮廓线"图层的线宽被设置为"0.30mm",结果如图6-18所示。

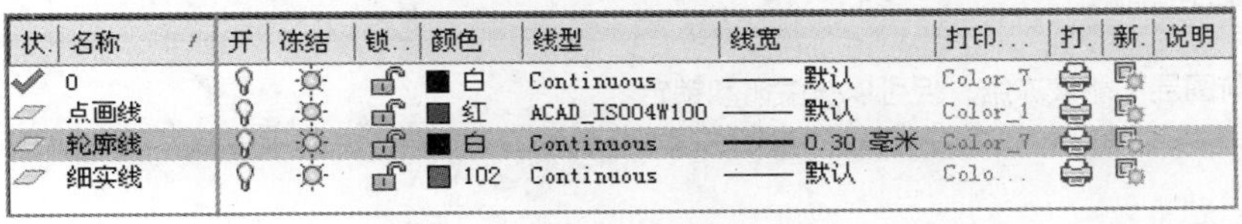

状.	名称	/	开	冻结	锁.	颜色	线型	线宽	打印...	打.	新	说明
✓	0		♀	☼	☝	■白	Continuous	—— 默认	Color_7	🖨	🖳	
	点画线		♀	☼	☝	■红	ACAD_ISO04W100	—— 默认	Color_1	🖨	🖳	
	轮廓线		♀	☼	☝	■白	Continuous	▬ 0.30 毫米	Color_7	🖨	🖳	
	细实线		♀	☼	☝	■102	Continuous	—— 默认	Colo...		🖳	

图6-18

④ 单击 确定 按钮关闭"图层特性管理器"面板。

6.2 图层的控制与管理

本节继续学习图层的匹配、图层的隔离、图层的漫游以及图层的切换功能,以方便对图层进行管理、控制和切换。

6.2.1 控制图层

为了方便对图形进行规划和状态控制,AutoCAD为用户提供了几种状态控制功能,具体包括开关图层、冻结与解冻图层、锁定与解锁图层等。启动这些功能的方法有两种,一种是展开"图层控制"下拉列表♀☼📌☝■0 [_____]▼,然后单击各图层左端的状态控制按钮;另一种是,在"图层特性管理器"面板中选择要操作的图层,然后单击相应的控制按钮。

下面详细讲解这些功能的使用。

1. 开关控制图层

在"图层特性管理器"面板中,系统提供了控制图层的相关功能按钮♀/♀,这两个按钮用于控制图层的开关状态。默认状态下的图层都为打开的图层,按钮显示为♀。当按钮显示为♀时,位于图层上的对象都是可见的,并且可在该层上进行绘图和修改操作;在按钮上单击左键,即可关闭该图层,按钮显示为♀(按钮变暗)。

> **TIP** 图层被关闭后,位于图层上的所有图形对象被隐藏,该层上的图形也不能被打印或由绘图仪输出,但重新生成图形时,图层上的实体仍将重新生成。

2. 冻结与解冻图层

☼/❄ 按钮用于在所有视图窗口中冻结或解冻图层。默认状态下图层是被解冻的，按钮显示为 ☼ ；在该按钮上单击左键，按钮显示为 ❄，位于该层上的内容不能在屏幕上显示或由绘图仪输出，不能进行重生成、消隐、渲染和打印等操作。

> 关闭与冻结的图层都是不可见和不可以输出的。但被冻结图层不参加运算处理，可以加快视窗缩放、视窗平移和许多其他操作的处理速度，增强对象选择的性能并减少复杂图形的重生成时间。建议冻结长时间不用看到的图层。

3. 在视口中冻结图层

▣ 按钮用于冻结或解冻当前视口中的图形对象，不过它在模型空间内是不可用的，只能在图纸空间内使用此功能。

4. 锁定与解锁图层

🔓/🔒 按钮用于锁定图层或解锁图层。默认状态下图层是解锁的，按钮显示为🔓，在此按钮上单击，图层被锁定，按钮显示为🔒，用户只能观察该层上的图形，不能对其编辑和修改，但该层上的图形仍可以显示和输出。

> 当前图层不能被冻结，但可以被关闭和锁定。

6.2.2 匹配图层

"图层匹配"命令用于将选定对象的图层更改到目标图层上。执行此命令主要有以下几种方式。

◆ 执行菜单栏中的"格式"|"图层工具"|"图层匹配"命令。
◆ 单击"图层 II"工具栏中的 按钮。
◆ 在命令行输入Laymch后按Enter键。

下面学习"图层匹配"命令的使用方法和操作技巧。

① 继续上节操作。

② 在0图层上绘制一个圆形，如图6-19所示。

③ 打开"图层 II"工具栏，单击 按钮激活"图层匹配"命令，在命令行"选择要更改的对象:"提示下选择绘制的圆。

④ 继续在命令行"选择对象:"提示下按Enter键结束选择。

⑤ 继续在命令行"选择目标图层上的对象或[名称(N)]: "提示下输入N 并按Enter键，打开"更改到图层"对话框，在该对话框内发现当前对象在0图层中，如图6-20所示。

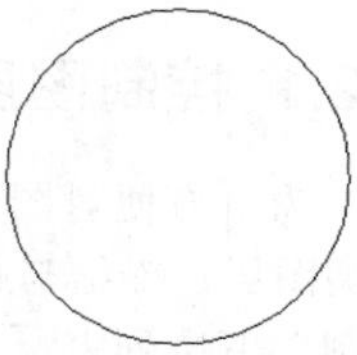

图6-19

⑥ 在"更改到图层"对话框中双击"点划线"层，将当前对象调整到"点划线"图层中，此时图形对象如图6-21所示。

图6-20

图6-21

6.2.3 隔离图层

"图层隔离"命令用于将除选定对象图层之外的所有图层都锁定，达到隔离图层的目的。执行此命令主要有以下几种方式。

◆ 执行菜单栏中的"格式"|"图层工具"|"图层隔离"命令。
◆ 单击"图层II"工具栏中的按钮。
◆ 在命令行输入Layiso后按Enter键。

下面通过一个简单的实例操作，学习使用"图层隔离"命令隔离图层的方法。

(1) 打开随书光盘中的"效果文件"\"第5章"\"上机练习一.dwg"文件，首先展开"图层控制"下拉列表，发现所有图层均未被锁定，如图6-22所示。

(2) 执行菜单栏中的"格式"|"图层工具"|"图层隔离"命令，其命令行操作如下。

```
命令：_layiso
     当前设置：锁定图层 , Fade=50
     选择要隔离的图层上的对象或 [ 设置 (S)]：
                        // 选择任一位置的墙线，将墙线所在的图层进行隔离
     选择要隔离的图层上的对象或 [ 设置 (S)]：
                        // Enter ，结果除墙线层外的所有图层均被锁定，如图 6-23 所示
     已隔离图层 墙线层。
```

图6-22

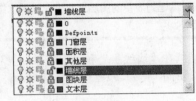

图6-23

6.2.4 漫游图层

"图层漫游…"命令用于将除选定对象的图层之外的所有图层都关闭。执行此命令主要有以下几种方式。

◆ 执行菜单栏中的"格式"|"图层工具"|"图层漫游…"命令。
◆ 单击"图层II"工具栏中的按钮。
◆ 在命令行输入Laywalk后按Enter键。

下面继续通过典型实例学习"图层漫游…"命令的使用方法和操作技巧。

(1) 继续上一节实例的操作。

(2) 执行菜单栏中的"格式"|"图层工具"|"图层漫游…"命令，打开如图6-24所示的

"图层漫游"对话框。

图6-24

> **TIP** 对话框列表中反白显示的图层表示当前被打开的图层；反之，则表示当前被关闭的图层。

③ 在"图层漫游"对话框中单击"墙线层"，结果除"墙线层"外的所有图层都被关闭，如图6-25所示。

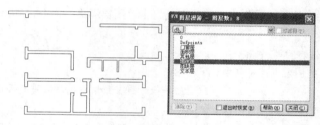

图6-25

> **TIP** 在对话框列表中的图层上双击左键后，结果此图层被视为"总图层"，左图层前端自动添加一个星号。

④ 继续在"墙线层"和"门窗层"上双击左键，结果除这两个图层之外的所有图层都被关闭，如图6-26所示。

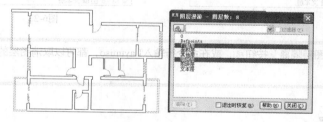

图6-26

> **TIP** 在"图层漫游"对话框中的图层列表内单击右键，从快捷菜单中可以进行更多的操作。

⑤ 单击 **关闭(C)** 按钮，结果图形将恢复原来的显示状态；如果取消勾选"退出时恢复"复选框，那么图形将显示漫游时的显示状态。

6.2.5 更改为当前层

"更改为当前图层"命令用于将选定对象的图层特性更改为当前图层。执行此命令主要有以下几种方式。

- ◆ 执行菜单栏中的"格式"|"图层工具"|"更改为当前图层"命令。
- ◆ 单击"图层II"工具栏中的 按钮。
- ◆ 在命令行输入Laycur后按Enter键。

下面通过典型的实例，学习"更改为当前图层"命令的使用方法和操作技巧。

① 新建一个空白文件，并新建名为1、2和3的三个图层，分别设置其颜色特性等，如图6-27所示。

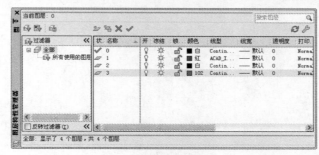

图6-27

② 使用矩形、圆和多边形命令分别在这三个图层上绘制矩形、圆形和多边形，然后在"图层控制"下拉列表中将"1"层设置为当前图层，如图6-28所示。

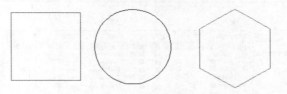

图6-28

③ 执行菜单栏中的"格式" | "图层工具" | "更改为当前图层"命令，更改所有图形对象所在层为当前图层，命令行操作如下。

命令：_laycur
　　选择要更改到当前图层的对象： // 选择所有的对象
　　选择要更改到当前图层的对象： // Enter，结果所有图线被更改到当前图层上，并继续当前图
　　　　　　　　　　　　　　　　　层上的特性，如图 6-29 所示
　　129 个对象已更改到图层"轮廓线"(当前图层)。

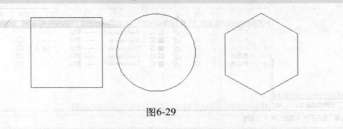

图6-29

6.3 上机练习——规划与管理零件组装图

前面章节中学习了图层的相关知识，本节将通过规划和管理机械零件组装图的实例，对以上所学知识进行巩固练习。

① 执行"打开"命令，打开随书光盘中的"素材文件"\"零件组装图.dwg"文件，这是一个很混乱的零件组装图，如图6-30所示。

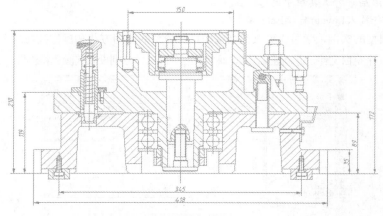

图6-30

② 执行菜单栏中的"格式"｜"图层"命令，打开"图层特性管理器"面板，快速创建如图6-31所示的4个图层。

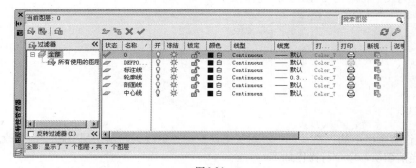

图6-31

③ 分别在下面三个图层的颜色图标上单击左键，从打开的"选择颜色"对话框中设置各个图层的颜色，结果如图6-32所示。

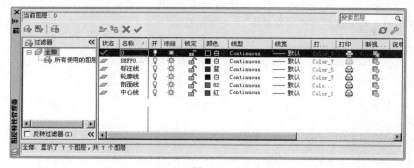

图6-32

④ 选择"中心线"图层，在该图层的"Continuous"位置上单击左键，打开"选择线型"对话框，单击 加载(L)... 按钮，在打开的"加载或重载线型"对话框中选择"CENTER2"线型，如图6-33所示。

图6-33

⑤ 单击 确定 按钮回到"选择线型"对话框，选择加载的线型后单击 确定 按钮，结果"中心线"图层线型被更改，如图6-34所示。

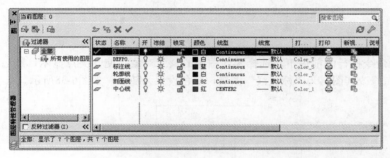

图6-34

⑥ 选择"轮廓线"图层，为该图层设置线宽为0.3mm，如图6-35所示。

图6-35

⑦ 关闭"图层特性管理器"面板，在无命令执行的前提下，选择零件图中的中心线，使其夹点显示，如图6-36所示。

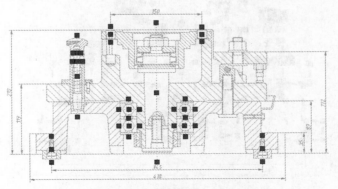

图6-36

8 展开"图层控制"下拉列表，然后选择"中心线"图层，将剖面线放到"中心线"层上，取消夹点后的效果如图6-37所示。

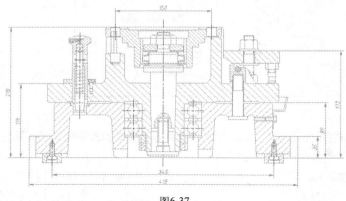

图6-37

9 在无命令执行的前提下，选择零件图中的尺寸对象，使其夹点显示，然后展开"图层控制"下拉列表，修改其图层为"标注线"图层，颜色设置为随层，如图6-38所示。

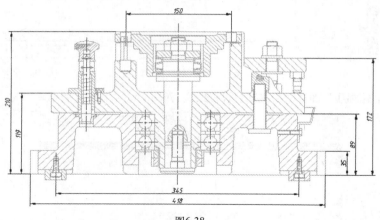

图6-38

10 在无命令执行的前提下，选择零件图中的所有剖面线，使其夹点显示，如图6-39所示。

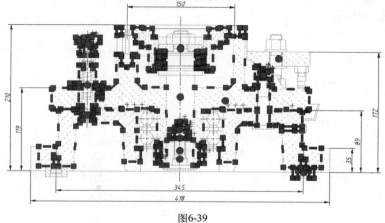

图6-39

11 展开"图层控制"下拉列表，修改其图层为"剖面线"图层，颜色设置为随层，结果如图6-40所示。

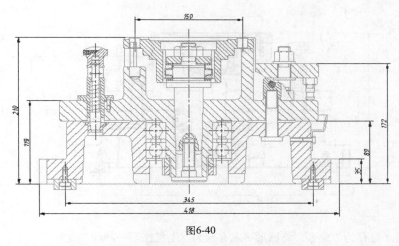

图6-40

12 展开"图层控制"下拉列表，暂时关闭"标注线"、"剖面线"和"中心线"三个图层，此时平面图的显示效果如图6-41所示。

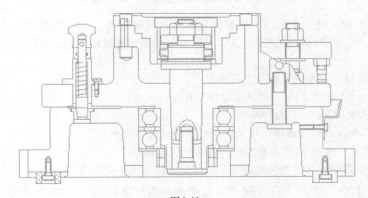

图6-41

13 夹点显示所有的图线，然后展开"图层控制"下拉列表，修改其图层为"轮廓线"层，并打开状态栏中的"线宽"显示功能，修改后的效果如图6-42所示。

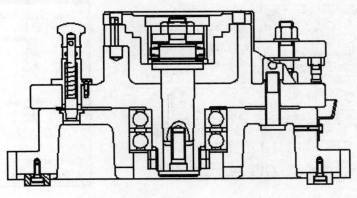

图6-42

⑭ 展开"图层控制"下拉列表,将"剖面线"、"标注线"和"中心线"三个图层打开,以显示出被隐藏的所有对象,结果如图6-43所示。

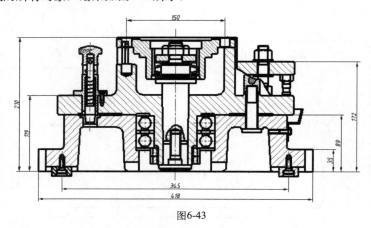

图6-43

⑮ 执行"另存为"命令,将图形另名存储为"上机练习一.dwg"文件。

6.4 快速选择图形对象

"快速选择"命令是一个快速构造选择集的高效制图工具,此工具用于根据图形的类型、图层、颜色、线型、线宽等属性设定过滤条件,AutoCAD将自动进行筛选,最终过滤出符合设定条件的所有图形对象。

执行"快速选择"命令主要有以下几种方式。

◆ 执行菜单栏中的"工具"|"快速选择"命令。

◆ 在命令行输入Qselect后按Enter键。

◆ 在绘图区单击右键,选择快捷菜单中的"快速选择"命令。

◆ 单击"常用"选项卡|"实用工具"面板中的 按钮。

下面通过典型的实例学习"快速选择"命令的使用方法和操作技巧。

① 执行"打开"命令,打开随书光盘中的"素材文件"\"室内布置图.dwg"文件,如图6-44所示。

② 执行菜单栏中的"工具" | "快速选择"命令,打开如图6-45所示的"快速选择"对话框。

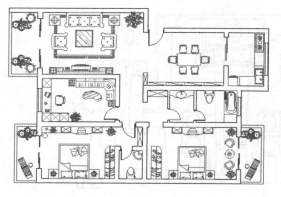

图6-44

图6-45

③ 该对话框有三级过滤功能，通过这三级过滤功能，可以实现快速选择图形对象的目的。

1. 一级过滤功能

在"快速选择"对话框中，"应用到"下拉列表属于一级过滤功能，用于指定是否将过滤条件应用到整个图形或当前选择集（如果存在的话），此时使用"选择对象"按钮圖完成对象选择后，按Enter键重新显示该对话框。AutoCAD将"应用到"设置为"当前选择"，对当前已有的选择集进行过滤，只有当前选择集中符合过滤条件的对象才能被选择。

> **TIP** 如果已选定对话框下方的"附加到当前选择集"，那么AutoCAD将该过滤条件应用到整个图形，并将符合过滤条件的对象添加到当前选择集中。

2. 二级过滤功能

"对象类型"下拉列表属于快速选择的二级过滤功能，用于指定要包含在过滤条件中的对象类型。如果过滤条件正应用于整个图形，那么"对象类型"下拉列表中包含全部的对象类型，包括"自定义"；否则，其中只包含选定对象的对象类型。

> **TIP** 默认时指整个图形或当前选择集的"所有图元"，用户也可以选择某一特定的对象类型，如"直线"或"圆"等，系统将根据选择的对象类型来确定选择集。

3. 三级过滤功能

"特性"列表框属于快速选择的三级过滤功能，三级过滤功能共包括"特性"、"运算符"和"值"三个选项，分别如下。

◆ "特性"列表框：用于指定过滤器的对象特性。在此列表框内包括选定对象类型的所有可搜索特性，选定的特性确定"运算符"和"值"中的可用选项。例如在"对象类型"下拉列表中选择圆，"特性"列表框中就列出了圆的所有特性，从中选择一种用户需要的对象的共同特性。

◆ "运算符"下拉列表：用于控制过滤器值的范围。根据选定的对象属性，其过滤的值的范围分别是"=等于"、"<>不等于"、">大于"、"<小于"和"*通配符匹配"。对于某些特性"大于"和"小于"选项不可用。

> **TIP** "*通配符匹配"只能用于可编辑的文字字段。

◆ "值"下拉列表：用于指定过滤器的特性值。如果选定对象的已知值可用，那么"值"成为一个列表，可以从中选择一个值；如果选定对象的已知值不存在或者没有达到绘图的要求，就可以在"值"文本框中输入一个值。

4. "如何应用"选项组

◆ "包括在新选择集中"和"排除在新选择集之外"复选框：用于指定是否将符合过滤条件的对象包括在新选择集内或是排除在新选择集之外。

◆ "附加到当前选择集"复选框：用于指定创建的选择集是替换当前选择集还是附加到当前选择集。

④ "特性"文本框属于三级过滤功能，用于按照目标对象的内部特性设定过滤参数，在此选择"图层"。

⑤ 单击"值"下拉按钮，在展开的下拉列表中选择"图块层"，其他参数使用默认设置。

⑥ 单击 确定 按钮，结果所有符合过滤条件的图块图形对象都被选择，如图6-46所示。

⑦ 按下Delete键，将选择的对象删除，结果如图6-47所示。

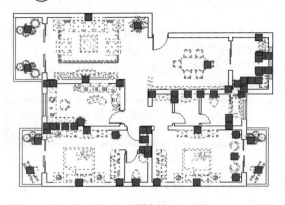

图6-46　　　　　　　　　　　　　　　　　　图6-47

6.5　对象特性与特性匹配

在AutoCAD中，所有图形对象都有其内部特性，例如颜色、线型、线宽等，这些内部特性是根据图形设计要求在绘制图形之前就设置好的，但在后期对图形进行完善的过程中，用户还可以对这些特性进行调整。"特性"与"特性匹配"命令就是用于调整图形内部特性的两个命令，本节就来学习这两个命令。

6.5.1　特性

特性是指图形内部的一些特征，例如颜色、线型、线宽等特征。执行"特性"命令，打开"特性"面板，即可查看图形的这些特征。

执行"特性"命令主要有以下几种方式。

◆ 执行菜单栏中的"工具"|"选项板"|"特性"命令。

◆ 执行菜单栏中的"修改"|"特性"命令。

◆ 单击"标准"工具栏中的▤按钮。

◆ 在命令行输入Properties后按Enter键。

◆ 使用命令简写PR。

◆ 按组合键Ctrl+1。

执行"特性"命令后，即可打开"特性"面板，该面板由标题栏、工具栏和特性窗口组成，如图6-48所示。

图6-48

1. 标题栏

标题栏位于窗口的一侧，其中█按钮用于控制"特性"窗口的显示与隐藏状态；单击标题栏底端的█按钮，可弹出一个按钮菜单，用于改变"特性"窗口的尺寸大小、位置以及窗口的显示与否等。

> **TIP** 在标题栏上按住鼠标左键不放，可以将"特性"窗口拖至绘图区的任意位置；双击左键，可以将此窗口固定在绘图区的一端。

2. 工具栏

`无选择 ▼ █ █ █` 为"特性"窗口工具栏，用于显示被选择的图形名称，以及用于构建新的选择集。其中：

- ◆ `无选择 ▼` 下拉列表：用于显示当前绘图窗口中所有被选择的图形名称。
- ◆ █按钮：用于切换系统变量PICKADD的参数值。
- ◆ "快速选择"按钮█：用于快速构造选择集。
- ◆ "选择对象"按钮█：用于在绘图区选择一个或多个对象，按Enter键，选择的图形对象名称及所包含的实体特性都显示在"特性"窗口内，以便对其进行编辑。

3. 特性窗口

系统默认的"特性"窗口共包括"常规"、"三维效果"、"打印样式"、"视图"和"其它"5个组合框，分别用于控制和修改所选对象的各种特性。

6.5.2 编辑特性

下面通过典型的实例学习"特性"命令的使用方法和编辑技巧。

① 新建一个绘图文件，并绘制长度为200、宽度为120的矩形。

② 执行菜单栏中的"视图"｜"三维视图"｜"东南等轴测"命令，将视图切换为东南视图，如图6-49所示。

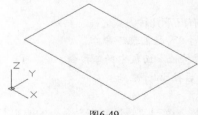

图6-49

③ 在无命令执行的前提下单击刚绘制的矩形，使其夹点显示，然后打开"特性"窗口，在"厚度"选项中修改其厚度值为100，此时矩形效果如图6-50所示。

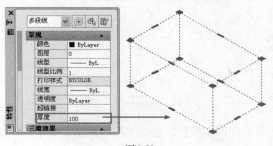

图6-50

④ 继续在"全局宽度"选项中输入25，修改边的宽度，如图6-51所示。

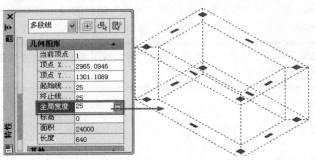

图6-51

⑤ 关闭"特性"窗口，取消图形夹点，执行菜单栏中的"视图"｜"消隐"命令进行消隐以查看效果，原矩形与修改特性后的矩形效果比较如图6-52所示。

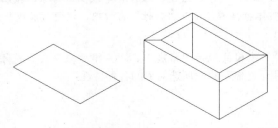

图6-52

6.5.3 特性匹配

"特性匹配"命令主要用于将图形对象的某些内部特性匹配给其他图形，使这些图形拥有相同的内部特性。

执行"特性匹配"命令主要有以下几种方式。

◆ 执行菜单栏中的"修改"｜"特性匹配"命令。
◆ 单击"标准"工具栏或"特性"面板中的 按钮。
◆ 在命令行输入Matchpropr后按Enter键。
◆ 使用命令简写MA。

下面通过匹配图形的内部特性，学习"特性匹配"命令的使用方法和操作技巧。

① 继续上节操作。

② 使用"正多边形"命令绘制边长为120的正六边形，如图6-53所示。

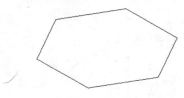

图6-53

③ 单击"标准"工具栏中的 按钮，激活"特性匹配"命令，以匹配宽度和厚度特性，命令行操作如下。

命令 : '_matchprop

　　选择源对象：　　　　　　　// 选择左侧的矩形

　　当前活动设置：颜色 图层 线型 线型比例 线宽 透明度 厚度 打印样式 标注 文字 填充图案 多段线 视口 表格材质 阴影显示 多重引线

　　选择目标对象或 [设置 (S)]:　　// 选择右侧的正多边形

　　选择目标对象或 [设置 (S)]:

　　　　　　　　　　// Enter，结果矩形的宽度和厚度特性复制给正六边形，如图 6-54 所示

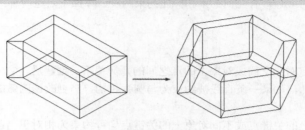

图6-54

④ 执行菜单栏中的"视图"｜"消隐"命令进行消隐，结果如图6-55所示。

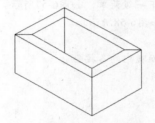
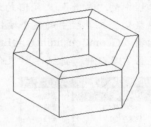

图6-55

　　"设置"选项用于设置需要匹配的对象特性。在命令行"选择目标对象或[设置(S)]:"提示下，输入S并按Enter键，可打开如图6-56所示的"特性设置"对话框，用户可以根据自己的需要选择需要匹配的基本特性和特殊特性。在默认设置下，AutoCAD将匹配此对话框中的所有特性，如果用户需要有选择性地进行匹配某些特性，可以在此对话框内进行设置。

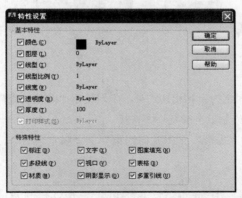

图6-56

　　"颜色"和"图层"选项适用于除OLE（对象链接嵌入）对象之外的所有对象；"线型"选项适用于除了属性、图案填充、多行文字、OLE对象、点和视口之外的所有对象；"线型比例"选项适用于除了属性、图案填充、多行文字、OLE对象、点和视口之外的所有对象。

6.6 参数化绘图

参数化绘图功能位于"参数"菜单栏中，使用这种参数化绘图功能，可以让用户通过基于设计意图的几何图形进行添加约束，从而能够高效率地对设计进行修改，以大大提高生产力。

约束是一种规则，它可以决定图形对象彼此间的放置位置及其标注，对一个对象所做的更改可能会影响其他对象，通常在工程的设计阶段使用约束。

为几何图形添加约束时，有几何约束和标注约束两种，下面学习这两种约束功能。

6.6.1 几何约束

几何约束可以确定对象之间或对象上的点之间的几何关系，创建后，它们可以限制可能会违反约束的所有更改。例如，如果一条直线被约束为与圆弧相切，当更改该圆弧的位置时将自动保留切线，这称为几何约束。

另外，同一对象上的关键点或不同对象上的关键点均可约束为相对于当前坐标系统的垂直或水平方向。例如，可指定两个圆一直同心、两条直线一直水平，或矩形的一边一直水平等。

执行"几何约束"命令主要有以下几种方式。

◆ 执行菜单栏中的"参数"|"几何约束"下一级菜单，如图6-57所示。
◆ 单击"参数化"工具栏中的嵌套按钮，如图6-58所示。
◆ 在命令行输入GeomConstraint后按Enter键。
◆ 单击功能区"参数化"选项卡|"几何"面板中的各按钮。

图6-57

图6-58

6.6.2 添加约束

下面通过为图形添加固定约束和相切约束，学习使用"几何约束"功能。

①新建文件并随意绘制一个圆及一条直线。

②执行菜单栏中的"参数"|"几何约束"|"固定"命令，为圆形添加固定约束，命令行操作如下。

```
命令：_GeomConstraint
    输入约束类型 [ 水平 (H)/ 竖直 (V)/ 垂直 (P)/ 平行 (PA)/ 相切 (T)/ 平滑 (SM)/ 重合 (C)/
同心 (CON)/ 共线 (COL)/ 对称 (S)/ 相等 (E)/ 固定 (F)] < 相切 >:_Fix
    选择点或 [ 对象 (O)] < 对象 >:
    // 将光标移动到到圆对象上，光标显示如图 6-59 所示，此时单击圆对象为其添加固定约束，
        约束后图形下方会出现一个锁的图标，如图 6-60 所示
```

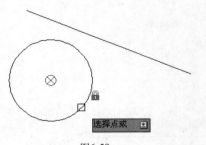

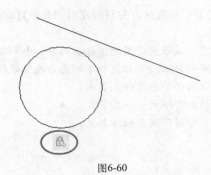

图6-59   图6-60

③ 执行菜单栏中的"参数"│"几何约束"│"相切"命令，为圆形和直线添加相切约束，使直线与圆形相切，命令行操作如下。

命令：_GeomConstraint

　　输入约束类型 [水平 (H)/ 竖直 (V)/ 垂直 (P)/ 平行 (PA)/ 相切 (T)/ 平滑 (SM)/ 重合 (C)/ 同心 (CON)/ 共线 (COL)/ 对称 (S)/ 相等 (E)/ 固定 (F)] < 固定 >:_Tangent

　　选择第一个对象：　// 选择圆对象，如图 6-61 所示

　　选择第二个对象：　// 选择直线，如图 6-62 所示，添加约束后，两对象被约束为相切，
　　　　　　　　　　　　同时出现相切符号，如图 6-63 所示

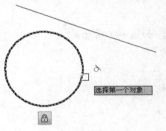

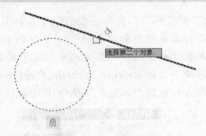

图6-61   图6-62

④ 执行菜单栏中的"参数"│"约束栏"│"全部隐藏"命令，可以将约束标记进行隐藏，结果如图6-64所示。

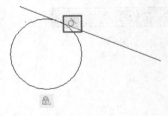

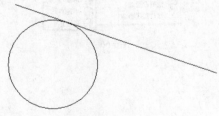

图6-63   图6-64

⑤ 执行菜单栏中的"参数"│"约束栏"│"全部显示"命令，可以将隐藏的约束标记全部显示。

6.6.3 标注约束

标注约束可以确定对象、对象上的点之间的距离或角度，也可以确定对象的大小，共有对齐、水平、竖直、角度、半径和直径6种类型的标注约束。标注约束包括名称和值，如图6-65所示。编

辑标注约束中的值时，关联的几何图形会自动调整大小。默认情况下，标注约束是动态的，具体有以下特点。

- ◆ 缩小或放大视图时，标注约束大小不变。
- ◆ 可以轻松控制标注约束的显示或隐藏状态。
- ◆ 以固定的标注样式显示。
- ◆ 提供有限的夹点功能。
- ◆ 打印时不显示标注约束。

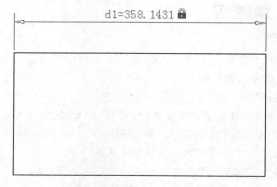

图6-65

执行"标注约束"命令主要有以下几种方式。

- ◆ 执行菜单栏中的"参数"|"标注约束"下一级菜单，如图6-66所示。
- ◆ 单击"标注约束"工具栏中的各个按钮，如图6-67所示。
- ◆ 在命令行输入GeomConstraint后按Enter键。
- ◆ 单击功能区"参数化"选项卡|"标注"面板中的按钮。

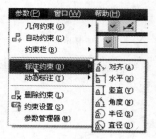

图6-66

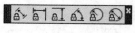

图6-67

第7章 文字与符号的应用

在AutoCAD制图中，文字、符号是AutoCAD图纸中不可缺少的重要内容，本章主要学习与文字相关的知识。

7.1 文字及其文字样式设置

文字是另外一种表达施工图纸信息的方式，用于表达图形无法传递的一些文字信息，是图纸中不可缺少的一项内容，而文字样式是指文字的外观效果，如字体、字号、倾斜角度、旋转角度以及其他的特殊效果等，相同内容的文字，如果使用不同的文字样式，其外观效果也不相同，如图7-1所示。

AutoCAD　　　　AutoCAD　　　　AutoCAD
培训中心　　　　培训中心　　　　培训中心

图7-1

在AutoCAD制图中，文字样式是使用"文字样式"命令来设置的，执行"文字样式"命令主要有以下几种方式。

- 执行菜单栏中的"格式"|"文字样式"命令。
- 单击"样式"工具栏或"文字"面板中的 A 按钮。
- 在命令行输入Style后按Enter键。
- 使用命令简写ST。

7.1.1 设置文字样式

下面通过设置名为"仿宋体"的文字样式，学习"文字样式"命令的使用方法和技巧，具体操作步骤如下。

① 设置新样式。单击"样式"工具栏中的 A 按钮，激活"文字样式"命令，打开"文字样式"对话框，如图7-2所示。

② 单击 新建(N)... 按钮，在打开的"新建文字样式"对话框中为新样式命名，如图7-3所示。

图7-2

图7-3

③ 单击 确定 按钮新建名为"仿宋体"的文字样式，然后在"字体"选项组中展开"字体名"下拉列表，选择所需的"仿宋体"，如图7-4所示。

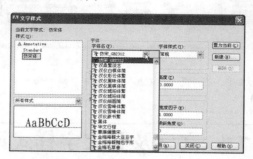

图7-4

图7-5

图7-6

④ 设置字体高度。在"高度"文本框中设置文字的高度。

7.1.2 设置文字效果

当设置了文字样式的字体、字高等内容后，有时还需要设置某些字体效果。

① 继续上一节的操作。

② 勾选"颠倒"复选框可以设置文字为倒置状态，如图7-7所示。

③ 勾选"反向"复选框可以设置文字为反向状态，如图7-7所示。

④ 勾选"垂直"复选框可以控制文字呈垂直排列状态，如图7-7所示。

⑤ "倾斜角度"文本框用于控制文字的倾斜角度，如图7-7所示。

颠倒状态　　　　反向状态　　　　垂直状态　　　　倾斜状态

图7-7

⑥ 设置宽度比例。在"宽度比例"文本框内设置字体的宽高比。

⑦ 国标规定工程图样中的汉字应采用长仿宋体，宽高比为0.7，当此比值大于1时，文字宽度放大，否则将缩小。

8 单击 预览(E) 按钮，在"预览"选项组中可直观地预览文字的效果。

9 单击 删除(D) 按钮，可以将多余的文字样式进行删除。默认的Standard样式、当前文字样式以及在当前文件中已使过的文字样式，都不能被删除。

10 单击 应用(A) 按钮，结果设置的文字样式被看作当前样式。

11 单击 关闭(C) 按钮，关闭"文字样式"对话框。

7.2　创建文字注释

本节继续学习创建文字的方法，在AutoCAD中，创建文字时可以使用"单行文字"和"多行文字"两个命令，以创建单行文字注释、多行文字注释和段落性文字注释。

7.2.1　创建单行文字

"单行文字"命令用于通过命令行创建单行或多行的文字对象，所创建的每一行文字都被看作是一个独立的对象，如图7-8所示。

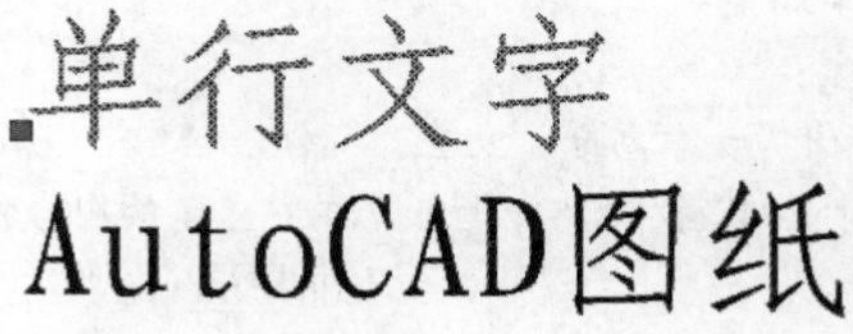

单行文字
AutoCAD图纸

图7-8

执行"单行文字"命令主要有以下几种方式。

◆ 执行菜单栏中的"绘图"|"文字"|"单行文字"命令。

◆ 单击"文字"工具栏或"文字"面板中的 AI 按钮。

◆ 在命令行输入Dtext后按Enter键。

◆ 使用命令简写DT。

下面通过标注某户型布置图房间功能的实例，学习"单行文字"命令的操作方法和操作技巧。

1 执行"打开"命令，打开随书光盘中的"素材文件"\"室内布置图.dwg"文件，如图7-9所示。

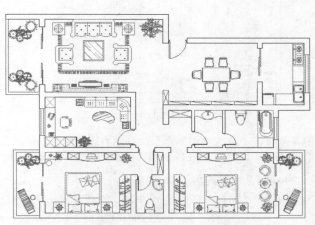

图7-9

2 下面为该户型图标注房间功能。执行菜单栏中的"格式"│"文字样式"命令，在打开的"文字样式"对话框中新建名为"仿宋体"的文字样式，并设置其参数如图7-10所示。

图7-10

3 将新建的"仿宋体"文字样式设置为当前，然后关闭该对话框。

4 在"图层控制"下拉列表中，将文本层设置为当前层。

5 单击"文字"工具栏中的 Al 按钮，激活"单行文字"命令，根据AutoCAD命令行的操作提示标注文字注释，命令行操作如下。

命令：_text
　　当前文字样式："仿宋体"文字高度：200 注释性：否
　　指定文字的起点或 [对正 (J)/ 样式 (S)]:　　　// 在左上角的阳台位置拾取一点
　　指定高度 <200>:　　　　//200 Enter
　　指定文字的旋转角度 <0.0>:　　　// Enter

> **TIP** 文字旋转角度是指一行文字相对于水平方向的角度，文字本身并没有倾斜，而文字倾斜角是指文字本身的倾斜角度。

6 此时在指定起点处出现一个单行文字输入框，在此文字输入框中输入"阳台"文字内容，然后按Enter键，输入结果如图7-11所示。

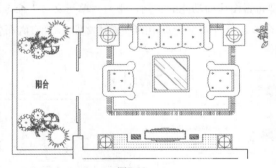

阳台

图7-11

7 再次按Enter键重复执行"单行文字"命令，标注右边房间的功能，命令行操作如下。

命令：_text
　　当前文字样式："仿宋体"文字高度：200 注释性：否
　　指定文字的起点或 [对正 (J)/ 样式 (S)]:　　　// 在右边房间空白位置拾取一点
　　指定高度 <200>:　　　　//200 Enter
　　指定文字的旋转角度 <0.0>:　　　// Enter

⑧ 然后在文字输入框中输入"客厅"文字内容,然后按Enter键,输入结果如图7-12所示。

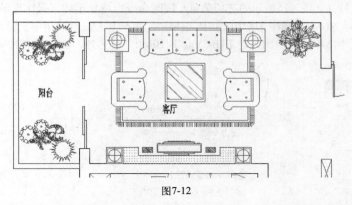

图7-12

⑨ 依照相同的方法,使用相同的字体以及字体大小等,在其他房间内输入各房间的功能,完成对该房间功能的标注,结果如图7-13所示。

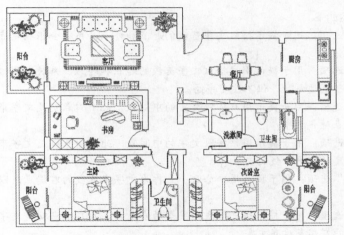

图7-13

> **TIP**　如果在文字样式中定义了字体高度,那么在此就不会出现"指定高度<2.5>:"提示,AutoCAD会按照定义的字高来创建文字。

7.2.2　设置文字的对正方式

文字的对正指的是文字的哪一位置与插入点对齐,它是基于如图7-14所示的4条参考线而言的,这4条参考线分别为顶线、中线、基线和底线,其中"中线"是大写字符高度的水平中心线(即顶线至基线的中间),不是小写字符高度的水平中心线。

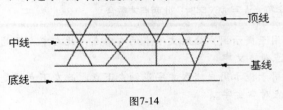

图7-14

执行"单行文字"命令后，在命令行"指定文字的起点或[对正(J)/样式(S)]:"提示下输入J激活 "对正"选项，可打开如图7-15所示的选项菜单，同时命令行将显示如下操作提示。

"输入选项[对齐(A)/布满(F)/居中(C)/中间(M)/右对齐(R)/左上(TL)/中上(TC)/右上(TR)/左中 (ML)/正中(MC)/右中(MR)/左下(BL)/中下(BC)/右下(BR)]:"。另外，文字的各种对正方式也可参见 图7-16所示。

图7-15   图7-16

各种对正方式如下。

- "对齐"选项：用于提示拾取文字基线的起点和终点，系统会根据起点和终点的距离自动 调整字高。
- "布满"选项：用于提示用户拾取文字基线的起点和终点，系统会以拾取的两点之间的距 离自动调整宽度系数，但不改变字高。
- "居中"选项：用于提示用户拾取文字的中心点，此中心点就是文字串基线的中点，即以 基线的中点对齐文字。
- "中间"选项：用于提示用户拾取文字的中间点，此中间点就是文字串基线的垂直中线和 文字串高度的水平中线的交点。
- "右对齐"选项：用于提示用户拾取一点作为文字串基线的右端点，以基线的右端点对齐 文字。
- "左上"选项：用于提示用户拾取文字串的左上点，此左上点就是文字串顶线的左端点， 即以顶线的左端点对齐文字。
- "中上"选项：用于提示用户拾取文字串的中上点，此中上点就是文字串顶线的中点，即 以顶线的中点对齐文字。
- "右上"选项：用于提示用户拾取文字串的右上点，此右上点就是文字串顶线的右端点， 即以顶线的右端点对齐文字。
- "左中"选项：用于提示用户拾取文字串的左中点，此左中点就是文字串中线的左端点， 即以中线的左端点对齐文字。
- "正中"选项：用于提示用户拾取文字串的中间点，此中间点就是文字串中线的中点，即 以中线的中点对齐文字。

TIP "正中"和"中间"两种对正方式拾取的都是中间点，但这两个中间点的位置并不一定完全重 合，只有输入的字符为大写或汉字时，此两点才重合。

- "右中"选项：用于提示用户拾取文字串的右中点，此右中点就是文字串中线的右端点， 即以中线的右端点对齐文字。
- "左下"选项：用于提示用户拾取文字串的左下点，此左下点就是文字串底线的左端点， 即以底线的左端点对齐文字。

- ◆ "中下"选项：用于提示用户拾取文字串的中下点，此中下点就是文字串底线的中点，即以底线的中点对齐文字。
- ◆ "右下"选项：用于提示用户拾取文字串的右下点，此右下点就是文字串底线的右端点，即以底线的右端点对齐文字。

7.2.3 多行文字及其设置

"多行文字"命令也是一种较为常用的文字创建工具，比较适合于创建较为复杂的文字，比如单行文字、多行文字以及段落性文字。无论创建的文字包含多少行、多少段，AutoCAD都将其作为一个独立的对象。

执行"多行文字"命令主要有以下几种方式。

- ◆ 执行菜单栏中的"绘图"|"文字"|"多行文字"命令。
- ◆ 单击"绘图"工具栏或"文字"面板中的 A 按钮。
- ◆ 在命令行输入Mtext后按Enter键。
- ◆ 使用命令简写T。

执行"多行文字"命令后，在命令行"指定第一角点:"提示下，在绘图区拾取一点，继续在命令行"指定对角点或[高度(H)/对正(J)/行距(L)/旋转(R)/样式(S)/宽度(W)/栏(C)]:"提示下，在绘图区拾取对角点，打开"文字格式"编辑器，如图7-17所示。

图7-17

在"文字格式"编辑器中，包括工具栏、顶部带标尺的文本输入框两部分，各组成部分重要功能如下。

1. 工具栏

工具栏主要用于控制多行文字对象的文字样式和选定文字的各种字符格式、对正方式、项目编号等，其中：

- ◆ Standard 下拉列表：用于设置当前的文字样式。
- ◆ 宋体 下拉列表：用于设置或修改文字的字体。
- ◆ 2.5 下拉列表：用于设置新字符高度或更改选定文字的高度。
- ◆ ByLayer 下拉列表：用于为文字指定颜色或修改选定文字的颜色。
- ◆ "粗体"按钮 B：用于为输入的文字对象或所选定文字对象设置粗体格式；"斜体"按钮 I：用于为新输入文字对象或所选定文字对象设置斜体格式。此两个选项仅适用于使用TrueType字体的字符。
- ◆ "下划线"按钮 U：用于为文字或所选定的文字对象设置下划线格式。
- ◆ "上划线"按钮 O：用于为文字或所选定的文字对象设置上划线格式。
- ◆ "堆叠"按钮：用于为输入的文字或选定的文字设置堆叠格式。要使文字堆叠，文字中须包含插入符（^）、正斜杠（/）或磅符号（#），堆叠字符左侧的文字将堆叠在字符右侧的文字之上。

> **TIP** 默认情况下，包含插入符（^）的文字转换为左对正的公差值；包含正斜杠（/）的文字转换为置中对正的分数值，斜杠被转换为一条同较长的字符串长度相同的水平线；包含磅符号（#）的文字转换为被斜线（高度与两个字符串高度相同）分开的分数。

- ◆ "标尺"按钮 ▭：用于控制文字输入框顶端标尺的开关状态。
- ◆ "栏数"按钮 ▦▾：用于为段落文字进行分栏排版。
- ◆ "多行文字对正"按钮 Ⓐ▾：用于设置文字的对正方式。
- ◆ "段落"按钮 ▤：用于设置段落文字的制表位、缩进量、对齐、间距等。
- ◆ "左对齐"按钮 ▤：用于设置段落文字为左对齐方式。
- ◆ "居中"按钮 ▤：用于设置段落文字为居中对齐方式。
- ◆ "右对齐"按钮 ▤：用于设置段落文字为右对齐方式。
- ◆ "对正"按钮 ▤：用于设置段落文字为对正方式。
- ◆ "分布"按钮 ▤：用于设置段落文字为分布排列方式。
- ◆ "行距"按钮 ☰▾：用于设置段落文字的行间距。
- ◆ "编号"按钮 ☰▾：用于为段落文字进行编号。
- ◆ "插入字段"按钮 ▥：用于为段落文字插入一些特殊字段。
- ◆ "全部大写"按钮 Aa：用于修改英文字符为大写。
- ◆ "全部小写"按钮 ᴬA：用于修改英文字符为小写。
- ◆ "符号"按钮 @▾：用于添加一些特殊符号。
- ◆ "倾斜角度"按钮 0/0.0000 ▤：用于修改文字的倾斜角度。
- ◆ "追踪"微调按钮 a-b 1.0000 ▤：用于修改文字间的距离。
- ◆ "宽度因子"按钮 o 1.0000 ▤：用于修改文字的宽度比例。

2. 多行文字输入框

文本输入框位于工具栏下侧，主要用于输入和编辑文字对象，它是由标尺和文本框两部分组成，如图7-18所示。在文本输入框内单击右键，可弹出如图7-19所示的快捷菜单，其选项功能如下。

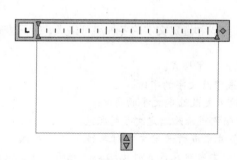

图7-18

图7-19

- ◆ "全部选择"选项：用于选择多行文字输入框中的所有文字。
- ◆ "改变大小写"选项：用于改变选定文字对象的大小写。
- ◆ "查找和替换"选项：用于搜索指定的文字串并使用新的文字将其替换。
- ◆ "自动大写"选项：用于将新输入的文字或当前选择的文字转换成大写。
- ◆ "删除格式"选项：用于删除选定文字的粗体、斜体或下划线等格式。
- ◆ "合并段落"选项：用于将选定的段落合并为一段并用空格替换每段的回车。
- ◆ "符号"选项：用于在光标所在的位置插入一些特殊符号或不间断空格。
- ◆ "输入文字"选项：用于向多行文本编辑器中插入TXT格式的文本、样板等文件或插入RTF格式的文件。

7.2.4 输入多行文字

前面章节了解了多行文字的相关知识，本节学习输入多行文字的方法。

(1) 继续上一节的操作。

(2) 依次在“文字样式”下拉列表中选择文字样式，在“字体”下拉列表中选择字体，在“文字高度”输入框中设置文字高度，在“颜色”下拉列表中设置文字的颜色等，例如在此选择“仿宋体”文字样式，选择字体为“仿宋体”，并设置文字高度为300，设置文字颜色为黑色，如图7-20所示。

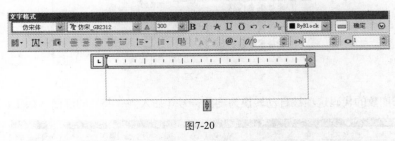

文字格式
仿宋体
仿宋_GB2312
300
ByBlock
确定

图7-20

(3) 在下侧的文字输入框内单击左键，指定文字的输入位置，然后输入相关内容，如图7-21所示。

文字格式
仿宋体
仿宋_GB2312
300
ByBlock
确定
1.未注倒角1x45.
2.分度圆180，同轴度为0.02.
3.齿轮宽度偏差为0.15.

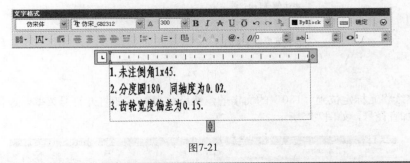

图7-21

> **TIP** 在输入多行文字时，可以按键盘上的Enter键进行换行，以输入另一行文字内容。

(4) 输入完成后单击确定按钮关闭“文字格式”编辑器，结果如图7-22所示。

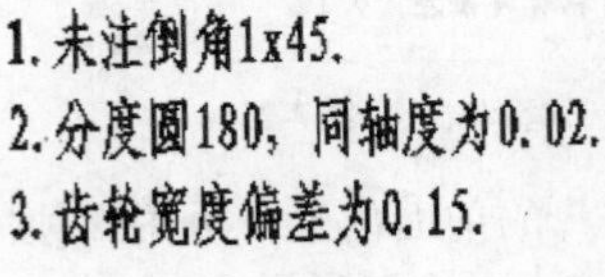

1.未注倒角1x45.
2.分度圆180，同轴度为0.02.
3.齿轮宽度偏差为0.15.

图7-22

7.2.5 为多行文字插入特殊字符

在工程图中，许多文字注释都有一定的特殊用意，例如在一些机械零件图中，文字注释多为机械零件的技术要求，这些技术要求必须带有一些特殊符号。例如表示直径的直径符号、表示角度的度数符号等，这些特殊符号不能直接通过标准键盘输入，但在输入多行文字时，“文字格式编辑器”中有插入这些特殊符号的相关功能，使用这些功能，可以非常方便地向多行文字中插入相关的特殊符号，下面通过实例学习特殊字符的创建技巧。

① 继续上节操作。

② 在输入的段落文字对象上双击左键,打开"文字格式"编辑器。

③ 将光标定位到"1x45"后,然后单击"文字格式编辑器"工具栏中的"符号"按钮 @·,
在打开的符号菜单中选择"度数"选项,如图7-23所示。

图7-23

④ 结果度数的代码选项被自动转换为度数符号并插入到"45"的后面,如图7-24所示。

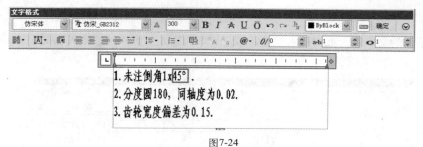

图7-24

⑤ 继续将光标定位到"180"的文字前,然后单击 @·按钮打开符号菜单,选择"直径"选
项,为其添加直径号,如图7-25所示。

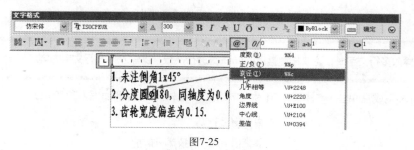

图7-25

⑥ 继续将光标定位在"0.15"的前面位置,单击 @·按钮打开符号菜单,选择"正/负"选
项,在"0.15"的前面添加正负符号,如图7-26所示。

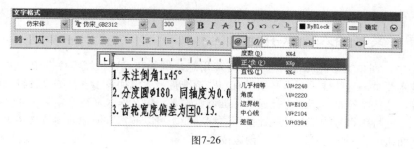

图7-26

7 单击 **确定** 按钮关闭"文字格式"编辑器，完成特殊符号的添加过程，结果如图7-27所示。

1. 未注倒角1x45° .
2. 分度圆ϕ180，同轴度为0.02.
3. 齿轮宽度偏差为±0.15.

图7-27

7.3 编辑注释文字

无论是输入单行文字还是多行文字，都可以对其进行编辑，"编辑文字"命令主要用于修改编辑现有的文字对象内容，或者为文字对象添加前缀或后缀等内容。

执行"编辑文字"命令主要有以下几种方式。

◆ 执行菜单栏中的"修改"|"对象"|"文字"|"编辑"命令。
◆ 单击"文字"工具栏或面板中的 A₂ 按钮。
◆ 在命令行输入Ddedit后按Enter键。
◆ 使用命令简写ED。

7.3.1 编辑单行文字

本节首先来学习编辑单行文字的方法。

1 首先使用"单行文字"命令输入一段单行文字，如图7-28所示。

2 采用上述任意方式激活"编辑文字"命令，在命令行"选择注释对象或[放弃(U)]"操作提示下，单击要编辑的单行文字，即可进入单行文字编辑状态，如图7-29所示。

编辑单行文字　　　　　　　编辑单行文字

图7-28　　　　　　　　　　　　图7-29

3 此时在此编辑框中输入正确的文字，然后按两次Enter键退出编辑状态，完成单行文字的编辑，结果如图7-30所示。

执行【编辑文字】命令编辑单行文字

图7-30

7.3.2 编辑多行文字

本节继续学习编辑多行文字的方法。

1 首先使用"多行文字"命令输入一段多行文字，如图7-31所示。

编辑多行文字

图7-31

② 采用上述任意方式激活"编辑文字"命令，在命令行"选择注释对象或[放弃(U)]"操作提示下，单击要编辑的多行文字，打开"文字格式"编辑器，如图7-32所示。

图7-32

③ 将光标移动到文字的一端，使用鼠标拖动将文字选择，如图7-33所示。

图7-33

④ 在"文字格式"编辑器中修改文字的字体、大小和颜色等，最后在下方的文本框中输入新的文字内容，如图7-34所示。

图7-34

⑤ 单击 确定 按钮关闭"文字格式"编辑器，再按Enter键退出多行文字编辑模式，完成对多行文字的修改，结果如图7-35所示。

使用【编辑文字】命令编辑多行文字

图7-35

7.4 上机练习一——标注某零件图技术要求

前面章节主要学习了文字标注与文字编辑等相关知识，本节通过为某零件图标注技术要求的实例，对上述所学知识进行巩固练习。

① 打开随书光盘中的"素材文件"\"机械零件三视图.dwg"文件，如图7-36所示。

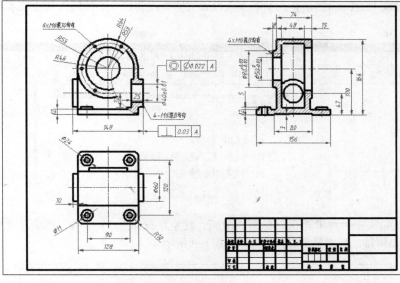

图7-36

② 使用命令简写ST激活"文字样式"命令，设置名为"工程字"的新样式，如图7-37所示。

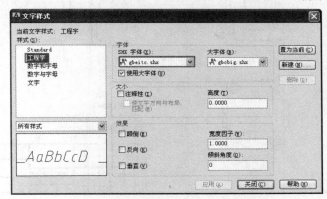

图7-37

③ 展开"图层控制"下拉列表，将"细实线"设置为当前图层。

④ 使用命令简写T激活"多行文字"命令，在零件图左侧分别指定两个对角点，打开"文字格式"编辑器。

⑤ 在打开的"文字格式"编辑器中设置当前文字样式、字体高度等参数，然后在下侧的多行文字输入框内单击左键，输入技术要求的标题，如图7-38所示。

图7-38

⑥ 按键盘上的Enter键换行，然后重新设置文字高度为14，继续输入其他技术要求内容，如图7-39所示。

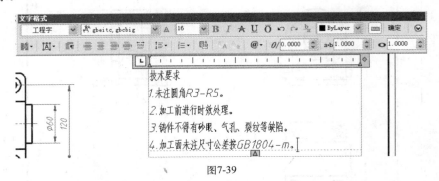

图7-39

⑦ 将光标放在"技术要求"标题的前面，按空格键添加6个空格，然后单击 确定 按钮关闭"文字格式"编辑器，技术要求的标注效果如图7-40所示。

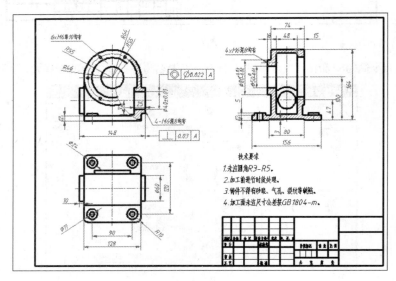

图7-40

⑧ 使用命令简写PL激活"多段线"命令，配合交点捕捉功能在图框下方的标题栏中绘制如图7-41所示的方格对角线作为文字的辅助线。

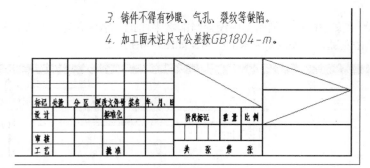

图7-41

⑨ 使用命令简写DT激活"单行文字"命令，为标题栏填充表格文字，命令行操作如下。

命令：DT   // Enter
    TEXT 当前文字样式："工程字"文字高度：4.1 注释性：否
    指定文字的起点或 [对正 (J)/ 样式 (S)]:   //J Enter
    输入选项 [对齐 (A)/ 布满 (F)/ 居中 (C)/ 中间 (M)/ 右对齐 (R)/ 左上 (TL)/ 中上 (TC)/ 右上 (TR)/
左中 (ML)/ 正中 (MC)/ 右中 (MR)/ 左下 (BL)/ 中下 (BC)/ 右下 (BR)]:   //MC Enter
    指定文字的中间点：   // 捕捉如图 7-42 所示的中点

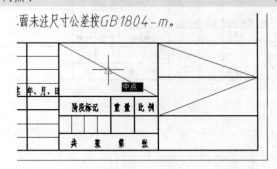

图7-42

    指定高度 <4.1>:   //18 Enter
    指定文字的旋转角度 <0>:
                          // Enter，然后输入"铣销装置"，结果如图 7-43 所示

图7-43

⑩ 使用命令简写CO激活"复制"命令，配合中点捕捉功能，将刚标注的文字分别复制到其他方格对角线的中点处，结果如图7-44所示。

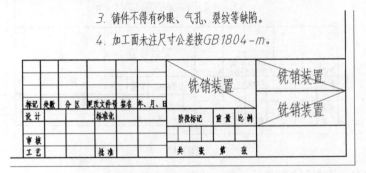

图7-44

⑪ 分别在复制出的方格文字上双击左键，反白显示方格内的文字，然后输入正确的文字内容，如图7-45所示。

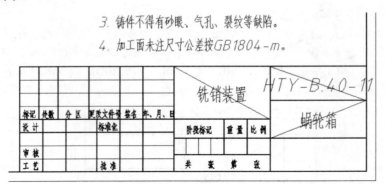

图7-45

⑫ 夹点显示修改后的文字，打开"特性"面板，修入文字的高度为14，如图7-46所示。

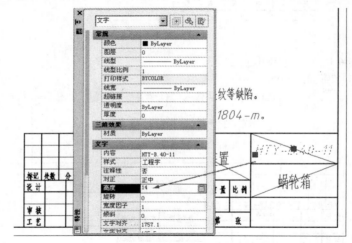

图7-46

⑬ 使用命令简写E激活"删除"命令，删除方格对角线，完成对标题栏的填充，结果如图7-47所示。

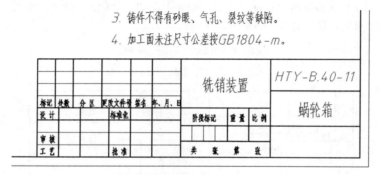

图7-47

⑭ 调整视图，使图形全部显示，最终结果如图7-48所示。

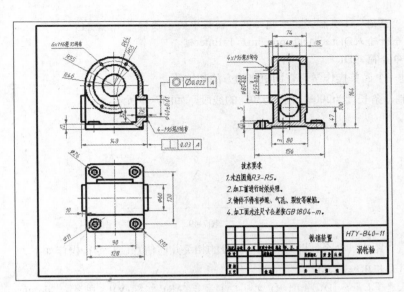

图7-48

⑮ 执行"另存为"命令，将图形另名存储为"上机练习一.dwg"文件。

7.5 信息查询

信息查询是指查询图形的坐标点、两点之间的距离，图形面积等图形信息，这些信息对CAD图形设计非常重要，本节将主要学习图形信息查询的相关知识。

7.5.1 查询点坐标

查询点坐标是指查询点的x轴向坐标值和y轴向坐标值，所查询出的坐标值为点的绝对坐标值。使用"点坐标"命令可查询点的坐标。

执行"点坐标"命令主要有以下几种方式。

◆ 执行菜单栏中的"工具"|"查询"|"点坐标"命令。
◆ 单击"查询"工具栏或"实用工具"面板中的 按钮。
◆ 在命令行输入Id后按Enter键。

执行"点坐标"命令后，命令行提示如下。

```
命令:'_Id
    指定点：              // 捕捉需要查询的坐标点
    AutoCAD 报告如下信息：
    X = <X 坐标值 >    Y = <Y 坐标值 >    Z = <Z 坐标值 >
```

7.5.2 查询距离

查询距离是指查询任意两点之间的距离，另外还可以查询两点的连线与x轴或xy平面的夹角等参数信息。使用"距离"命令可以查询任意两点之间的距离。

执行"距离"命令主要有以下几种方式。

◆ 执行菜单栏中的"工具"|"查询"|"距离"命令。

- 单击"查询"工具栏或"实用工具"面板中的 ▤ 按钮。
- 在命令行输入 Dist 或 Measuregeom 后按 Enter 键。
- 使用命令简写 DI。

下面通过一个简单操作学习查询距离的方法和技巧。

① 绘制一条长度为 200、角度为 30°的线段，如图 7-49 所示。

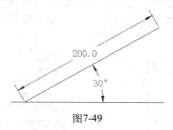

图 7-49

② 执行"距离"命令，即可查询出线段的相关几何信息，命令行操作如下。

命令：_MEASUREGEOM
　　输入选项 [距离 (D)/ 半径 (R)/ 角度 (A)/ 面积 (AR)/ 体积 (V)] < 距离 >：_distance
　　指定第一点：　　　　　　　　　　　// 捕捉线段的下端点，如图 7-50 所示
　　指定第二个点或 [多个点 (M)]：　　　// 捕捉线段的上端点，如图 7-51 所示

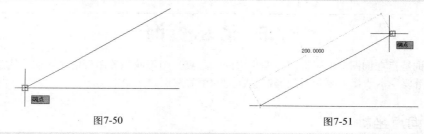

图 7-50　　　　　　　　　　　　　　图 7-51

查询结果：
　　距离 = 200.0000，XY 平面中的倾角 = 30，与 XY 平面的夹角 = 0
　　X 增量 = 173.2051，Y 增量 = 100.0000，Z 增量 = 0.0000
　　输入选项 [距离 (D)/ 半径 (R)/ 角度 (A)/ 面积 (AR)/ 体积 (V)/ 退出 (X)] < 距离 >：
　　　　　　　　　　　　　　　　　//X Enter，退出命令

执行"距离"命令后，命令行中出现的主要选项如下。

- "距离"选项：表示所拾取的两点之间的实际长度。
- "XY 平面中的倾角"选项：表示所拾取的两点连线与 x 轴正方向的夹角。
- "与 XY 平面的夹角"选项：表示所拾取的两点连线与当前坐标系 xy 平面的夹角。
- "X 增量"选项：表示所拾取的两点在 x 轴方向上的坐标差。
- "Y 增量"选项：表示所拾取的两点在 y 轴方向上的坐标差。
- "半径"选项：用于查询圆弧或圆的半径、直径等。
- "角度"选项：用于查询圆弧、圆或直线等对象的角度。
- "面积"选项：用于查询单个封闭对象或由若干点围成区域的面积及周长等。
- "体积"选项：用于查询对象的体积。

7.5.3　查询面积

　　使用"面积"命令可以查询单个对象或由多个对象所围成的闭合区域的面积及周长。

执行"面积"命令主要有以下几种方式。

◆ 执行菜单栏中的"工具"|"查询"|"面积"命令。

◆ 单击"查询"工具栏或"实用工具"面板中的🔲按钮。

◆ 在命令行输入Measuregeom或Area按Enter键。

下面通过查询正六边形的面积和周长，学习"面积"命令的使用方法和操作技巧。

① 新建一个文件，并绘制边长为150的正六边形，如图7-52所示。

② 单击"查询"工具栏中的🔲按钮，激活"面积"命令，查询正六边形的面积和周长，命令行操作如下。

命令：_MEASUREGEOM

输入选项 [距离 (D)/ 半径 (R)/ 角度 (A)/ 面积 (AR)/ 体积 (V)] < 距离 >: _area

指定第一个角点或 [对象 (O)/ 增加面积 (A)/ 减少面积 (S)/ 退出 (X)] < 对象 (O)>:

// 捕捉如图 7-53 所示的端点

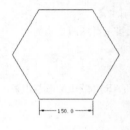

图7-52

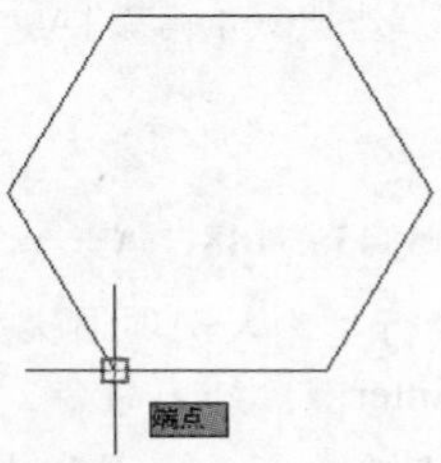

图7-53

指定下一个点或 [圆弧 (A)/ 长度 (L)/ 放弃 (U)]:　　　// 捕捉如图 7-54 所示的端点

指定下一个点或 [圆弧 (A)/ 长度 (L)/ 放弃 (U)]:　　　// 捕捉如图 7-55 所示的端点

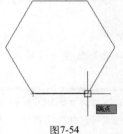

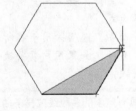

图7-54

图7-55

指定下一个点或 [圆弧 (A)/ 长度 (L)/ 放弃 (U)/ 总计 (T)] < 总计 >:

// 捕捉如图 7-56 所示的端点

指定下一个点或 [圆弧 (A)/ 长度 (L)/ 放弃 (U)/ 总计 (T)] < 总计 >:

// 捕捉如图 7-57 所示的端点

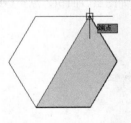

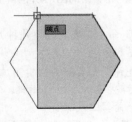

图7-56

图7-57

指定下一个点或 [圆弧 (A)/ 长度 (L)/ 放弃 (U)/ 总计 (T)] < 总计 >:

// 捕捉如图 7-58 所示的端点

指定下一个点或 [圆弧 (A)/ 长度 (L)/ 放弃 (U)/ 总计 (T)] < 总计 >:

// 捕捉如图 7-59 所示的端点

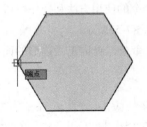

图7-58

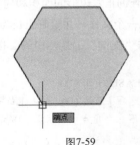

图7-59

指定下一个点或 [圆弧 (A)/ 长度 (L)/ 放弃 (U)/ 总计 (T)] < 总计 >:

// Enter，结束面积的查询过程

查询结果：

面积 = 58456.7148，周长 = 900.0000

③ 在命令行 "输入选项[距离(D)/半径(R)/角度(A)/面积(AR)/体积(V)/退出(X)] <面积>:" 提示下，输入X并按Enter键，结束命令。

执行"面积"命令后，命令行中出现的主要选项如下。

◆ "对象"选项：用于查询单个闭合图形的面积和周长，如圆、椭圆、矩形、多边形、面域等。另外，使用此选项也可以查询由多段线或样条曲线所围成的区域的面积和周长。

◆ "增加面积"选项：用于将新选图形实体的面积加入总面积中，此功能属于"面积的加法运算"。另外，如果用户需要执行面积的加法运算，必须要先将当前的操作模式转换为加法运算模式。

◆ "减少面积"选项：用于将所选实体的面积从总面积中减去，此功能属于"面积的减法运算"。另外，如果用户需要执行面积的减法运算，必须要先将当前的操作模式转换为减法运算模式。

> **TIP** 对于具有宽度的多段线或样条曲线，AutoCAD将按其中心线计算面积和周长；对于非封闭的多段线或样条曲线，AutoCAD将假想已有一条直线连接多段线或样条曲线的首尾，然后计算该封闭框架的面积，但周长并不包括那条假想的连线，即周长是多段线的实际长度。

7.5.4 列表查询

"列表"命令用于查询图形所包含的众多内部信息，如图层、面积、点坐标以及其他的空间等特性参数。

执行"列表"命令主要有以下几种方式。

◆ 执行菜单栏中的"工具"|"查询"|"列表"命令。

◆ 单击"查询"工具栏或"实用工具"面板中的 📋 按钮。

◆ 在命令行输入List后按Enter键。

◆ 使用命令简写LI或LS。

当执行"列表"命令后，选择需要查询信息的图形对象，AutoCAD会自动切换到文本窗口，并滚动显示所有选择对象的有关特性参数。下面学习使用"列表"命令。

①新建一个文件并绘制半径为100的圆形。

②单击"查询"工具栏中的▤按钮，激活"列表"命令。

③在命令行"选择对象:"提示下，选择刚绘制的圆。

④继续在命令行"选择对象:"提示下，按Enter键，系统将以文本窗口的形式直观显示所查询出的信息，如图7-60所示。

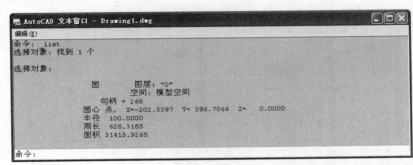

图7-60

7.6 上机练习二——标注地面装饰图房间功能与面积

前面章节中主要学习了图形信息查询的相关知识，本节将通过标注某室内装饰布置图房间功能和面积的实例，对所学知识进行巩固练习。

①打开随书光盘中的"效果文件"\"第4章"\"上机练习二.dwg"文件，这是一个户型地板材质图，如图7-61所示。

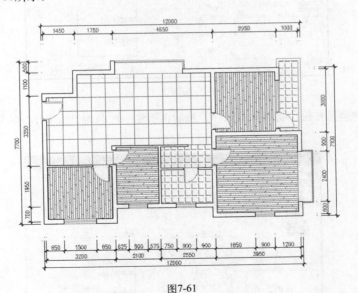

图7-61

②在"图层控制"下拉列表中，将"填充层"暂时隐藏，将"文本层"设置为当前图层，结果如图7-62所示。

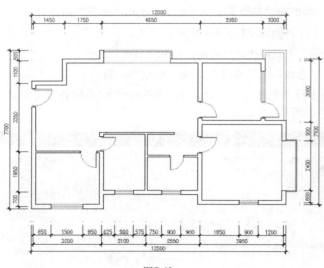

图7-62

③ 单击"样式"工具栏中的 A 按钮,打开"文字样式"对话框,创建名称为SIMPLEX的文字样式,参数设置如图7-63所示。

图7-63

④ 单击 应用(A) 按钮,将新样式保存,然后再新建一种名为"仿宋体"的新样式,参数设置如图7-64所示。

图7-64

⑤ 单击 应用(A) 按钮后，关闭"文字样式"对话框，系统将以最后创建的样式作为当前文字样式。

⑥ 执行菜单栏中的"绘图"｜"文字"｜"单行文字"命令，为户型图标注房间功能，命令行操作如下。

```
命令：_dtext
    当前文字样式：仿宋体 当前文字高度：2.500
    指定文字的起点或 [ 对正 (J)/ 样式 (S)]:     // 在左上方的房间内拾取一点
    指定高度 <2.500>:                          //280 Enter，设置文字高度
    指定文字的旋转角度 <0.000>:                  // Enter，设置文字的旋转角度
```

⑦ 此时系统显示出单行文字输入框，然后输入"客厅与餐厅"文字注释内容，按两次Enter键结束操作，结果如图7-65所示。

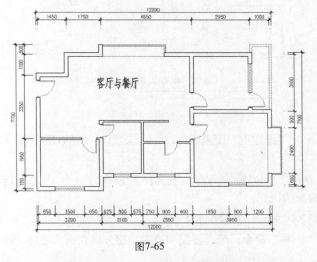

图7-65

⑧ 按Enter键重复执行"单行文字"命令，使用相同的文字高度和文字样式，分别标注其他房间功能，结果如图7-66所示。

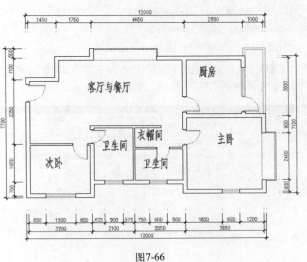

图7-66

⑨ 使用命令简写LA激活"图层"命令，将"面积层"设置为当前图层。

⑩ 使用命令简写ST激活"文字样式"命令，将"SIMPLEX"设置为当前文字样式。

⑪ 执行菜单栏中的"工具"｜"查询"｜"面积"命令，在命令行"指定第一个角点或[对象(O)/增加面积(A)/减少面积(S)/退出(X)]<对象(O)>:"提示下捕捉如图7-67所示的端点1。

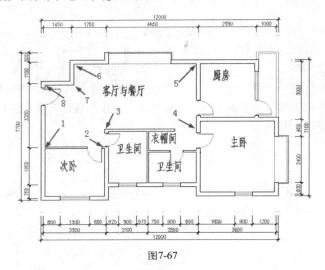

图7-67

⑫ 继续在命令行"指定下一个点或[圆弧(A)/长度(L)/放弃(U)]:"提示下，依次捕捉如图7-67所示的端点2、3、4、5、6、7、8。

⑬ 继续在命令行"指定下一个点或 [圆弧(A)/长度(L)/放弃(U)/总计(T)] <总计>:"提示下按Enter键，查询出该房间的面积。

区域 = 27115000.0，周长 = 23900.0

⑭ 重复执行"面积"命令，配合捕捉和追踪功能分别查询其他房间的使用面积。其中：

次卧：区域 = 7500000.0，周长 = 11000.0

主卧：区域 = 13875000.0，周长 = 14900.0

卫生间：区域 = 5265000.0，周长 = 9300.0

主卧卫生间：区域 = 3840000.0，周长 = 8000.0

衣帽间：区域 = 2400000.0，周长 = 6800.0

厨房：区域 = 7700000.0，周长 = 11100.0

⑮ 单击"绘图"工具栏中的 A 按钮，激活"多行文字"命令，在"文字格式"编辑器中设置当前的文字样式、字体高度、对正方式等参数，如图7-68所示。

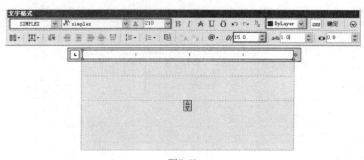

图7-68

⑯ 在下侧的文字输入框内输入"（27.11m2^）"，如图7-69所示。

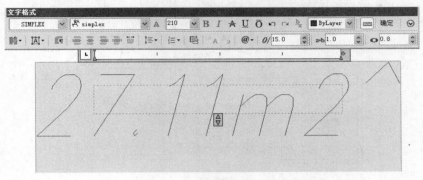

图7-69

⑰ 在多行文字输入框内选择"2^"后，使其呈现反白显示，单击"文字格式"编辑器工具栏中的 按钮，对数字2进行堆叠，然后单击 按钮，结束"多行文字"命令，面积的标注结果如图7-70所示。

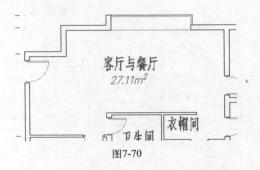

图7-70

⑱ 执行菜单栏中的"修改"｜"复制"命令，将标注的面积分别复制到其他房间内，结果如图7-71所示。

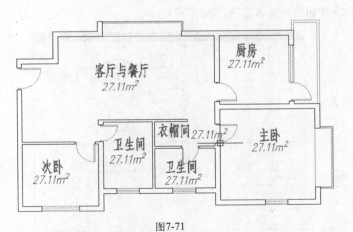

图7-71

⑲ 执行菜单栏中的"修改"｜"对象"｜"文字"｜"编辑"命令，分别选择复制出的各房间的面积对象，在打开的"文字格式"编辑器中输入正确的面积，完成对面积的标注，结果如图7-72所示。

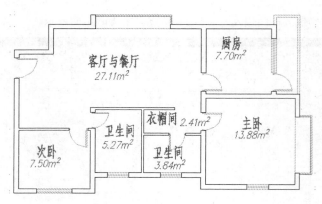

图7-72

20 在"图层控制"下拉列表中显示被隐藏的填充层,然后在无任何命令发出的情况下,选择"客厅与餐厅"房间的填充图案使其夹点显示,如图7-73所示。

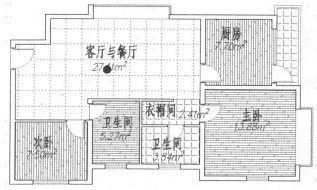

图7-73

21 单击鼠标右键,选择快捷菜单中的"图案填充编辑"命令,打开"图案填充编辑"对话框,单击右下角的 ⊙ 按钮展开更多选项,如图7-74所示。

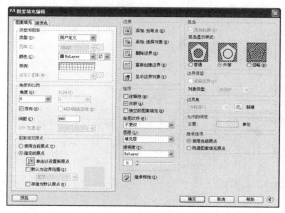

图7-74

22 在"孤岛显示样式"选项组下选择"外部"单选按钮,然后单击"添加选择对象"按钮 返回到绘图区,单击"客厅与餐厅"房间内的文字注释,如图7-75所示。

23 按Enter键返回到"图案填充编辑"对话框,单击 确定 按钮,结果发现"客厅与餐厅"文字下方的填充图案被删除,如图7-76所示。

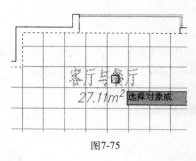

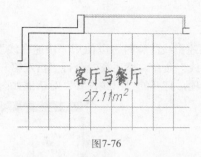

图7-75   图7-76

24 使用相同的方法,分别对其他房间的填充图案进行编辑,完成对该户型图房间功能和面积的标注,结果如图7-77所示。

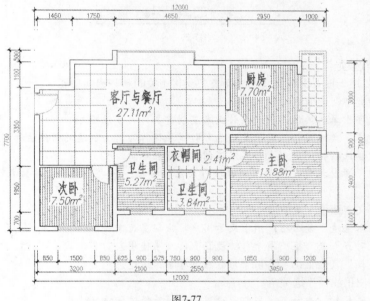

图7-77

25 执行"另存为"命令,将户型图另名存储为"上机练习二.dwg"文件。

7.7 创建引线文字注释

引线文字注释是一端带有箭头、另一端带有文字的注释,常用于标注机械零件图的角度或标注室内装饰材质名称等,是CAD制图中重要的标注方式之一。本节继续来学习创建引线文字注释的方法。

7.7.1 创建快速引线注释

快速引线注释是一端带有箭头、另一端带有文字注释的引线尺寸。其中,引线可以为直线段,也可以为平滑的样条曲线,如图7-78所示。

图7-78

创建快速引线注释时可以使用"快速引线"命令。在命令行输入Qleader或LE后按Enter键，激活"快速引线"命令，然后在命令行"指定第一个引线点或[设置(S)] <设置>:"提示下，输入S激活"设置"选项，打开的"引线设置"对话框如图7-79所示。

图7-79

1."注释"选项卡

此选项卡主要用于设置引线文字的注释类型及其相关的一些选项功能。

（1）"注释类型"选项组

◆ "多行文字"单选按钮：用于在引线末端创建多行文字注释。

◆ "复制对象"单选按钮：用于复制已有引线注释作为需要创建的引线注释。

◆ "公差"单选按钮：用于在引线末端创建公差注释。

◆ "块参照"单选按钮：用于以内部块作为注释对象；而"无"单选按钮表示创建无注释的引线。

（2）"多行文字选项"选项组

◆ "提示输入宽度"复选框：用于提示用户，指定多行文字注释的宽度。

◆ "始终左对齐"复选框：用于自动设置多行文字使用左对齐方式。

◆ "文字边框"复选框：主要用于为引线注释添加边框。

（3）"重复使用注释"选项组

◆ "无"单选按钮：表示不对当前所设置的引线注释进行重复使用。

◆ "重复使用下一个"单选按钮：用于重复使用下一个引线注释。

◆ "重复使用当前"单选按钮：用于重复使用当前的引线注释。

2."引线和箭头"选项卡

此选项卡主要用于设置引线的类型、点数、箭头以及引线段的角度约束等参数，如图7-80所示。

图7-80

◆ "直线"单选按钮：用于在指定的引线点之间创建直线段。

◆ "样条曲线"单选按钮：用于在引线点之间创建样条曲线，即引线为样条曲线。

◆ "箭头"选项组：用于设置引线箭头的形式。单击 ▣实心闭合 下拉按钮，在下拉列表中选择一种箭头形式。

◆ "无限制"复选框：表示系统不限制引线点的数量，用户可以通过按Enter键，手动结束引线点的设置过程。

◆ "最大值"选项：用于设置引线点数的最多数量。

◆ "角度约束"选项组：用于设置第一条引线与第二条引线的角度约束。

3．"附着"选项卡

此选项卡主要用于设置引线和多行文字注释之间的附着位置，只有在"注释"选项卡内选择了"多行文字"单选按钮时，此选项卡才可用，如图7-81所示。

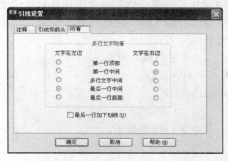

图7-81

◆ "第一行顶部"单选按钮：用于将引线放置在多行文字第一行的顶部。

◆ "第一行中间"单选按钮：用于将引线放置在多行文字第一行的中间。

◆ "多行文字中间"单选按钮：用于将引线放置在多行文字的中部。

◆ "最后一行中间"单选按钮：用于将引线放置在多行文字最后一行的中间。

◆ "最后一行底部"单选按钮：用于将引线放置在多行文字最后一行的底部。

◆ "最后一行加下划线"复选框：用于为最后一行文字添加下划线。

在各选项卡设置参数后，单击 确定 按钮，根据命令行的提示标注引线注释，命令行操作如下。

```
命令：_qleader
    指定第一个引线点或[设置(S)]<设置>:     //在适当位置定位第一个引线点
    指定下一点：     //在适当位置定位第二个引线点
    指定下一点：     //在适当位置定位第三个引线点
```

在命令行"指定下一点:"提示下按Enter键，继续在命令行"指定文字宽度<0>:"提示下按Enter键打开"文字格式"编辑器，选择文字样式、设置字体以及字体大小等，之后在下方的文本输入框中输入相关内容，如图7-82所示。

图7-82

199

单击"文字格式"编辑器中的 确定 按钮，关闭"文字格式"编辑器，结束操作，标注结果如图7-83所示。

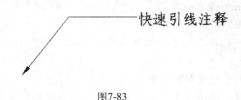

快速引线注释

图7-83

7.7.2 创建多重引线注释

除了快速引线之外，还可以使用"多重引线"命令创建具有多个选项的引线对象，需要注意的是，这些选项功能都是通过命令行进行设置的，没有对话框直观。

执行"多重引线"命令主要有以下方式。

◆ 执行菜单栏中的"标注"|"多重引线"命令。

◆ 单击"多重引线"工具栏中的 按钮。

◆ 在命令行输入Mleader后按Enter键。

◆ 使用命令简写MLE。

激活"多重引线"命令后，其命令行操作如下。

命令：_mleader
　　　　指定引线基线的位置或 [引线箭头优先 (H)/ 内容优先 (C)/ 选项 (O)] < 选项 >:　// Enter
　　　　输入选项 [引线类型 (L)/ 引线基线 (A)/ 内容类型 (C)/ 最大节点数 (M)/ 第一个角度 (F)/
第二个角度 (S)/ 退出选项 (X)] < 退出选项 >:　　　　　　　　　　　　　// 输入一个选项
　　　　指定引线基线的位置或 [引线箭头优先 (H)/ 内容优先 (C)/ 选项 (O)] < 选项 >: // 指定基线位置
　　　　指定引线箭头的位置：
　　　　　　　　　　　　　// 指定箭头位置，此时系统打开"文字格式"编辑器，用于输入注释内容

第8章 图形尺寸的标注

尺寸是施工图参数化的最直接表现，也是图纸的重要组成部分，它能将图形间的相互位置关系及形状进行数字化、参数化，是施工人员现场施工的主要依据。本章主要讲解各类尺寸的标注与协调技能。

8.1 尺寸标注与标注样式

本节首先来认识尺寸标注，然后再学习尺寸标注样式的设置知识，这是进行图形尺寸标注的关键。

8.1.1 认识尺寸标注

一个完整的尺寸标注是由尺寸文字、尺寸线、尺寸界线和箭头四部分组成，如图8-1所示。其中尺寸文字用于表明对象的实际测量值、尺寸线用于表明标注的方向和范围、箭头用于指出测量的开始位置和结束位置、尺寸界线是从被标注的对象延伸到尺寸线的短线。

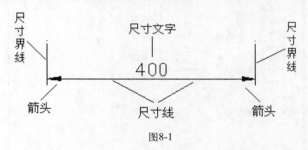

图8-1

8.1.2 设置尺寸标注样式

在进行图形尺寸标注前，一般都要设置尺寸标注样式，通过设置尺寸标注样式，可以控制尺寸元素的外观形式，它是所有尺寸变量的集合，这些变量决定了尺寸中各元素的外观。用户调整尺寸样式中某些尺寸变量，就能灵活修改尺寸标注的外观，"标注样式"命令就是用于设置尺寸样式的命令。执行"标注样式"命令主要有以下几种方式。

- 执行菜单栏中的"标注"或"格式"|"标注样式"命令。
- 单击"标注"工具栏或面板中的 按钮。
- 在命令行输入Dimstyle后按Enter键。
- 使用命令简写D。

执行"标注样式"命令后，可打开如图8-2所示的"标注样式管理器"对话框，在此对话框中不仅可以设置标注样式，还可以修改、替代和比较标注样式。

单击 新建(N)... 按钮后可打开如图8-3所示的"创建新标注样式"对话框，其中"新样式名"文本框用于为新样式命名；"基础样式"下拉列表用于设置新样式的基础样式；"注释性"复选框用于为新样式添加注释；"用于"下拉列表用于设置新样式的适用范围。

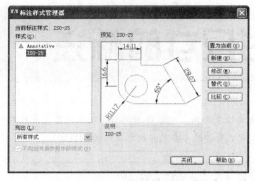

图8-2   图8-3

单击 继续 按钮后打开"新建标注样式:副本ISO-25"对话框,此对话框中包括"线"、
"符号和箭头"、"文字"、"调整"、"主单位"、"换算单位"和"公差"7个选项卡,如
图8-4所示。

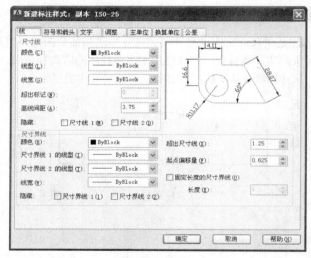

图8-4

1.设置"线"参数

"线"选项卡用于设置尺寸线、尺寸界线的格式和特性等变量,具体如下。

(1)"尺寸线"选项组

◆ "颜色"下拉列表:用于设置尺寸线的颜色。
◆ "线型"下拉列表:用于设置尺寸线的线型。
◆ "线宽"下拉列表:用于设置尺寸线的线宽。
◆ "超出标记"微调按钮:用于设置尺寸线超出尺寸界线的长度。在默认状态下,该选项处
于不可用状态,当用户只有在选择建筑标记箭头时,此微调按钮才处于可用状态。
◆ "基线间距"微调按钮:用于设置在基线标注时两条尺寸线之间的距离。

(2)"尺寸界线"选项组

◆ "颜色"下拉列表:用于设置尺寸界线的颜色。
◆ "线宽"下拉列表:用于设置尺寸界线的线宽。
◆ "尺寸界线1的线型"下拉列表:用于设置尺寸界线1的线型。
◆ "尺寸界线2的线型"下拉列表:用于设置尺寸界线2的线型。

◆ "超出尺寸线"微调按钮：用于设置尺寸界线超出尺寸线的长度。
◆ "起点偏移量"微调按钮：用于设置尺寸界线起点与被标注对象间的距离。
◆ "固定长度的尺寸界线"复选框：勾选该复选框后，可在下侧的"长度"文本框内设置尺寸界线的固定长度。

2. 设置"符号和箭头"

如图8-5所示的"符号和箭头"选项卡，主要用于设置箭头、圆心标记、弧长符号和半径标注等参数。

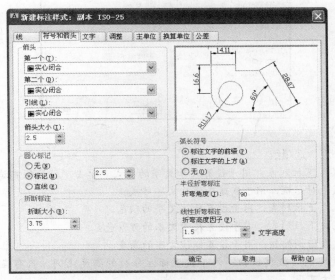

图8-5

（1）"箭头"选项组
◆ "第一个/第二个"下拉列表：用于设置箭头的形状。
◆ "引线"下拉列表：用于设置引线箭头的形状。
◆ "箭头大小"微调按钮：用于设置箭头的大小。
（2）"圆心标记"选项组
◆ "无"单选按钮：表示不添加圆心标记。
◆ "标记"单选按钮：用于为圆添加十字形标记。
◆ "直线"单选按钮：用于为圆添加直线型标记。
◆ 2.5 微调按钮：用于设置圆心标记的大小。
（3）"折断标注"选项组
用于设置打断标注的大小。
（4）"弧长符号"选项组
◆ "标注文字的前缀"单选按钮：用于为弧长标注添加前缀。
◆ "标注文字的上方"单选按钮：用于设置标注文字的位置。
◆ "无"单选按钮：若表示在弧长标注上不出现弧长符号。
（5）"半径折弯标注"选项组
"折弯角度"文本框：用于设置半径折弯的角度。
（6）"线性折弯标注"选项组
"折弯高度因子"文本框：用于设置线性折弯的高度因子。

3. 设置"文字"参数

如图8-6所示的"文字"选项卡，主要用于设置尺寸文字的样式、颜色、位置及对齐方式等变量。

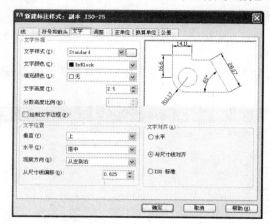

图8-6

（1）"文字外观"选项组

◆ "文字样式"下拉列表：用于设置尺寸文字的样式。单击下拉按钮右端的 ▇ 按钮，将弹出"文字样式"对话框，用于新建或修改文字样式。

◆ "文字颜色"下拉列表：用于设置标注文字的颜色。

◆ "填充颜色"下拉列表：用于设置尺寸文本的背景色。

◆ "文字高度"微调按钮：用于设置标注文字的高度。

◆ "分数高度比例"微调按钮：用于设置标注分数的高度比例。只有在选择分数标注单位时，此选项才可用。

◆ "绘制文字边框"复选框：用于设置是否为标注文字加上边框。

（2）"文字位置"选项组

◆ "垂直"下拉列表：用于设置尺寸文字相对于尺寸线垂直方向的放置位置。

◆ "水平"下拉列表：用于设置标注文字相对于尺寸线水平方向的放置位置。

◆ "观察方向"下拉列表：用于设置尺寸文字的观察方向。

◆ "从尺寸线偏移"微调按钮：用于设置标注文字与尺寸线之间的距离。

（3）"文字对齐"选项组

◆ "水平"单选按钮：用于设置标注文字以水平方向放置。

◆ "与尺寸线对齐"单选按钮：用于设置标注文字与尺寸线平行的方向放置。

◆ "ISO标准"单选按钮：用于根据ISO标准设置标注文字。它是"水平"与"与尺寸线对齐"两者的综合。当标注文字在尺寸界线中时，就会采用"与尺寸线对齐"对齐方式；当标注文字在尺寸界线外时，则采用"水平"对齐方式。

4. 设置"调整"参数

如图8-7所示的"调整"选项卡，主要用于设置尺寸文字与尺寸线、尺寸界线等之间的位置。

（1）"调整选项"选项组

◆ "文字或箭头（最佳效果）"单选按钮：用于自动调整文字与箭头的位置，使二者达到最佳效果。

◆ "箭头"单选按钮：用于将箭头移到尺寸界线外。

◆ "文字"单选按钮：用于将文字移到尺寸界线外。

◆ "文字和箭头"单选按钮：用于将文字与箭头都移到尺寸界线外。

◆ "文字始终保持在尺寸界线之间"单选按钮：用于将文字始终放置在尺寸界线之间。

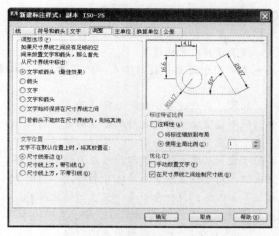

图8-7

（2）"文字位置"选项组

◆ "尺寸线旁边"单选按钮：用于将文字放置在尺寸线旁边。

◆ "尺寸线上方，带引线"单选按钮：用于将文字放置在尺寸线上方，并加引线。

◆ "尺寸线上方，不带引线"单选按钮：用于将文字放置在尺寸线上方，但不加引线引导。

（3）"标注特征比例"选项组

◆ "注释性"复选框：用于设置标注为注释性标注。

◆ "将标注缩放到布局"单选按钮：用于根据当前模型空间的视口与布局空间的大小来确定比例因子。

◆ "使用全局比例"单选按钮：用于设置标注的比例因子。

（4）"优化"选项组

◆ "手动放置文字"复选框：用于手动放置标注文字。

◆ "在尺寸界线之间绘制尺寸线"复选框：在标注圆弧或圆时，尺寸线始终在尺寸界线之间。

5. 设置"主单位"

如图8-8所示的"主单位"选项卡，主要用于设置线性标注和角度标注的单位格式以及精确度等参数变量。

图8-8

（1）"线性标注"选项组

◆ "单位格式"下拉列表：用于设置线性标注的单位格式，默认值为小数。

◆ "精度"下拉列表：用于设置尺寸的精度。

◆ "分数格式"下拉列表：用于设置分数的格式。只有当"单位格式"为"分数"时，此选项才能激活。

◆ "小数分隔符"下拉列表：用于设置小数的分隔符号。

◆ "舍入"微调按钮：用于设置除了角度之外的标注测量值的四舍五入规则。

◆ "前缀"文本框：用于设置尺寸文字的前缀，可以为数字、文字、符号。

◆ "后缀"文本框：用于设置尺寸文字的后缀，可以为数字、文字、符号。

◆ "比例因子"微调按钮：用于设置除了角度之外的标注比例因子。

◆ "仅应用到布局标注"复选框：仅对在布局中创建的标注应用线性比例值。

◆ "前导"复选框：用于消除小数点前面的零。当尺寸文字小于1时，比如为"0.5"，勾选此复选框后，此"0.5"将变为".5"，前面的零已消除。

◆ "后续"复选框：用于消除小数点后面的零。

◆ "0英尺"复选框：用于消除零英尺前的零。如："0′ -1/2″"表示为"1/2″"。只有当"单位格式"设为"工程"或"建筑"时，此复选框才可被激活。

◆ "0英寸"复选框：用于消除英寸后的零。如："2′ -1.400″"表示为"2′ -1.4″"。

（2）"角度标注"选项组

◆ "单位格式"下拉列表：用于设置角度标注的单位格式。

◆ "精度"下拉列表：用于设置角度的小数位数。

◆ "前导"复选框：消除角度标注前面的零。

◆ "后续"复选框：消除角度标注后面的零。

6. 设置"换算单位"

如图8-9所示的"换算单位"选项卡，主要用于显示和设置尺寸文字的换算单位、精度等变量。只有勾选了"显示换算单位"复选框，才可激活"换算单位"选项卡中所有的选项组。

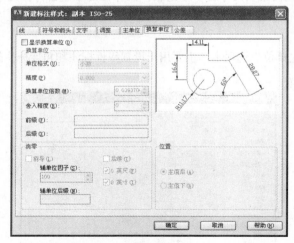

图8-9

（1）"换算单位"选项组

◆ "单位格式"下拉列表：用于设置换算单位格式。

◆ "精度"下拉列表：用于设置换算单位的小数位数。

◆ "换算单位倍数"微调按钮：用于设置主单位与换算单位间的换算因子的倍数。

◆ "含入精度"微调按钮：用于设置换算单位的四舍五入规则。

◆ "前缀"文本框：在其中输入的值将显示在换算单位的前面。

◆ "后缀"文本框：在其中输入的值将显示在换算单位的后面。

（2）"消零"选项组

该选项组用于消除换算单位的前导和后继零以及英尺、英寸前后的零，其作用与"主单位"选项卡中的"消零"选项组相同。

（3）"位置"选项组

◆ "主值后"单选按钮：将换算单位放在主单位之后。

◆ "主值下"单选按钮：将换算单位放在主单位之下。

7. 设置"公差"参数

如图8-10所示的"公差"选项卡，主要用于设置尺寸及公差的格式和换算单位，具体内容如下。

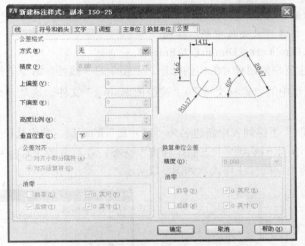

图8-10

◆ "方式"下拉列表：用于设置公差的形式，在其中共有"无"、"对称"、"极限偏差"、"极限尺寸"和"基本尺寸"5个选项。

◆ "精度"下拉列表：用于设置公差值的小数位数。

◆ "上偏差"/"下偏差"微调按钮：用于设置上下偏差值。

◆ "高度比例"微调按钮：用于设置公差文字与基本尺寸文字的高度比例。

◆ "垂直位置"下拉列表：用于设置基本尺寸文字与公差文字的相对位置。

在"标注样式管理器"对话框中用户不仅可以设置标注样式，还可以修改、替代和比较标注样式，具体如下。

◆ 置为当前(U) 按钮：用于将选定的标注样式设置为当前标注样式。

◆ 修改(M)... 按钮：用于修改当前选择的标注样式。当用户修改了标注样式后，当前图形中的所有标注都会自动更新为当前样式。

◆ 替代(O)... 按钮：用于设置当前使用的标注样式的临时替代值。

> **TIP** 当用户创建了替代样式后，当前标注样式将被应用到以后所有的尺寸标注中，直到用户删除替代样式为止，而不会改变替代样式之前的标注样式。

◆ 比较(C)... 按钮：用于比较两种标注样式的特性或浏览一种标注样式的全部特性，并将比较结果输出到Windows剪贴板上，然后再粘贴到其他Windows应用程序中。

◆ 　新建(N)...　按钮：用于设置新的尺寸样式。

8.2 直线标注

AutoCAD为用户提供了多种标注工具，这些工具位于"标注"菜单栏上，其工具按钮位于"标注"工具栏或"标注"面板中。本节主要学习各类直线型尺寸的标注工具。

8.2.1 线性标注

"线性"命令是一个非常常用的标注工具，主要用于标注两点之间或图线的水平尺寸或垂直尺寸。

执行"线性"命令主要有以下几种方式。

◆ 执行菜单栏中的"标注"|"线性"命令。

◆ 单击"标注"工具栏或面板中的⊢按钮。

◆ 在命令行输入Dimlinear或Dimlin后按Enter键。

下面通过标注某建筑户型图尺寸的实例操作，主要学习"线性"命令的使用方法和操作技巧。

①► 打开随书光盘中的"素材文件"\"镜像图形.dwg"文件，这是一个建筑户型平面图，如图8-11所示。

②► 在"图层控制"下拉列表中新建名为"尺寸层"的新层，并将其设置为当前层。

③► 执行菜单栏中的"格式"|"标注样式"命令，在打开的"标注样式管理器"对话框中将"建筑标注"设置为当前的标注样式，如图8-12所示。

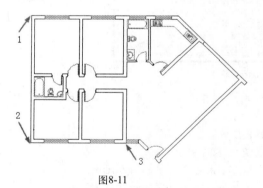

图8-11

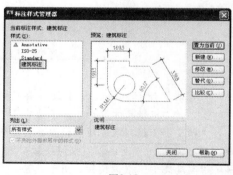

图8-12

> **TIP** 在进行尺寸标注时，要首先根据标注要求设置标注样式，该"建筑标注"的标注样式就是根据图形的标注要求已经设置好各参数的标注样式。

④► 单击"标注"工具栏中的⊢按钮，激活"线性"命令，配合端点捕捉功能标注该户型图下侧的尺寸，命令行操作如下。

```
命令：_dimlinear
    指定第一条尺寸界线原点或＜选择对象＞：    // 捕捉如上图8-11所示的端点2
    指定第二条尺寸界线原点：                  // 捕捉如上图8-11所示的端点3
    指定尺寸线位置或 [ 多行文字 (M)/ 文字 (T)/ 角度 (A)/ 水平 (H)/ 垂直 (V)/ 旋转 (R)]:
                                         // 向下移动光标，在适当位置拾取点，标注结果如图8-13所示
    标注文字 = 418
```

⑤ 重复执行"线性"命令，配合端点捕捉功能标注户型图的侧面尺寸，命令行操作如下。

命令：_dimlinear
　指定第一条尺寸界线原点或 <选择对象>:　　　　　// 捕捉如上图 8-11 所示的端点 1
　指定第二条尺寸界线原点：　　　　　　　　　　// 捕捉如上图 8-11 所示的端点 2
　指定尺寸线位置或 [多行文字 (M)/ 文字 (T)/ 角度 (A)/ 水平 (H)/ 垂直 (V)/ 旋转 (R)]:
　　　　// 向左移动光标，在适当位置拾取点，标注结果如上图 8-14 所示

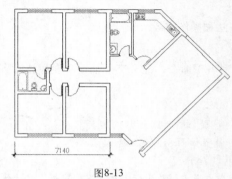

图8-13　　　　　　　　　　　　　　　　图8-14

在执行"线性"命令后，命令行中出现如下选项。

◆ "文字"选项：激活该选项，直接输入标注文字的内容。

◆ "水平"选项：激活该选项，无论如何移动光标，所标注的始终是对象的水平尺寸。

◆ "垂直"选项：激活该选项，无论如何移动光标，所标注的始终是对象的垂直尺寸。

◆ "多行文字"选项：激活该选项，打开如图8-15所示的"文字格式"编辑器，用于手动输入尺寸的文字内容，或为标注文字添加前后缀等。

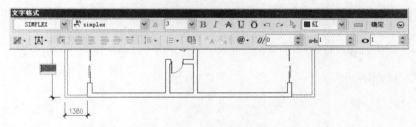

图8-15

◆ "角度"选项：激活该选项，在命令行"指定标注文字的角度:"提示下输入一个角度值，则标注文字按照该角度进行旋转，如图8-16所示。

◆ "旋转"选项：激活该选项，在命令行"指定尺寸线的角度<0>:"提示下输入一个角度值，设置尺寸线的旋转角度，如图8-17所示。

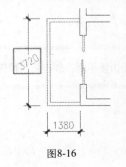
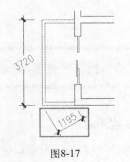

图8-16　　　　　　　　　　　　　　　　图8-17

8.2.2 对齐标注

"对齐"命令用于标注平行于所选对象或平行于两尺寸界线原点连线的对齐尺寸,此命令比较适合于标注倾斜图线的尺寸。

执行"对齐"命令主要有以下几种方式。

◆ 执行菜单栏中的"标注"|"对齐"命令。

◆ 单击"标注"工具栏或面板中按钮。

◆ 在命令行输入Dimaligned或Dimali后按Enter键。

下面通过简单实例,学习"对齐"命令的使用方法和操作技巧。

① 继续上一节的操作。

② 单击"标注"工具栏中的按钮,执行"对齐"命令,配合交点捕捉功能标注对齐线尺寸,命令行操作如下。

```
命令: _dimaligned
    指定第一条尺寸界线原点或<选择对象>:     // 捕捉如图 8-18 所示的端点
    指定第二条尺寸界线原点:                 // 捕捉如图 8-19 所示的端点
    指定尺寸线位置或 [ 多行文字 (M)/ 文字 (T)/ 角度 (A)]:
                                         // 向右上方引导光标,在适当位置指定尺寸线位置
```

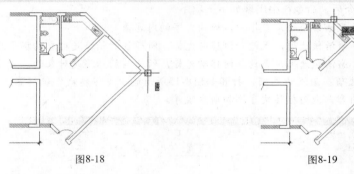

图8-18   图8-19

③ 标注结果如图8-20所示。

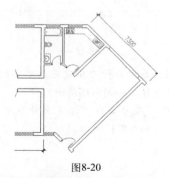

图8-20

"对齐"命令中的三个选项功能与"线性"命令中的选项功能相同,故在此不再讲述。

8.2.3 标注点坐标

"坐标"命令用于标注点的x坐标值和y坐标值,所标注的坐标为点的绝对坐标。执行"坐标"

命令主要有以下几种方式。

◆ 执行菜单栏中的"标注"|"坐标"命令。

◆ 单击"标注"工具栏或面板中的 按钮。

◆ 在命令行输入Dimordinate或Dimord后按Enter键。

激活"坐标"命令后，命令行出现如下操作提示。

命令：_dimordinate

指定点坐标：   // 捕捉要标注的点

指定引线端点或 [X 基准 (X)/Y 基准 (Y)/ 多行文字 (M)/ 文字 (T)/ 角度 (A)]:

                                       // 引导光标定位引线端点，结果如图 8-21 所示

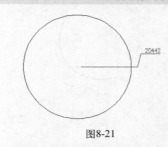

图8-21

> **TIP** 上下移动光标，可以标注点的x坐标值；左右移动光标，则可以标注点的y坐标值。另外，使用"x基准"选项，可以强制性地标注点的x坐标，不受光标引导方向的限制；使用"Y 基准"选项可以标注点的y坐标。

8.3 曲线标注

曲线标注是指标注弧长、角度、半径、直径以及折弯等尺寸，本节就来学习这些曲线型尺寸标注的相关知识和技巧。

8.3.1 弧长标注

弧长标注是指标注圆弧、多段线弧的弧长，使用"弧长"命令就可以标注圆弧或多段线弧的长度尺寸，在默认设置下，会在尺寸数字的一端添加弧长符号。

执行"弧长"命令主要有以下几种方式。

◆ 执行菜单栏中的"标注"|"弧长"命令。

◆ 单击"标注"工具栏或面板中的 按钮。

◆ 在命令行输入Dimarc后按Enter键。

(1) 在绘图区绘制一段圆弧。

(2) 激活"弧长"命令后，AutoCAD命令行会出现如下操作提示。

命令：_dimarc

选择弧线段或多段线弧线段：   // 选择需要标注的弧线段

指定弧长标注位置或 [多行文字 (M)/ 文字 (T)/ 角度 (A)/ 部分 (P)/ 引线 (L)]:

                                       // 指定弧长尺寸的位置，结果如图 8-22 所示

标注文字 = 81.8

使用"部分"选项可以标注圆弧或多段线弧上的部分弧长，命令行操作如下。

命令：_dimarc
　　选择弧线段或多段线弧线段：　　　　　　// 选择圆弧
　　指定弧长标注位置或 [多行文字 (M)/ 文字 (T)/ 角度 (A)/ 部分 (P)/ 引线 (L)]：　　　//P Enter
　　指定圆弧长度标注的第一个点：　　　　　// 捕捉圆弧的中点
　　指定圆弧长度标注的第二个点：　　　　　// 捕捉圆弧的端点
　　指定弧长标注位置或 [多行文字 (M)/ 文字 (T)/ 角度 (A)/ 部分 (P)/]：
　　　　　　　　　　　　　　　　　　　　　// 指定尺寸位置，结果如图 8-23 所示

"引线" 选项用于为圆弧的弧长尺寸添加指示线，如图8-24所示。指示线的一端指向所选择的圆弧对象，另一端连接弧长尺寸。

图8-22

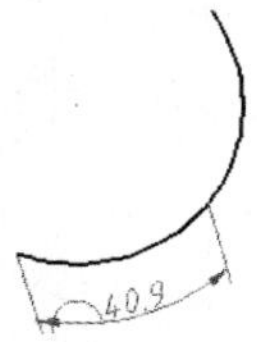

图8-23

图8-24

8.3.2　角度标注

"角度" 命令用于标注两条图线间的角度或者是圆弧的圆心角。执行 "角度" 命令主要有以下几种方式。

- ◆　执行菜单栏中的 "标注" | "角度" 命令。
- ◆　单击 "标注" 工具栏或面板中的 △ 按钮。
- ◆　在命令行输入 Dimangular 或 Angular 后按 Enter 键。

① 使用 "直线" 命令在绘图区绘制一个角度。

② 执行 "角度" 命令后，其命令行操作如下。

命令：_dimangular
　　选择圆弧、圆、直线或 < 指定顶点 >:// 选择角度的一条轮廓线
　　选择第二条直线：　　　　　　　　　　// 选择角度的另一条轮廓线
　　指定标注弧线位置或 [多行文字 (M)/ 文字 (T)/ 角度 (A) / 象限点 (Q)]：
　　　　　　　　　　　　　　　// 在适当位置拾取一点，定位尺寸线位置，结果如图 8-25 所示

③ 继续使用 "圆弧" 命令绘制一个圆弧。

④ 执行 "角度" 命令后，其命令行操作如下。

命令：_dimangular
　　选择圆弧、圆、直线或 < 指定顶点 >:// 单击圆弧
　　指定标注弧线位置或 [多行文字 (M)/ 文字 (T)/ 角度 (A)/ 象限点 (Q)]：
　　　　　　　　　　　　　　　// 在适当位置拾取一点，定位尺寸线位置，结果如图 8-26 所示
　　标注文字 = 167

图8-25

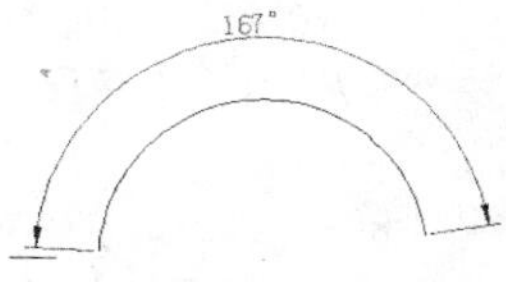

167°

图8-26

8.3.3 半径标注

"半径"命令用于标注圆、圆弧的半径尺寸，当用户采用系统的实际测量值标注文字时，系统会在测量数值前自动添加"R"。

执行"半径"命令主要有以下几种方式。

◆ 执行菜单栏中的"标注" | "半径"命令。

◆ 单击"标注"工具栏或面板中的◎按钮。

◆ 在命令行输入Dimradius或Dimrad后按Enter键。

①▶ 使用"圆弧"命令和"圆"命令绘制一个圆弧和一个圆。

②▶ 执行"半径"命令后，其命令行操作如下。

```
命令：_dimradius
    选择圆弧或圆：                    //选择需要标注的圆弧对象
    标注文字 = 2450
    指定尺寸线位置或 [ 多行文字 (M)/ 文字 (T)/ 角度 (A)]：
                                   //在合适位置指定尺寸的位置，结果如图8-27所示
命令：_dimradius
    选择圆弧或圆：                    //选择需要标注的圆对象
    标注文字 = 2450
    指定尺寸线位置或 [ 多行文字 (M)/ 文字 (T)/ 角度 (A)]：
                                   //在合适位置指定尺寸的位置，结果如图8-28所示
```

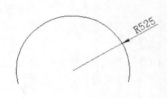

图8-27

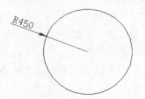

图8-28

8.3.4 直径标注

"直径"命令用于标注圆或圆弧的直径尺寸，当用户采用系统的实际测量值标注文字时，系统会在测量数值前自动添加"∅"。

执行"直径"命令主要有以下几种方式。

◆ 执行菜单栏中的"标注" | "直径"命令。

◆ 单击"标注"工具栏或面板中的◎按钮。

◆ 在命令行输入Dimdiameter或Dimdia后按Enter键。

激活"直径"命令后，AutoCAD命令行会出现如下操作提示。

```
命令：_dimdiameter
    选择圆弧或圆：                    //选择需要标注的圆
    标注文字 = 13
    指定尺寸线位置或 [ 多行文字 (M)/ 文字 (T)/ 角度 (A)]：
                                   //在合适位置指定尺寸的位置，如图8-29所示
命令：_dimdiameter
```

中文版AutoCAD 2013 从新手到高手

6
7
8
9
10

选择圆弧或圆:	// 选择需要标注的圆弧
标注文字 = 13	
指定尺寸线位置或 [多行文字 (M)/ 文字 (T)/ 角度 (A)]:	
	// 在合适位置指定尺寸的位置，如图 8-30 所示

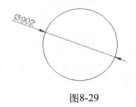

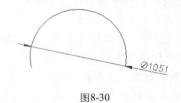

图8-29   图8-30

8.3.5 折弯标注

"折弯"命令主要用于标注含有折弯的半径尺寸，其中引线的折弯角度可以根据需要进行设置。

执行"折弯"命令主要有以下几种方式。

◆ 执行菜单栏中的"标注"|"弧长"命令。

◆ 单击"标注"工具栏中的 ⚿ 按钮。

◆ 在命令行输入Dimjogged按Enter键。

激活"折弯"命令后，AutoCAD命令行中出现如下操作提示。

命令 :_dimjogged	
选择圆弧或圆:	// 选择弧或圆作为标注对象
指定图示中心位置:	// 指定中心线位置
标注文字 = 175	
指定尺寸线位置或 [多行文字 (M)/ 文字 (T)/ 角度 (A)]:	// 指定尺寸线位置
指定折弯位置:	// 定位折弯位置

8.4　上机练习一——标注箱体零件三视图尺寸

前面章节中主要学习了直线标注和曲线标注的相关知识，本节通过为某箱体零件三视图标注各类基本尺寸，对以前所学知识进行综合练习和巩固。

①　执行"打开"命令，打开随书光盘中的"素材文件"\"箱体零件三视图.dwg"文件，如图8-31所示。

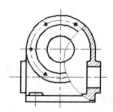 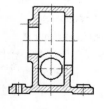 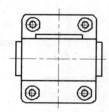

图8-31

②　在"图层特性管理器"面板中新建名为"标注线"的新图层，并将其设置为当前图层。

③　使用命令简写ST激活"文字样式"命令，新建名为"数字与字母"的新样式，并设置参

数如图8-32所示。

④ 使用命令简写D激活"标注样式"命令，在打开的"标注样式管理器"对话框中新建名为"机械标注"的新标注样式，然后在"线"选项卡内设置参数如图8-33所示。

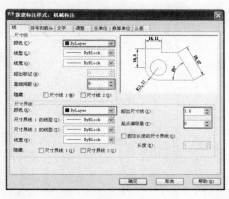

| 图8-32 | 图8-33 |

⑤ 在"新建标注样式:机械标注"对话框中展开"符号和箭头"选项卡，设置参数如图8-34所示。

⑥ 在"新建标注样式:机械标注"对话框中展开"文字"选项卡，设置参数如图8-35所示。

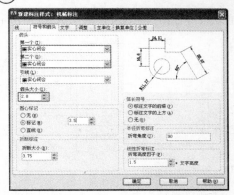

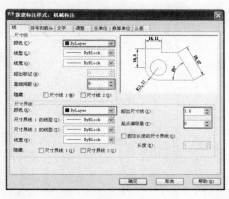

| 图8-34 | 图8-35 |

⑦ 在"新建标注样式:机械标注"对话框中展开"调整"选项卡，设置参数如图8-36所示。

⑧ 在"新建标注样式:机械标注"对话框中展开"主单位"选项卡，设置参数如图8-37所示。

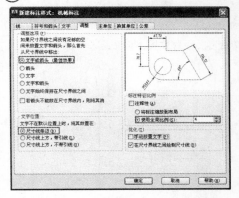

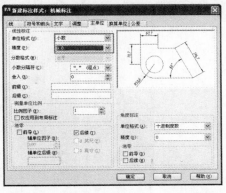

| 图8-36 | 图8-37 |

⑨ 返回"标注样式管理器"对话框,将设置的新样式设置为当前样式。

⑩ 单击"标注"工具栏中的 □ 按钮,配合交点捕捉功能标注零件图右侧的总宽尺寸,命令行操作如下。

```
命令:_dimlinear
    指定第一条尺寸界线原点或<选择对象>:          // 捕捉如图 8-38 所示的交点
    指定第二条尺寸界线原点:                      // 捕捉如图 8-39 所示的交点
    指定尺寸线位置或 [ 多行文字 (M)/ 文字 (T)/ 角度 (A)/ 水平 (H)/ 垂直 (V)/ 旋转 (R)]:
                    // 向右移动光标,在适当位置确定尺寸线的位置,结果如图 8-40 所示
    标注文字 = 164
```

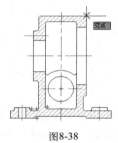

图8-38   图8-39   图8-40

⑪ 继续执行"线性"命令,配合交点捕捉功能标注零件图其他尺寸,结果如图8-41所示。

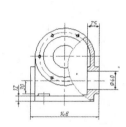 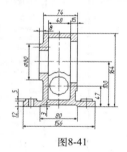 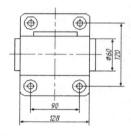

图8-41

⑫ 单击"标注"工具栏或面板中的 ◎ 按钮,激活"半径"命令,标注主视图中的半径尺寸,命令行操作如下。

```
命令:_dimradius
    选择圆弧或圆:                          // 选择如图 8-42 所示的圆弧
    标注文字 = 64
    指定尺寸线位置或 [ 多行文字 (M)/ 文字 (T)/ 角度 (A)]:
                    // 指定尺寸的位置,标注结果如图 8-43 所示
```

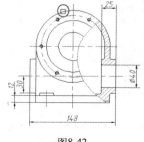 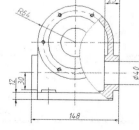

图8-42   图8-43

⑬ 重复执行"半径"命令，分别标注零件图其他位置的半径尺寸，标注结果如图8-44所示。

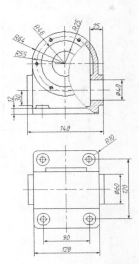
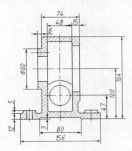

图8-44

⑭ 单击"标注"工具栏或面板中的 按钮，标注零件图中的直径尺寸，结果如图8-45所示。

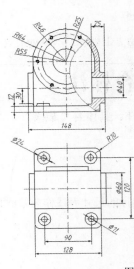
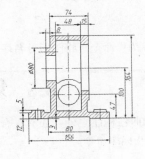

图8-45

⑮ 使用命令简写LE激活"快速引线"命令，在"引线和箭头"选项卡中设置引线参数如图8-46所示。

⑯ 进入"附着"选项卡，勾选"最后一行加下划线"复选框，然后确认进入绘图区，为零件图标注如图8-47所示的引线注释。

图8-46

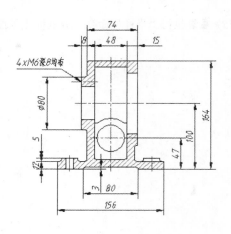

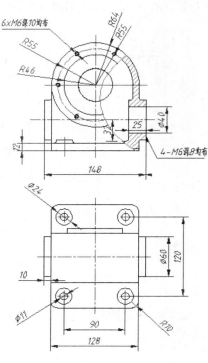

图8-47

⑰ 执行"另存为"命令,将图形另名存储为"上机练习一.dwg"文件。

8.5 复合标注

除了直线标注和曲线标注之外,还有复合标注,具体有"基线"、"连续"、"快速标注"等,本节继续学习这些标注命令。

8.5.1 基线标注

"基线"标注需要在现有尺寸的基础上,以选择的尺寸界线作为基线尺寸的尺寸界线进行标注基线尺寸。

执行"基线"命令主要有以下几种方式。

◆ 执行菜单栏中的"标注"|"基线"命令。

◆ 单击"标注"工具栏或面板中的 ⊟ 按钮。

◆ 在命令行输入Dimbaseline或Dimbase后按Enter键。

下面通过简单操作,学习"基线"命令的使用方法和操作技巧。

① 执行"打开"命令,打开随书光盘中的"素材文件"\"基线标注示例.dwg"文件。

② 新建名称为"尺寸层"的新图层,并将其设置为当前层。

③ 执行"标注样式"命令,将"建筑标注"样式设置为当前标注样式。

④ 执行菜单栏中的"标注" | "线性"命令,首先标注如图8-48所示的线性尺寸作为基准尺寸。

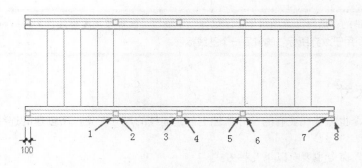

图8-48

⑤ 单击"标注"工具栏中的⊟按钮，激活"基线"命令，配合端点捕捉功能标注基线尺寸，命令行操作如下。

命令：_dimbaseline
　　指定第二条尺寸界线原点或 [放弃 (U)/ 选择 (S)] < 选择 >:
　　　　// 系统进入基线标注状态，捕捉如图 8-48 所示的端点 1

> **TIP**
> 当激活"基线"命令后，AutoCAD会自动以刚创建的线性尺寸作为基准尺寸，进入基线尺寸的标注状态。

　　指定第二条尺寸界线原点或 [放弃 (U)/ 选择 (S)] < 选择 >:　// 捕捉如图 8-48 所示的端点 2
　　指定第二条尺寸界线原点或 [放弃 (U)/ 选择 (S)] < 选择 >:　// 捕捉如图 8-48 所示的端点 3
　　指定第二条尺寸界线原点或 [放弃 (U)/ 选择 (S)] < 选择 >:　// 捕捉如图 8-48 所示的端点 4
　　指定第二条尺寸界线原点或 [放弃 (U)/ 选择 (S)] < 选择 >:　// 捕捉如图 8-48 所示的端点 5
　　指定第二条尺寸界线原点或 [放弃 (U)/ 选择 (S)] < 选择 >:　// 捕捉如图 8-48 所示的端点 6
　　指定第二条尺寸界线原点或 [放弃 (U)/ 选择 (S)] < 选择 >:　// 捕捉如图 8-48 所示的端点 7
　　指定第二条尺寸界线原点或 [放弃 (U)/ 选择 (S)] < 选择 >:　// 捕捉如图 8-48 所示的端点 8
　　指定第二条尺寸界线原点或 [放弃 (U)/ 选择 (S)] < 选择 >:　// Enter ，退出基线标注状态
　　选择基准标注：　　　　　　　　　　　　　　　　　　　// Enter ，结束命令，标注结果如
　　　　　　　　　　　　　　　　　　　　　　　　　　　　上图 8-49 所示

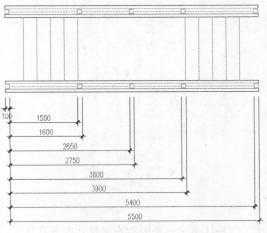

图8-49

该命令中的"选择"选项用于提示选择一个线性、坐标或角度标注作为基线标注的基准，"放弃"选项用于放弃所标注的最后一个基线标注。

8.5.2 连续尺寸

"连续"命令也需要在现有的尺寸基础上创建连续的尺寸对象，所创建的连续尺寸位于同一个方向矢量上。

执行"连续"命令主要有以下几种方式。

◆ 执行菜单栏中的"标注"|"连续"命令。

◆ 单击"标注"工具栏或面板中的 button 按钮。

◆ 在命令行输入Dimcontinue或Dimcont后按Enter键。

下面继续通过一个简单操作，学习"连续"命令的使用方法和操作技巧。

① 继续上面的操作，将上图8-49所示的尺寸删除，重新使用"线性"命令标注如上图8-48所示的线性尺寸作为基准尺寸。

② 执行菜单栏中的"标注" | "连续"命令，根据命令行的提示标注连续尺寸，命令行操作如下。

```
命令：_dimcontinue
    指定第二条尺寸界线原点或 [ 放弃 (U)/ 选择 (S)] < 选择 >:
    // 系统自动进入连续标注状态，捕捉上图 8-48 所示的点 1
    指定第二条尺寸界线原点或 [ 放弃 (U)/ 选择 (S)] < 选择 >: // 捕捉上图 8-48 所示的点 2
    指定第二条尺寸界线原点或 [ 放弃 (U)/ 选择 (S)] < 选择 >: // 捕捉上图 8-48 所示的点 3
    指定第二条尺寸界线原点或 [ 放弃 (U)/ 选择 (S)] < 选择 >: // 捕捉上图 8-48 所示的点 4
    指定第二条尺寸界线原点或 [ 放弃 (U)/ 选择 (S)] < 选择 >: // 捕捉上图 8-48 所示的点 5
    指定第二条尺寸界线原点或 [ 放弃 (U)/ 选择 (S)] < 选择 >: // 捕捉上图 8-48 所示的点 6
    指定第二条尺寸界线原点或 [ 放弃 (U)/ 选择 (S)] < 选择 >: // 捕捉上图 8-48 所示的点 7
    指定第二条尺寸界线原点或 [ 放弃 (U)/ 选择 (S)] < 选择 >: // 捕捉上图 8-48 所示的点 8
    指定第二条尺寸界线原点或 [ 放弃 (U)/ 选择 (S)] < 选择 >: // Enter，退出连续尺寸状态
    选择连续标注：                              // Enter，结束命令，标注结果如
                                              图 8-50 所示
```

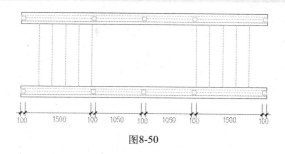

图8-50

8.5.3 快速标注

"快速标注"命令用于一次标注多个对象间的水平尺寸或垂直尺寸，这是一种比较常用的复合标注工具。

执行"快速标注"命令主要有以下几种方式。

◆ 执行菜单栏中的"标注"|"快速标注"命令。

◆ 单击"标注"工具栏或面板中的▣按钮。

◆ 在命令行输入Qdim后按Enter键。

下面继续通过简单操作，学习"快速标注"命令的使用方法和操作技巧。

①　继续上一实例的操作。

②　单击"标注"工具栏或面板中的▣按钮，激活"快速标注"命令后，根据命令行的提示快速标注尺寸，命令行操作如下。

命令：_qdim

　　选择要标注的几何图形：　　　　// 拉出如图 8-51 所示的窗交选择框

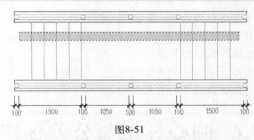

图8-51

　　选择要标注的几何图形：　　　　　//Enter，进入快速标注状态

　　指定尺寸线位置或 [连续 (C)/ 并列 (S)/ 基线 (B)/ 坐标 (O)/ 半径 (R)/ 直径 (D)/ 基准点 (P)/ 编辑 (E)/ 设置 (T)] < 连续 >：　　// 向上引导光标，在适当位置单击，标注结果如图 8-52 所示

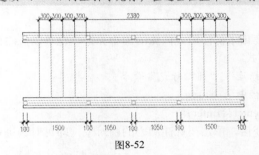

图8-52

执行"快速标注"命令后，命令行中出现的主要选项如下。

◆ "连续"选项：用于标注对象间的连续尺寸。

◆ "并列"选项：用于标注并列尺寸，如图8-53所示。

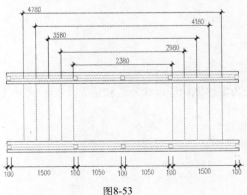

图8-53

◆ "坐标"选项：用于标注对象的绝对坐标，如图8-54所示。

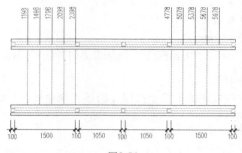

图8-54

◆ "基线"选项：用于标注基线尺寸，如上图8-49所示。
◆ "基准点"选项：用于设置新的标注点。
◆ "编辑"选项：用于添加或删除标注点。
◆ "半径"选项：用于标注圆或弧的半径尺寸。
◆ "直径"选项：用于标注圆或弧的直径尺寸。

8.6 圆心标记与公差标注

本节继续学习"圆心标记"和"公差"两个命令，以标注圆心标记、尺寸公差和形位公差等。

8.6.1 圆心标记

"圆心标记"命令主要用于标注圆或圆弧的圆心标记，也可以标注其中心线。执行"圆心标记"命令主要有以下几种方式。
◆ 执行菜单栏中的"标注"|"圆心标记"命令。
◆ 单击"标注"工具栏中的 ⊙ 按钮。
◆ 在命令行输入Dimcenter按Enter键。

激活"圆心标记"命令后，单击要标注圆心的圆对象，即可对其进行圆心标记，如图8-55和图8-56所示。

图8-55   图8-56

8.6.2 标注形位公差

"公差"命令主要用于为零件图标注形状公差和位置公差。执行"公差"命令主要有以下几种方式。
◆ 执行菜单栏中的"标注"|"公差"命令。
◆ 单击"标注"工具栏或面板中的 ▣ 按钮。
◆ 在命令行输入Tolerance后按Enter键。
◆ 使用命令简写TOL。

激活"公差"命令后，可打开如图8-57所示的"形位公差"对话框。

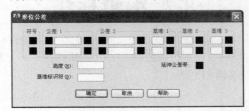

图8-57

单击"符号"选项组中的颜色块，可以打开如图8-58所示的"特征符号"对话框，用户可以选择相应的形位公差符号。

在"公差1"或"公差2"选项组中单击右侧的颜色块，打开如图8-59所示的"附加符号"对话框，以设置公差的包容条件。

- ◆ 符号 Ⓜ：表示最大包容条件，规定零件在极限尺寸内的最大包容量。
- ◆ 符号 Ⓛ：表示最小包容条件，规定零件在极限尺寸内的最小包容量。
- ◆ 符号 Ⓢ：表示不考虑特征条件，不规定零件在极限尺寸内的任意几何大小。

图8-58

图8-59

8.6.3 标注尺寸公差

尺寸公差用于标注尺寸的公差，在"标注样式"对话框中进入"公差"选项卡，如图8-60所示。

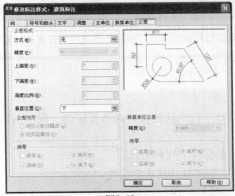

图8-60

该选项卡主要用于设置尺寸的公差的格式和换算单位。

- ◆ "方式"下拉列表：用于设置公差的形式，在其中共有"无"、"对称"、"极限偏差"、"极限尺寸"和"基本尺寸"5个选项。
- ◆ "精度"下拉列表：用于设置公差值的小数位数。
- ◆ "上偏差"/"下偏差"微调按钮：用于设置上下偏差值。
- ◆ "高度比例"微调按钮：用于设置公差文字与基本标注文字的高度比例。
- ◆ "垂直位置"下拉列表：用于设置基本标注文字与公差文字的相对位置。

8.7 编辑标注

前面章节中主要学习了标注尺寸的相关方法，本节主要学习编辑标注的相关知识，这些知识包括"标注打断"、"标注间距"、"折弯线性"、"编辑标注"、"标注更新"和"编辑标注文字"6个命令，以对标注进行编辑和更新。

8.7.1 标注打断

"标注打断"命令主要用于在尺寸线、尺寸界线与几何对象或其他标注相交的位置将其打断。执行"标注打断"命令主要有以下几种方式。

◆ 执行菜单栏中的"标注"|"标注打断"命令。

◆ 单击"标注"工具栏或面板中的 ﹢ 按钮。

◆ 在命令行输入Dimbreak后按Enter键。

执行"标注打断"命令后，命令行操作如下。

> 命令：_DIMBREAK
> 选择要添加 / 删除折断的标注或 [多个 (M)]: // 选择标注的线性尺寸，如图 8-61 所示
> 选择要折断标注的对象或 [自动 (A)/ 手动 (M)/ 删除 (R)] < 自动 >:
>   // 选择与尺寸线相交的水平轮廓线
> 选择要折断标注的对象：   // Enter，结束命令，打断结果如图 8-62 所示
> 1 个对象已修改

图8-61   图8-62

> **TIP** "手动"选项用于手动定位打断位置；"删除"选项用于恢复被打断的尺寸对象。

8.7.2 标注间距

"标注间距"命令用于调整平行的线性标注和角度标注之间的间距，或根据指定的间距值进行调整。

执行"标注间距"命令主要有以下几种方式。

◆ 执行菜单栏中的"标注"|"标注间距"命令。

◆ 单击"标注"工具栏中的 ﹏ 按钮。

◆ 在命令行输入Dimspace按Enter键。

执行"标注间距"命令后，命令行操作如下。

> 命令：_DIMSPACE
> 选择基准标注：   // 选择如图 8-63 所示的尺寸对象
> 选择要产生间距的标注：:   // 选择其他两个尺寸对象
> 选择要产生间距的标注：   // Enter，结束对象的选择
> 输入值或 [自动 (A)] < 自动 >:   // 10 Enter，结果如图 8-64 所示

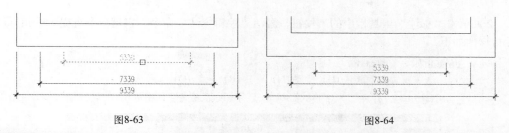

图8-63　　　　　　　　　　　　　　图8-64

> **TIP** "自动"选项用于根据现有的尺寸位置，自动调整各尺寸对象的位置，使之间隔相等。

8.7.3 折弯线性

"折弯线性"命令用于在线性标注或对齐标注上添加或删除拆弯线，"折弯线"指的是所标注对象中的折断；标注值代表实际距离，而不是图形中测量的距离。

执行"折弯线性"命令主要有以下几种方式。

◆　执行菜单栏中的"标注"|"折弯线性"命令。
◆　单击"标注"工具栏中的 ⋏ 按钮。
◆　在命令行输入DIMJOGLINE按Enter键。

执行"折弯线性"命令后，命令行操作如下。

```
命令: _DIMJOGLINE
    选择要添加折弯的标注或 [ 删除 (R)]:      // 选择需要添加折弯的标注
    指定折弯位置 ( 或按 ENTER 键 ):          // 指定折弯线的位置，结果如图 8-65 所示
```

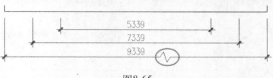

图8-65

> **TIP** "删除"选项主要用于删除标注中的折弯线。

8.7.4 编辑标注

"编辑标注"命令主要用于修改标注文字的内容、旋转角度以及尺寸界线的倾斜角度等。执行"编辑标注"命令主要有以下几种方式。

◆　执行菜单栏中的"标注"|"倾斜"命令。
◆　单击"标注"工具栏或面板中的 ⊿ 按钮。
◆　在命令行输入Dimedit后按Enter键。

下面通过简单实例，学习"编辑标注"命令的使用方法和操作技巧。

①　执行"线性"命令，随意标注一个尺寸，如图8-66所示。

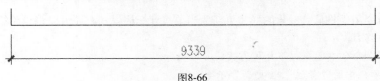

图8-66

② 单击"标注"工具栏中的 按钮，激活"编辑标注"命令，根据命令行提示编辑标注，命令行操作如下。

> 命令：_dimedit
> 　　输入标注编辑类型 [默认 (H)/ 新建 (N)/ 旋转 (R)/ 倾斜 (O)] < 默认 >：
> 　　　　//N Enter ，打开"文字格式"编辑器，修改标注文字如图 8-67 所示，然后关闭该编辑器

图 8-67

> 选择对象：　　　　　　　　// 选择刚标注的尺寸
> 选择对象：　　　　　　　　// Enter ，标注结果如图 8-68 所示

图 8-68

③ 重复执行"编辑标注"命令，对标注文字进行倾斜，命令行操作如下。

> 命令：　　　　　　　　　　　　　　　// Enter ，重复执行命令
> DIMEDIT
> 输入标注编辑类型 [默认 (H)/ 新建 (N)/ 旋转 (R)/ 倾斜 (O)] < 默认 >：
> 　　　　　　　　　　　　　　　　　// R Enter ，激活"旋转"选项
> 指定标注文字的角度：　　　　　　　//30 Enter
> 选择对象：　　　　　　　　　　　　// 选择标注的尺寸
> 选择对象：　　　　　　　　　　　　// Enter ，结果如图 8-69 所示

图 8-69

> **TIP** 　　"倾斜"选项用于对尺寸界线进行倾斜，激活该选项后，系统将按指定的角度调整标注尺寸界线的倾斜角度，如图 8-70 所示。

图 8-70

8.7.5 标注更新

　　"更新"命令用于将尺寸对象的样式更新为当前尺寸标注样式，还可以将当前的标注样式保存起来，以供随时调用。

　　执行"更新"命令主要有以下几种方式。

　　◆ 执行菜单栏中的"标注"|"更新"命令。

◆ 单击"标注"工具栏或面板中的 按钮。

◆ 在命令行输入-Dimstyle后按Enter键。

激活该命令后，仅选择需要更新的尺寸对象即可，命令行操作如下。

> 命令 : _-dimstyle
>
> 　　当前标注样式 :NEWSTYLE 注释性 : 否
>
> 　　输入标注样式选项 [注释性 (AN)/ 保存 (S)/ 恢复 (R)/ 状态 (ST)/ 变量 (V)/ 应用 (A)/?] < 恢复 >:
>
> 　　选择对象 : 　　　　　 // 选择需要更新的尺寸
>
> 　　选择对象 : 　　　　　 // Enter ，结束命令

执行"更新"命令后，在命令行中出现的选项如下。

◆ "状态"选项：用于以文本窗口的形式显示当前标注样式的数据。

◆ "应用"选项：将选择的标注对象自动更换为当前标注样式。

◆ "保存"选项：用于将当前标注样式存储为用户定义的样式。

◆ "恢复"选项：用于恢复已定义过的标注样式。

8.7.6 编辑标注文字

"编辑标注文字"命令用于重新调整标注文字的放置位置以及标注文字的旋转角度。执行"编辑标注文字"命令主要有以下几种方式。

◆ 执行菜单栏"标注"|"对齐文字"级联菜单中的各命令。

◆ 单击"标注"工具栏或面板中的 按钮。

◆ 在命令行输入Dimtedit后按Enter键。

下面通过简单实例，学习"编辑标注文字"命令的使用方法和操作技巧。

① 执行"线性"命令，随意标注如图8-71所示的尺寸。

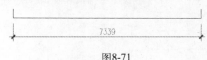

图8-71

② 单击"标注"工具栏中的 按钮，激活"编辑标注文字"命令，调整尺寸方位的角度，命令行操作如下。

> 命令 : _dimtedit
>
> 　　选择标注 : 　　　　　 // 选择刚标注的尺寸对象
>
> 　　为标注文字指定新位置或 [左对齐 (L)/ 右对齐 (R)/ 居中 (C)/ 默认 (H)/ 角度 (A)]:
>
> 　　　　　　　　　　 //A Enter ，激活"角度"选项
>
> 　　指定标注文字的角度 : //45 Enter ，编辑结果如图 8-72 所示

图8-72

③ 重复执行"编辑标注文字"命令，调整标注文字的位置，命令行操作如下。

> 命令 : _dimtedit
>
> 　　选择标注 : 　　　　　 // 选择图标注的尺寸
>
> 　　为标注文字指定新位置或 [左对齐 (L)/ 右对齐 (R)/ 居中 (C)/ 默认 (H)/ 角度 (A)]:
>
> 　　　　　　　　　　 // R Enter ，修改结果如图 8-73 所示

图8-73

除了以上选项外，其他选项功能如下。

◆ "左对齐"选项：用于沿尺寸线左端放置标注文字。
◆ "右对齐"选项：用于沿尺寸线右端放置标注文字。
◆ "居中"选项：用于将标注文字放在尺寸线的中心。
◆ "默认"选项：用于将标注文字移回默认位置。
◆ "角度"选项：用于旋转标注文字。

8.8 上机练习二——标注箱体零件公差

前面章节中主要学习了复合标注以及编辑标注的相关知识，本节将通过为零件图标注尺寸公差和形位公差的实例，对所学知识进行巩固练习。

① 执行"打开"命令，打开随书光盘中的"效果文件"\"第8章"\"上机练习一.dwg"文件。

② 执行菜单栏中的"标注"｜"线性"命令，配合端点捕捉功能标注左视图上侧的尺寸公差，命令行操作如下。

命令：_dimlinear
　　指定第一个尺寸界线原点或<选择对象>：　　// 捕捉如图 8-74 所示的端点
　　指定第二条尺寸界线原点：　　　　　　　　// 捕捉如图 8-75 所示的端点

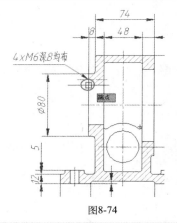

图8-74

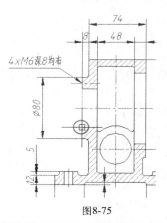

图8-75

　　指定尺寸线位置或 [多行文字 (M)/ 文字 (T)/ 角度 (A)/ 水平 (H)/ 垂直 (V)/ 旋转 (R)]：
　　//M Enter，打开"文字格式"编辑器，将光标移至标注文字前，然后为标注文字添加直径前缀，如图 8-76 所示

图8-76

③ 继续将光标移至标注文字后，为标注文字添加公差后缀，如图8-77所示。

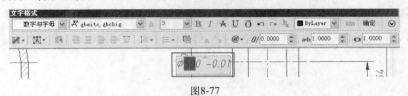

图8-77

④ 在多行文字输入框中选择添加的后缀，如图8-78所示，然后单击 📄 按钮进行堆叠，堆叠结果如图8-79所示。

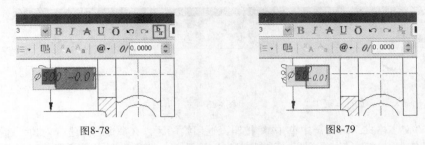

图8-78　　　　　　　　　　　　　　　　　　图8-79

⑤ 单击 确定 按钮，返回绘图区，根据命令行的提示指定尺寸线位置，标注结果如图8-80所示。

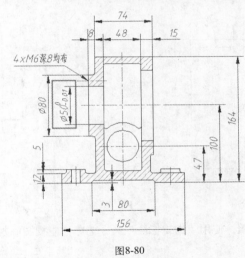

图8-80

⑥ 单击"标注"工具栏中的 📐 按钮，激活"编辑标注"命令，在命令行"输入标注编辑类型[默认(H)/新建(N)/旋转(R)/倾斜(O)] <默认>:"提示下，激活"新建"选项功能，打开"文字格式"编辑器。

⑦ 在"文字格式"编辑器中，将光标移到标注文字前添加直径符号，如图8-81所示。

图8-81

⑧ 在"文字格式"编辑器中，将光标移至标注文字后添加尺寸后缀，如图8-82所示。

图8-82

⑨ 在"文字格式"编辑器中选择输入的尺寸公缀进行堆叠，堆叠结果如图8-83所示。

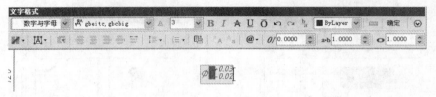

图8-83

⑩ 在"文字格式"编辑器中单击 确定 按钮，返回绘图区，在命令行"选择对象："提示下选择如图8-84所示的尺寸，继续在命令行"选择对象："提示下，按Enter键为其添加尺寸前缀和公差后缀，结果如图8-85所示。

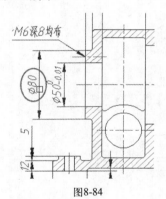

图8-84

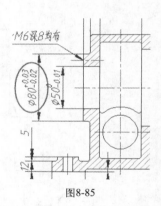

图8-85

⑪ 参照前面的操作步骤，使用"编辑标注"命令为零件主视图添加尺寸公差，结果如图8-86所示。

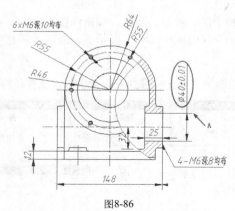

图8-86

(12) 使用命令简写LE激活"快速引线"命令，使用命令中的"设置"选项功能，设置引线注释类型为"公差"，然后设置其他参数如图8-87所示。

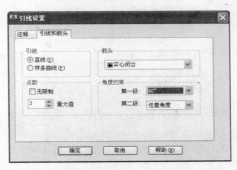

图8-87

(13) 单击 确定 按钮，返回绘图区，根据命令行的提示，配合端点捕捉功能，在如上图8-86所示的A点指定第一个引线点。

(14) 继续根据命令行的提示，分别在适当位置指定另外两个引线点，打开"形位公差"对话框。

(15) 在该对话框中的"符号"颜色块上单击左键，打开"特征符号"对话框，然后选择如图8-88所示的公差符号单击左键。

(16) 返回"形位公差"对话框，在"公差1"选项组内的颜色块上单击左键添加直径符号，然后输入公差值等，如图8-89所示。

图8-88

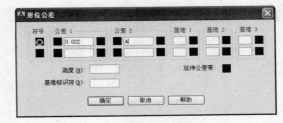

图8-89

(17) 单击 确定 按钮，关闭"形位公差"对话框，标注结果如图8-90所示。

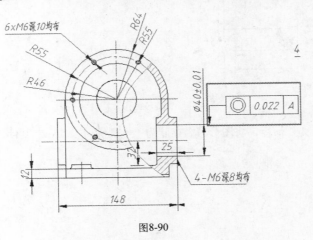

图8-90

⑱ 参照前面的操作步骤，使用"快速引线"命令标注主视图下侧的形位公差，结果如图8-91所示。

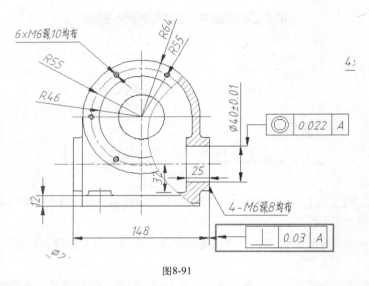

图8-91

⑲ 调整视图，使零件图完全显示，最终效果如图8-92所示。

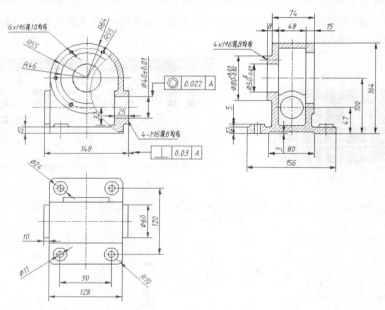

图8-92

⑳ 执行"另存为"命令，将图形另名存储为"上机练习二.dwg"文件。

第**3**篇

技能提高——
三维设计篇

本篇包括第9~11章内容，结合大量典型案例，重点讲解了AutoCAD 2013三维建模的相关知识，具体内容包括AutoCAD 2013三维视图的查看、显示，三维坐标系的调整，三维基本表面、三维回转曲面、三维平移曲面、三维直纹曲面、三维边界曲面等三维曲面的创建以及三维实体建模、三维模型的编辑与操作等高级制图技巧，使读者通过本篇内容的学习，在掌握二维制图的基础上更上一层楼，进而掌握三维制图技能。

本篇内容如下：

第9章　三维制图基础知识

第10章　实体、曲面与网格建模

第11章　三维模型的编辑细化

第9章 三维制图基础知识

AutoCAD为用户提供了比较完善的三维制图功能，使用三维制图功能可以创建出物体的三维模型，此种模型包含的信息更多、更完整，也更利于与计算机辅助工程、制造等系统相结合。本章主要学习AutoCAD的三维制图基础知识，为后面章节的学习打下基础。

9.1 视图、视口与动态观察

本节主要学习三维制图中的视图、视口以及三维模型的动态观察等功能，掌握这些知识，对学习三维制图非常重要。

9.1.1 设置视点

所谓视点其实就是观察的角度，在AutoCAD绘图空间中，用户可以设置视点，在不同的位置观察三维图形，视点的设置主要有以下两种方式。

1. 使用"视点"命令设置视点

"视点"命令用于输入观察点的坐标或角度来确定视点。执行"视点"命令主要有以下两种方式。

- ◆ 执行菜单栏中的"视图"|"三维视图"|"视点"命令。
- ◆ 在命令行输入Vpoint后按Enter键。

执行"视点"命令后，其命令行出现如下提示。

命令：Vpoint
　　当前视图方向：VIEWDIR=0.0000,0.0000,1.0000
　　指定视点或 [旋转 (R)] < 显示指南针和三轴架 >:　　// 输入观察点的坐标来确定视点

如果用户没有输入视点坐标，而是直接按Enter键，那么绘图区会显示如图9-1所示的指南针和三轴架，其中三轴架代表x、y、z轴的方向，当用户相对于指南针移动十字线时，三轴架会自动进行调整，以显示x、y、z轴对应的方向。

TIP ▶▶　　"旋转"选项主要用于通过指定与x轴的夹角以及与xy平面的夹角来确定视点。

2. 通过"视点预设"命令设置视点

"视点预设"命令是通过对话框的形式设置视点的。执行"视点预设"命令主要有以下几种方式。

- ◆ 执行菜单栏中的"视图"|"三维视图"|"视点预设"命令。
- ◆ 在命令行输入DDVpoint后按Enter键。
- ◆ 使用命令简写VP。

执行"视点预设"命令后，打开如图9-2所示的"视点预设"对话框，在该对话框中可以进行如下内容的设置。

① 设置视点、原点的连线与xy平面的夹角。具体操作就是在右侧半圆图形上选择相应的点，或直接在"XY平面"文本框内输入角度值。

（2）设置视点、原点的连线在 xoy 面上的投影与 x 轴的夹角。具体操作就是在左侧图形上选择相应点，或在"X轴"文本框内输入角度值。

（3）设置观察角度。系统将设置的角度默认为相对于当前WCS，如果选择了"相对于UCS"单选按钮，设置的角度值就是相对于UCS的。

（4）设置为平面视图。单击 设置为平面视图(V) 按钮，系统将重新设置为平面视图。平面视图的观察方向是与 x 轴的夹角为270°，与 xy 平面的夹角是90°。

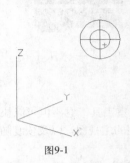

图9-1

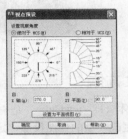

图9-2

9.1.2 切换视图

为了便于观察和编辑三维模型，AutoCAD为用户提供了6个正交视图和4个等轴测图，执行"视图"|"三维视图"菜单下的相关命令，即可切换视图，如图9-3所示。另外，打开"视图"工具栏，单击相应视图按钮，也可以切换视图，如图9-4所示。

图9-3

图9-4

上述6个正交视图和4个 等轴测视图用于显示三维模型的主要特征视图，其中每种视图的视点、与 x 轴夹角和与 xy 平面夹角等内容如表9-1所示。

表9-1 基本视图及其参数设置

视图	菜单选项	方向矢量	与 x 轴夹角	与 xy 平面夹角
俯视	Tom	（0,0,1）	270°	90°
仰视	Bottom	（0,0,-1）	270°	90°
左视	Left	（-1,0,0）	180°	0°
右视	Right	（1,0,0）	0°	0°
前视	Front	（0,-1,0）	270°	0°
后视	Back	（0,1,0）	90°	0°
西南轴测视	SW Isometric	（-1,-1,1）	225°	45°
东南轴测视	SE Isometric	（1,-1,1）	315°	45°
东北轴测视	NE Isometric	（1,1,1）	45°	45°
西北轴测视	NW Isometric	（-1,1,1）	135°	45°

除了上述10个标准视图之外，AutoCAD还为用户提供了一个"平面视图"命令，执行菜单栏中的"视图"｜"三维视图"｜"平面视图"命令，或在命令行输入表达式Plan后按Enter键，都可激活"平面视图"命令，使用此命令，可以将当前UCS、命名保存的UCS或WCS切换为各坐标系的平面视图，以方便观察和操作，如图9-5所示。

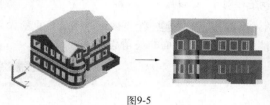

图9-5

9.1.3 导航立方体

3D导航立方体（即ViewCube）是一个视图快速观察工具，它不但可以快速帮助用户调整模型的视点，还可以更改模型的视图投影、定义和恢复模型的主视图，以及恢复随模型一起保存的已命名UCS。

此导航立方体主要由顶部的房子标记、中间的导航立方体、底部的罗盘和最下侧的UCS菜单四部分组成，如图9-6所示。

当沿着立方体移动鼠标时，分布在导航立体棱、边、面等位置上的热点会亮显。单击一个热点，就可以切换到相应的视图。

◆ 视图投影。当查看模型时，在平行模式、透视模式和带平行视图面的透视模式之间进行切换。

◆ 主视图指的是定义和恢复模型的主视图。主视图是用户在模型中定义的视图，用于返回熟悉的模型视图。

◆ 通过单击ViewCube下方的UCS按钮菜单，可以恢复已命名的UCS。

图9-6

> **TIP** 将当前视觉样式设置为3D显示样式后，导航立方体显示图才可以显示出来。在命令行输入Cube后按Enter键，可以控制导航立方体图的显示和关闭状态。

9.1.4 导航控制盘

如图9-7所示的Steering Wheels导航控制盘分为若干个按钮，每个按钮包含一个导航工具，可以通过单击按钮或单击并拖动悬停在按钮上的光标来启动各种导航工具。

单击导航栏中的◎按钮或"视图"菜单下的"SteeringWheels"命令，可打开此控制盘，在控制盘上单击右键，可打开如图9-8所示的快捷菜单。

图9-7

图9-8

在Steering Wheels导航控制盘中，共有4个不同的控制盘可供使用，每个控制盘均拥有其独有的导航方式，具体如下。

◆ 二维导航控制盘。用于平移和缩放导航模型。

◆ 查看对象控制盘。将模型置于中心位置并定义轴心点，以使用"动态观察"工具缩放和动态观察模型。

◆ 巡视建筑控制盘。通过将模型视图移近或移远、环视以及更改模型视图的标高来导航模型。

◆ 导航控制盘。将模型置于中心位置并定义轴心点，以使用"动态观察"工具漫游和环视、更改视图标高、动态观察、平移和缩放模型。

> **TIP** ▶▶ 使用控制盘上的工具导航模型时，先前的视图将保存到模型的导航历史中，要从导航历史恢复视图，可以使用回放工具。单击控制盘上的"回放"按钮或单击"回放"按钮并在上面拖动，即可以显示回放历史。

9.1.5 创建与分割视口

视口是用于绘制图形、显示图形的区域，默认设置下AutoCAD将整个绘图区作为一个视口，在实际建模过程中，有时需要从各个不同视点上观察模型的不同部分，为此AutoCAD为用户提供了视口的分割功能，可以将默认的一个视口分割成多个视口，这样用户可以从不同的方向观察三维模型的不同部分，如图9-9所示。

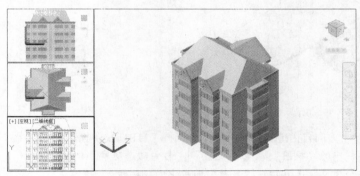

图9-9

视口的分割与合并具体有以下几种方式。

1.通过菜单分割视口

◆ 执行菜单栏"视图"|"视口"级联菜单中的相关命令，即可将当前视口分割为两个、三个或多个视口。

◆ 单击"视口"工具栏或面板中的各按钮。

2.通过对话框分割视口

执行菜单栏中的"视图"|"视口"|"新建视口"命令，或在命令行输入Vports后按Enter键，打开如图9-10所示的"视口"对话框，在此对话框中，用户可以对分割视口提前预览效果，使用户能够方便直接地分割视口。

图9-10

9.1.6 三维动态观察器

AutoCAD为用户提供了三种动态观察功能，使用这些功能可以从不同角度观察三维物体的任意部分。

1. 受约束的动态观察

当执行"受约束的动态观察"命令后，光标显示为状态，此时按住鼠标左键不放，可以手动地调整观察点，以观察模型的不同侧面，如图9-11所示。

执行"受约束的动态观察"命令主要有以下几种方式。

- ◆ 执行菜单栏中的"视图"|"动态观察"|"受约束的动态观察"命令。
- ◆ 单击"动态观察"工具栏或"导航"面板中的 按钮。
- ◆ 在命令行输入3dorbit后按Enter键。

> **TIP**
>
> 当激活"受约束的动态观察"命令后，如果按住鼠标中键进行拖动，可以将视图进行平移。

2. 自由动态观察

"自由动态观察"命令用于在三维空间中不受滚动约束地旋转视图，当激活此功能后，绘图区会出现圆形辅助框架，如图9-12所示。

图9-11

图9-12

用户可以从多个方向自由地观察三维物体。执行"自由动态观察"命令主要有以下几种方式。

- ◆ 执行菜单栏中的"视图"|"动态观察"|"自由动态观察"命令。
- ◆ 单击"动态观察"工具栏或"导航"面板中的 按钮。
- ◆ 在命令行输入3dforbit后按Enter键。

3. 连续动态观察

"连续动态观察"命令用于以连续运动的方式在三维空间中旋转视图，以持续观察三维物体的不同侧面，而不需要手动设置视点。当激活此命令后，光标变为 图标，此时按住左键进行拖动，系统将自动连续旋转视图，再次单击鼠标，即可停止。

执行"连续动态观察"命令主要有以下几种方式。

- ◆ 执行菜单栏中的"视图"|"动态观察"|"连续动态观察"命令。
- ◆ 单击"动态观察"工具栏或"导航"面板中的 按钮。
- ◆ 在命令行输入3dcorbit后按Enter键。

9.2 三维模型的着色

AutoCAD为三维模型提供了几种控制模型外观显示效果的功能，运用这些着色功能，可以快速显示出三维模型逼真的形态。执行菜单栏"视图"|"视觉样式"子菜单下的命令即可启动这些功

能，如图9-13所示。另外，打开"视觉样式"工具栏，单击相关按钮，同样可以调整三维模型的外观效果，和图9-14所示。

图9-13

图9-14

1. 二维线框模式

"二维线框"命令是用直线和曲线显示对象的边缘，此对象的线型和线宽都是可见的。执行该命令主要有以下几种方式。

- ◆ 执行菜单栏中的"视图"|"视觉样式"|"二维线框"命令。
- ◆ 单击"视觉样式"工具栏中的◻按钮。
- ◆ 使用命令简写VS。

执行"二维线框"命令后，三维模型显示效果如图9-15所示。

2. 线框模式

"线框"命令也是用直线和曲线显示对象的边缘轮廓，与二维线框显示方式不同的是，表示坐标系的按钮会显示成三维着色形式，并且对象的线型及线宽都是不可见的。执行该命令主要有以下几种方式。

- ◆ 执行菜单栏中的"视图"|"视觉样式"|"线框"命令。
- ◆ 单击"视觉样式"工具栏中的◎按钮。
- ◆ 使用命令简写VS。

执行"线框"命令后，三维模型显示效果如图9-16所示。

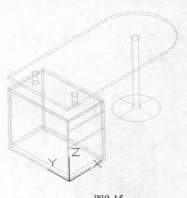

图9-15

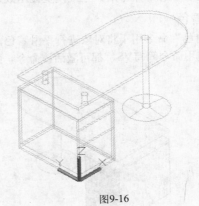

图9-16

3. 消隐模式

"消隐"命令用于将三维对象中观察不到的线隐藏起来，而只显示那些位于前面无遮挡的对象。执行该命令主要有以下几种方式。

- ◆ 执行菜单栏中的"视图"|"视觉样式"|"三维隐藏"命令。

◆ 单击"视觉样式"工具栏中的◎按钮。

◆ 使用命令简写VS。

执行"消隐"命令后,三维模型显示效果如图9-17所示。

4. 真实

"真实"命令可使对象实现平面着色,它只对各多边形的面着色,不对面边界做光滑处理。执行此命令主要有以下几种方式。

◆ 执行菜单栏中的"视图"|"视觉样式"|"真实"命令。

◆ 单击"视觉样式"工具栏中的●按钮。

◆ 使用命令简写VS。

执行"真实"命令后,三维模型显示效果如图9-18所示。

图9-17

图9-18

5. 概念

"概念"命令也可使对象实现平面着色,它不仅可以对各多边形的面着色,还可以对面边界做光滑处理。执行此命令主要有以下几种方式。

◆ 执行菜单栏中的"视图"|"视觉样式"|"概念"命令。

◆ 单击"视觉样式"工具栏中的●按钮。

◆ 使用命令简写VS。

执行"概念"命令后,三维模型显示效果如图9-19所示。

6. 着色

"着色"命令用于将对象进行平滑着色,执行菜单栏中的"视图"|"视觉样式"|"着色"命令或使用命令简写VS,都可激活该命令,此时三维模型效果如图9-20所示。

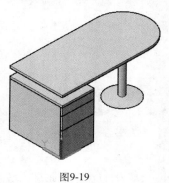

图9-19

图9-20

7. 带边缘着色

"带边缘着色"命令用于将对象带有可见边的平滑着色,执行菜单栏中的"视图"|"视觉样

式"｜"带边缘着色"命令或使用命令简写VS，激活该命令，此时三维模型效果如图9-21所示。

8. 灰度

"灰度"命令用于将对象以单色面颜色模式着色，以产生灰色效果，执行菜单栏中的"视图"｜"视觉样式"｜"灰度"命令或使用命令简写VS激活命令，此时三维模型效果如图9-22所示。

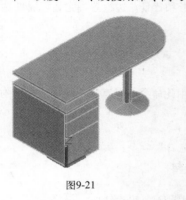

图9-21

图9-22

9. 勾画

"勾画"命令用于将对象使用外伸和抖动方式产生手绘效果，执行菜单栏中的"视图"｜"视觉样式"｜"勾画"命令或使用命令简写VS激活该命令，此时三维模型效果如图9-23所示。

10. X射线

"X射线"命令用于更改面的不透明度，以使整个场景变成部分透明，执行菜单栏中的"视图"｜"视觉样式"｜"X射线"命令或使用命令简写VS激活该命令，此时三维模型效果如图9-24所示。

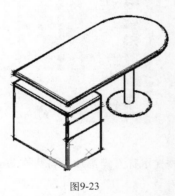

图9-23

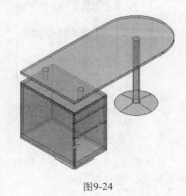

图9-24

9.3 三维模型的其他设置管理

本节继续学习三维模型的其他设置管理，主要包括"视觉样式管理器"、"材质浏览器"和"渲染"三个命令。

9.3.1 管理视觉样式

"视觉样式管理器"命令用于控制模型的外观显示效果、创建或更改视觉样式等。执行"管理视觉样式"命令主要有以下几种方式。

◆ 执行菜单栏中的"视图"|"视觉样式"|"视觉样式管理器…"命令。
◆ 单击"视觉样式"工具栏或面板中的按钮。
◆ 在命令行输入Visualstyles后按Enter键。

执行该命令后，打开"视觉样式管理器"窗口，如图9-25所示。该窗口中的设置选项用于控制面上颜色和着色的外观，环境设置用于打开和关闭阴影和背景，边设置指定显示哪些边以及是否应用边修改器。

9.3.2 为三维模型附着材质

AutoCAD为用户提供了"材质浏览器"命令，使用此命令可以直观方便地为模型附着材质，以更加真实地表达实物造型。

执行"材质浏览器"命令主要有以下几种方式。
◆ 执行菜单栏中的"视图"|"渲染"|"材质浏览器"命令。
◆ 单击"渲染"工具栏或"材质"面板中的按钮。
◆ 在命令行输入Matbrowseropen后按Enter键。

下面通过简单操作，学习"材质浏览器"命令的使用方法操作技巧。

① 单击"渲染"工具栏中的按钮，打开"材质浏览器"窗口，如图9-26所示。

图9-25

图9-26

② 在"材质浏览器"窗口中选择所需材质后，按住鼠标左键不放，将其拖动至桌面物体上，为桌面附着材质，如图9-27所示。

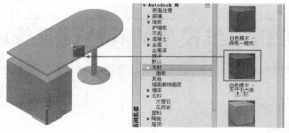
图9-27

③ 执行菜单栏中的"视图"|"视觉样式"|"真实"命令，对附着材质后的方体进行真实着色，结果如图9-28所示。

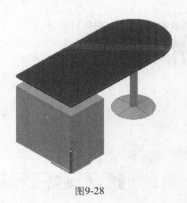

图9-28

9.3.3　三维渲染

AutoCAD为用户提供了简单的渲染功能，当为模型附着材质后，执行菜单栏中的"视图｜"渲染"｜"渲染"命令，或单击"渲染"工具栏中的 ◎ 按钮，即可激活此命令，AutoCAD将按照默认设置，对当前视口内的模型以独立的窗口进行渲染，如图9-29所示。

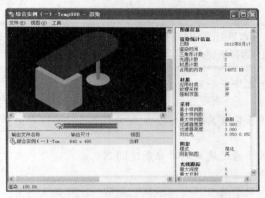

图9-29

9.4　认识UCS坐标系

本节继续学习用户坐标系的定义与管理技能，以方便用户在三维操作空间内快速建模和编辑。

9.4.1　坐标系与UCS坐标系

在默认设置下，AutoCAD是以世界坐标系的xy平面作为绘图平面进行绘制图形的，由于世界坐标系是固定的，其应用范围有一定的局限性，因此AutoCAD为用户提供了用户坐标系，简称UCS，这种坐标系是一种非常重要且常用的坐标系。

为了更好地辅助绘图，AutoCAD为用户提供了一种非常灵活的坐标系——用户坐标系，即UCS坐标系，此坐标系弥补了世界坐标系（WCS）的不足，用户可以随意定制符合绘图需要的UCS，应用范围比较广。

执行"UCS"命令主要有以下几种方式。

◆　执行菜单栏中的"工具"｜"新建UCS"级联菜单命令，如图9-30所示。

- 单击"UCS"工具栏中的各个按钮，如图9-31所示。
- 在命令行输入UCS后按Enter键。
- 单击"视图"选项卡|"坐标"面板中的各按钮。

图9-30    图9-31

执行"UCS"命令后，命令行出现如下提示与选项。

"指定 UCS 的原点或 [面 (F)/ 命名 (NA)/ 对象 (OB)/ 上一个 (P)/ 视图 (V)/ 世界 (W)/X/Y/Z/Z 轴 (ZA)]< 世界 >:"

各种选项功能内容如下。

- "指定UCS的原点"选项：用于指定三点，以分别定位出新坐标系的原点、x轴正方向和y轴正方向。

> **TIP** 坐标系原点为离选择点最近的实体平面顶点，x轴正向由此顶点指向离选择点最近的实体平面边界线的另一端点。用户选择的面必须为实体面域。

- "面"选项：用于选择一个实体的平面作为新坐标系的xoy平面。用户必须使用点选法选择实体。
- "命名"选项：用于恢复其他坐标系为当前坐标系、为当前坐标系命名保存以及删除不需要的坐标系。
- "对象"选项：表示通过选定的对象创建UCS坐标系。用户只能使用点选法来选择对象，否则无法执行此命令。
- "上一个"选项：用于将当前坐标系恢复到前一次所设置的坐标系位置，直到将坐标系恢复为WCS坐标系。
- "视图"选项：表示将新建的用户坐标系的x、y轴所在的面设置成与屏幕平行，其原点保持不变，z轴与xy平面正交。
- "世界"选项：用于选择世界坐标系作为当前坐标系，用户可以从任何一种UCS坐标系下返回到世界坐标系。
- "X"/"Y"/"Z"选项：原坐标系坐标平面分别绕x、y、z轴旋转而形成新的用户坐标系。

> **TIP** 如果在已定义的UCS坐标系中进行旋转，那么新的UCS是以前面的UCS系统旋转而成。

- "Z轴"选项：用于指定z轴方向以确定新的UCS坐标系。

9.4.2 UCS坐标系的管理

"命名UCS"命令用于对命名UCS以及正交UCS进行管理和操作。比如，用户可以使用该命令删除、重命名或恢复已命名的UCS坐标系，也可以选择AutoCAD预设的标准UCS坐标系以及控制UCS图标的显示等。

执行"命名UCS"命令主要有以下几种方式。

- 执行菜单栏中的"工具"|"命名UCS"命令。
- 单击"UCS Ⅱ"工具栏或"坐标"面板中的 按钮。
- 在命令行输入Ucsman后按Enter键。

执行"命名UCS"命令后可打开"UCS"对话框，如图9-32所示。通过此对话框，可以很方便地对自己定义的坐标系统进行存储、删除、应用等操作。

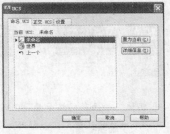

图9-32

1. "命名UCS"选项卡

此选项卡用于显示当前文件中的所有坐标系，还可以设置当前坐标系，如上图9-32所示。

- "当前UCS"：显示当前的UCS名称。如果UCS设置没有保存和命名，那么当前UCS读取"未命名"。在"当前UCS"下的空白栏中有UCS名称的列表，列出当前视图中已定义的坐标系。
- 置为当前(C)按钮：用于设置当前坐标系。
- 详细信息(T)按钮：单击该按钮可打开如图9-33所示的"UCS 详细信息"对话框，用来查看坐标系的详细信息。

2. "正交UCS"选项卡

此选项卡主要用于显示和设置AutoCAD的预设标准坐标系作为当前坐标系，如图9-34所示。具体内容如下。

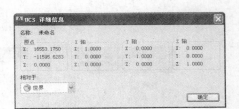

图9-33

图9-34

- "正交UCS"列表框：其中列出当前视图中的6个正交坐标系。正交坐标系是相对"相对于"下拉列表中指定的UCS进行定义的。
- 置为当前(C)按钮：用于设置当前的正交坐标系。用户可以在列表框中双击某个选项，将其设为当前，也可以选择需要设为当前的选项后单击右键，从弹出的快捷菜单中选择设为非当前的选项。

3. "设置"选项卡

此选项卡主要用于设置UCS图标的显示及其他的一些操作设置，如图9-35所示。

- "开"复选框：用于显示当前视口中的UCS图标。
- "显示于UCS原点"复选框：用于在当前视口中当前坐标系的原点显示UCS图标。
- "应用到所有活动视口"复选框：用于将UCS图标设置应用到当前图形中的所有活动视口。

图9-35

- "UCS与视口一起保存"复选框：用于将坐标系设置与视口一起保存。如果取消选择此复选框，视口将反映当前视口的UCS。
- "修改UCS时更新平面视图"复选框：用于修改视口中的坐标系时恢复平面视图。当对话框关闭时，平面视图和选定的UCS设置被恢复。

第10章 实体、曲面与网格建模

实体、曲面和网格是AutoCAD三维模型的三种类型，通过这三类模型，不仅能让非专业人员对物体的外形有一个感性的认识，还能帮助专业人员降低绘制复杂图形的难度，使一些在二维平面图中无法表达的东西清晰而形象地显示在屏幕上。本章将学习这三种模型的建模方法和相关技巧，以快速构建物体的三维模型。

10.1 创建基本几何体实体模型

所谓实体模型，其实就是实实在在的物体，它不仅包含面边信息，而且还具备实物的一切特性，用户不仅可以对其进行着色和渲染，或者对其进行打孔、切槽、倒角等布尔运算，还可以检测和分析实体内部的质心、体积和惯性矩等。如图10-1所示即为实体模型。

基本几何实体模式就是指常见的多段体、长方体、楔体、圆锥体、球体、圆柱体、圆环体、棱锥体等。在AutoCAD中，这些常见的基本几何体实体模型都有相关的创建命令菜单和相关创建按钮，这些菜单位于"绘图"｜"建模"子菜单上，而相关按钮则位于"建模"面板和"建模"工具栏上，如图10-2和图10-3所示。

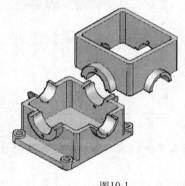

图10-1

图10-2

图10-3

本节将重点学习基本几何体实体建模的相关方法和技巧。

10.1.1 创建多段体实体模型

所谓多段体就是指由多个三维实体模型组成的三维实体模型，如图10-4所示。使用"多段体"命令就可以创建三维多段体实体模型，在创建多段体实体模型时，不仅可以设置多段体的截面宽度，还可以设置多段体的高度。

执行"多段体"命令主要有以下几种方式。

◆ 执行菜单栏中的"绘图"｜"建模"｜"多段体"命令。

◆ 单击"建模"工具栏或面板中的 按钮。

◆ 在命令行输入Polysolid后按Enter键。

下面通过创建高度为80、宽度为4的多段体，学习"多段体"命令的使用方法和操作技巧，具体操作步骤如下。

① 新建一个文件。

② 将视图切换为西南视图。

③ 单击"建模"工具栏中的 按钮，根据命令行提示创建多段体，命令行操作如下。

命令：_Polysolid 高度 = 80.0000, 宽度 = 5.0000, 对正 = 居中
 指定起点或 [对象 (O)/ 高度 (H)/ 宽度 (W)/ 对正 (J)] < 对象 >: // 在绘图区拾取一点
 指定下一个点或 [圆弧 (A)/ 放弃 (U)]:   //@100,0 Enter
 指定下一个点或 [圆弧 (A)/ 放弃 (U)]:   //@0,-60 Enter
 指定下一个点或 [圆弧 (A)/ 闭合 (C)/ 放弃 (U)]: //@100,0 Enter
 指定下一个点或 [圆弧 (A)/ 闭合 (C)/ 放弃 (U)]: // A Enter
 指定圆弧的端点或 [闭合 (C)/ 方向 (D)/ 直线 (L)/ 第二个点 (S)/ 放弃 (U)]: //@0,-150 Enter
 指定下一个点或 [圆弧 (A)/ 闭合 (C)/ 放弃 (U)]: // 在绘图区拾取一点
 指定圆弧的端点或 [闭合 (C)/ 方向 (D)/ 直线 (L)/ 第二个点 (S)/ 放弃 (U)]:
              // Enter ，结束命令，绘制结果如图 10-5 所示

图10-4   图10-5

当执行"多段体"命令后，命令行中出现的选项如下。

◆ "对象"选项：可以将现有的直线、圆弧、圆、矩形以及样条曲线等二维对象转换为具有一定宽度和高度的三维实心体，如图10-6所示。

◆ "高度"选项：用于设置多段体的高度。

◆ "宽度"选项：用于设置多段体的宽度。

◆ "对正"选项：用于设置多段体的对正方式，具体有"左对正"、"居中"和"右对正"三种方式。

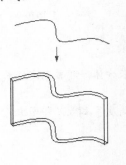
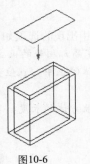
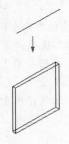

图10-6

10.1.2 创建长方体实体模型

长方体是最常见的一种三维实体，使用"长方体"命令可以非常方便地创建长方体、立方体实体模型，如图10-7所示。

中文版AutoCAD 2013从新手到高手

6
7
8
9
10

 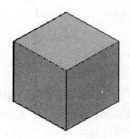

图10-7

执行此命令主要有以下几种方式。

◆ 执行菜单栏中的"绘图"|"建模"|"长方体"命令。

◆ 单击"建模"工具栏或面板中的▯按钮。

◆ 在命令行输入Box后按Enter键。

下面通过创建长度为200、宽度为150、高度为35的长方体模型，学习"长方体"命令的使用方法和操作技巧。

① 新建文件并将视图切换为西南视图。

② 单击"建模"工具栏中的▯按钮，根据命令行提示创建长方体，命令行操作如下。

```
命令：_box
    指定第一个角点或 [ 中心 (C)]:              // 在绘图区拾取一点
    指定其他角点或 [ 立方体 (C)/ 长度 (L)]:     //@200,150 Enter
    指定高度或 [ 两点 (2P)]:                    //35 Enter，创建结果如图 10-8 所示
```

③ 使用命令简写HI激活"消隐"命令，效果如图10-9所示。

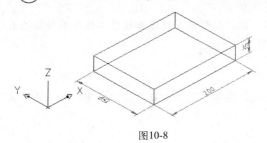 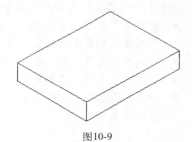

图10-8   图10-9

当执行"长方体"命令后，命令行中出现的选项如下。

◆ "立方体"选项：用于创建长宽高都相等的正立方体。

◆ "中心"选项：用于根据长方体的正中心点位置创建长方体，即首先定位长方体的中心点位置。

◆ "长度"选项：用于直接输入长方体的长度、宽度和高度等参数，即可生成相应尺寸的方体模型。

10.1.3 创建楔体实体模型

楔体是一种不太常见的三维实体模型，其三角形的形体结构具有很好的受力性，多起到支撑作用。使用"楔体"命令可以创建三维楔体模型。

执行"楔体"命令主要有以下几种方式。

◆ 执行菜单栏中的"绘图"|"建模"|"楔体"命令。

◆ 单击"建模"工具栏或面板中的 ◇ 按钮。

◆ 在命令行输入Wedge后按Enter键。

下面通过创建长度为120、宽度为20、高度为150的楔体模型，学习"楔体"命令的使用方法和技巧。

①▶ 新建文件并将当前视图切换为东南视图。

②▶ 单击"建模"工具栏中的 ◇ 按钮，根据命令行提示创建楔体，命令行操作如下。

命令：_wedge

指定第一个角点或 [中心 (C)]:   // 在绘图区拾取一点

指定其他角点或 [立方体 (C)/ 长度 (L)]:   //@120,20 Enter

指定高度或 [两点 (2P)] <10.52>:   //150 Enter，创建结果如图 10-10 所示

③▶ 使用命令简写HI激活"消隐"命令，效果如图10-11所示。

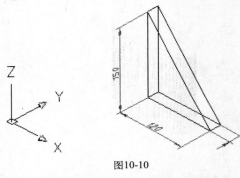

图10-10

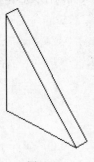

图10-11

当执行"楔体"命令后，命令行中出现的选项如下。

◆ "中心"选项：用于定位楔体的中心点，其中心点为斜面正中心点。

◆ "立方体"选项：用于创建长、宽、高都相等的楔体。

10.1.4 创建球体实体模型

球体也是较常见的一种三维实体模型，使用"球体"命令可以创建三维球体模型，如图10-12所示。

执行"球体"命令主要有以下几种方式。

◆ 执行菜单栏中的"绘图"|"实体"|"球体"命令。

◆ 单击"建模"工具栏或面板中的 ◯ 按钮。

◆ 在命令行输入Sphere后按Enter键。

下面通过创建半径为120的球体模型，主要学习"球体"命令的使用方法和技巧，具体操作步骤如下。

①▶ 新建文件并将当前视图切换为西南视图。

②▶ 单击"建模"工具栏中的 ◯ 按钮，创建半径为120的球体模型，命令行操作如下。

命令：_sphere

指定中心点或 [三点 (3P)/ 两点 (2P)/ 切点、切点、半径 (T)]:

                       // 拾取一点作为球体的中心点

指定半径或 [直径 (D)] <10.36>:   //120 Enter，创建结果如图 10-12 所示

③▶ 执行"视觉样式"命令，对球体进行概念着色，效果如图10-13所示。

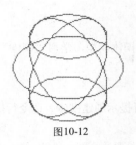

图10-12 　　　　　　　　　　　　　　　　　图10-13

10.1.5　创建圆柱体实体模型

　　圆柱体的应用比较广泛，常见的有各种柱子、连杆等模型，使用"圆柱体"命令可以创建圆柱实心体或椭圆柱实心体模型，如图10-14所示。

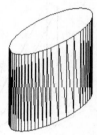

图10-14

　　执行"圆柱体"命令主要有以下几种方式。

◆　执行菜单栏中的"绘图"|"建模"|"圆柱体"命令。

◆　单击"建模"工具栏或面板中的🔲按钮。

◆　在命令行输入Cylinder后按Enter键。

　　下面通过创建底面半径为120、高度为250的圆柱体模型，学习"圆柱体"命令的使用方法和技巧，操作步骤如下。

① 新建文件并将当前视图切换为西南视图。

② 单击"建模"工具栏中的🔲按钮，根据命令行提示创建圆柱体，命令行操作如下。

命令：_cylinder
　　　指定底面的中心点或 [三点 (3P)/ 两点 (2P)/ 切点、切点、半径 (T)/ 椭圆 (E)]
　　　　　　　　　　　　　　　　　　　　　　　　// 在绘图区拾取一点
　　　指定底面半径或 [直径 (D)]>：　　　　　　　//120 Enter，输入底面半径
　　　指定高度或 [两点 (2P)/ 轴端点 (A)] <100.0000>：　　//260 Enter，结果如图 10-15 所示

③ 使用命令简写HI激活"消隐"命令，效果如图10-16所示。

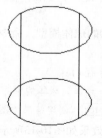
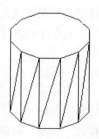

图10-15 　　　　　　　　　　　　　　　　图10-16

> **TIP**
>
> 变量FACETRES用于设置实体消隐或渲染后表面的光滑度，值越大表面越光滑，如图10-17所示；变量ISOLINES用于设置实体线框的表面密度，值越大网格线就越密集，如图10-18所示。

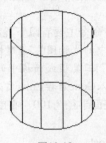

图10-17　　　　　　　　　　　　　　　　图10-18

当执行"圆柱体"命令后，命令行中出现的选项如下。

◆ "三点"选项：用于指定圆上的三个点定位圆柱体的底面。

◆ "两点"选项：用于指定圆直径的两个端点定位圆柱体的底面。

◆ "切点、切点、半径"选项：用于绘制与已知两对象相切的圆柱体。

◆ "椭圆"选项：用于绘制底面为椭圆的椭圆柱体。

10.1.6　创建圆环体实体模型

圆环体模型也比较常见，例如常见的游泳圈、环形拉环等。使用"圆环体"命令可以创建圆环实心体模型，如图10-19所示。

执行"圆环体"命令主要有以下几种方式。

◆ 执行菜单栏中的"绘图"|"建模"|"圆环体"命令。

◆ 单击"建模"工具栏或面板中的◎按钮。

◆ 在命令行输入Torus后按Enter键。

下面通过创建圆环体半径为200、圆管半径为20的圆环体，学习"圆环体"命令的使用方法和技巧，操作步骤如下。

① 新建文件并将当前视图切换为西南视图。

② 单击"建模"工具栏中的◎按钮，根据命令行提示创建圆环体，命令行操作如下。

```
命令：_torus
    指定中心点或 [ 三点 (3P)/ 两点 (2P)/ 切点、切点、半径 (T)]:  // 拾取一点定位环体的中心点
    指定半径或 [ 直径 (D)] <120.0000>:          //200 Enter
    指定圆管半径或 [ 两点 (2P)/ 直径 (D)]:        //20 Enter，输入圆管半径，结果如图 10-20 所示
```

③ 使用命令简写HI激活"消隐"命令，效果如图10-21所示。

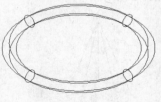

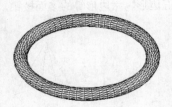

图10-19　　　　　　　　　　图10-20　　　　　　　　　　图10-21

10.1.7 创建圆锥体实体模型

圆锥体实体模型不太常见，使用"圆锥体"命令可以创建圆锥体或椭圆锥体模型，如图10-22所示。

执行"圆锥体"命令主要有以下几种方式。

◆ 执行菜单栏中的"绘图"|"建模"|"圆锥体"命令。

◆ 单击"建模"工具栏或面板中的△按钮。

◆ 在命令行输入Cone后按Enter键。

下面通过创建底面半径为100、高度为150的圆锥体，学习"圆锥体"命令的使用方法和技巧，操作步骤如下。

1 新建空白文件。

2 执行菜单栏中的"视图"|"三维视图"|"西南等轴测"命令，将当前视图切换为西南视图。

3 单击"建模"工具栏中的△按钮，执行"圆锥体"命令，根据命令行提示创建锥体，具体操作如下。

```
命令：_cone
    指定底面的中心点或 [ 三点 (3P)/ 两点 (2P)/ 切点、切点、半径 (T)/ 椭圆 (E)]:
                                    // 拾取一点作为底面中心点
    指定底面半径或 [ 直径 (D)] <261.0244>:   //100 Enter，输入底面半径
    指定高度或 [ 两点 (2P)/ 轴端点 (A)/ 顶面半径 (T)] <120.0000>:
                                    //150 Enter，输入锥体的高度，结果如图 10-23 所示
```

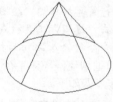

图10-22

图10-23

"椭圆"选项用于创建底面为椭圆的椭圆锥体，如上图10-22（右）所示。

10.1.8 创建棱锥体实体模型

棱锥体实体模型也不太常见，使用"棱锥面"命令可以创建三维实体棱锥，如底面为四边形、五边形、六边形等的多面棱锥，如图10-24所示。

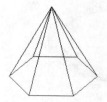

图10-24

执行"棱锥体"命令主要有以下几种方式。

◆ 执行菜单栏中的"绘图"|"建模"|"棱锥体"命令。

◆ 单击"建模"工具栏或面板中的△按钮。

◆ 在命令行输入Pyramid后按Enter键。

下面通过创建底面半径为120的六面棱锥体，学习"棱锥体"命令的使用方法和技巧，操作步骤如下。

① 新建文件并将视图切换为西南视图。

② 单击"建模"工具栏中的△按钮，根据命令行提示创建六面棱锥体，命令行操作如下。

命令：_pyramid

    4 个侧面 外切

    指定底面的中心点或 [边 (E)/ 侧面 (S)]:　　//S Enter，激活"侧面"选项

    输入侧面数 <4>:　　　　　　　　　　　//6 Enter，设置侧面数

    指定底面的中心点或 [边 (E)/ 侧面 (S)]:　　// 在绘图区拾取一点

    指定底面半径或 [内接 (I)] <72.0000>:　　//120 Enter

    指定高度或 [两点 (2P)/ 轴端点 (A)/ 顶面半径 (T)] <10.0000>:

    　　　　　　　　　　　　　　　　　//500 Enter，结果如图 10-25 所示

③ 使用命令简写VS激活"视觉样式"命令，对模型进行灰度着色，效果如图10-26所示。

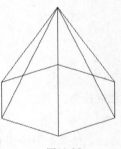
图10-25

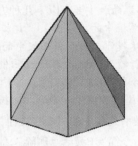
图10-26

10.2 创建复杂几何体及曲面模型

曲面的概念比较抽象，在此可以将其理解为实体的面，此种面模型不仅能着色渲染等，还可以对其修剪、延伸、圆角、偏移等编辑，如图10-27所示。

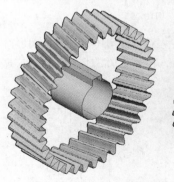
图10-27

曲面模型一般是通过对二维图形进行编辑创建的，例如通过对二维图形进行拉伸、旋转、扫掠、剖切、抽壳、干涉等编辑，使其成为较为复杂的曲面模型。

本节继续学习复杂几何体与曲面模型的创建方法。

10.2.1 通过拉伸创建复杂几何体与曲面模型

"拉伸"命令用于将闭合的二维图形按照指定的高度拉伸成三维实心体或曲面，将非闭合的二维图线拉伸为曲面，如图10-28所示。

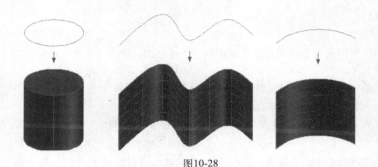

图10-28

执行"拉伸"命令主要有以下几种方式。

◆ 执行菜单栏中的"绘图"|"建模"|"拉伸"命令。

◆ 单击"建模"工具栏或面板中的 按钮。

◆ 在命令行输入Extrude后按Enter键。

◆ 使用命令简写EXT。

下面通过典型的实例，主要学习"拉伸"命令的使用方法和技巧。

① 打开随书光盘中的"素材文件"\"拉伸实体.dwg"文件。

② 使用命令简写E激活"删除"命令，删除尺寸及中心线，结果如图10-29所示。

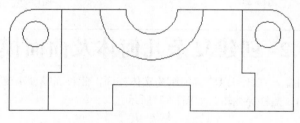

图10-29

③ 使用命令简写REG激活"面域"命令，选择如图10-30所示的图形，将其转换为三个面域。

④ 使用命令简写BO激活"边界"命令，在如图10-31所示的虚线区域拾取点，提取一条多段线边界。

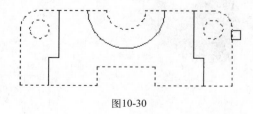

图10-30

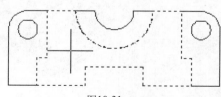

图10-31

⑤ 执行"西南等轴测"命令，将当前视图切换为西南视图，并调整边界的位置，如图10-32所示。

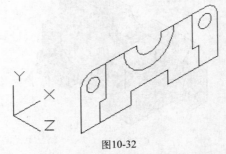

图10-32

⑥ 单击"建模"工具栏中的 按钮，激活"拉伸"命令，将提取的多段线边界和面域拉伸为三维实体，命令行操作如下。

命令：_extrude
　　当前线框密度：ISOLINES=4，闭合轮廓创建模式 = 实体
　　选择要拉伸的对象或 [模式 (MO)]：_MO 闭合轮廓创建模式 [实体 (SO)/ 曲面 (SU)] < 实体 >：_SO
　　选择要拉伸的对象或 [模式 (MO)]：　　　// 选择如图 10-33 所示的三个面域

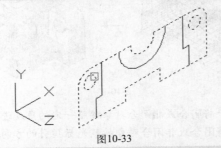

图10-33

　　选择要拉伸的对象或 [模式 (MO)]：　　// Enter
　　指定拉伸的高度或 [方向 (D)/ 路径 (P)/ 倾斜角 (T)/ 表达式 (E)] <0.0>：//@0,0,-15 Enter
命令：_extrude
　　当前线框密度：ISOLINES=4，闭合轮廓创建模式 = 实体
　　选择要拉伸的对象或 [模式 (MO)]：_MO 闭合轮廓创建模式 [实体 (SO)/ 曲面 (SU)] < 实体 >：_SO
　　选择要拉伸的对象或 [模式 (MO)]：　　　// 选择如图 10-34 所示的边界
　　选择要拉伸的对象或 [模式 (MO)]：　　// Enter
　　指定拉伸的高度或 [方向 (D)/ 路径 (P)/ 倾斜角 (T)/ 表达式 (E)] <-15.0>：
　　　　　　　　　　　　　　　　//@0,0,35 Enter，拉伸结果如图 10-35 所示

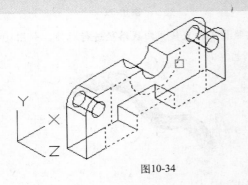

图10-34

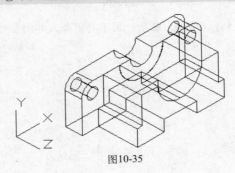

图10-35

⑦ 使用命令简写VS激活"视觉样式"命令，对拉伸实体进行灰度着色，效果如图10-36所示。

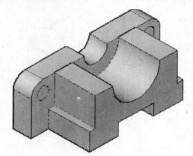

图10-36

执行"拉伸"命令后，命令行中出现的主要选项如下。

◆ "模式"选项：用于设置拉伸对象是生成实体还是曲面。系统默认下是实体，如果选择曲面，则拉伸结果如图10-37所示。

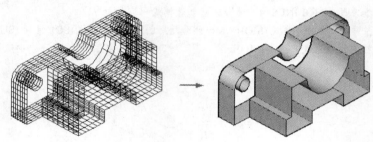

图10-37

◆ "倾斜角"选项：用于将闭合或非闭合对象按照一定的角度进行拉伸，如图10-38所示。
◆ "方向"选项：用于将闭合或非闭合对象按照光标指引的方向进行拉伸，如图10-39所示。

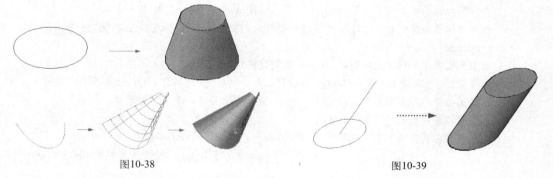

图10-38   图10-39

◆ "路径"选项：用于将闭合或非闭合对象按照指定的直线或曲线路径进行拉伸，如图10-40所示。

图10-40

◆ "表达式"选项：用于输入公式或方程式以指定拉伸高度。

10.2.2 通过旋转创建复杂几何体与曲面模型

"旋转"命令用于将闭合二维图形绕坐标轴旋转为三维实心体或曲面，将非闭合图形绕轴旋转为曲面。此命令常用于创建一些回转体结构的模型，如图10-41所示。

 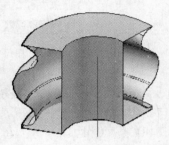

图10-41

执行"旋转"命令主要有以下几种方式。
◆ 执行菜单栏中的"绘图"｜"建模"｜"旋转"命令。
◆ 单击"建模"工具栏或面板中的 按钮。
◆ 在命令行输入Revolve后按Enter键。

下面通过典型的实例，主要学习"旋转"命令的使用方法和技巧。

① 打开随书光盘中的"素材文件"\"旋转实体.dwg"文件，如图10-42所示。

② 综合使用"修剪"和"删除"命令，将图形编辑成如图10-43所示的结构。

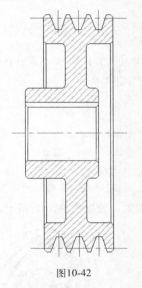

图10-42

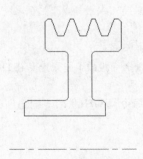

图10-43

③ 使用命令简写PE激活"编辑多段线"命令，将闭合轮廓线编辑为一条闭合边界，命令行操作如下。

命令：PE	// Enter
PEDIT 选择多段线或 [多条 (M)]:	//M Enter
选择对象：	// 窗交选择如图 10-44 所示的闭合轮廓线

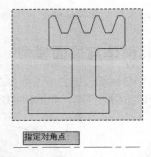

指定对角点：

图10-44

选择对象： // Enter

是否将直线、圆弧和样条曲线转换为多段线？ [是 (Y)/ 否 (N)]? <Y> //Enter

输入选项 [闭合 (C)/ 打开 (O)/ 合并 (J)/ 宽度 (W)/ 拟合 (F)/ 样条曲线 (S)/ 非曲线化 (D)/ 线型生成 (L)/ 反转 (R)/ 放弃 (U)]: //J Enter

合并类型 = 延伸

输入模糊距离或 [合并类型 (J)] <0.0>: // Enter

多段线已增加 33 条线段

输入选项 [闭合 (C)/ 打开 (O)/ 合并 (J)/ 宽度 (W)/ 拟合 (F)/ 样条曲线 (S)/ 非曲线化 (D)/ 线型生成 (L)/ 反转 (R)/ 放弃 (U)]: // Enter，结束命令

④ 执行"西南等轴测"命令，将当前视图切换为西南视图，并取消线宽的显示，结果如图10-45所示。

⑤ 单击"建模"工具栏中的 按钮，激活"旋转"命令，将闭合边界旋转为三维实心体，命令行操作如下。

命令：_revolve

当前线框密度：ISOLINES=12，闭合轮廓创建模式 = 实体

选择要旋转的对象或 [模式 (MO)]: _MO 闭合轮廓创建模式 [实体 (SO)/ 曲面 (SU)] < 实体 >: _SO 选择要旋转的对象或 [模式 (MO)]: //选择闭合边界

选择要旋转的对象或 [模式 (MO)]: // Enter

指定轴起点或根据以下选项之一定义轴 [对象 (O)/X/Y/Z] < 对象 >:
//捕捉中心线的左端点

指定轴端点： //捕捉中心线另一端的端点

指定旋转角度或 [起点角度 (ST)/ 反转 (R)/ 表达式 (EX)] <360>:
// Enter，结束命令，旋转结果如图 10-46 所示

⑥ 使用命令简写HI激活"消隐"命令，对模型进行消隐，效果如图10-47所示。

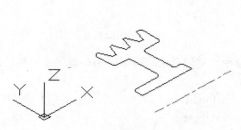

图10-45

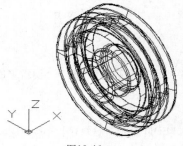

图10-46

⑦ 删除不需要的图线，然后修改旋转实体的颜色为青色。

⑧ 使用命令简写VS激活"视觉样式"命令，对模型进行着色，结果如图10-48所示。

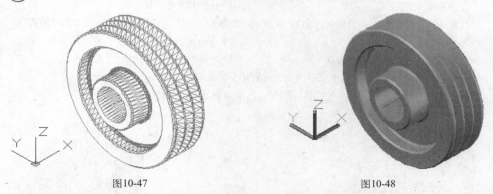

图10-47   图10-48

执行"旋转"命令后，命令行中出现的主要选项如下。

◆ "模式"选项：用于设置旋转对象是生成实体还是曲面，生成曲面后的效果如图10-49所示。

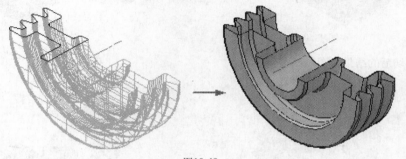

图10-49

◆ "对象"选项：用于选择现有的直线或多段线等作为旋转轴，轴的正方向是从这条直线上的最近端点指向最远端点。
◆ "X"选项：使用当前坐标系的x轴正方向作为旋转轴的正方向。
◆ "Y"选项：使用当前坐标系的y轴正方向作为旋转轴的正方向。

10.2.3 通过剖切创建复杂几何体与曲面模型

"剖切"命令用于切开现有实体或曲面，然后移去不需要的部分，保留指定的部分。使用此命令也可以将剖切后的两部分都保留。

执行"剖切"命令主要有以下几种方式。

◆ 执行菜单栏中的"修改"|"三维操作"|"剖切"命令。
◆ 单击"常用"选项卡|"实体编辑"面板中的 按钮。
◆ 在命令行中输入Slice后按Enter键。
◆ 使用命令简写SL。

下面通过典型的实例，主要学习"剖切"命令的使用方法和操作技巧。

① 继续上一节实例的操作。

② 采用上述任意方式激活"剖切"命令，对上一节创建的旋转实心体进行剖切，命令行操作如下。

命令：_slice
  选择要剖切的对象：   // 选择如图 10-50 所示的回转体
  选择要剖切的对象：   // Enter，结束选择
  指定 切面 的起点或 [平面对象 (O)/ 曲面 (S)/Z 轴 (Z)/ 视图 (V)/XY(XY)/YZ(YZ)/ZX(ZX)/
三点 (3)] < 三点 >：   // XY Enter，激活 "XY 平面" 选项
  指定 XY 平面上的点 <0,0,0>：   // 捕捉如图 10-51 所示的端点
  在所需的侧面上指定点或 [保留两个侧面 ()] < 保留两个侧面 >：
                 // 捕捉如图 10-52 所示的象限点

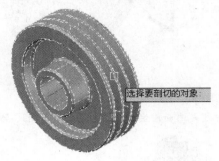

图10-50

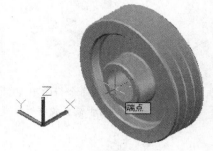

图10-51

③ 剖切后的结果如图10-53所示。

图10-52

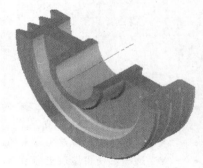

图10-53

执行 "剖切" 命令后，命令行中出现的主要选项如下。

◆ "三点" 选项：这是系统默认的一种剖切方式，用于通过指定三个点，以确定剖切平面。

◆ "平面对象" 选项：用于选择一个目标对象，如以圆、椭圆、圆弧、样条曲线或多段线等
 作为实体的剖切面，进行剖切实体，如图10-54所示。

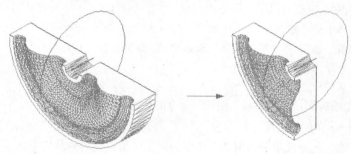

图10-54

- "曲面"选项：用于选择现在的曲面进行剖切对象。
- "Z轴"选项：用于通过指定剖切平面的法线方向来确定剖切平面，即xy平面中z轴（法线）上指定的点定义剖切面。
- "视图"选项：这也是一种剖切方式，该选项所确定的剖切面与当前视口的视图平面平行，用户只需指定一点，即可确定剖切平面的位置。
- "XY" / "YZ" / "ZX"选项：这三个选项分别代表三种剖切方式，分别用于将剖切平面与当前用户坐标系的xy平面/yz平面/zx平面对齐，用户只需指定点即可定义剖切面的位置。xy平面、yz平面、zx平面位置是根据屏幕当前的UCS坐标系情况而定的。

10.2.4 通过扫掠创建复杂几何体与曲面模型

"扫掠"命令用于沿路径扫掠闭合（或非闭合）的二维（或三维）曲线，以创建新的实体（或曲面）。

执行"扫掠"命令主要有以下几种方式。

- 执行菜单栏中的"绘图" | "建模" | "扫掠"命令。
- 单击"建模"工具栏或面板中的 🖫 按钮。
- 在命令行输入Sweep后按Enter键。

下面通过典型的实例，主要学习"扫掠"命令的使用方法和技巧。

① 新建文件，并将当前视图切换为西南视图。

② 使用UCS命令定义用户坐标系，命令行操作如下。

命令：UCS
    当前 UCS 名称：* 世界 *
    指定 UCS 的原点或 [面 (F)/ 命名 (NA)/ 对象 (OB)/ 上一个 (P)/ 视图 (V)/ 世界 (W)/X/Y/Z/Z
轴 (ZA)] < 世界 >:   // X Enter
    指定绕 X 轴的旋转角度 <90>:   //90 Enter

③ 使用命令简写C激活"圆"命令，绘制半径为6的圆。

④ 继续使用UCS命令将坐标系恢复为世界坐标系，命令行操作如下。

命令：UCS
    当前 UCS 名称：* 没有名称 *
    指定 UCS 的原点或 [面 (F)/ 命名 (NA)/ 对象 (OB)/ 上一个 (P)/ 视图 (V)/ 世界 (W)/X/Y/Z/Z
轴 (ZA)] < 世界 >:   // W Enter

 使用"扫掠"命令创建三维实体和曲面模型时，二维截面图形和扫掠路径不能共面，因此，在绘制二维截面图形与路径时，需要定义用户坐标系，使绘制的图形不共面。

⑤ 执行菜单栏中的"绘图" | "螺旋"命令，绘制圈数为6的螺旋线，命令行操作如下。

命令：_Helix
    圈数 = 3.0000   扭曲 =CCW
    指定底面的中心点：   // 捕捉圆的圆心作为底面圆心
    指定底面半径或 [直径 (D)] <53.0000>:   //45 Enter
    指定顶面半径或 [直径 (D)] <45.0000>:   //45 Enter
    指定螺旋高度或 [轴端点 (A)/ 圈数 (T)/ 圈高 (H)/ 扭曲 (W)] <130.33>: // T Enter
    输入圈数 <3.0000>:   //6 Enter

指定螺旋高度或 [轴端点 (A)/ 圈数 (T)/ 圈高 (H)/ 扭曲 (W)] <130.33>:
//120 Enter，结果如图 10-55 所示

⑥ 单击"建模"工具栏中的按钮，激活"扫掠"命令，创建扫掠实体，命令行操作如下。

命令：_sweep
当前线框密度：ISOLINES=4，闭合轮廓创建模式 = 实体
选择要扫掠的对象或 [模式 (MO)]:_MO 闭合轮廓创建模式 [实体 (SO)/ 曲面 (SU)]< 实体 >:_SO
选择要扫掠的对象或 [模式 (MO)]: // 单击圆
选择要扫掠的对象或 [模式 (MO)]: // Enter
选择扫掠路径或 [对齐 (A)/ 基点 (B)/ 比例 (S)/ 扭曲 (T)]: // 单击螺旋线，完成扫掠

⑦ 执行"视觉样式"命令，对模型进行着色显示，效果如图10-56所示。

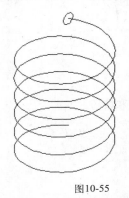

图10-55

图10-56

TIP 在进行"扫掠"时，系统默认为实体模式，即创建扫掠实体模型，如果选择曲面模式，则可以创建扫掠曲面模型。

10.2.5 通过抽壳创建复杂几何体与曲面模型

"抽壳"命令用于将三维实心体按照指定的厚度创建为一个空心的薄壳体，或将实体的某些面删除，以形成薄壳体的开口，如图10-57所示。

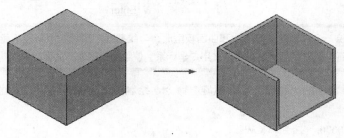

图10-57

执行"抽壳"命令主要有以下几种方式。

◆ 执行菜单栏中的"修改"|"实体编辑"|"抽壳"命令。
◆ 单击"实体编辑"工具栏中的按钮。
◆ 在命令行输入Solidedit按Enter键。

下面通过典型的实例，主要学习"抽壳"命令的使用方法和技巧。

① 新建文件并将视图切换为西南视图。

② 执行"长方体"命令，创建长宽均为200、高度为150的长方体。

③ 单击"实体编辑"工具栏中的 按钮，激活"抽壳"命令，对长方体进行抽壳，命令行操作如下。

命令：_solidedit
    实体编辑自动检查：SOLIDCHECK=1
    输入实体编辑选项 [面 (F)/ 边 (E)/ 体 (B)/ 放弃 (U)/ 退出 (X)] < 退出 >: _body
    输入体编辑选项 [压印 (I)/ 分割实体 (P)/ 抽壳 (S)/ 清除 (L)/ 检查 (C)/ 放弃 (U)/ 退出 (X)]
< 退出 >: _shell
    选择三维实体：   // 选择长方体
    删除面或 [放弃 (U)/ 添加 (A)/ 全部 (ALL)]:   // 在如图 10-58 所示的位置单击
    删除面或 [放弃 (U)/ 添加 (A)/ 全部 (ALL)]:   // 在如图 10-59 所示的位置单击

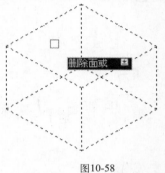

图10-58

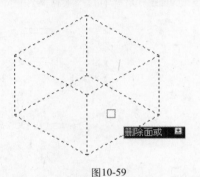

图10-59

    删除面或 [放弃 (U)/ 添加 (A)/ 全部 (ALL)]:   // Enter，结束面的选择
    输入抽壳偏移距离：   // 10 Enter，设置抽壳距离
    已开始实体校验。
    已完成实体校验。
    输入体编辑选项 [压印 (I)/ 分割实体 (P)/ 抽壳 (S)/ 清除 (L)/ 检查 (C)/ 放弃 (U)/ 退出 (X)]
< 退出 >:   // X Enter，退出实体编辑模式
    输入实体编辑选项 [面 (F)/ 边 (E)/ 体 (B)/ 放弃 (U)/ 退出 (X)] < 退出 >:
    // X Enter，结束命令，抽壳后的效果如图 10-60 所示

④ 执行"视觉样式"命令，对抽壳实体进行灰度着色，结果如图10-61所示。

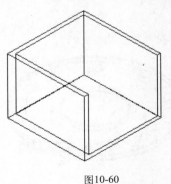

图10-60

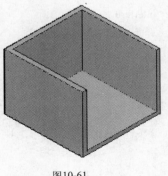

图10-61

10.2.6 通过干涉检查创建复杂几何体与曲面模型

"干涉检查"命令用于检测各实体之间是否存在干涉现象，如果所选择的实体之间存在有干涉（即相交）情况，可以将干涉部分提取出来，创建成新的实体，而源实体依然存在。

> **TIP** ▶▶ 使用"干涉检查"命令有两种用法：其一，仅选择一组实体，AutoCAD将确定该选择集中有几对实体发生干涉；其二，先选择第一组实体，然后再选择第二组实体，AutoCAD将确定这两个选择集之间有几对实体发生干涉。

执行"干涉"命令主要有以下几种方式。

◆ 执行菜单栏中的"修改"|"三维操作"|"干涉检查"命令。
◆ 在命令行输入Interfere。
◆ 单击"默认"选项卡|"实体编辑"面板上的 按钮。

下面通过典型的实例，主要学习"干涉检查"命令的使用方法和技巧。

① 打开随书光盘中的"素材文件"\"干涉示例.dwg"文件，如图10-62所示。

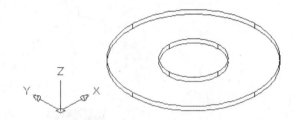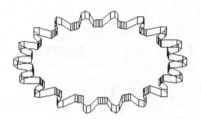

图10-62

② 执行菜单栏中的"修改"|"移动"命令，或使用命令简写M激活"移动"命令，对两个图形进行位移，命令行操作如下。

```
命令：_move
    选择对象：                    // 选择左边的图形对象
    选择对象：                    // Enter，结束选择
    指定基点或 [ 位移 (D)] < 位移 >：  // 捕捉该图形下底面的圆心
    指定第二个点或 < 使用第一个点作为位移 >：
                                 // 捕捉右边图形的下底面圆心，移动结果如图 10-63 所示
```

③ 执行菜单栏中的"修改"|"三维操作"|"干涉检查"命令，对位移后两个实体模型进行干涉，命令行操作如下。

```
命令：_interfere
    选择第一组对象或 [ 嵌套选择 (N)/ 设置 (S)]：   // 选择如图 10-64 所示的实体
```

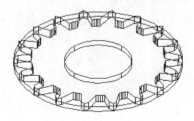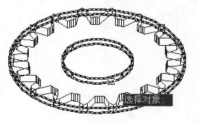

图10-63   图10-64

选择选择第一组对象或 [嵌套选择 (N)/ 设置 (S)]:   // Enter，结束选择

选择第二组对象或 [嵌套选择 (N)/ 检查第一组 (K)] < 检查 >: // 选择如图 10-65 所示的实体模型

选择第二组对象或 [嵌套选择 (N)/ 检查第一组 (K)] < 检查 >: // Enter，此时系统亮显干涉实体，
如图 10-66 所示，同时打开如图 10-67 所示的"干涉检查"对话框

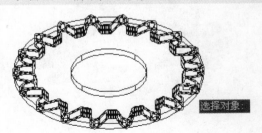

图10-65

图10-66

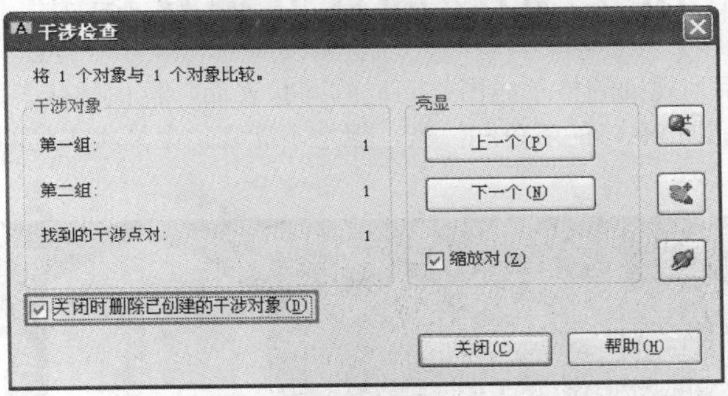

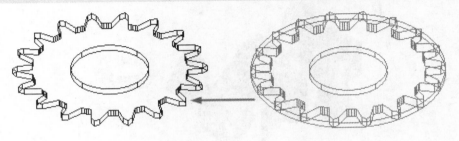

图10-67

④ 在"干涉检查"对话框中取消勾选"关闭时删除已创建的干涉对象"复选框，然后单击 关闭(C) 按钮，结束命令。

⑤ 执行菜单栏中的"修改"｜"移动"命令，将干涉后产生的实体进行位移，命令行操作如下。

命令：_move
    选择对象：   // 选择干涉后的实体
    选择对象：   // Enter
    指定基点或 [位移 (D)] < 位移 >：   // 捕捉圆心作为基点
    指定第二个点或 < 使用第一个点作为位移 >：
                        // 在适当位置指定目标点，位移结果如图 10-68 所示

图10-68

⑥ 执行菜单栏中的"视图"｜"消隐"命令，将干涉后的实体进行消隐，结果如图10-69

所示。

7 执行菜单栏中的"视图"|"视觉样式"|"着色"命令，结果如图10-70所示。

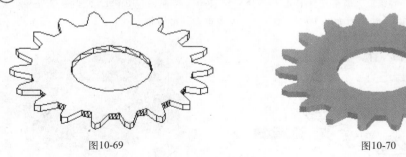

图10-69　　　　　　　　　　　　　图10-70

10.3　创建网格几何体模型

网格模型是由一系列规则的格子线围绕而成的网状表面，再由网状表面的集合来定义三维物体。此种模型仅含有面边信息，能着色和渲染，但是不能表达出真实实物的属性。如图10-71所示的模型为网格模型。

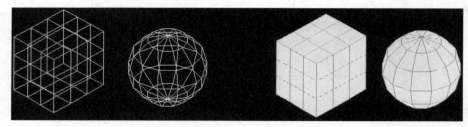

图10-71

本节继续学习基本几何体网格和复杂几何体网格的创建方法和技巧。

10.3.1　了解网格几何体

表面看来，网格几何体模型与各类基本几何实体的结构一样，但是其内部结构不同，网格几何体是由网状格子线连接而成，如上图10-71所示。在AutoCAD中，网格图元包括网格长方体、网格楔体、网格圆锥体、网格球体、网格圆柱体、网格圆环体、网格棱锥体等基本网格图元，如图10-72所示。

图10-72

执行网格几何体相关命令主要有以下几种方式。

◆ 执行菜单栏"绘图"|"建模"|"网格"|"图元"级联菜单中的各命令，如图10-73所示。

◆ 单击"平滑网格图元"工具栏中的各按钮，如图10-74所示。

◆ 在命令行输入Mesh后按Enter键。

◆ 单击"网格建模"选项卡|"图元"面板中的各按钮。

 长方体(B)
 楔体(W)
 圆锥体(C)
 球体(S)
 圆柱体(Y)
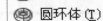 圆环体(T)
 棱锥体(P)

图10-73

图10-74

基本几何体网格的创建方法与创建基本几何实体方法相同，在此不再细述。默认情况下，可以创建无平滑度的网格图元，然后再根据需要应用平滑度，平滑度 0 表示最低平滑度，不同对象之间可能会有所差别，平滑度 4 表示高圆度，如图10-75所示。

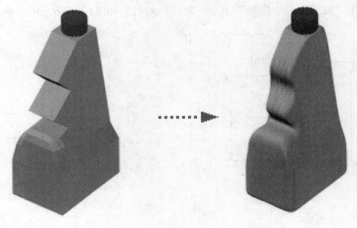

图10-75

> **TIP** 执行菜单栏中的"绘图"|"建模" | "平滑网格"命令，可以将现有对象直接转换为平滑网格，常用于转换为平滑风格的对象有三维实体、三维曲面、三维面、多边形网格、多面网格、面域、闭合多段线等。

10.3.2 创建旋转网格几何体模型

"旋转网格"命令用于将轨迹线绕指定轴进行空间旋转，生成回转体空间网格，如图10-76所示。此命令常用于创建具有回转体特征的空间形体，如酒杯、茶壶、花瓶、灯罩、轮、环等三维模型。

中文版AutoCAD 2013从新手到高手

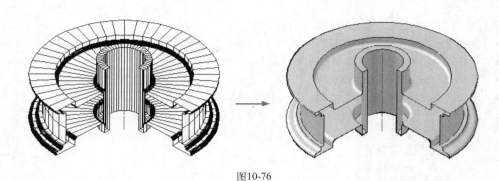

图10-76

执行"旋转网格"命令主要有以下几种方式。

◆ 执行菜单栏中的"绘图"|"建模"|"网格"|"旋转网格"命令。

◆ 在命令行输入Revsurf后按Enter键。

◆ 单击"常用"选项卡|"图元"面板中的⊛按钮。

下面通过典型的实例，主要学习"旋转网格"命令的使用方法和技巧。

① 打开随书光盘中的"素材文件"\"旋转网格示例.dwg"文件，如图10-77所示。

② 综合使用"修剪"和"删除"命令，将图形编辑为如图10-78所示的结构。

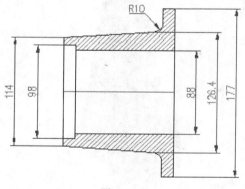

图10-77

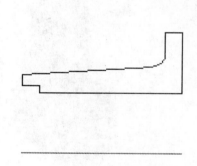

图10-78

③ 使用命令简写BO激活"边界"命令，将闭合区域编辑成一条多段线边界。

④ 执行菜单栏中的"编辑" | "剪切"命令，将创建的边界及中心线剪切，然后将其粘贴到前视图。

⑤ 将视图切换为西南等轴测视图，结果如图10-79所示。

⑥ 分别使用系统变量SURFTAB1和SURFTAB2，设置网格的线框密度，命令行操作如下。

命令 : surftab1	// Enter
输入 SURFTAB1 的新值 <6>:	//36 Enter
命令 : surftab2	// Enter
输入 SURFTAB2 的新值 <6>:	//36 Enter

⑦ 执行菜单栏中的"绘图" | "建模" | "网格" | "旋转网格"命令，将边界旋转为网

格，命令行操作如下。

```
命令：_revsurf
    当前线框密度：SURFTAB1=36  SURFTAB2=36
    选择要旋转的对象：              //选择边界
    选择定义旋转轴的对象：          //选择水平中心线
    指定起点角度 <0>：             //Enter
    指定包含角 (+= 逆时针，-= 顺时针) <360>：
                        //270 Enter，采用当前设置，旋转结果如图 10-80 所示
```

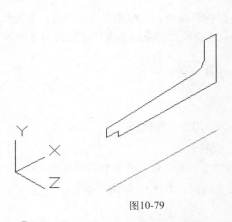

图10-79

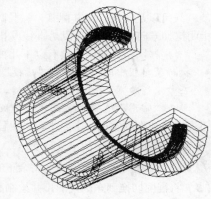

图10-80

⑧ 使用命令简写HI激活"消隐"命令，效果如图10-81所示。

⑨ 使用命令简写VS激活"视觉样式"命令，对网格进行灰度着色，结果如图10-82所示。

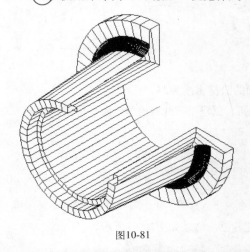

图10-81

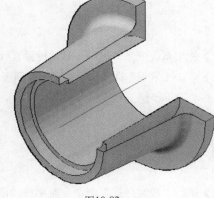

图10-82

TIP 在系统以逆时针方向为选择角度测量方向的情况下，如果输入的角度为正，将按逆时针方向旋转构造旋转曲面，否则按顺时针方向构造旋转曲面。

10.3.3 创建平移网格几何体模型

"平移网格"命令用于将轨迹线沿着指定方向矢量平移延伸而形成的三维网格，如图10-83所示。

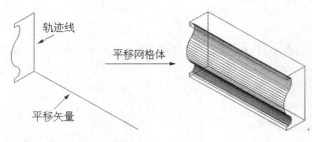

图10-83

轨迹线可以是直线、圆（圆弧）、椭圆（椭圆弧）、样条曲线、二维或三维多段线；方向矢量
用于指明拉伸方向和长度，可以是直线或非闭合多段线，不能使用圆或圆弧来指定位伸的方向。

执行"平移网格"命令主要有以下几种方式。

◆ 执行菜单栏中的"绘图"|"建模"|"网格"|"平移网格"命令。

◆ 在命令行输入Tabsurf后按Enter键。

◆ 单击"常用"选项卡|"图元"面板中的 按钮。

下面通过典型的实例，主要学习"平移网格"命令的使用方法和技巧。

① 打开随书光盘中的"素材文件"\"扳手.dwg"文件。

② 将内部的图线删除，然后将余下的封闭区域编辑为一条边界，结果如图10-84所示。

③ 将视图切换到东南视图，并绘制高度为70的垂直线段，如图10-85所示。

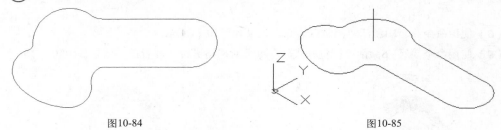

图10-84   图10-85

④ 使用系统变量SURFTAB1，设置直纹曲面表面的线框密度为24。

⑤ 单击"常用"选项卡｜"图元"面板中的 按钮，创建平移网格模型，命令行操作如下。

```
命令：_tabsurf
    当前线框密度：SURFTAB1=24
    选择用作轮廓曲线的对象：          // 选择闭合边界
    选择用作方向矢量的对象：
                                     // 在直线下方位置单击，创建结果如图 10-86 所示
```

⑥ 执行"视觉样式"命令，对平移网格进行灰度着色，结果如图10-87所示。

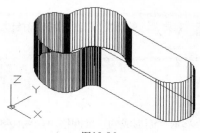
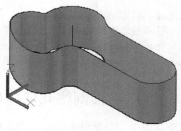

图10-86   图10-87

> **TIP** ▶ 创建平移网格时，用于拉伸的轨迹线和方向矢量不能位于同一平面内，在指定位伸的方向矢量时，选择点的位置不同，结果也不同。

10.3.4 创建直纹网格几何体模型

"直纹网格"命令用于在指定的两个对象之间创建直纹网格，如图10-88所示。所指定的两条边界可以是直线、样条曲线、多段线等。

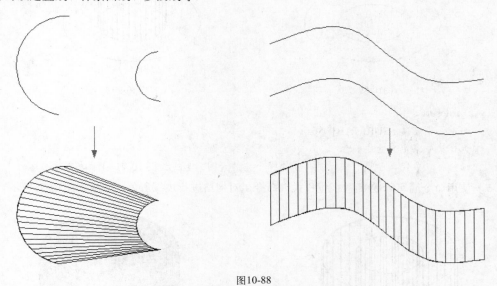

图10-88

> **TIP** ▶ 如果一条边界是闭合的，那么另一条边界也必须是闭合的；另外，在选择第二条定义曲线时，如果单击的位置与第一条曲线位置相反。

执行"直纹网格"命令主要有以下几种方式。

◆ 执行菜单栏中的"绘图"|"建模"|"网格"|"直纹网格"命令。
◆ 在命令行输入Rulesurf后按Enter键。
◆ 单击"常用"选项卡|"图元"面板中的 ⬚ 按钮。

下面通过典型的实例，主要学习"直纹网格"命令的使用方法和技巧。

① 将视图切换为西南视图。

② 使用"圆"命令绘制半径为50和半径为25的同心圆，然后将两个同心圆沿z轴正方向复制并移动100个绘图单位，结果如图10-89所示。

③ 在命令行设置系统变量SURFTAB1的值为36。

④ 执行菜单栏中的"绘图"|"建模"|"网格"|"直纹网格"命令，创建直纹网格模型，命令行操作如下。

```
命令：_rulesurf
      当前线框密度：SURFTAB1=36
      选择第一条定义曲线：          //选择下方的小圆
      选择第二条定义曲线：          //选择上方的小圆，结果生成如图10-90所示的直纹网格
```

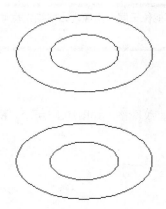

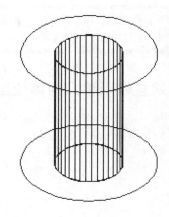

图10-89　　　　　　　　　　　　　　图10-90

命令：_rulesurf

当前线框密度：SURFTAB1=36

选择第一条定义曲线：　　　　　　//选择下方的大圆

选择第二条定义曲线：　　　　　　//选择上方的大圆，生成如图10-91所示的直纹网格

⑤ 使用命令简写VS激活"视觉样式"命令，对网格进行边缘着色，效果如图10-92所示。

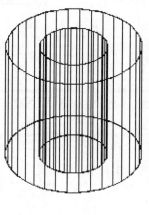

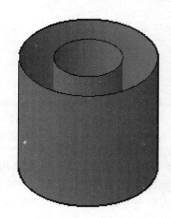

图10-91　　　　　　　　　　　　　　图10-92

10.3.5　创建边界网格几何体模型

"边界网格"命令用于将4条首尾相连的空间直线或曲线作为边界，创建成空间曲面模型。

执行"边界网格"命令主要有以下几种方式。

◆ 执行菜单栏中的"绘图"|"建模"|"网格"|"边界网格"命令。

◆ 在命令行输入Edgesurf后按Enter键。

◆ 单击"常用"选项卡|"图元"面板中的 按钮。

下面通过一个简单操作，学习创建边界网格模型的方法。

① 使用"直线"命令，在西南视图配合极轴追踪功能绘制如图10-93所示的图形。

② 采用上述任意方式激活"边界网格"命令创建边界网格，命令行操作如下。

```
命令：_edgesurf
    当前线框密度：SURFTAB1=24 SURFTAB2=24
    选择用作曲面边界的对象 1：            // 单击如图 10-93 所示的轮廓线 A
    选择用作曲面边界的对象 2：            // 单击轮廓线 F
    选择用作曲面边界的对象 3：            // 单击轮廓线 B
    选择用作曲面边界的对象 4：            // 单击轮廓线 D，创建结果如图 10-94 所示
```

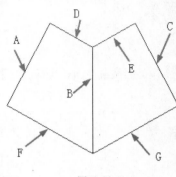

图10-93

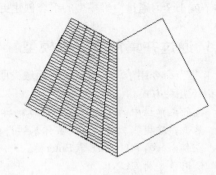

图10-94

③ 在无任何命令发出的情况下，选择创建的边界网格使其夹点显示，然后执行菜单栏中的"工具"｜"绘图次序"｜"后置"命令将其后置。

④ 继续执行"边界网格"命令，创建边界网格，命令行操作如下。

```
命令：_edgesurf
    当前线框密度：SURFTAB1=24 SURFTAB2=24
    选择用作曲面边界的对象 1：            // 单击如图 10-93 所示的轮廓线 B
    选择用作曲面边界的对象 2：            // 单击轮廓线 G
    选择用作曲面边界的对象 3：            // 单击轮廓线 C
    选择用作曲面边界的对象 4：            // 单击轮廓线 E，创建结果如图 10-95 所示
```

⑤ 执行菜单栏中的"视图"｜"视觉样式"｜"灰度"命令进行灰度着色，结果如图10-96所示。

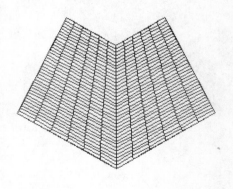

图10-95

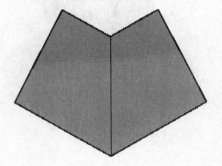

图10-96

每条边选择的顺序不同，生成的曲面形状也不一样。用户选择的第一条边确定曲面网格的M方向，第二条边确定网格的N方向。

10.4 组合体基本建模

前面主要学习了创建基本几何实体模型、创建复杂几何体与曲面模型以及创建网格几何体模型，除了这几种创建三维模型的方法之外，还可以通过三维模型的组合创建更为复杂的三维模型，这些组合方式包括并集、差集和交集三种方式。需要注意的是，通过组合创建三维模型仅限于实体模型、面域和曲面模型，网格体模型不能通过这种组合方式创建三维模型。

本节就来学习通过三维模型的组合创建更为复杂的三维模型的方法。

10.4.1 通过并集创建三维模型

"并集"命令用于将多个实体、面域或曲面组合成一个实体、面或曲面。执行"并集"命令主要有以下几种方式。

- ◆ 执行菜单栏中的"修改" | "实体编辑" | "并集"命令。
- ◆ 单击"建模"工具栏或"实体编辑"面板中的◎按钮。
- ◆ 在命令行输入Union后按Enter键。
- ◆ 使用命令简写UNI。

下面通过一个简单实例操作，学习"并集"命令的使用方法和技巧。

① 新建文件，将视图切换为西南视图。

② 使用"长方体"命令创建一个长方体，然后使用"球体"命令，在长方体的上表面创建一个球体，如图10-97所示。

③ 执行"并集"命令，将两个实体创建成为一个组合实体，命令行操作如下。

```
命令：_union
    选择对象：        // 选择长方体
    选择对象：        // 选择球体
    选择对象：        // Enter，结果如图 10-98 所示
```

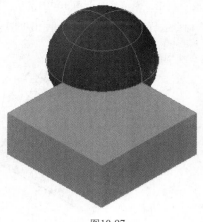

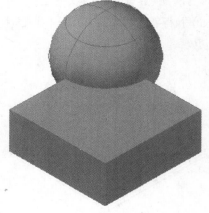

图10-97   图10-98

10.4.2 通过差集创建三维模型

"差集"命令用于从一个实体（或面域）中移去与其相交的实体（或面域），从而生成新的实体（或面域、曲面）。

执行"差集"命令主要有以下几种方式。

◆ 执行菜单栏中的"修改"|"实体编辑"|"差集"命令。

◆ 单击"建模"工具栏或"实体编辑"面板中的◎按钮。

◆ 在命令行输入Subtract后按Enter键。

◆ 使用命令简写SU。

下面通过一个简单实例操作，学习"差集"命令的使用方法和技巧。

① 创建如图10-99所示的球体和长方体实体模型。

② 执行"差集"命令，将两个实体模型进行差集组合，命令行操作如下。

```
命令：_subtract
    选择要从中减去的实体、曲面和面域 ...
    选择对象：                          // 选择长方体实体模型
    选择对象：                          // Enter，结束选择
    选择要减去的实体、曲面和面域 ...
    选择对象：                          // 选择球体实体模型
    选择对象：                          // Enter，差集结果如图 10-100 所示
```

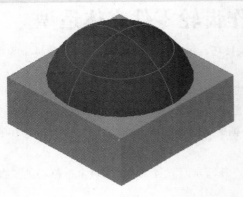

图10-99

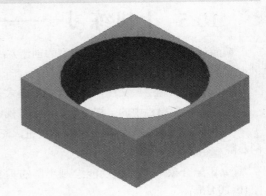

图10-100

 当选择完被减对象后一定要按Enter键，然后再选择需要减去的对象。

10.4.3　通过交集创建三维模型

"交集"命令用于将多个实体（或面域、曲面）的公有部分提取出来形成一个新的实体（或面域、曲面），同时删除公共部分以外的部分。

执行"交集"命令主要有以下几种方式。

◆ 执行菜单栏中的"修改"|"实体编辑"|"交集"命令。

◆ 单击"建模"工具栏或"实体编辑"面板中的◎按钮。

◆ 在命令行输入Intersect后按Enter键。

◆ 使用命令简写IN。

下面通过一个简单实例操作，学习"交集"命令的使用方法和技巧。

① 创建如图10-101所示的球体和长方体实体模型。

② 执行"交集"命令，对两个实体模型进行交集，命令行操作如下。

命令: _intersect
  选择对象: // 选择长方体
  选择对象: // 选择球体
  选择对象: // Enter ，交集结果如图 10-102 所示

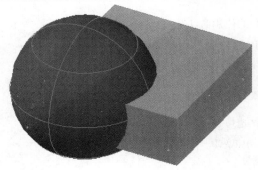

图10-101

图10-102

10.5   上机练习一——制作齿轮零件立体造型

　　前面章节中主要学习了三维模型的创建方法和相关技巧，本节通过创建齿轮零件三维模型的实例，对所学知识进行巩固练习。

　　① 快速新建空白文件，并设置捕捉模式为圆心捕捉和象限点捕捉。

　　② 执行菜单栏中的"视图"｜"三维视图"｜"前视"命令，将当前视图切换为前视图。

　　③ 单击"绘图"工具栏中的◎按钮，配合圆心捕捉功能绘制半径为25、30、40、65、70的同心圆，如图10-103所示。

　　④ 配合象限点捕捉功能绘制小圆的垂直直径，并将垂直直径对称偏移4个单位，结果如图10-104所示。

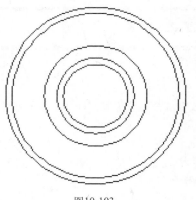

图10-103

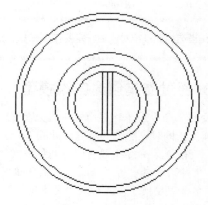

图10-104

　　⑤ 删除小圆的直径，然后以半径为30的同心圆作为延伸边界，对偏移出的两条垂直图线进行延伸，结果如图10-105所示。

　　⑥ 单击"修改"工具栏中的✐按钮，对内部的圆及垂直图线进行修剪，结果如图10-106所示。

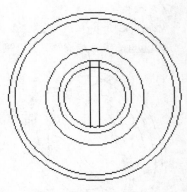

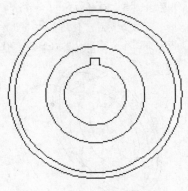

图10-105　　　　　　　　　　　　　　　图10-106

⑦ 执行菜单栏中的"修改"｜"对象"｜"多段线"命令，将内部的圆弧及修剪后的线段编辑为一条闭合的多线段。

⑧ 将视图切换为西南等轴测图，然后单击"建模"工具栏中的⬚按钮，激活"拉伸"命令，对同心圆进行拉伸，命令行操作如下。

```
命令：_extrude
    当前线框密度：ISOLINES=24，闭合轮廓创建模式 = 实体
    选择要拉伸的对象或 [ 模式 (MO)]：_MO
    闭合轮廓创建模式 [ 实体 (SO)/ 曲面 (SU)] < 实体 >: _SO
    选择要拉伸的对象或 [ 模式 (MO)]：              //选择半径为 70 的圆
    选择要拉伸的对象或 [ 模式 (MO)]：              // Enter
    指定拉伸的高度或 [ 方向 (D)/ 路径 (P)/ 倾斜角 (T)/ 表达式 (E)]：//49 Enter
命令：_extrude
    当前线框密度：ISOLINES=24，闭合轮廓创建模式 = 实体
    选择要拉伸的对象或 [ 模式 (MO)]：_MO
    闭合轮廓创建模式 [ 实体 (SO)/ 曲面 (SU)] < 实体 >: _SO
    选择要拉伸的对象或 [ 模式 (MO)]：              //选择半径为 65 的圆
    选择要拉伸的对象或 [ 模式 (MO)]：              // Enter
    指定拉伸的高度或 [ 方向 (D)/ 路径 (P)/ 倾斜角 (T)/ 表达式 (E)]：
                                                //9.5 Enter ，结果如图 10-107 所示
```

⑨ 单击"修改"工具栏中的⬚按钮，对拉伸实体和圆进行复制，命令行操作如下。

```
命令：_copy
    选择对象：                            //选择高度为 9.5 的拉伸实体
    选择对象：                            // Enter
    当前设置：复制模式 = 多个
    指定基点或 [ 位移 (D)/ 模式 (O)] < 位移 >:   // 拾取任一点
    指定第二个点或 < 使用第一个点作为位移 >:   //@0,0,39.5 Enter
    指定第二个点或 [ 退出 (E)/ 放弃 (U)] < 退出 >:   // Enter
命令：_copy
    选择对象：                            //选择半径为 40 的圆
    选择对象：                            // Enter
    当前设置：复制模式 = 多个
```

指定基点或 [位移 (D)/ 模式 (O)] < 位移 >:   // 拾取任一点

指定第二个点或 < 使用第一个点作为位移 >:   //@0,0,49 Enter

指定第二个点或 [退出 (E)/ 放弃 (U)] < 退出 >:   // Enter，复制结果如图 10-108 所示

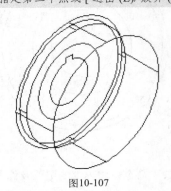

图10-107

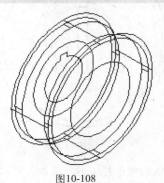

图10-108

⑩ 单击"建模"工具栏中的 按钮，激活"拉伸"命令，对两个半径为40的圆进行拉伸，命令行操作如下。

命令 : _extrude

    当前线框密度：ISOLINES=4，闭合轮廓创建模式 = 实体

    选择要拉伸的对象或 [模式 (MO)]: _MO 闭合轮廓创建模式 [实体 (SO)/ 曲面 (SU)] < 实体 >: _SO

    选择要拉伸的对象或 [模式 (MO)]:   // 选择复制出的圆

    选择要拉伸的对象或 [模式 (MO)]:   // Enter

    指定拉伸的高度或 [方向 (D)/ 路径 (P)/ 倾斜角 (T)/ 表达式 (E)] <70.0>: // T Enter

    指定拉伸的倾斜角度或 [表达式 (E)] <0>:   //-30 Enter

    指定拉伸的高度或 [方向 (D)/ 路径 (P)/ 倾斜角 (T)/ 表达式 (E)] <70.0>: //-9.5 Enter

命令 : _extrude

    当前线框密度：ISOLINES=4，闭合轮廓创建模式 = 实体

    选择要拉伸的对象或 [模式 (MO)]: _MO 闭合轮廓创建模式 [实体 (SO)/ 曲面 (SU)] < 实体 >: _SO

    选择要拉伸的对象或 [模式 (MO)]:   // 选择另一侧半径为 40 的圆

    选择要拉伸的对象或 [模式 (MO)]:   // Enter

    指定拉伸的高度或 [方向 (D)/ 路径 (P)/ 倾斜角 (T)/ 表达式 (E)] <-9.5>: // T Enter

    指定拉伸的倾斜角度或 [表达式 (E)] <-30>:   //-30 Enter

    指定拉伸的高度或 [方向 (D)/ 路径 (P)/ 倾斜角 (T)/ 表达式 (E)] <-9.5>:

                                     //9.5 Enter，拉伸结果如图 10-109 所示

⑪ 重复执行"拉伸"命令，将轴承孔正向拉伸49个单位，结果如图10-110所示。

图10-109

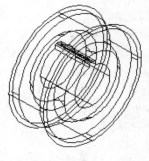

图10-110

⑫ 在命令行中设置系统变量FACETRES的值为10。

⑬ 执行菜单栏中的"修改"｜"实体编辑"｜"差集"命令，从实体中减去半径为65的圆柱形拉伸实体和中间的轴承拉伸实体，然后对其概念着色，结果如图10-111所示。

⑭ 将当前视图切换为主视图，然后执行"视觉样式"命令，将着色方式恢复为线框着色。

⑮ 以最外侧圆的左右象限点为圆心，绘制半径为10的两个圆，如图10-112所示。

图10-111

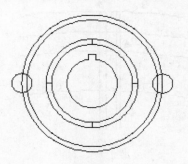
图10-112

⑯ 执行菜单栏中的"绘图"｜"建模"｜"拉伸"命令，将两个半径为10的圆拉伸49个单位，并将拉伸实体向内侧移动15个绘图单位，结果如图10-113所示。

⑰ 将视图切换为西南等轴测图，然后执行"差集"命令，从齿轮实体中减去两个半径为10的拉伸实体，概念着色后的效果如图10-114所示。

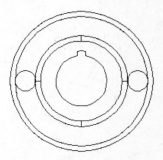
图10-113

图10-114

⑱ 将视图切换为主视图，然后执行"圆"命令，以齿轮中心为圆心绘制半径为70、72.4和75的同心圆，结果如图10-115所示。

⑲ 单击"绘图"工具栏中的 按钮，配合圆心捕捉功能绘制如图10-116所示的垂直中心线。

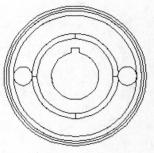
图10-115

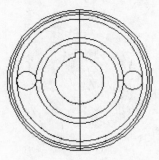
图10-116

⑳ 单击"修改"工具栏中的 ▲ 按钮，将垂直中心线向左偏移0.75、2.0和2.5个单位，结果如图10-117所示。

㉑ 单击"绘图"工具栏中的 ╭ 按钮，激活"圆弧"命令，过1、2、3三点绘制圆弧，结果如图10-118所示。

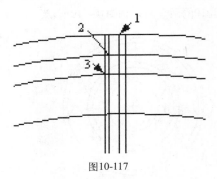

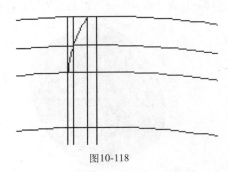

图10-117   图10-118

㉒ 删除多余的垂直线，然后单击"修改"工具栏中的 ▲ 按钮，对刚绘制的圆弧进行镜像，结果如图10-119所示。

㉓ 删除半径为72.4的圆形和过圆心的垂直中心线，然后执行"修剪"命令，对图线进行修剪，结果如图10-120所示。

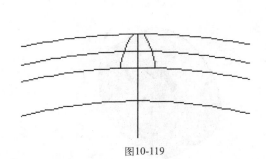

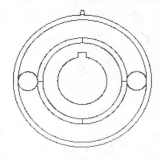

图10-119   图10-120

㉔ 将修剪后所得的轮廓编辑为一条闭合的多线段，然后将视图切换为西南等轴测图，结果如图10-121所示。

㉕ 执行菜单栏中的"绘图"｜"建模"｜"拉伸"命令，将多线段拉伸49个绘图单位，结果如图10-122所示。

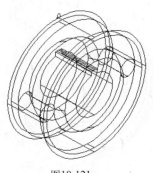

图10-121   图10-122

㉖ 将视图切换到前视图，使用命令简写A激活"环形阵列"命令，将轮齿拉伸实体环形阵列45份，然后切换到东南视图，结果如图10-123所示。

㉗ 使用命令简写UNI激活"并集"命令，将所有模型进行并集，然后对模型进行消隐，效果如图10-124所示。

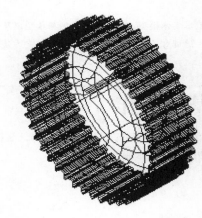

图10-123

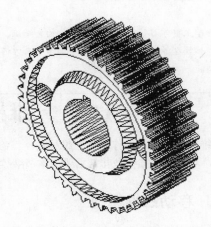

图10-124

㉘ 使用命令简写SL激活"剖切"命令，对复制出的造型进行剖切，命令行操作如下。

命令：SL	// Enter
SLICE 选择要剖切的对象：	// 选择复制出的模型
选择要剖切的对象：	// Enter
指定 切面 的起点或 [平面对象 (O)/ 曲面 (S)/Z 轴 (Z)/ 视图 (V)/XY(XY)/YZ(YZ)/ZX(ZX)/ 三点 (3)] < 三点 >:	// ZX Enter
指定 ZX 平面上的点 <0,0,0>:	// 捕捉如图 10-125 所示的圆心
在所需的侧面上指定点或 [保留两个侧面 (B)] < 保留两个侧面 >:	// Enter，结束命令

㉙ 使用命令简写M激活"移动"命令，将上侧的剖切体进行外移，然后对模型进行灰度着色，效果如图10-126所示。

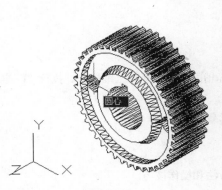

图10-125

图10-126

㉚ 执行"保存"命令，将图形命名存储为"上机练习一.dwg"文件。

第11章 三维模型的编辑细化

上一章主要学习了创建三维模型的相关知识，包括创建三维基本实体模型、曲面模型、网格模型以及创建组合体实体模型等相关知识，本节继续学习三维模型的编辑功能，通过对三维模型进行编辑，创建更为复杂的三维模型。

11.1 三维模型的基本操作

三维模型的基本操作包括三维移动、三维旋转、三维镜像、三维对齐以及三维阵列等，掌握这些技能，对创建三维模型非常重要。本节继续学习三维模型的这些基本操作技能。

11.1.1 移动三维模型

使用"三维移动"命令，可以将三维模型在三维视图中进行位移。执行"三维移动"命令主要有以下几种方式。

◆ 执行菜单栏中的"修改"|"三维操作"|"三维移动"命令。

◆ 单击"建模"工具栏或"修改"面板中的 ⊕ 按钮。

◆ 在命令行输入3dmove后按Enter键。

◆ 使用命令简写3M。

"三维移动"命令的操作非常简单，与二维图形的移动命令的操作相似，激活"三维移动"命令后，其命令行操作提示如下。

```
命令：_3dmove
    选择对象：                          // 选择移动的对象
    选择对象                            // Enter，结束选择
    指定基点或 [ 位移 (D)] < 位移 >:     // 定位基点
    指定第二个点或 < 使用第一个点作为位移 >:  // 定位目标点
    这样就完成了对三维模型的移动。
```

11.1.2 旋转三维模型

"三维旋转"命令用于在三维空间内按照指定的坐标轴围绕基点旋转三维模型。执行"三维旋转"命令主要有以下几种方式。

◆ 执行菜单栏中的"修改"|"三维操作"|"三维旋转"命令。

◆ 单击"建模"工具栏或"修改"面板中的 ◉ 按钮。

◆ 在命令行输入3drotate后按Enter键。

下面通过典型的实例学习"三维旋转"命令的使用方法和操作技巧。

① 打开随书光盘中的"素材文件"\"三维旋转示例.dwg"文件，如图11-1所示。

② 单击"建模"工具栏中的 ◉ 按钮，激活"三维旋转"命令，将模型进行旋转，命令行操作如下。

命令：_3drotate

UCS 当前的正角方向：ANGDIR= 逆时针 ANGBASE=0

选择对象： // 选择三维模型

选择对象： // Enter，结束选择

指定基点： // 捕捉如图 11-2 所示的端点作为旋转基点

图11-1

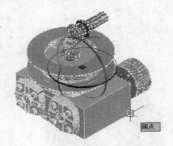

图11-2

拾取旋转轴： // 在如图 11-3 所示的轴方向上单击，定位旋转轴

指定角的起点或键入角度： //90 Enter，结束命令，旋转结果如图 11-4 所示

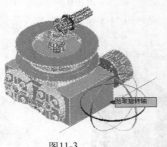

图11-3

图11-4

11.1.3 对齐三维模型

"三维对齐"命令用于将三维模型在三维操作空间中进行对齐。执行"三维对齐"命令主要有以下几种方式。

◆ 执行菜单栏中的"修改"|"三维操作"|"三维对齐"命令。

◆ 单击"建模"工具栏或"修改"面板中的 按钮。

◆ 在命令行输入3dalign后按Enter键。

下面通过典型的实例，学习"三维对齐"命令的使用方法和操作技巧。

① 打开随书光盘中的"素材文件"\"三维对齐示例.dwg"文件，这是两个锥形齿轮零件三维模型，如图11-5所示。

图11-5

② 单击"建模"工具栏中的 按钮，激活"三维对齐"命令，将这两个模型进行空间对齐，命令行操作如下。

```
命令：_3dalign
选择对象：                              // 选择左侧的三维模型
选择对象：                              // Enter，结束选择
指定源平面和方向 ...
指定基点或 [ 复制 (C)]：                 // 捕捉如图 11-6 所示的圆心
指定第二个点或 [ 继续 (C)] <C>：         // 捕捉如图 11-7 所示的中点
```

图11-6

图11-7

```
指定第三个点或 [ 继续 (C)] <C>：         // 捕捉如图 11-8 所示的端点
指定目标平面和方向 ...
指定第一个目标点：                       // 捕捉如图 11-9 所示的圆心
```

图11-8

图11-9

```
指定第二个目标点或 [ 退出 (X)] <X>：     // 捕捉如图 11-10 所示的中点
指定第三个目标点或 [ 退出 (X)] <X>：     // 捕捉如图 11-11 所示的端点
```

图11-10

图11-11

"复制"选项用于复制源对象，然后再与目标对象进行对齐，而源对象保持不变。

③ 对齐结果如图11-12所示。

图11-12

11.1.4 镜像三维模型

"三维镜像"命令用于在三维空间内将选定的三维模型按照指定的镜像平面进行镜像，以创建结构对称的三维模型。

执行"三维镜像"命令主要有以下几种方式。

◆ 执行菜单栏中的"修改"|"三维操作"|"三维镜像"命令。

◆ 在命令行输入Mirror3D后按Enter键。

◆ 单击"常用"选项卡|"修改"面板中的%按钮。

下面通过典型的实例学习"三维镜像"命令的使用方法和操作技巧。

① 打开随书光盘中的"素材文件"\"三维对齐示例.dwg"文件，使用"删除"命令将右边的模型删除，只保留左边的模型。

② 单击"常用"选项卡 | "修改"面板中的%按钮，激活"三维镜像"命令，对模型进行镜像，命令行操作如下。

命令：_mirror3d
　　选择对象：　　　　　　　　　　　　　　　　　　　// 选择左边的模型
　　选择对象：　　　　　　　　　　　　　　　　　　　// Enter
　　指定镜像平面 (三点) 的第一个点或 [对象 (O)/ 最近的 (L)/Z 轴 (Z)/ 视图 (V)/XY 平面 (XY)/
YZ 平面 (YZ)/ZX 平面 (ZX)/ 三点 (3)] < 三点 >：　　//YZ Enter，激活"YZ 平面"选项
　　指定 YZ 平面上的点 <0,0,0>：　　　　　　　　　　// 捕捉如图 11-13 所示的圆心
　　是否删除源对象？ [是 (Y)/ 否 (N)] < 否 >：　　　//Enter，镜像结果如图 11-14 所示

圆心

图11-13

图11-14

执行"三维镜像"命令后，命令行中出现的主要选项如下。

◆ "对象"选项：用于选定某一对象所在的平面作为镜像平面，该对象可以是圆弧或二维多段线。

◆ "最近的"选项：用于以上次镜像使用的镜像平面作为当前镜像平面。

◆ "Z轴"选项：用于在镜像平面及镜像平面的z轴法线指定位点。

◆ "视图"选项：用于在视图平面上指定点进行空间镜像。

◆ "XY平面"选项：用于以当前坐标系的xy平面作为镜像平面。

◆ "YZ平面"选项：用于以当前坐标系的yz平面作为镜像平面。

◆ "ZX平面"选项：用于以当前坐标系的zx平面作为镜像平面。

◆ "三点"选项：用于指定三个点，以定位镜像平面。

11.1.5 三维阵列

"三维阵列"命令用于将三维模型按照矩形或环形方式在三维空间中进行规则排列。执行"三维阵列"命令主要有以下几种方式。

◆ 执行菜单栏中的"修改"|"三维操作"|"三维阵列"命令。

◆ 单击"建模"工具栏或"修改"面板中的⌗按钮。

◆ 在命令行输入3Darray后按Enter键。

下面通过典型的实例，学习"三维阵列"命令的使用方法和技巧。

① 打开随书光盘中的"素材文件"\"三维矩形阵列示例.dwg"文件，如图11-15所示。

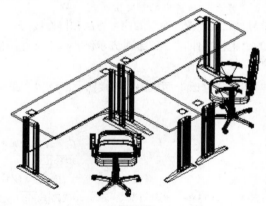

图11-15

② 执行菜单栏中的"修改"|"三维操作"|"三维阵列"命令，对模型进行阵列，命令行操作如下。

命令：_3darray	
选择对象：	// 选择所有的模型对象
选择对象：	// Enter
输入阵列类型 [矩形 (R)/ 环形 (P)] < 矩形 >:// Enter	
输入行数 (---) <1>:	//6 Enter
输入列数 (‖‖) <1>:	//3 Enter
输入层数 (...) <1>:	//1 Enter
指定行间距 (---):	//1500 Enter
指定列间距 (‖‖):	//4500 Enter，阵列结果如图 11-16 所示

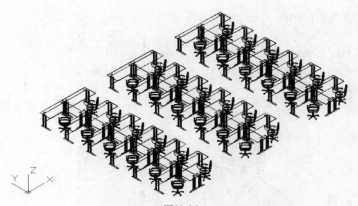

图11-16

③ 使用命令简写HI激活"消隐"命令，对镜像后的模型进行消隐显示，结果如图11-17所示。

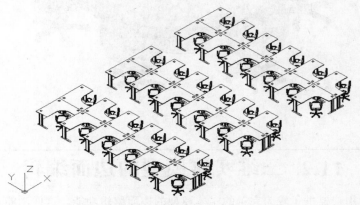

图11-17

下面继续学习三维环形阵列的方法。

① 继续打开随书光盘中的"素材文件"\"三维环形阵列示例.dwg"文件，如图11-18所示。

图11-18

② 执行"三维阵列"命令，对椅子模型进行环形阵列，命令行操作如下。

```
命令：_3darray
    正在初始化 ... 已加载 3DARRAY。
    选择对象：                          // 选择椅子实体
    选择对象：                          // Enter
```

中文版**AutoCAD 2013**从**新手到高手**

11

12

13

14

15

输入阵列类型 [矩形 (R)/ 环形 (P)] < 矩形 >:	//P Enter
输入阵列中的项目数目:	//6 Enter
指定要填充的角度 (+= 逆时针 , -= 顺时针) <360>:	// Enter
旋转阵列对象？ [是 (Y)/ 否 (N)] <Y>:	// Enter
指定阵列的中心点:	// 捕捉圆桌面的圆心
指定旋转轴上的第二点:	//@0,0,1 Enter，旋转结果如图 11-19 所示

图11-19

11.2 三维实体模型的边面编辑

AutoCAD为用户提供了较为完善的实体模型的边面编辑功能，这些功能位于"修改" |
"实体编辑"菜单下，如图11-20所示，其工具按钮位于"实体编辑"工具栏中，如图11-21
所示。

图11-20

图11-21

通过对实体模型边面的编辑，进一步对实体模型进行完善，本节将继续学习实体模型边与面的
编辑技巧。

11.2.1 倒角边

"倒角边"命令主要用于将实体模型的棱边按照指定的距离进行倒角，使其产生一个倒角边效果。执行"倒角边"命令主要有以下几种方式。

◆ 执行菜单栏中的"修改"|"实体编辑"|"倒角边"命令。
◆ 单击"实体编辑"工具栏或面板中的◎按钮。
◆ 在命令行输入Chamferedge后按Enter键。

下面通过典型实例，主要学习"倒角边"命令的使用方法和技巧。

① 打开随书光盘中的"素材文件"\"倒角边示例.dwg"文件，然后使用命令简写HI激活"消隐"命令，对模型进行消隐显示，结果如图11-22所示。

② 单击"实体编辑"工具栏中的◎按钮，激活"倒角边"命令，对实体边进行倒角编辑，命令行操作如下。

```
命令：_CHAMFEREDGE 距离 1 = 1.0000，距离 2 = 1.0000
    选择一条边或 [ 环 (L)/ 距离 (D)]:          // 选择如图 11-23 所示的边
```

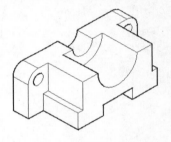
图11-22

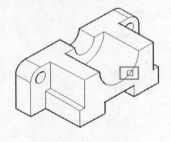
图11-23

```
    选择属于同一个面的边或 [ 环 (L)/ 距离 (D)]: //d Enter
    指定距离 1 或 [ 表达式 (E)] <1.0000>:    //4 Enter
    指定距离 2 或 [ 表达式 (E)] <1.0000>:    //4 Enter
    选择属于同一个面的边或 [ 环 (L)/ 距离 (D)]: // Enter
    按 Enter 键接受倒角或 [ 距离 (D)]:        // Enter，结束命令，倒角效果如图 11-24 所示
```

③ 执行菜单栏中的"视图"|"视觉样式"|"概念"命令，对模型进行概念着色，结果如图11-25所示。

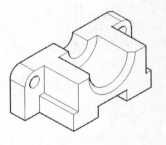
图11-24

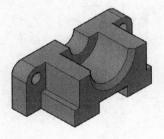
图11-25

执行"倒角边"命令后，命令行中出现的主要选项如下。

◆ "环"选项：用于一次选中倒角基面内的所有棱边。
◆ "距离"选项：用于设置倒角边的倒角距离。
◆ "表达式"选项：用于输入倒角距离的表达式，系统会自动计算出倒角距离值。

11.2.2 圆角边

"圆角边"命令主要用于将实体的棱边按照指定的半径进行圆角编辑。执行"圆角边"命令主要有以下几种方式。

◆ 执行菜单栏中的"修改"|"实体编辑"|"圆角边"命令。

◆ 单击"实体编辑"工具栏或面板中的◎按钮。

◆ 在命令行输入Filletedge后按Enter键。

下面通过典型实例，主要学习"圆角边"命令的使用方法和技巧。

① 使用"长方体"命令，在西南视图中创建一个10×10×5的长方体实体模型。

② 使用命令简写HI激活"消隐"命令，对模型进行消隐显示，结果如图11-26所示。

③ 单击"实体编辑"工具栏中的◎按钮，激活"圆角边"命令，对实体边进行圆角编辑，命令行操作如下。

```
命令：_FILLETEDGE
    半径 = 1.0000
    选择边或 [ 链 (C)/ 半径 (R)]:          // 选择如图 11-27 所示的边
```

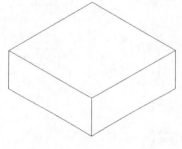

图11-26   图11-27

```
    选择边或 [ 链 (C)/ 半径 (R)]:          // R Enter
    输入圆角半径或 [ 表达式 (E)] <1.0000>:   //1 Enter
    选择边或 [ 链 (C)/ 半径 (R)]:          // Enter
    已选定 1 个边用于圆角。
    按 Enter 键接受圆角或 [ 半径 (R)]:      // Enter，结束命令，圆角结果如图 11-28 所示
命令：_FILLETEDGE
    半径 = 1.0000
    选择边或 [ 链 (C)/ 半径 (R)]:          // 选择如图 11-29 所示的边
```

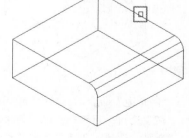

图11-28   图11-29

选择边或 [链 (C)/ 半径 (R)]:   // R Enter
输入圆角半径或 [表达式 (E)] <1.0000>:   //1 Enter
选择边或 [链 (C)/ 半径 (R)]:   // Enter
已选定 1 个边用于圆角。
按 Enter 键接受圆角或 [半径 (R)]:   // Enter，结束命令，圆角结果如图 11-30 所示
命令 : _FILLETEDGE
半径 = 1.0000
选择边或 [链 (C)/ 半径 (R)]:   // 选择如图 11-31 所示的边

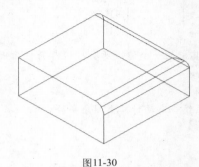

图11-30

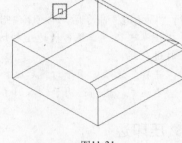

图11-31

选择边或 [链 (C)/ 半径 (R)]:   // R Enter
输入圆角半径或 [表达式 (E)] <1.0000>:   //1 Enter
选择边或 [链 (C)/ 半径 (R)]:   // Enter
已选定 1 个边用于圆角。
按 Enter 键接受圆角或 [半径 (R)]:   // Enter，结束命令，圆角结果如图 11-32 所示
命令 : _FILLETEDGE
半径 = 1.0000
选择边或 [链 (C)/ 半径 (R)]:   // 选择如图 11-33 所示的边

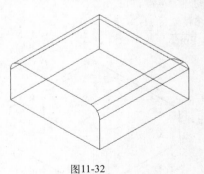

图11-32

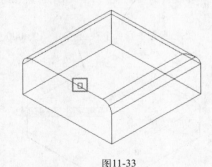

图11-33

选择边或 [链 (C)/ 半径 (R)]:   // R Enter
输入圆角半径或 [表达式 (E)] <1.0000>:   //1 Enter
选择边或 [链 (C)/ 半径 (R)]:   // Enter
已选定 1 个边用于圆角。
按 Enter 键接受圆角或 [半径 (R)]:   // Enter，结束命令，圆角结果如图 11-34 所示

  ④ 执行菜单栏中的"视图"｜"视觉样式"｜"概念"命令，对模型进行概念着色，结果如图11-35所示。

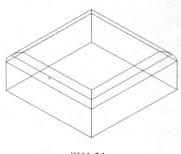

图11-34   图11-35

执行"圆角边"命令后，命令行中出现的主要选项如下。

◆ "链"选项：如果各棱边是相切的关系，则选择其中的一个边，所有棱边都将被选中，同时进行圆角。

◆ "半径"选项：用于为随后选择的棱边重新设定圆角半径。

◆ "表达式"选项：用于输入圆角半径的表达式，系统会自动计算出圆角半径。

11.2.3 压印边

"压印边"命令用于将圆、圆弧、直线、多段线、样条曲线或实体等对象压印到三维实体上，使其成为实体的一部分。执行"压印边"命令主要有以下几种方式。

◆ 执行菜单栏中的"修改"|"实体编辑"|"压印边"命令。

◆ 单击"实体编辑"工具栏或面板中的 按钮。

◆ 在命令行输入Imprint后按Enter键。

下面通过典型实例，主要学习"压印边"命令的使用方法和技巧。

① 继续上一节实例的操作。在长方体上表面创建半径为4的一个圆，命令行操作如下。

命令：_circle

　　指定圆的圆心或 [三点 (3P)/ 两点 (2P)/ 切点、切点、半径 (T)]:

　　　　　　　　　　　　　　　　　　　　// 捕捉如图 11-36 所示的交点

　　指定圆的半径或 [直径 (D)] <10.0000>:　　//4 **Enter**，结果如图 11-37 所示

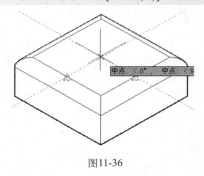

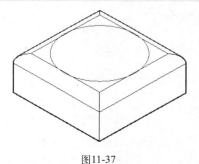

图11-36   图11-37

② 单击"实体编辑"工具栏中的 按钮，激活"压印边"命令，将绘制的圆压印到长方体模型的上表面，命令行操作如下。

命令：_imprint

　　选择三维实体或曲面：　　　　　　　　// 选择如图 11-38 所示的长方体模型

　　选择要压印的对象：　　　　　　　　　// 选择如图 11-39 所示的圆

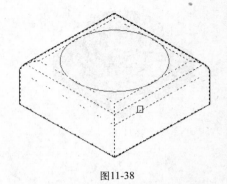

图11-38

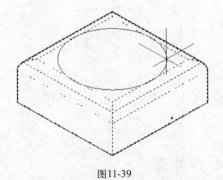

图11-39

是否删除源对象 [是 (Y)/ 否 (N)] <N>:　　　　//Y Enter

选择要压印的对象:　　　　　　　　　　// Enter ，结束命令，结果如图 11-40 所示

③ 单击"实体编辑"工具栏或面板中的 按钮，对压印后产生的表面拉伸4个单位，命令行操作如下。

命令：_solidedit

实体编辑自动检查：SOLIDCHECK=1

输入实体编辑选项 [面 (F)/ 边 (E)/ 体 (B)/ 放弃 (U)/ 退出 (X)] < 退出 >:_face

输入面编辑选项 [拉伸 (E)/ 移动 (M)/ 旋转 (R)/ 偏移 (O)/ 倾斜 (T)/ 删除 (D)/ 复制 (C)/ 颜色 (L)/ 材质 (A)/ 放弃 (U)/ 退出 (X)] < 退出 >:_extrude

选择面或 [放弃 (U)/ 删除 (R)]:　　　　　// 单击选择压印的面，如图 11-41 所示

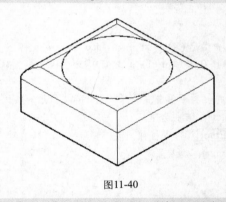

图11-40

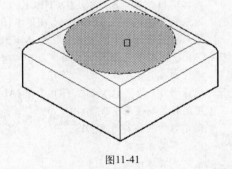

图11-41

选择面或 [放弃 (U)/ 删除 (R)/ 全部 (ALL)]: // Enter

指定拉伸高度或 [路径 (P)]:　　　　　//2 Enter

指定拉伸的倾斜角度 <0>:　　　　　// Enter

已开始实体校验。

已完成实体校验。

输入面编辑选项 [拉伸 (E)/ 移动 (M)/ 旋转 (R)/ 偏移 (O)/ 倾斜 (T)/ 删除 (D)/ 复制 (C)/ 颜色 (L)/ 材质 (A)/ 弃 (U)/ 退出 (X)] < 退出 >:　　　　//X Enter

实体编辑自动检查：SOLIDCHECK=1

输入实体编辑选项 [面 (F)/ 边 (E)/ 体 (B)/ 放弃 (U)/ 退出 (X)] < 退出 >:

　　　　　　　　　　　　// Enter ，结果如图 11-42 所示

④ 执行菜单栏中的"视图"｜"视觉样式"｜"概念"命令，对模型进行概念着色，结果如图11-43所示。

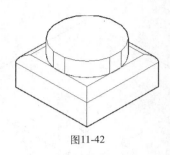

图11-42

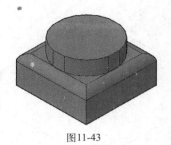

图11-43

11.2.4 拉伸面

"拉伸面"命令用于对实心体的表面进行编辑，将实体面按照指定的高度或路径进行拉伸，以创建出新的形体。

执行"拉伸面"命令主要有以下几种方式。

◆ 执行菜单栏中的"修改"|"实体编辑"|"拉伸面"命令。

◆ 单击"实体编辑"工具栏或面板中的 按钮。

◆ 在命令行输入Solidedit后按Enter键。

下面通过典型实例，主要学习"压印边"命令的使用方法和技巧。

① 继续上一节的操作。

② 单击"实体编辑"工具栏中的 按钮，激活"拉伸面"功能，对实体的圆柱体上表面向内锥化，锥化高度为5、角度为5°，命令行操作如下。

```
命令：_solidedit
    实体编辑自动检查：SOLIDCHECK=1
    输入实体编辑选项 [ 面 (F)/ 边 (E)/ 体 (B)/ 放弃 (U)/ 退出 (X)] < 退出 >：_face
    输入面编辑选项 [ 拉伸 (E)/ 移动 (M)/ 旋转 (R)/ 偏移 (O)/ 倾斜 (T)/ 删除 (D)/ 复制 (C)/ 颜色 (L)/
材质 (A)/ 放弃 (U)/ 退出 (X)] < 退出 >：_extrude
    选择面或 [ 放弃 (U)/ 删除 (R)]：          // 在实体的上表面单击，选择如图 11-44 所示的实体面
    选择面或 [ 放弃 (U)/ 删除 (R)/ 全部 (ALL)]：// Enter，结束选择
    指定拉伸高度或 [ 路径 (P)]：             //10 Enter，输入拉伸高度
    指定拉伸的倾斜角度 <0>：                //5 Enter，输入角度
    已开始实体校验。
    已完成实体校验。
    输入面编辑选项 [ 拉伸 (E)/ 移动 (M)/ 旋转 (R)/ 偏移 (O)/ 倾斜 (T)/ 删除 (D)/ 复制 (C)/ 颜色 (L)/
材质 (A)/ 放弃 (U)/ 退出 (X)] < 退出 >：     //X Enter，退出编辑过程
    实体编辑自动检查：SOLIDCHECK=1
    输入实体编辑选项 [ 面 (F)/ 边 (E)/ 体 (B)/ 放弃 (U)/ 退出 (X)] < 退出 >：
                                        //X Enter，结束命令，拉伸结果如图 11-45 所示
```

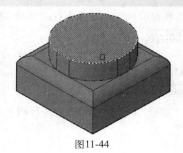

图11-44

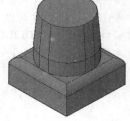

图11-45

> **TIP** 在选择实体表面时，如果不慎选择了多余的面，可以按住Shift键单击，即可将多余的面从选择集中删除。

③ 重复执行"拉伸面"命令，继续对实体的上表面进行锥化，锥化高度为10、角度为-5°，命令行操作如下。

命令：_solidedit
　　实体编辑自动检查：SOLIDCHECK=1
　　输入实体编辑选项 [面 (F)/ 边 (E)/ 体 (B)/ 放弃 (U)/ 退出 (X)] < 退出 >:_face
　　输入面编辑选项 [拉伸 (E)/ 移动 (M)/ 旋转 (R)/ 偏移 (O)/ 倾斜 (T)/ 删除 (D)/ 复制 (C)/ 颜色 (L)/ 材质 (A)/ 放弃 (U)/ 退出 (X)] < 退出 >:_extrude
　　选择面或 [放弃 (U)/ 删除 (R)]:　　　　　　// 在实体的上表面单击，选择如图 11-46 所示的实体面
　　选择面或 [放弃 (U)/ 删除 (R)/ 全部 (ALL)]:　　　// Enter，结束选择
　　指定拉伸高度或 [路径 (P)]:　　　　　　//5 Enter，输入拉伸高度
　　指定拉伸的倾斜角度 <0>:　　　　　　//-5 Enter，输入角度

> **TIP** 如果输入的角度值为正值时，实体面将实体的内部倾斜（锥化）；如果输入的角度为负值时，实体面将向实体的外部倾斜（锥化）。

　　已开始实体校验。
　　已完成实体校验。
　　输入面编辑选项 [拉伸 (E)/ 移动 (M)/ 旋转 (R)/ 偏移 (O)/ 倾斜 (T)/ 删除 (D)/ 复制 (C)/ 颜色 (L)/ 材质 (A)/ 放弃 (U)/ 退出 (X)] < 退出 >:　　　　//X Enter，退出编辑过程
　　实体编辑自动检查：SOLIDCHECK=1
　　输入实体编辑选项 [面 (F)/ 边 (E)/ 体 (B)/ 放弃 (U)/ 退出 (X)] < 退出 >:
　　　　　　　　　　　　　　　　//X Enter，结束命令，操作结果如图 11-47 所示

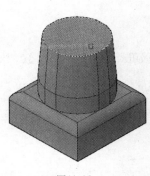
图11-46

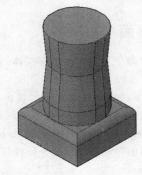
图11-47

> **TIP** 在面拉伸过程中，如果用户输入的高度值和锥度值都较大时，可能会使实体面到达所指定的高度之前，就已缩小成为一个点，此时AutoCAD将会提示拉伸操作失败。

11.2.5 移动面

"移动面"命令是通过移动实体的表面来修改实体的尺寸或改变孔或槽的位置等。执行"移动面"命令主要有以下几种方式。

- 执行菜单栏中的"修改"|"实体编辑"|"移动面"命令。
- 单击"实体编辑"工具栏或面板中的 按钮。
- 在命令行输入Solidedit后按Enter键。

执行"移动面"命令后,命令行操作如下。

```
命令: _solidedit
    实体编辑自动检查: SOLIDCHECK=1
    输入实体编辑选项 [ 面 (F)/ 边 (E)/ 体 (B)/ 放弃 (U)/ 退出 (X)] < 退出 >: _face
    输入面编辑选项 [ 拉伸 (E)/ 移动 (M)/ 旋转 (R)/ 偏移 (O)/ 倾斜 (T)/ 删除 (D)/ 复制 (C)/ 颜色 (L)/
材质 (A)/ 放弃 (U)/ 退出 (X)] < 退出 >: _move
        选择面或 [ 放弃 (U)/ 删除 (R)]:                // 选择要移动的面
        选择面或 [ 放弃 (U)/ 删除 (R)/ 全部 (ALL)]:      // Enter
        指定基点或位移:                                // 拾取一点
        指定位移的第二点:                              // 拾取第二点
        输入面编辑选项 [ 拉伸 (E)/ 移动 (M)/ 旋转 (R)/ 偏移 (O)/ 倾斜 (T)/ 删除 (D)/ 复制 (C)/ 颜色 (L)/
材质 (A)/ 放弃 (U)/ 退出 (X)] < 退出 >:                 //X Enter
    实体编辑自动检查: SOLIDCHECK=1
    输入实体编辑选项 [ 面 (F)/ 边 (E)/ 体 (B)/ 放弃 (U)/ 退出 (X)] < 退出 >:
                                                    //X Enter,结果如图 11-48 所示
```

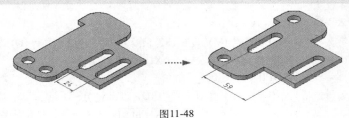

图11-48

11.2.6 偏移面

"偏移面"命令主要通过偏移实体的表面来改变实体及孔、槽等特征的大小。执行"偏移面"命令主要有以下几种方式。

- 执行菜单栏中的"修改"|"实体编辑"|"偏移面"命令。
- 单击"实体编辑"工具栏或面板中的 按钮。
- 在命令行输入Solidedit后按Enter键。

执行"偏移面"命令后,命令行操作如下。

```
命令: _solidedit
    实体编辑自动检查: SOLIDCHECK=1
    输入实体编辑选项 [ 面 (F)/ 边 (E)/ 体 (B)/ 放弃 (U)/ 退出 (X)] < 退出 >: _face
    输入面编辑选项 [ 拉伸 (E)/ 移动 (M)/ 旋转 (R)/ 偏移 (O)/ 倾斜 (T)/ 删除 (D)/ 复制 (C)/ 颜色 (L)/
材质 (A)/ 放弃 (U)/ 退出 (X)] < 退出 >: _offset
        选择面或 [ 放弃 (U)/ 删除 (R)]:                // 选择要偏移的面
        选择面或 [ 放弃 (U)/ 删除 (R)/ 全部 (ALL)]:      // Enter
        指定偏移距离:                                  // 输入偏移距离
        已开始实体校验。
        已完成实体校验。
```

输入面编辑选项 [拉伸 (E)/ 移动 (M)/ 旋转 (R)/ 偏移 (O)/ 倾斜 (T)/ 删除 (D)/ 复制 (C)/ 颜色 (L)/ 材质 (A)/ 放弃 (U)/ 退出 (X)] < 退出 >:　　　　　　　　　　// X Enter

实体编辑自动检查：SOLIDCHECK=1

输入实体编辑选项 [面 (F)/ 边 (E)/ 体 (B)/ 放弃 (U)/ 退出 (X)] < 退出 >:

//X Enter，结果如图 11-49 所示

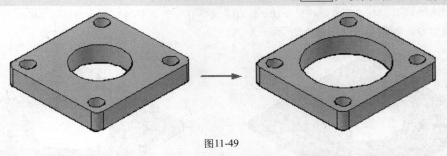

图11-49

11.2.7 倾斜面

"倾斜面"命令主要用于通过倾斜实体的表面，使实体表面产生一定的锥度。执行"倾斜面"命令主要有以下几种方式。

◆ 执行菜单栏中的"修改"|"实体编辑"|"倾斜面"命令。

◆ 单击"实体编辑"工具栏或面板中的 按钮。

◆ 在命令行输入Solidedit后按Enter键。

执行"倾斜面"命令之后，命令行操作如下。

命令：_solidedit

实体编辑自动检查：SOLIDCHECK=1

输入实体编辑选项 [面 (F)/ 边 (E)/ 体 (B)/ 放弃 (U)/ 退出 (X)] < 退出 >:_face

输入面编辑选项 [拉伸 (E)/ 移动 (M)/ 旋转 (R)/ 偏移 (O)/ 倾斜 (T)/ 删除 (D)/ 复制 (C)/ 颜色 (L)/ 材质 (A)/ 放弃 (U)/ 退出 (X)] < 退出 >:_taper

选择面或 [放弃 (U)/ 删除 (R)]:　　　　　　　// 在圆孔边沿上单击左键选择面，如图 11-50 所示

选择面或 [放弃 (U)/ 删除 (R)/ 全部 (ALL)]: // Enter

指定基点：　　　　　　　　　　　　　　　// 捕捉如图 11-51 所示的下表面圆心

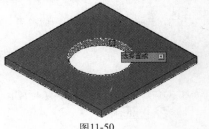

图11-50 　　　　　　　　　　　　　　　　图11-51

指定沿倾斜轴的另一个点：　　　　　　　　// 捕捉如图 11-52 所示的上表面圆心

指定倾斜角度：　　　　　　　　　　　　　//45 Enter

已开始实体校验。

已完成实体校验。

输入面编辑选项 [拉伸 (E)/ 移动 (M)/ 旋转 (R)/ 偏移 (O)/ 倾斜 (T)/ 删除 (D)/ 复制 (C)/ 颜色 (L)/

材质 (A)/ 放弃 (U)/ 退出 (X)] < 退出 >:   //X Enter

实体编辑自动检查：SOLIDCHECK=1

输入实体编辑选项 [面 (F)/ 边 (E)/ 体 (B)/ 放弃 (U)/ 退出 (X)] < 退出 >: //X Enter

结束命令，倾斜结果如图11-53所示。

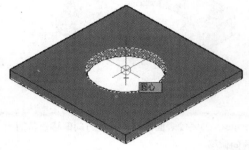

图11-52

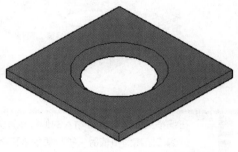

图11-53

TIP ▶▶ 在倾斜面时，倾斜的方向是由锥角的正负号及定义矢量时的基点决定的。如果输入的倾角为正值，则AutoCAD将已定义的矢量绕基点向实体内部倾斜面，否则向实体外部倾斜。

11.2.8 删除面

"删除面"命令主要用于在实体表面上删除某些特征面，如倒圆角和倒斜角时形成的面。执行"删除面"命令主要有以下几种方式。

- ◆ 执行菜单栏中的"修改" | "实体编辑" | "删除面"命令。
- ◆ 单击"实体编辑"工具栏或面板中的 按钮。
- ◆ 在命令行输入Solidedit后按Enter键。

执行"删除面"命令后，命令行操作如下。

命令：_solidedit

实体编辑自动检查：SOLIDCHECK=1

输入实体编辑选项 [面 (F)/ 边 (E)/ 体 (B)/ 放弃 (U)/ 退出 (X)] < 退出 >:_face

输入面编辑选项拉伸 (E)/ 移动 (M)/ 旋转 (R)/ 偏移 (O)/ 倾斜 (T)/ 删除 (D)/ 复制 (C)/ 颜色 (L)/ 材质 (A)/ 放弃 (U)/ 退出 (X)] < 退出 >:_delete

选择面或 [放弃 (U)/ 删除 (R)]:   // 选择如图 11-54 所示的表面

选择面或 [放弃 (U)/ 删除 (R)/ 全部 (ALL)]:   // Enter

已开始实体校验。

已完成实体校验。

输入面编辑选项 [拉伸 (E)/ 移动 (M)/ 旋转 (R)/ 偏移 (O)/ 倾斜 (T)/ 删除 (D)/ 复制 (C)/ 颜色 (L)/

材质 (A)/ 放弃 (U)/ 退出 (X)] < 退出 >:   //X Enter

实体编辑自动检查：SOLIDCHECK=1

输入实体编辑选项 [面 (F)/ 边 (E)/ 体 (B)/ 放弃 (U)/ 退出 (X)] < 退出 >:

                       // Enter，结果如图 11-55 所示

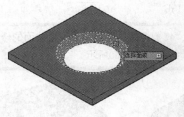

图11-54

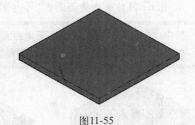

图11-55

11.3 三维曲面和网格模型的边面编辑

本节继续学习曲面与网格模型的编辑和优化功能，具体包括曲面圆角、曲面修剪、曲面修补、曲面偏移、拉伸网格和优化网格等。

11.3.1 圆角曲面

"圆角"命令用于为空间曲面进行圆角，以创建新的圆角曲面。执行"圆角"命令主要有以下几种方式。

◆ 执行菜单栏中的"绘图"|"建模"|"曲面"|"圆角"命令。

◆ 单击"曲面创建"工具栏或"创建"面板中的 按钮。

◆ 在命令行输入Surffillet后按Enter键。

下面通过一个简单操作，学习圆角曲面的方法和技巧。

(1) 在西南视图中绘制两个相交的平面曲面模型，如图11-56所示。

(2) 激活"圆角"命令后，其命令行操作如下。

命令：_SURFFILLET
　　　半径 = 25.0，修剪曲面 = 是
　　　选择要圆角化的第一个曲面或面域或者 [半径 (R)/ 修剪曲面 (T)]：
　　　　　　　　　　　　　　　　　　　　　　　　　　　// 单击如图 11-57 所示的曲面

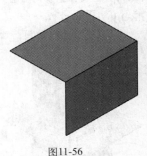

图11-56

图11-57

　　　选择要圆角化的第二个曲面或面域或者 [半径 (R)/ 修剪曲面 (T)]：
　　　　　　　　　　　　　　　　　　　　　　　　　　//单击如图 11-58 所示的曲面
　　　按 Enter 键接受圆角曲面或 [半径 (R)/ 修剪曲面 (T)]：　　//R Enter
　　　指定半径或 [表达式 (E)] <1.0000>：　　　　　　　　　//10 Enter
　　　按 Enter 键接受圆角曲面或 [半径 (R)/ 修剪曲面 (T)]：　　//T Enter
　　　自动根据圆角边修剪曲面 [是 (Y)/ 否 (N)] <是 >：　　　// Enter

中文版 AutoCAD 2013 从新手到高手

11

12

13

14

15

按 Enter 键接受圆角曲面或 [半径 (R)/ 修剪曲面 (T)]:　　　　　 // Enter，结果如图 11-59 所示

> **TIP** 其中"半径"选项用于设置圆角曲面的圆角半径，"修剪曲面"选项用于设置曲面的修剪模式，如果选择非修剪模式，则曲面被圆角后并不修剪，其结果如图11-60所示。

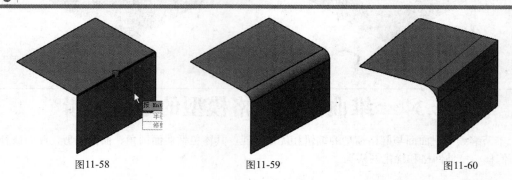

图11-58　　　　　　　　　　　图11-59　　　　　　　　　　　图11-60

11.3.2 修剪曲面

　　"修剪"命令用于修剪与其他曲面、面域、曲线等相交的曲面部分。执行"修剪"命令主要有以下几种方式。

- ◆ 执行菜单栏中的"修改"|"曲面编辑"|"修剪"命令。
- ◆ 单击"曲面编辑"工具栏或面板中的▣按钮。
- ◆ 在命令行输入Surftrim后按Enter键。

　　下面通过典型实例，主要学习"曲面修剪"命令的使用方法和技巧。

①　在西南视图内绘制两个相互垂直的两个平面曲线，如图11-61所示。

②　单击"曲面编辑"工具栏中的▣按钮，激活"曲面修剪"命令，对水平曲面进行修剪，命令行操作如下。

命令: _SURFTRIM
　　延伸曲面＝是，投影＝自动
　　选择要修剪的曲面或面域或者 [延伸 (E)/ 投影方向 (PRO)]: // 选择垂直的曲面
　　选择要修剪的曲面或面域或者 [延伸 (E)/ 投影方向 (PRO)]: // Enter
　　选择剪切曲线、曲面或面域:　　　　　　　　　　　　 // 选择水平曲面，如图 11-62 所示

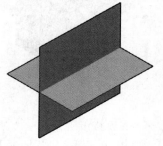

图11-61　　　　　　　　　　　　　　　　图11-62

选择剪切曲线、曲面或面域:　　　　　　　 // Enter
选择要修剪的区域 [放弃 (U)]:　　　　　　 // 在垂直曲面如图 11-63 所示的位置单击
选择要修剪的区域 [放弃 (U)]:　　　　　　 // Enter，结束命令，修剪结果如图 11-64 所示

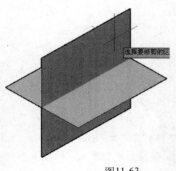

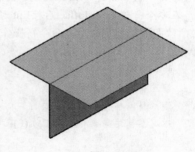

图11-63   图11-64

> **TIP** 使用"曲面取消修剪" ⊡ 命令可以将修剪掉的曲面恢复到修剪前的状态，使用"曲面延伸" ⊿ 命令可以将曲面延伸。

11.3.3 修补曲面

"修补"命令用于修补现有的曲面，以创建新的曲面，还可以添加其他曲线以约束和引导修补曲面。执行"修补"命令主要有以下几种方式。

- ◆ 执行菜单栏中的"绘图"|"建模"|"曲面"|"修补"命令。
- ◆ 单击"曲面创建"工具栏或"创建"面板中的 ⊟ 按钮。
- ◆ 在命令行输入Surfpatch后按Enter键。

下面通过典型实例，主要学习"曲面修补"命令的使用方法和技巧。

① 在西南视图内随意绘制闭合的样条曲线，然后使用"拉伸"命令，将闭合样条曲线拉伸为曲面，效果如图11-65所示。

② 激活"修补"命令，对拉伸曲面的边进行修补，命令行操作如下。

```
命令：_SURFPATCH
    连续性 = G0 - 位置，凸度幅值 = 0.5
    选择要修补的曲面边或 <选择曲线>：        //选择曲面边
    选择要修补的曲面边或 <选择曲线>：        //Enter
    按 Enter 键接受修补曲面或 [ 连续性 (CON)/ 凸度幅值 (B)/ 约束几何图形 (CONS)]：
                                        //Enter，结束命令，修补结果如图 11-66 所示
```

图11-65   图11-66

11.3.4 偏移曲面

"偏移"命令用于按照指定的距离偏移选择的曲面，以创建相互平行的曲面。另外，在偏移曲面时也可以反转偏移的方向。执行"偏移"命令主要有以下几种方式。

- ◆ 执行菜单栏中的"绘图"|"建模"|"曲面"|"偏移"命令。

◆ 单击"曲面创建"工具栏或"创建"面板中的◎按钮。

◆ 在命令行输入Surfoffset后按Enter键。

激活"曲面偏移"命令，命令行操作如下。

```
命令：_SURFOFFSET
    连接相邻边 = 否
    选择要偏移的曲面或面域：              // 选择如图 11-67 所示的曲面
    选择要偏移的曲面或面域：              // Enter
    指定偏移距离或 [ 翻转方向 (F)/ 两侧 (B)/ 实体 (S)/ 连接 (C)/ 表达式 (E)] <0.0>:
                                        //40 Enter，偏移结果如图 11-68 所示
```

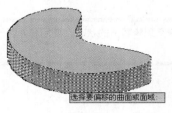

图11-67

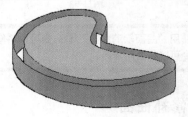

图11-68

11.3.5 拉伸网格

"拉伸面"命令用于将网格模型上的网格面按照指定的距离或路径进行拉伸。执行"拉伸面"命令主要有以下几种方式。

◆ 执行菜单栏中的"修改"|"网格编辑"|"拉伸面"命令。

◆ 单击"网格"选项卡|"网格编辑"面板中的按钮。

◆ 在命令行输入Meshextrude后按Enter键。

激活"拉伸面"命令后，其命令行操作提示如下。

```
命令：_MESHEXTRUDE
    相邻拉伸面设置为：合并
    选择要拉伸的网格面或 [ 设置 (S)]:              // 选择需要拉伸的网格面
    选择要拉伸的网格面或 [ 设置 (S)]:              // Enter
    指定拉伸的高度或 [ 方向 (D)/ 路径 (P)/ 倾斜角 (T)] <-0.0>:  // 指定拉伸高度
```

其中"方向"选项用于指定方向的起点和端点，以定位伸的距离和方向；"路径"选项用于按照选择的路径进行拉伸；"倾斜角"选项用于按照指定的角度进行拉伸。

11.3.6 优化网格及提高、降低平滑度

"优化网格"命令用于对网格进行优化，以成倍地增加网格模型或网格面中的面数；"提高平滑度"命令用于将网格对象的平滑度提高一个级别；"减低平滑度"命令用于将网格对象的平滑度降低一个级别。

执行"修改" |"网格编辑"|"优化网格"、"提高平滑度"或"降低平滑度"命令，即可对网格对象进行相关编辑，其编辑结果如图11-69所示。

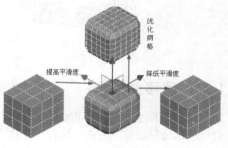

图11-69

第 4 篇

高手速成——
职业案例篇

本篇包括第12～17章内容，主要从 AutoCAD 2013在各制图领域的实际应用入手，通过对大量实际工程案例的具体操作，重点讲解了AutoCAD 2013在实际工程项目中的操作技能以及工程图纸的输出等知识，具体内容包括绘图样板文件的制作、AutoCAD建筑设计、AutoCAD室内装饰装潢设计、AutoCAD机械设计以及工程图纸的打印与输出等技巧，使读者通过本篇内容的学习，彻底掌握AutoCAD 2013在实际工程项目中的应用技巧，真正成为AutoCAD 2013制图高手。

本篇内容如下：

第12章 制作工程样板文件

在AutoCAD制图中，"样板文件"也称"绘图样板"，此类文件指的就是包含一定的绘图环境、参数变量、绘图样式、页面设置等内容，但并未绘制图形的空白文件，当将此空白文件保存为".dwt"格式后，就成为了样板文件。

当用户定制了绘图样板文件之后，此样板文件被保存在AutoCAD安装目录下的"Template"文件夹下，便于用户在以后的制图过程中调用。

本章通过制作A2幅面的建筑制图样板文件，主要学习工程样板图文件的具体制作过程和技巧。

12.1 工程样板图文件的作用与制作流程

本节首先了解工程样板图文件的作用及其制作流程，这对AutoCAD初级用户进行工程图设计非常重要。

12.1.1 工程样板图文件的作用及其应用

前面已经讲过，所谓的"样板图文件"其实就是包含一定的绘图环境、参数变量、绘图样式、页面设置等内容，但并未绘制图形的空白文件，当用户在样板文件的基础上绘图时，可以避免许多参数的重复性设置，不仅可以节省绘图时间，提高绘图效率，更重要的是还可以使绘制的图形更符合规范、更标准，保证图面、质量的完整统一。

那么如何应用样板文件呢，其操作非常简单，用户只需要执行"新建"命令，在打开的"选择样板"对话框中选择事先制作并保存的.dwt格式的样板文件，并打开该样板文件即可，如图12-1所示。

图12-1

12.1.2 工程样板图文件的制作流程

本节主要了解样板图文件的制作流程。制作样板图文件非常简单，其实就是对AutoCAD软件的基础应用，其制作流程如下。

① 首先根据绘图需要，设置相应单位的空白文件。

② 设置样板文件的绘图环境，包括绘图单位、单位精度、绘图区域、捕捉模数、追踪模式以及常用系统变量等。

③ 设置样板文件的系列图层以及图层的颜色、线型、线宽、打印等特性，以便规划管理各类图形资源。

④ 设置样板文件的系列绘图样式，具体包括各类文字样式、标注样式、墙线样式、窗线样式等。

⑤ 为绘图样板配置并填充标准图框。

⑥ 为绘图样板配置打印设备、设置打印页面等。

⑦ 最后将包含上述内容的文件存储为绘图样板文件。

12.2 上机练习一——设置工程样板绘图环境

设置绘图环境是工程制图中重要的内容，它包括绘图单位、图形界限、捕捉模式、追踪功能以及各种常用变量的设置等，这些设置是规范工程图的重要依据。本节就来学习工程样板文件绘图环境的设置内容和相关技巧。

12.2.1 新建公制文件并设置绘图单位

① 单击快速访问工具栏或标准工具栏中的▢按钮，打开"选择样板"对话框。

② 在"选择样板"对话框中单击 打开⑩ ▢按钮旁边的▢按钮，在弹出的下拉列表中选择"公制"选项，如图12-2所示，新建公制单位的空白文件，如图12-2所示。

③ 执行菜单栏中的"格式"｜"单位"命令，或使用命令简写UN激活"单位"命令，打开"图形单位"对话框。

④ 在"图形单位"对话框中设置长度类型、角度类型以及单位、精度等参数，如图12-3所示。

图12-2

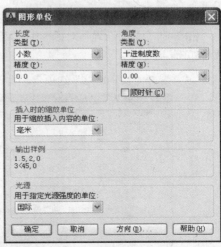

图12-3

> **TIP** 在系统默认设置下，是以逆时针作为角的旋转方向，其基准角度为"东"，也就是以坐标系x轴正方向作为起始方向。

12.2.2 设置工程样板图绘图界限

①继续上节操作。

②执行菜单栏中的"格式"｜"图形界限"命令，设置默认绘图区域为59400×42000，命令行操作如下。

```
命令:'_limits
   重新设置模型空间界限:
   指定左下角点或 [ 开 (ON)/ 关 (OFF)] <0.0,0.0>:            // Enter
   指定右上角点 <420.0,297.0>:                              //59400,42000 Enter
```

③执行菜单栏中的"视图"｜"缩放"｜"全部"命令，将设置的图形界限最大化显示。

④如果用户想直观地观察到设置的图形界限，可按下功能键F7，打开"栅格"功能，通过坐标的栅格点可直观形象地显示出图形界限，如图12-4所示。

图12-4

12.2.3 设置工程样板捕捉追踪模式

①继续上节操作。

②执行菜单栏中的"工具"｜"草图设置"命令，或使用命令简写DS激活"草图设置"命令，打开"草图设置"对话框。

③在"草图设置"对话框中激活"对象捕捉"选项卡，启用和设置一些常用的对象捕捉功能，如图12-5所示。

④展开"极轴追踪"选项卡，设置追踪角参数如图12-6所示。

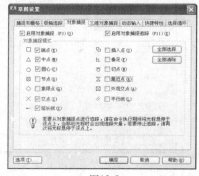

图12-5

图12-6

> **TIP** 在此设置的捕捉和追踪参数并不是绝对的，用户可以在实际操作过程中随时进行更改。

(5) 单击 确定 按钮，关闭"草图设置"对话框。

(6) 按下功能键F12，打开状态栏中的"动态输入"功能。

12.2.4 设置工程样板系统变量

(1) 继续上节操作。

(2) 在命令行输入系统变量LTSCALE，以调整线型的显示比例，命令行操作如下。

命令 : LTSCALE	// Enter
输入新线型比例因子 <1.0000>:	// 100 Enter
正在重生成模型。	

(3) 使用系统变量DIMSCALE设置和调整尺寸标注样式的比例，具体操作如下。

命令 : DIMSCALE	// Enter
输入 DIMSCALE 的新值 <1>:	//100 Enter

(4) 系统变量MIRRTEXT用于设置镜像文字的可读性。当变量值为0时，镜像后的文字具有可读性；当变量值为1时，镜像后的文字不可读，具体设置如下。

命令 : MIRRTEXT	// Enter
输入 MIRRTEXT 的新值 <1>:	// 0 Enter

(5) 由于属性块的引用一般有"对话框"和"命令行"两种，可以使用系统变量ATTDIA控制属性值的输入方式，具体操作如下。

命令 : ATTDIA	// Enter
输入 ATTDIA 的新值 <1>:	//0 Enter

> **TIP** 当变量ATTDIA的值为0时，系统将以"命令行"形式提示输入属性值；当变量值为1时，将以"对话框"形式提示输入属性值。

(6) 执行"保存"命令，将当前文件命名存储为"上机练习一.dwg"

12.3 上机练习二——设置工程样板图层与特性

本节继续设置样板图文件的图层及其层特性等，以方便用户对各类图形资源进行组织和管理。

12.3.1 设置工程样板常用图层

(1) 继续上一节的操作，或打开随书光盘中的"效果文件"\"第12章"\"上机练习一.dwg"文件。

(2) 单击"图层"工具栏中的 按钮，执行"图层"命令，打开如图12-7所示的"图层特性管理器"面板。

(3) 单击 按钮，新建一个图层，然后将该层重新命名为"轴线层"，如图12-8所示。

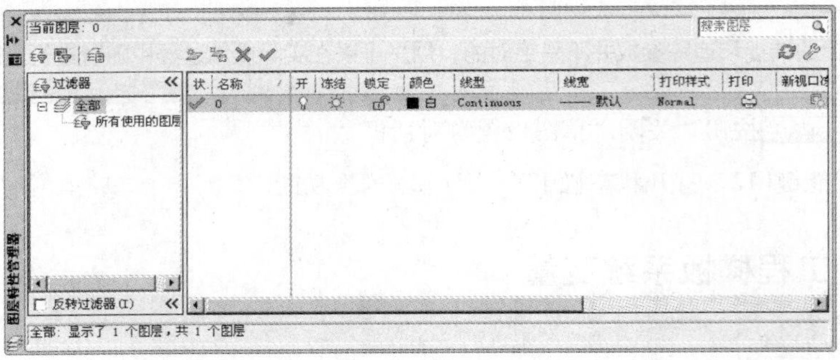

图12-7

图12-8

④ 依照相同的方法，继续创建"墙线层"、"门窗层"、"楼梯层"、"文本层"、"尺寸层"、"其他层"等图层，如图12-9所示。

图12-9

TIP 连续两次按键盘上的Enter键，也可以创建多个图层。在创建新图层时，所创建出的新图层将继承先前图层的一切特性（如颜色、线型等）。

12.3.2 设置图层颜色特性

① 继续上节操作。

② 选择"轴线层"，在其颜色图标上单击，如图12-10所示，打开"选择颜色"对话框。

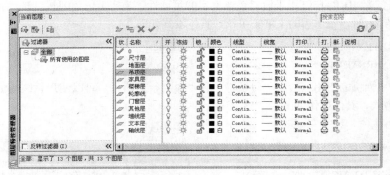

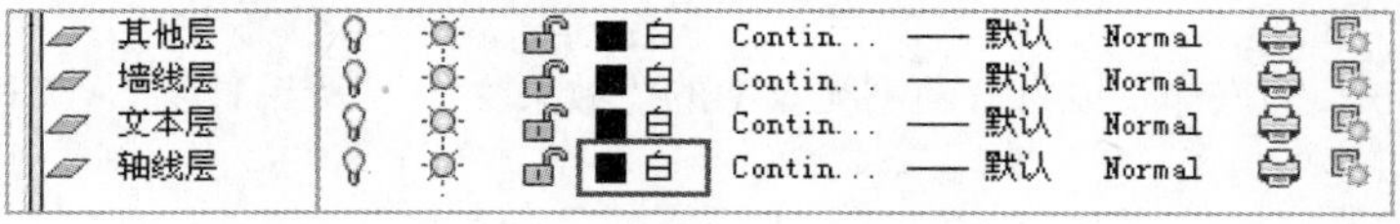

图12-10

③ 在"选择颜色"对话框的"颜色"文本框中输入124，为所选图层设置颜色值，如图12-11所示。

图12-11

④ 单击 确定 按钮返回"图层特性管理器"面板,将"轴线层"的颜色设置为124号色。

⑤ 参照相同的操作步骤,分别为其他图层设置颜色特性,设置结果如图12-12所示。

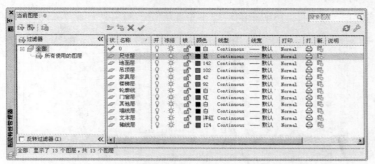

图12-12

12.3.3 设置图层线型特性

① 继续上节操作。

② 在"轴线层"如图12-13所示的"Continuous"位置上单击,打开"选择线型"对话框。

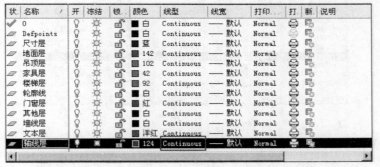

图12-13

③ 单击 加载 按钮,在打开的"加载或重载线型"对话框中选择名为"ACAD_ISO04W100"的线型。

④ 单击 确定 按钮,回到"选择线型"对话框,选择加载的线型,单击 确定 按钮,将加载的线型指定给当前被选择的"轴线层",结果如图12-14所示。

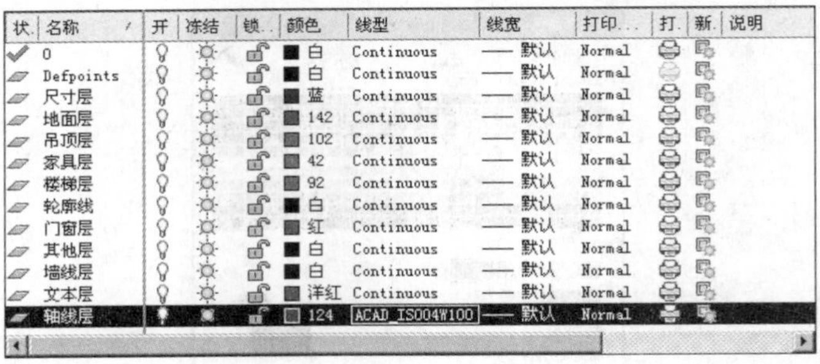

状.	名称	开	冻结	锁..	颜色	线型	线宽	打印...	打.	新.	说明
	0				白	Continuous	—— 默认	Normal			
	Defpoints				白	Continuous	—— 默认	Normal			
	尺寸层				蓝	Continuous	—— 默认	Normal			
	地面层				142	Continuous	—— 默认	Normal			
	吊顶层				102	Continuous	—— 默认	Normal			
	家具层				42	Continuous	—— 默认	Normal			
	楼梯层				92	Continuous	—— 默认	Normal			
	轮廓线				白	Continuous	—— 默认	Normal			
	门窗层				红	Continuous	—— 默认	Normal			
	其他层				白	Continuous	—— 默认	Normal			
	墙线层				白	Continuous	—— 默认	Normal			
	文本层				洋红	Continuous	—— 默认	Normal			
	轴线层				124	ACAD_ISO04W100	—— 默认	Normal			

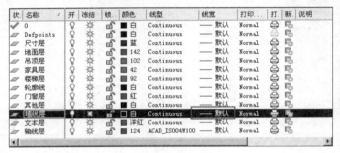

图12-14

12.3.4 设置图层线宽特性

1. 继续上节操作。
2. 在“墙线层”如图12-15所示的位置上单击左键，打开“线宽”对话框。

状.	名称	开	冻结	锁..	颜色	线型	线宽	打印...	打.	新.	说明
	0				白	Continuous	—— 默认	Normal			
	Defpoints				白	Continuous	—— 默认	Normal			
	尺寸层				蓝	Continuous	—— 默认	Normal			
	地面层				142	Continuous	—— 默认	Normal			
	吊顶层				102	Continuous	—— 默认	Normal			
	家具层				42	Continuous	—— 默认	Normal			
	楼梯层				92	Continuous	—— 默认	Normal			
	轮廓线				白	Continuous	—— 默认	Normal			
	门窗层				红	Continuous	—— 默认	Normal			
	其他层				白	Continuous	—— 默认	Normal			
	墙线层				白	Continuous	—— 默认	Normal			
	文本层				洋红	Continuous	—— 默认	Normal			
	轴线层				124	ACAD_ISO04W100	—— 默认	Normal			

图12-15

3. 在“线宽”对话框中选择1.00毫米的线宽，单击 确定 按钮返回“图层特性管理器”面板，结果“墙线层”的线宽被设置为1.00mm，如图12-16所示。

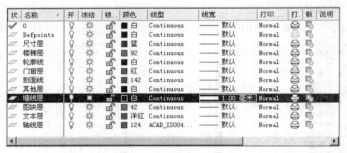

状.	名称	开	冻结	锁..	颜色	线型	线宽	打印...	打.	新.	说明
	0				白	Continuous	—— 默认	Normal			
	Defpoints				白	Continuous	—— 默认	Normal			
	尺寸层				蓝	Continuous	—— 默认	Normal			
	楼梯层				92	Continuous	—— 默认	Normal			
	轮廓线				白	Continuous	—— 默认	Normal			
	门窗层				红	Continuous	—— 默认	Normal			
	剖面线				142	Continuous	—— 默认	Normal			
	其他层				白	Continuous	—— 默认	Normal			
	墙线层				白	Continuous	—— 1.00 毫米	Normal			
	图块层				42	Continuous	—— 默认	Normal			
	文本层				洋红	Continuous	—— 默认	Normal			
	轴线层				124	ACAD_ISO04...	—— 默认	Normal			

图12-16

4. 在“图层特性管理器”面板中单击×按钮将其关闭。
5. 执行“另存为”命令，将文件另名存储为“上机练习二.dwg”文件。

12.4 上机练习三——设置工程样板绘图样式

本节继续学习样板图中各种常用样式的具体设置过程和设置技巧，如文字样式、标注样式、墙线样式、窗线样式等。

12.4.1 设置工程样板墙线样式

1 继续上一节的操作，或执行"打开"命令，打开随书光盘中的"效果文件"\"第12章"\"上机练习二.dwg"文件。

2 执行菜单栏中的"格式"｜"多线样式"命令，打开"多线样式"对话框。

3 单击 新建(N) 按钮，打开"创建新的多线样式"对话框，将新样式命名为"墙线样式"。

4 单击 继续 按钮，打开"新建多线样式:墙线样式"对话框，设置多线样式的封口形式，如图12-17所示。

5 单击 确定 按钮返回"多线样式"对话框，结果设置的新样式显示在预览框内，如图12-18所示。

图12-17

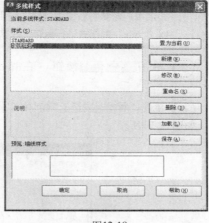

图12-18

6 参照上述操作，设置"窗线样式"样式，其参数设置如图12-19所示。

图12-19

7 选择"墙线样式"后单击 置为当前(U) 按钮，将其设置为当前样式，然后关闭该对话框。

12.4.2 设置工程样板文字样式

1 继续上节操作。

2 单击"样式"工具栏中的 A 按钮，激活"文字样式"命令，打开如图12-20所示的"文字样式"对话框。

图12-20

③ 单击 新建(N) 按钮，在弹出的"新建文字样式"对话框中将新样式命名为"仿宋体"。

④ 单击 确定 按钮返回"文字样式"对话框，设置新样式的字体、字高以及宽度比例等参数，如图12-21所示。

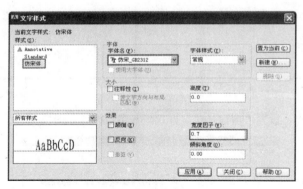

图12-21

⑤ 单击 应用(A) 按钮，至此创建了一种名为"仿宋体"的文字样式。

⑥ 参照相同的操作，设置一种名为"宋体"的文字样式，其参数设置如图12-22所示。

图12-22

⑦ 继续使用"文字样式"命令，设置一种名为"COMPLEX"的轴号字体样式，其参数设置如图12-23所示。

图12-23

⑧ 单击 应用(A) 按钮，结束文字样式的设置过程。

⑨ 继续使用"文字样式"命令，设置一种名为"SIMPLEX"的文字样式，其参数设置如图12-24所示。

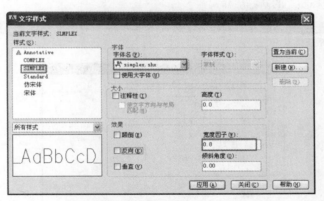

图12-24

12.4.3 绘制工程样板尺寸箭头

① 继续上节操作。

② 单击"绘图"工具栏中的 ⊃ 按钮，绘制宽度为0.5、长度为2的多段线作为尺寸箭头，并使用"窗口缩放"功能将绘制的多段线放大显示。

③ 使用"直线"命令绘制一条长度为3的水平线段，并使直线段的中点与多段线的中点对齐，如图12-25所示。

④ 执行菜单栏中的"修改"｜"旋转"命令，将箭头旋转45°，如图12-26所示。

图12-25　　　　　　　　　　图12-26

⑤ 执行菜单栏中的"绘图"│"块"│"创建块"命令，在打开的"块定义"对话框中，将该图形定义为"尺寸箭头"的图块文件，如图12-27所示。

图12-27

12.4.4 设置工程样板标注样式

① 单击"样式"工具栏中的 按钮，在打开的"标注样式管理器"对话框中单击 新建(N)... 按钮，新建名为"建筑标注"的新标注样式。

② 单击 继续 按钮，进入"新建标注样式:建筑标注"对话框，设置基线间距、起点偏移量等参数，如图12-28所示。

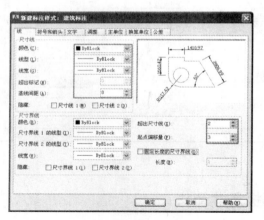

图12-28

③ 展开"符号和箭头"选项卡，单击"箭头"选项组中的"第一项"下拉按钮，选择下拉列表中的"用户箭头"选项。

④ 此时系统弹出"选择自定义箭头块"对话框，选择名为"尺寸箭头"的图块作为尺寸箭头，如图12-29所示。

图12-29

⑤ 单击 确定 按钮返回"符号和箭头"选项卡，然后设置其他参数如图12-30所示。

⑥ 在该对话框中展开"文字"选项卡，设置尺寸文本的样式、颜色、大小等参数，如图12-31所示。

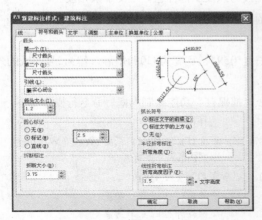

图12-30

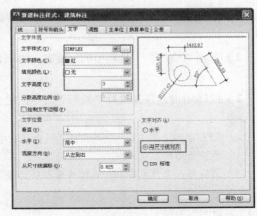

图12-31

⑦ 展开"调整"选项卡，调整文字、箭头与尺寸线等的位置，如图12-32所示。

⑧ 展开"主单位"选项卡，设置线型参数和角度标注参数如图12-33所示。

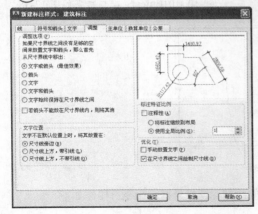

图12-32

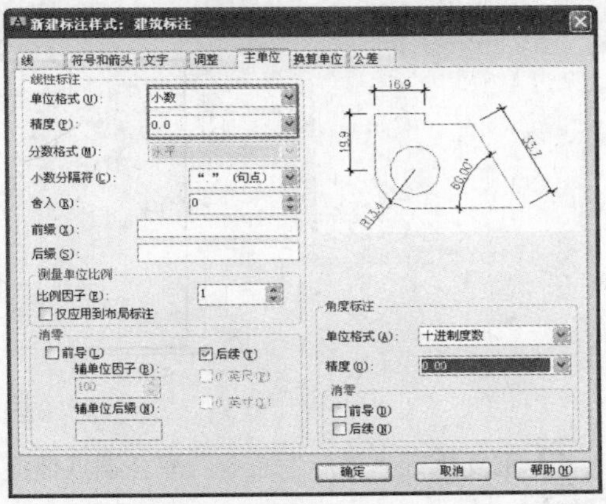

图12-33

⑨ 单击 确定 按钮返回"标注样式管理器"对话框，结果新设置的尺寸样式出现在此对话框中，如图12-34所示。

⑩ 单击 置为当前(U) 按钮，将"建筑标注"设置为当前样式，同时结束命令。

⑪ 执行"另存为"命令，将当前文件另名存储为"上机练习三.dwg"文件。

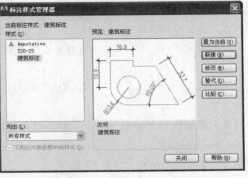

图12-34

12.5　上机练习四——设置工程样板图纸边框

本节继续学习样板图中2号图纸标准图框的绘制技巧以及图框标题栏的文字填充技巧。

1　继续上一节的操作，或打开随书光盘中的"效果文件"\"第12章"\"上机练习三.dwg"文件。

2　单击"绘图"工具栏中的□按钮，绘制长度为594、宽度为420的矩形，作为2号图纸的外边框。

3　按Enter键，重复执行"矩形"命令，配合"捕捉自"功能绘制内框，命令行操作如下。

命令：　　　　　　　　　　　　　　　　　　　　　　　　// Enter
　　RECTANG 指定第一个角点或 [倒角 (C)/ 标高 (E)/ 圆角 (F)/ 厚度 (T)/ 宽度 (W)]: // W Enter
　　指定矩形的线宽 <0>:　　　　　　　　　　　　　　//2 Enter，设置线宽
　　指定第一个角点或 [倒角 (C)/ 标高 (E)/ 圆角 (F)/ 厚度 (T)/ 宽度 (W)]:
　　　　　　　　　　　　　　　　　　　　　　　// 激活"捕捉自"功能
　　_from 基点：　　　　　　　　　　　　　　// 捕捉外框的左下角点
　　<偏移>:　　　　　　　　　　　　　　　　//@25,10 Enter
　　指定另一个角点或 [面积 (A)/ 尺寸 (D)/ 旋转 (R)]: // 激活"捕捉自"功能
　　_from 基点：　　　　　　　　　　　　　　// 捕捉外框右上角点
　　<偏移>:　　　　　　　　　　　　//@-10,-10 Enter，绘制结果如图 12-35 所示

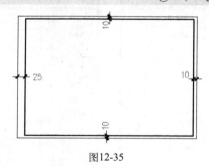

图12-35

4　重复执行"矩形"命令，配合端点捕捉功能绘制标题栏外框，命令行操作如下。

命令：_rectang
　　当前矩形模式：宽度 =2.0
　　指定第一个角点或 [倒角 (C)/ 标高 (E)/ 圆角 (F)/ 厚度 (T)/ 宽度 (W)]: // W Enter
　　指定矩形的线宽 <2.0>:　　　　　　　//1.5 Enter，设置线宽
　　指定第一个角点或 [倒角 (C)/ 标高 (E)/ 圆角 (F)/ 厚度 (T)/ 宽度 (W)]:
　　　　　　　　　　　　　　　　　　　// 捕捉内框右下角点
　　指定另一个角点或 [面积 (A)/ 尺寸 (D)/ 旋转 (R)]:
　　　　　　　　　　　　　//@-240,50 Enter，绘制结果如图 12-36 所示

5　重复执行"矩形"命令，配合端点捕捉功能绘制会签栏的外框，命令行操作如下。

命令：_rectang
　　当前矩形模式：宽度 =1.5
　　指定第一个角点或 [倒角 (C)/ 标高 (E)/ 圆角 (F)/ 厚度 (T)/ 宽度 (W)]:
　　　　　　　　　　　　　　// 捕捉内框的左上角点

指定另一个角点或 [面积 (A)/ 尺寸 (D)/ 旋转 (R)]:

//@-20,-100 $\boxed{Enter}$，绘制结果如图 12-37 所示

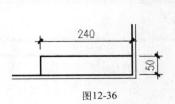

图12-36

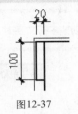

图12-37

⑥ 执行菜单栏中的"绘图"│"直线"命令，参照图中所示尺寸，配合对象捕捉和极轴追踪功能绘制标题栏和会签栏内部的分隔线，如图12-38和图12-39所示。

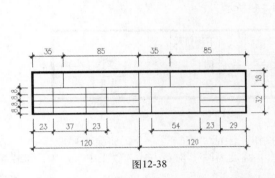

图12-38

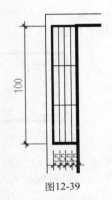

图12-39

⑦ 单击"绘图"工具栏中的A按钮，分别捕捉如图12-40所示的方格对角点A和B，打开"文字格式"编辑器，然后设置文字的对正方式为"正中"方式。

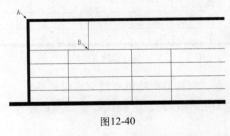

图12-40

⑧ 在文字编辑器中设置文字样式为"宋体"、字体高度为8，然后在输入框内输入"设计单位"，如图12-41所示。

图12-41

⑨ 单击 确定 按钮关闭"文字格式"编辑器，观看文字的填充结果，如图12-42所示。

⑩ 重复使用"多行文字"命令，设置文字样式、高度和对正方式不变，填充如图12-43所示的文字。

TIP 在创建多行文字时，需要按Enter键进行换行。

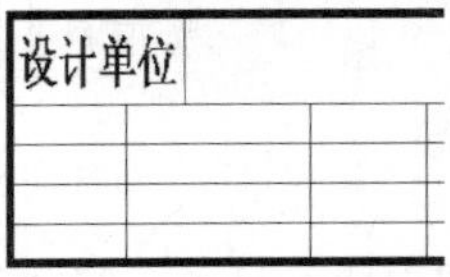

设计单位	

图12-42

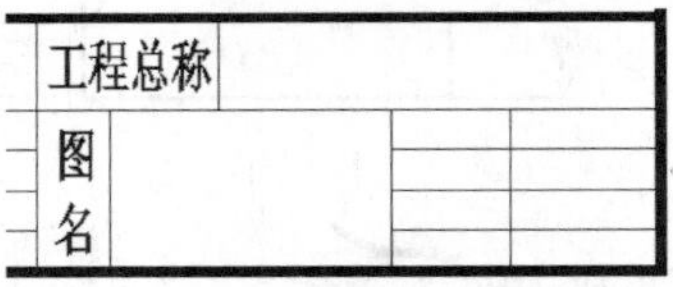

工程总称		
图		
名		

图12-43

⑪ 重复执行"多行文字"命令，设置字体样式为"宋体"、字体高度为4.6、对正方式为"正中"，填充标题栏其他文字，如图12-44所示。

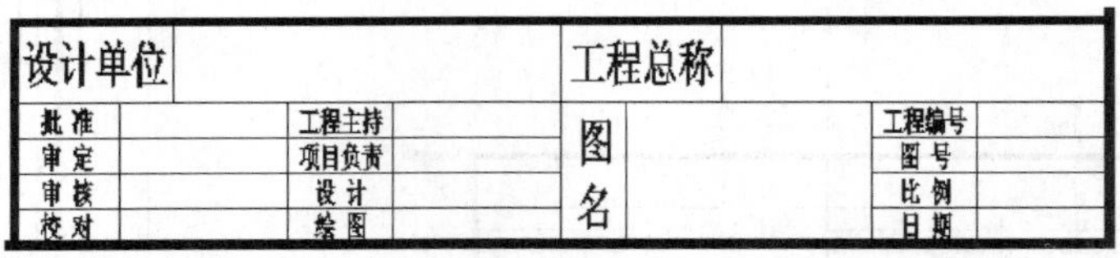

设计单位			工程总称			
批 准		工程主持	图		工程编号	
审 定		项目负责			图 号	
审 核		设 计	名		比 例	
校 对		绘 图			日 期	

图12-44

⑫ 单击"修改"工具栏中的 ○ 按钮，激活"旋转"命令，将会签栏旋转-90°，然后使用"多行文字"命令，设置样式为"宋体"、高度为2.5、对正方式为"正中"，为会签栏填充文字，结果如图12-45所示。

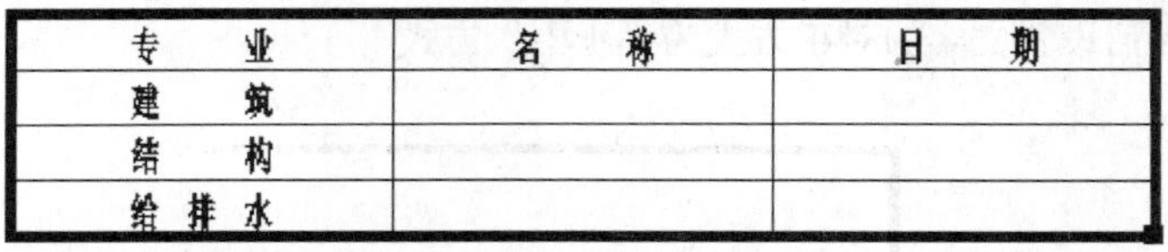

专 业	名 称	日 期
建 筑		
结 构		
给 排 水		

图12-45

⑬ 重复执行"旋转"命令，将会签栏及填充的文字旋转-90°。

⑭ 单击"绘图"工具栏中的 按钮，或使用命令简写B激活"创建块"命令，打开"块定义"对话框。

⑮ 在"块定义"对话框中设置块名为"A2-H"，基点为外框左下角点，其他块参数如图12-46所示，将图框及填充文字创建为内部块。

图12-46

16 执行"另存为"命令，将当前文件另名存储为"上机练习四.dwg"文件。

12.6 上机练习五——工程样板图的页面布局

本节继续学习样板文件的页面设置、图框配置以及样板文件的存储方法和具体的操作过程等内容，具体操作步骤如下。

1 继续上一节的操作，或打开随书光盘中的"效果文件"\"第12章"\"上机练习四.dwg"文件。

2 单击绘图区底部的"布局1"标签，进入到布局空间。

3 执行菜单栏中的"文件"｜"页面设置管理器"命令，在打开的"页面设置管理器"对话框中单击 新建(N)... 按钮，打开"新建页面设置"对话框，将新页面命名为"布局1"。

4 单击 确定(O) 按钮进入"页面设置-布局1"对话框，然后设置打印设备、图纸尺寸、打印样式、打印比例等各页面参数，如图12-47所示。

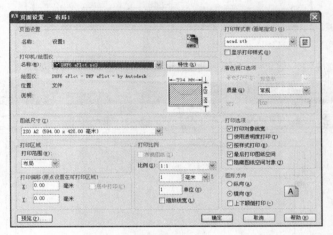

图12-47

5 单击 确定(O) 按钮返回"页面设置管理器"对话框，将刚设置的新页面设置为当前，如图12-48所示。

图12-48

中文版 **AutoCAD 2013** 从新手到高手

11
12
13
14
15

6 单击 关闭(C) 按钮，回到布局空间，使用命令简写E激活"删除"命令，选择布局内的矩形视口边框进行删除。

7 单击"绘图"工具栏中的 按钮，或使用命令简写I激活"插入块"命令，打开"插入"对话框。

8 在"插入"对话框中设置插入点、轴向的缩放比例等参数，如图12-49所示。

图12-49

9 单击 确定(O) 按钮，结果A2-H图表框被插入到当前布局的原点位置上，如图12-50所示。

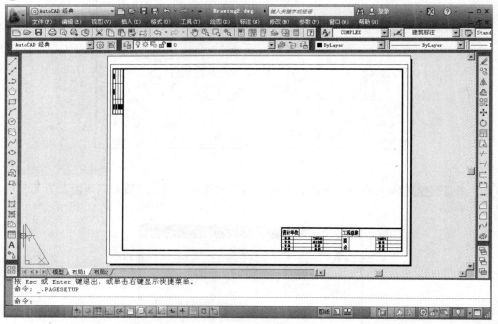

图12-50

10 单击状态栏中的 图纸 按钮，返回模型空间，

11 执行菜单栏中的"文件"｜"另存为"命令，或按组合键Ctrl+Shift+S，打开"图形另存为"对话框。

12 在"图形另存为"对话框中设置文件的存储类型为"AutoCAD 图形样板（*dwt）"，如图12-51所示。

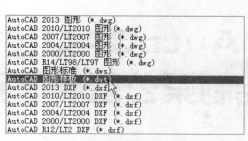

图12-51

⑬ 在"图形另存为"对话框底部的"文件名"文本框中输入"建筑样板",如图12-52 所示。

图12-52

⑭ 单击 保存 按钮,打开"样板选项"对话框,输入"A2-H幅面样板文件",如图12-53 所示。

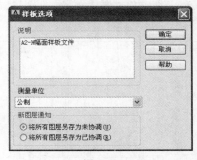

图12-53

⑮ 单击 确定 按钮,结果创建了制图样板文件,保存于AutoCAD安装目录下的 "Template"文件夹下。

⑯ 执行"另存为"命令,将当前文件另名存储为"上机练习五.dwg"文件。

第13章 AutoCAD建筑设计案例——绘制某公寓楼建筑平面图

建筑设计是AutoCAD制图中的重要内容，本章将通过绘制某公寓楼建筑平面图的案例，向大家详细讲解建筑平面图纸的形成、用途、建筑平面图的表达内容以及AutoCAD建筑平面图的绘制方法和技巧。

13.1 建筑平面图纸的形成、用途与表达内容

建筑施工图纸一般包括平面图、立面图、剖面图、详图等多种，而平面图是其中最重要、最基础的一种图纸，它是假想用一个水平的剖切平面，沿房屋门、窗洞口处把整幢房屋剖开，然后移去剖切平面以上的部分，向下投影所形成的一种水平剖面图，此种水平剖面图被称为建筑平面图，简称平面图。

建筑平面图主要用于表达房屋建筑的平面形状、房间布置、内外交通联系，以及墙、柱、门窗构配件的位置、尺寸、材料和做法等，是施工过程中房屋的定位放线、砌墙、设备安装、装修以及编制概预算、备料等的重要依据。

一般在平面图上需要表达出如下内容。

1. 轴线与编号

定位轴线网是用来控制建筑物尺寸和模数的基本手段，是墙体定位的主要依据，它能表达出建筑物纵向和横向墙体的位置关系。

定位轴线有"纵向定位轴线"与"横向定位轴线"之分。"纵向定位轴线"自下而上用大写拉丁字母A、B、C……表示（I、O、Z三个拉丁字母不能使用，避免与数字1、0、2相混），"横向定位轴线"由左向右使用阿拉伯数字1、2、3……顺序编号，如图13-1所示。

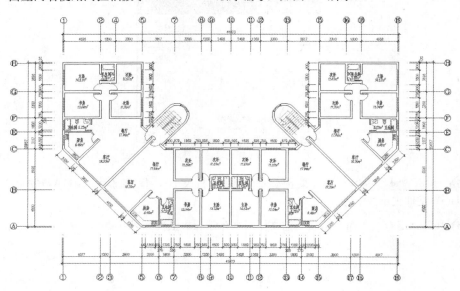

图13-1

2. 内部结构和朝向

平面图的内部布置和朝向应包括各种房间的分布及结构间的相互关系，入口、走道、楼梯的位置等。一般平面图均注明房间的名称或编号，层平面图还需要表明建筑的朝向。在平面图中应表明各层楼梯的形状、走向和级数。在楼梯段中部，使用带箭头的细实线表示楼梯的走向，并注明"上"或"下"字样。

3. 施工尺寸

建筑尺寸主要用于反映建筑物的长、宽及内部各结构的相互位置关系，是施工的依据。它主要包括外部尺寸和内部尺寸两种。其中，内部尺寸就是在施工平面图内部标注的尺寸，主要表现外部尺寸无法表明的内部结构的尺寸，比如门洞及门洞两侧的墙体尺寸等。

外部尺寸就是在施工平面图的外围所标注的尺寸，它在水平方向和垂直方向上各有三道尺寸，由里向外依次为细部尺寸、轴线尺寸和外包尺寸。

- ◆ 细部尺寸：细部尺寸也叫定形尺寸，它表示平面图内的门窗距离、窗间墙、墙体等细部的详细尺寸。
- ◆ 轴线尺寸：轴线尺寸表示平面图的开间和进深。一般情况下两横墙之间的距离称为"开间"，两纵墙之间的距离为"进深"。
- ◆ 总尺寸：总尺寸也叫外包尺寸，它表示平面图的总宽和总长，通常标在平面图的最外部。

4. 文本注释

在平面图中应注明必要的文字性说明。例如标注出各房间的名称以及各房间的有效使用面积，平面图的名称、比例以及各门窗的编号等文本对象。

5. 标高尺寸

在平面图中应标注不同楼地面标高，表示各层楼地面距离相对标高零点的高差，除此之外还应标注各房间及室外地坪、台阶等的标高。

6. 剖切位置

在首层平面图上应标注有剖切符号，以表明剖面图的剖切位置和剖视方向。

7. 详图的位置及编号

当某些构造细部或构件另画有详图标示时，要在平面图中的相应位置注明索引符号，表明详图的位置和编号，以便与详图对照查阅。

对于平面较大的建筑物，可以进行分区绘制，但每张平面图均应绘制出组合示意图。各区需要使用大写拉丁字母编号。在组合示意图上要提示的分区，应采用阴影或填充的方式表示。

8. 层次、图名及比例

在平面图中，不仅要注明该平面图表达的建筑的层次，还要表明建筑物的图名和比例，以便查找、计算和施工等。

13.2 绘制公寓楼定位轴线

本节首先来绘制公寓楼定位轴线，以学习定位轴线的绘制方法和技巧。

13.2.1 绘制纵横定位轴线

定位轴线是墙线的依据，同时也是建筑施工的依据，在绘制定位轴线时，要注意预留出门洞和窗洞的位置，以便后期绘制门窗等建筑构件。

① 执行"新建"命令，选择随书光盘中的"样板文件"\"建筑样板.dwt"文件作为基础样板，新建绘图文件。

② 在"图层控制"下拉列表中，将"轴线层"设置为当前图层。

③ 使用命令简写LT激活"线型"命令，在打开的"线型管理器"对话框中设置"全局比例因子"为20，如图13-2所示。

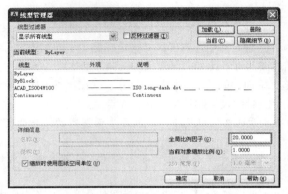

图13-2

④ 使用命令简写REG激活"矩形"命令，绘制长度为17600、宽度为9600的矩形作为基准轴线。

⑤ 使用命令简写X激活"分解"命令，将矩形分解为4条独立的线段。

⑥ 单击"修改"工具栏中的 按钮，将下侧的水平边向上偏移，命令行操作如下。

```
命令：_offset
    当前设置：删除源＝否 图层＝当前 OFFSETGAPTYPE=0
    指定偏移距离或 [ 通过 (T)/ 删除 (E)/ 图层 (L)]：              //3400 Enter
    选择要偏移的对象，或 [ 退出 (E)/ 放弃 (U)] < 退出 >：          // 选择下侧的水平轴线
    指定要偏移的那一侧上的点，或 [ 退出 (E)/ 多个 (M)/ 放弃 (U)] < 退出 >：
                                                              // 在所选轴线的上侧拾取点
    选择要偏移的对象，或 [ 退出 (E)/ 放弃 (U)] < 退出 >：          // Enter
命令：                                                        // Enter
    OFFSET 当前设置：删除源＝否 图层＝当前 OFFSETGAPTYPE=0
    指定偏移距离或 [ 通过 (T)/ 删除 (E)/ 图层 (L)] <3400.0>：      //470 Enter
    选择要偏移的对象，或 [ 退出 (E)/ 放弃 (U)] < 退出 >：          // 选择刚偏移出的轴线
    指定要偏移的那一侧上的点，或 [ 退出 (E)/ 多个 (M)/ 放弃 (U)] < 退出 >：
                                                              // 在所选轴线的上侧拾取点
    选择要偏移的对象，或 [ 退出 (E)/ 放弃 (U)] < 退出 >：          // Enter
命令：                                                        // Enter
    OFFSET 当前设置：删除源＝否 图层＝当前 OFFSETGAPTYPE=0
    指定偏移距离或 [ 通过 (T)/ 删除 (E)/ 图层 (L)] <470.0>：       //630 Enter
    选择要偏移的对象，或 [ 退出 (E)/ 放弃 (U)] < 退出 >：          // 选择刚偏移出的水平轴线
    指定要偏移的那一侧上的点，或 [ 退出 (E)/ 多个 (M)/ 放弃 (U)] < 退出 >：
                                                              // 在所选轴线的上侧拾取点
    选择要偏移的对象，或 [ 退出 (E)/ 放弃 (U)] < 退出 >：          //Enter，偏移结果如图13-3 所示
```

图13-3

⑦ 重复执行"偏移"命令，根据图示尺寸，继续对水平图线和垂直图线进行偏移，结果如图13-4所示。

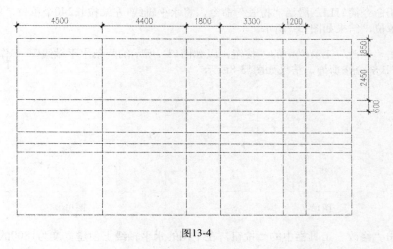

图13-4

13.2.2 编辑纵横定位轴线

本节使用夹点编辑以及"打断"等命令编辑纵横定位轴线，以编辑出墙体结构，同时在轴线上开启门洞和窗洞。

① 在无命令执行的前提下，选择最上侧的水平轴线使其呈现夹点显示状态，然后使用夹点编辑功能对其进行夹点编辑，如图13-5所示。

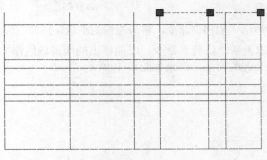

图13-5

② 按Esc键，取消对象的夹点显示状态。

③ 继续使用夹点编辑功能，分别对其他水平和垂直轴线进行拉伸，编辑结果如图13-6所示。

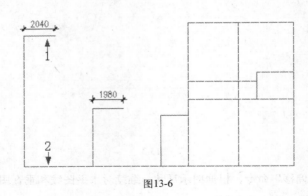

图13-6

④ 使用命令简写LEN激活"拉长"命令，将水平轴线1左端拉长240个单位，将水平轴线2左端拉长450个单位，结果如图13-7所示。

⑤ 单击"修改"工具栏中的 按钮，以如图13-7所示的两条水平轴线C、D作为边界，将垂直轴线的A、B部分修剪掉，结果如图13-8所示。

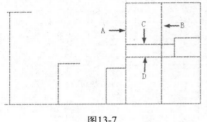

图13-7

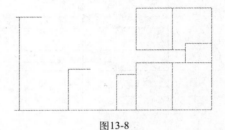

图13-8

⑥ 单击"修改"工具栏中的 按钮，在下侧的水平轴线上创建宽度为1800的窗洞，命令行操作如下。

命令：_break	
选择对象：	// 选择最下侧的水平轴线
指定第二个打断点 或 [第一点 (F)]:	//F Enter，重新指定第一断点
指定第一个打断点：	// 激活"自"功能
_from 基点：	// 捕捉最下侧水平轴线的右端点
＜偏移＞：	//@-900,0 Enter
指定第二个打断点：	//@-1800,0 Enter，结果如图 13-9 所示

⑦ 使用命令简写O激活"偏移"命令，将最左侧的垂直轴线向右偏移450和4050个绘图单位。

⑧ 使用命令简写TR激活"修剪"命令，以偏移出的两条轴线作为边界，对最下侧的水平轴线进行修剪，创建宽度为3600的窗洞，结果如图13-10所示。

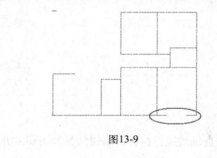

图13-9

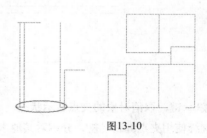

图13-10

⑨ 使用命令简写E激活"删除"命令，将刚偏移出的两条轴线删除。

⑩ 综合运用以上各种方法，分别创建其他位置的门洞和窗洞，结果如图13-11所示。

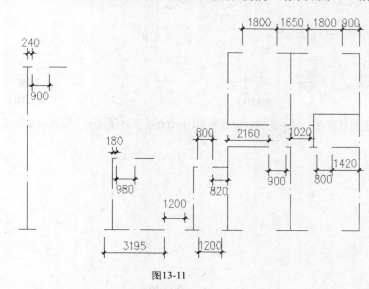

图13-11

⑪ 执行菜单栏中的"修改"｜"打断"命令，配合"捕捉自"功能对下侧的轴线进行打断，命令行操作如下。

```
命令：_break
    选择对象：                          // 选择如图 13-12 所示的轴线
    指定第二个打断点或 [ 第一点 (F)]：   // F Enter
    指定第一个打断点：                   // 激活"捕捉自"功能
    _from 基点：                        // 捕捉如图 13-13 所示的端点
    ＜偏移＞：                          //@-2100,0 Enter
    指定第二个打断点：                   //@ Enter，结果将轴线打断为相连的两部分
```

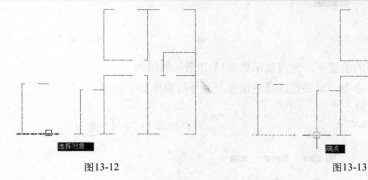

图13-12   图13-13

⑫ 激活"旋转"命令，对左侧的轴线进行旋转，命令行操作如下。

```
命令：_rotate
    UCS 当前的正角方向：ANGDIR= 逆时针  ANGBASE=0.0
    选择对象：                          // 拉出如图 13-14 所示的图线
    选择对象：                          // Enter
    指定基点：                          // 捕捉如图 13-15 所示的端点
```

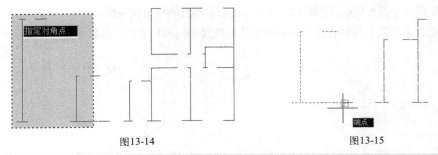

图13-14   图13-15

指定旋转角度，或 [复制 (C)/ 参照 (R)] <0.0>: //-45 Enter，旋转结果如图 13-16 所示

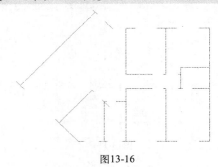

图13-16

13 使用命令简写TR激活"修剪"命令，选择如图13-17所示的垂直轴线作为边界，对倾斜轴线进行修剪，结果如图13-18所示。

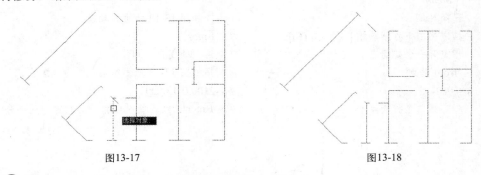

图13-17   图13-18

14 在无命令执行的前提下，夹点显示如图13-19所示的轴线。

15 激活"镜像"命令，对夹点轴线进镜像，命令行操作如下。

命令: _mirror 找到 30 个

指定镜像线的第一点: // 捕捉如图 13-20 所示的端点

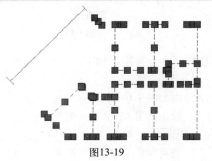

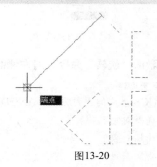

图13-19   图13-20

指定镜像线的第二点：   // 捕捉如图 13-21 所示的端点
要删除源对象吗？［是 (Y)/ 否 (N)］<N>：   // Enter，镜像结果如图 13-22 所示

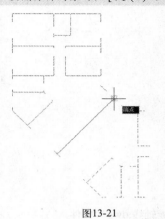

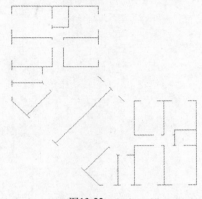

| 图13-21 | 图13-22 |

16 重复执行"镜像"命令，继续对轴线进行镜像，命令行操作如下。

命令：_mirror
　　选择对象：   // 拉出如图 13-23 所示的窗交选择框
　　选择对象：   // Enter
　　指定镜像线的第一点：   // 捕捉如图 13-24 所示的端点
　　指定镜像线的第二点：   //@0,1 Enter

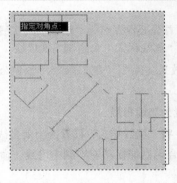

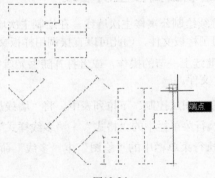

| 图13-23 | 图13-24 |

要删除源对象吗？［是 (Y)/ 否 (N)］<N>：   // Enter，镜像结果如图 13-25 所示

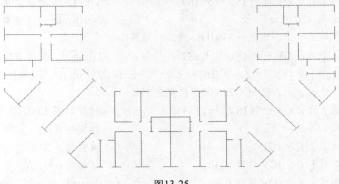

图13-25

(17) 使用命令简写LT激活"线型"命令，修改线型比例为100，最终结果如图13-26所示。

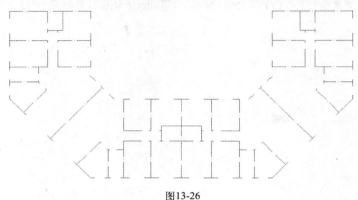

图13-26

(18) 执行"保存"命令，将图形命名存储为"公寓楼纵横轴线.dwg"文件。

13.3 绘制公寓楼主次墙线

本节继续来绘制公寓楼平面图主次墙线，以学习平面图中主次墙线的具体绘制过程和相关绘图技巧。

13.3.1 绘制公寓楼主次墙线

本节继续绘制公寓楼主次墙线，在绘制主次墙线时，首先要设置名为"墙线"的多线样式，在本例中调用了样板文件，因此可以直接调用样板文件中的"墙线样式"来绘制主次墙线。

(1) 继续上一节的操作，或者打开随书光盘中的"效果文件"\"第13章"\"绘制公寓楼纵横轴线.dwg"文件。

(2) 在"图层控制"下拉列表中，将"墙线层"设置为当前图层。

(3) 执行菜单栏中的"格式"|"多线样式"命令，将"墙线样式"设置为当前多线样式。

(4) 执行菜单栏中的"绘图"|"多线"命令，配合端点捕捉功能绘制主墙线，命令行操作如下。

```
命令 :_mline
    当前设置 : 对正 = 上，比例 = 20.00，样式 = 墙线样式
    指定起点或 [ 对正 (J)/ 比例 (S)/ 样式 (ST)]:        //S Enter，激活"比例"功能
    输入多线比例 <20.00>:                              //240 Enter，设置多线比例
    当前设置 : 对正 = 上，比例 = 240.00，样式 = 墙线
    指定起点或 [ 对正 (J)/ 比例 (S)/ 样式 (ST)]:        //J Enter，激活"对正"功能
    输入对正类型 [ 上 (T)/ 无 (Z)/ 下 (B)] < 上 >:       //Z Enter，设置对正方式
    当前设置 : 对正 = 无，比例 = 240.00，样式 = 墙线
    指定起点或 [ 对正 (J)/ 比例 (S)/ 样式 (ST)]:        // 捕捉如图 13-27 所示的端点 1
    指定下一点 :                                       // 捕捉端点 2
    指定下一点或 [ 放弃 (U)]:                           // 捕捉端点 3
    指定下一点或 [ 闭合 (C)/ 放弃 (U)]:                 // 捕捉端点 4
    指定下一点或 [ 闭合 (C)/ 放弃 (U)]:                 // Enter，绘制结果如图 13-28 所示
```

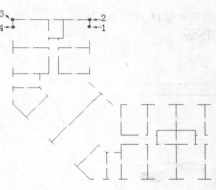

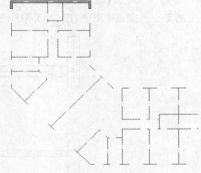

图13-27   图13-28

5 重复上一操作步骤，设置多线比例和对正方式不变，配合端点捕捉功能分别绘制其他位置的墙线，结果如图13-29所示。

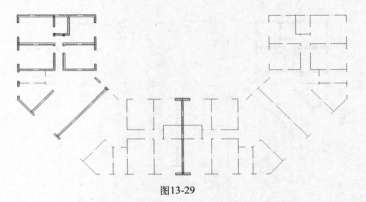

图13-29

6 下面绘制次墙线。继续激活"多线"命令，配合端点捕捉功能绘制宽度为120的次墙体，命令行操作如下。

```
命令：ML                                      // Enter
    MLINE 当前设置：对正 = 无，比例 = 240.00，样式 = 墙线样式
    指定起点或 [ 对正 (J)/ 比例 (S)/ 样式 (ST)]：  // S Enter
    输入多线比例 <240.00>：                      //120 Enter
    当前设置：对正 = 无，比例 = 120.00，样式 = 墙线样式
    指定起点或 [ 对正 (J)/ 比例 (S)/ 样式 (ST)]：  // 捕捉如图 13-30 所示的端点
    指定下一点：                                 // 捕捉如图 13-31 所示的端点
```

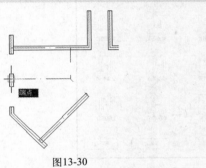

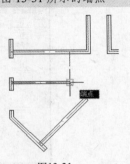

图13-30   图13-31

中文版 **AutoCAD 2013** 从新手到高手

11
12
13
14
15

指定下一点或 [放弃 (U)]:	// 捕捉如图 13-32 所示的端点
指定下一点或 [闭合 (C)/ 放弃 (U)]:	// Enter

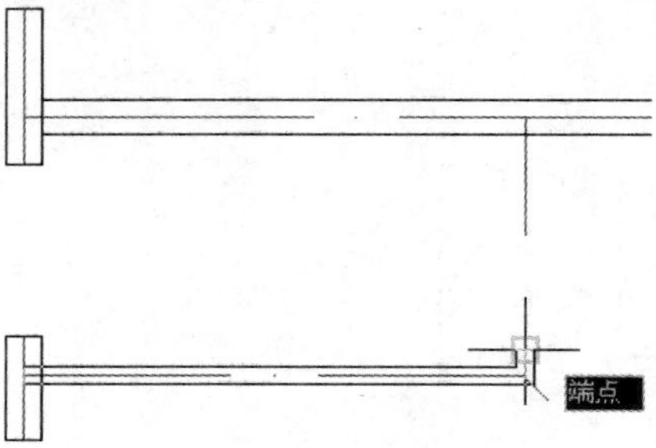

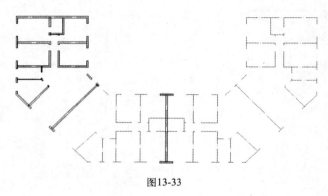

图13-32

⑦ 重复执行"多线"命令，按照当前的多线比例及对正设置，绘制其他位置的次墙线，结果如图13-33所示。

图13-33

13.3.2 编辑主次墙线

本节对绘制的主次墙线进行编辑，框使其符合墙线的设计要求，具体操作步骤如下。

① 在"图层控制"下拉列表中关闭"轴线层"。

② 执行菜单栏中的"修改" | "对象" | "多线"命令，在打开的"多线编辑工具"对话框中单击"T形合并"按钮，如图13-34所示。

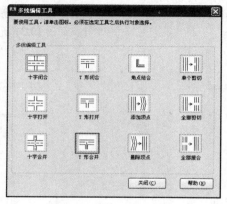

图13-34

③ 返回绘图区，在命令行"选择第一条多线:"提示下，选择如图13-35所示的墙线。

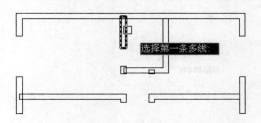

图13-35

④ 继续在命令行"选择第二条多线:"提示下，选择如图13-36所示的墙线，结果这两条T形相交的多线被合并，如图13-37所示。

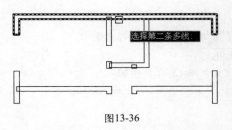 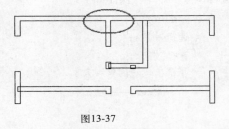

图13-36   图13-37

⑤ 继续在命令行"选择第一条多线或[放弃(U)]:"提示下，分别选择其他位置的T形墙线进行合并，结果如图13-38所示。

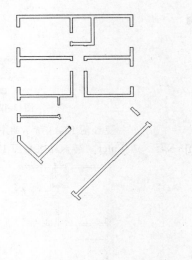 

图13-38

⑥ 重复执行菜单栏中的"修改"｜"对象"｜"多线"命令，在打开的对话框内单击 ⌐ 按钮。

⑦ 返回绘图区，在命令行"选择第一条多线:"提示下，选择如图13-39所示的墙线进行合并。

⑧ 在命令行"选择第二条多线:"提示下，选择如图13-40所示的墙线进行合并。

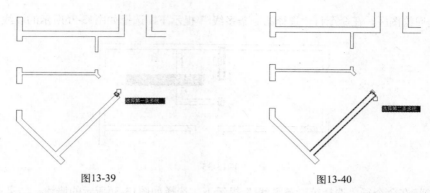

图13-39   图13-40

⑨ 下面对墙线进行镜像。单击"修改"工具栏中的 ⚊ 按钮，激活"镜像"命令，对主次墙线进行镜像，命令行操作如下。

命令：_mirror
　　选择对象：　　　　　　　　　　　// 选择如图 **13-41** 所示的墙线
　　选择对象：　　　　　　　　　　　// Enter
　　指定镜像线的第一点：　　　　　　// 捕捉如图 **13-42** 所示的中点

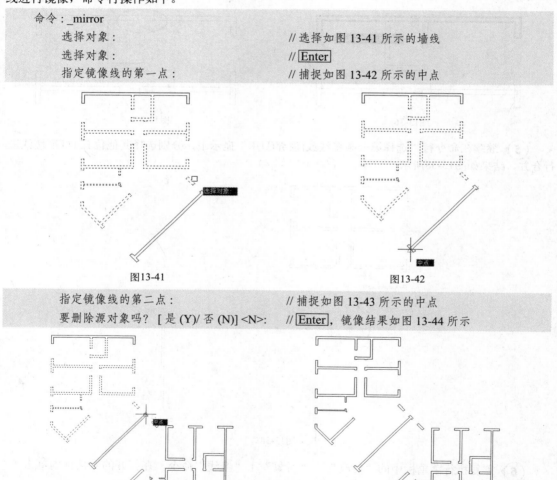

图13-41   图13-42

　　指定镜像线的第二点：　　　　　　// 捕捉如图 **13-43** 所示的中点
　　要删除源对象吗？ [是 (Y)/ 否 (N)] <N>:　　// Enter，镜像结果如图 **13-44** 所示

图13-43   图13-44

⑩ 重复执行"镜像"命令，配合中点捕捉功能，选择左边的墙线进行镜像，结果如图13-45所示。

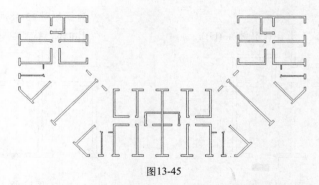

图13-45

11 使用"多线编辑工具"中的"T形合并"功能对中间的墙线进行编辑,完成对墙线的编辑,结果如图13-46所示。

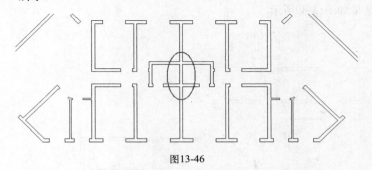

图13-46

12 执行"另存为"命令,将图形存储为"绘制公寓楼主次墙体.dwg"文件。

13.4 绘制公寓楼建筑构件

本节继续绘制公寓建筑平面图中的平面窗、平面门、厨房和卫生间等基础设施,以学习住宅建筑构件的具体绘制过程和相关绘图技巧。

13.4.1 绘制平面窗构件

在绘制建筑平面图中的平面窗时,需要设置名为"窗线样式"的多线样式,在该实例操作中,可以直接调用样板文件中的"窗线样式"的多线样式进行绘制。

1 继续上一节的操作,或者打开随书光盘中的"效果文件"\"第13章"\"绘制公寓楼主次墙体.dwg"文件。

2 在"图层控制"下拉列表中将"门窗层"设置为当前图层。

3 执行菜单栏中的"格式"│"多线样式"命令,在打开的对话框中设置"窗线样式"为当前样式。

4 执行菜单栏中的"绘图"│"多线"命令,配合中点捕捉功能绘制平面窗,命令行操作如下。

```
命令:_mline
    当前设置:对正=无,比例=240.00,样式=窗线样式
    指定起点或 [ 对正 (J)/ 比例 (S)/ 样式 (ST)]:              // 捕捉如图 13-47 所示的中点
```

指定下一点：	// 捕捉如图 13-48 所示的中点
指定下一点或 [闭合 (C)/ 放弃 (U)]:	// Enter，结束绘制

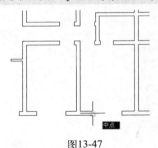

图13-47

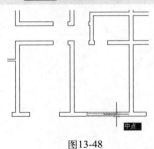

图13-48

⑤ 重复上一操作步骤，设置多线比例和对正方式不变，配合中点捕捉功能分别绘制其他位置的窗线，绘制结果如图13-49所示。

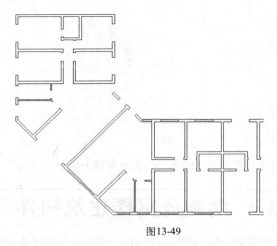

图13-49

⑥ 重复执行"多线"命令，配合中点捕捉功能在"墙线层"内绘制一段墙线，命令行操作如下。

命令 : _mline	
当前设置：对正 = 无，比例 = 240.00，样式 = 窗线样式	
指定起点或 [对正 (J)/ 比例 (S)/ 样式 (ST)]:	// ST Enter
输入多线样式名或 [?]:	// 墙线样式 Enter
当前设置：对正 = 无，比例 = 240.00，样式 = 墙线样式	
指定起点或 [对正 (J)/ 比例 (S)/ 样式 (ST)]:	// 捕捉如图 13-50 所示的中点
指定下一点：	//@-300,0 Enter
指定下一点或 [放弃 (U)]:	// Enter，绘制结果如图 13-51 所示

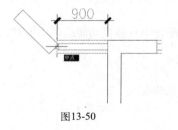

图13-50

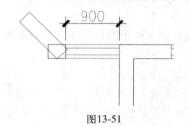

图13-51

⑦ 使用"多线编辑工具"中的"角点结合"功能对墙线进行编辑，结果如图13-52所示。

⑧ 展开"图层控制"下拉列表，将"门窗层"设置为当前图层。

⑨ 使用命令简写I激活"插入块"命令，采用默认参数插入随书光盘中的"图块文件"\"单开门.dwg"图块文件，插入结果如图13-53所示。

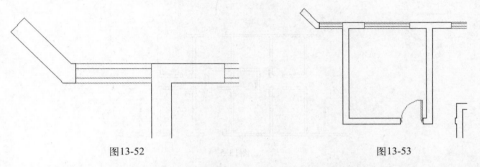

图13-52　　　　　　　　　　　　　　　　　　　图13-53

⑩ 重复执行"插入块"命令，选择"单开门"图块文件，设置参数如图13-54所示，将其插入到如图13-55所示的门洞位置。

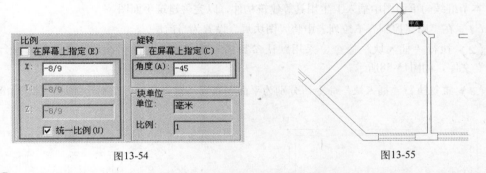

图13-54　　　　　　　　　　　　　　　　　　　图13-55

⑪ 夹点显示单开门一侧的墙线，使用夹点拉伸功能对单开门另一侧的墙线进行拉伸，拉伸结果如图13-56所示。

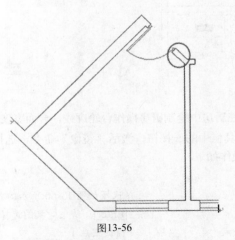

图13-56

⑫ 重复执行"插入块"命令，配合使用"旋转"、"缩放"等命令，分别插入其他位置的单开门图块，结果如图13-57所示。

中文版 **AutoCAD 2013** 从新手到高手

11

12

13

14

15

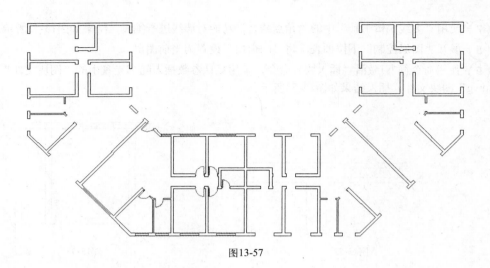

图13-57

13.4.2 插入卫生用具构件

本节继续向平面图中插入卫生用具等建筑构件，以完善建筑平面图。

① 在"图层控制"下拉列表中将"图块层"设置为当前层。

② 执行"插入块"命令，采用默认参数插入随书光盘中的"图块文件"\"角形洗手池 .dwg"文件，如图13-58所示。

③ 重复执行"插入块"命令，分别为平面图布置浴盘、马桶以及厨房灶具，结果如图13-59 所示。

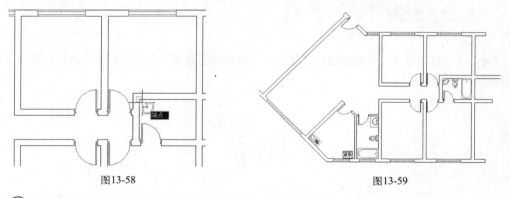

图13-58   图13-59

④ 使用画线命令，在厨房中绘制厨房操作台轮廓线，台面宽度为550个单位。

⑤ 单击"修改"工具栏中的 按钮，激活"镜像"命令，选择平面图各位置的窗、门等建筑构件进行镜像，命令行操作如下。

```
命令：_mirror
    选择对象：                          // 选择如图 13-60 所示的各建筑构件及上侧拐角处的墙线
    选择对象：                          // Enter，结束对象的选择
    指定镜像线的第一点：                  // 捕捉中点 1
    指定镜像线的第二点：                  // 捕捉中点 2
    要删除源对象吗？ [ 是 (Y)/ 否 (N) ]<N>: // Enter，镜像结果如图 13-61 所示
```

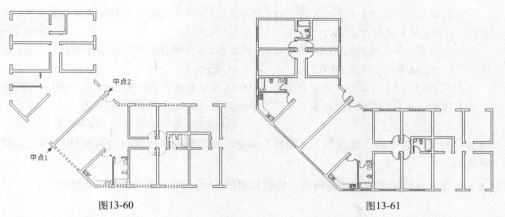

图13-60　　　　　　　　　　　　　　　　　　　　　　图13-61

⑥ 重复执行"镜像"命令，选择所有位置的门窗以及其他建筑构件进行镜像，最终结果如图13-62所示。

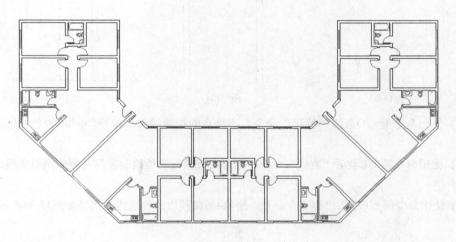

图13-62

⑦ 执行"另存为"命令，将该图形存储为"绘制公寓楼建筑构件.dwg"文件。

13.4.3 绘制公寓楼楼梯间平面图

本节继续来绘制公寓楼楼梯间平面图。

① 继续上一节实例操作，或者打开随书光盘中的"效果文件"\"第13章"\"绘制公寓楼建筑构件.dwg"文件。

② 展开"图层控制"下拉列表，设置"墙线层"为当前图层。

③ 激活"多段线"命令，绘制楼梯间位置的墙线，命令行操作如下。

命令：_pline
　　指定起点：　　　　　　　　　　　　　　　　　　　　　// 在空白位置拾取一点
　　当前线宽为 0
　　指定下一个点或 [圆弧 (A)/ 半宽 (H)/ 长度 (L)/ 放弃 (U)/ 宽度 (W)]:　　//@0,3890 Enter
　　指定下一点或 [圆弧 (A)/ 闭合 (C)/ 半宽 (H)/ 长度 (L)/ 放弃 (U)/ 宽度 (W)]: // A Enter

指定圆弧的端点或 [角度 (A)/ 圆心 (CE)/ 闭合 (CL)/ 方向 (D)/ 半宽 (H)/ 直线 (L)/ 半径 (R)/
第二个点 (S)/ 放弃 (U)/ 宽度 (W)]:   //@2980,0 Enter

　　指定圆弧的端点或 [角度 (A)/ 圆心 (CE)/ 闭合 (CL)/ 方向 (D)/ 半宽 (H)/ 直线 (L)/ 半径 (R)/
第二个点 (S)/ 放弃 (U)/ 宽度 (W)]:   //L Enter

　　指定下一点或 [圆弧 (A)/ 闭合 (C)/ 半宽 (H)/ 长度 (L)/ 放弃 (U)/ 宽度 (W)]: //@0,-3890 Enter

　　指定下一点或 [圆弧 (A)/ 闭合 (C)/ 半宽 (H)/ 长度 (L)/ 放弃 (U)/ 宽度 (W)]:

　　　　　　　　//Enter，绘制结果如图 13-63 所示

④ 执行菜单栏中的"修改"｜"偏移"命令，将绘制的多段线向内偏移240个单位，结果如图13-64所示。

⑤ 配合中点捕捉和端点捕捉功能，绘制如图13-65所示的两条构造线作为辅助线。

图13-63　　　　　　　　　　图13-64　　　　　　　　　　图13-65

⑥ 使用命令简写O激活"偏移"命令，将垂直的构造线对称偏移550和650个单位，结果如图13-66所示。

⑦ 使用命令简写L激活"直线"命令，配合交点捕捉功能绘制窗洞两侧的倾斜墙线，结果如图13-67所示。

⑧ 使用命令简写E激活"删除"命令，删除4条偏移出的构造线，结果如图13-68所示。

图13-66　　　　　　　　　　图13-67　　　　　　　　　　图13-68

⑨ 执行"打断于点"命令，配合交点捕捉功能，将弧形墙线打断，并将打断的两条弧线放到"门窗层"上作为窗线。

⑩ 执行"偏移"命令，将两条弧形窗线分别向内偏移80个单位，结果如图13-69所示。

⑪ 展开"图层控制"下拉列表，将"楼梯层"设置为当前层。

⑫ 执行"插入块"命令，采用默认参数，插入随书光盘中的"图块文件"\"楼梯.dwg"文件，插入结果如图13-70所示。

⑬ 使用命令简写RO激活"旋转"命令，将楼梯及构造线旋转-45°，结果如图13-71所示。

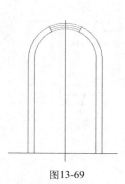

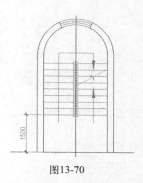

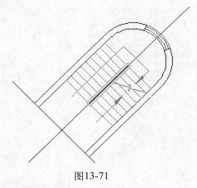

图13-69   图13-70   图13-71

⒁ 使用命令简写M激活"移动"命令，对楼梯间及楼梯进行位移，命令行操作如下。

命令: M   // Enter

     MOVE 选择对象: // 选择楼梯间及楼梯

     选择对象: // Enter

     指定基点或 [位移 (D)] < 位移 >:   // 捕捉如图 13-72 所示的交点

     指定第二个点或 [阵列 (A)] < 使用第一个点作为位移 >: // 捕捉如图 13-73 所示的中点

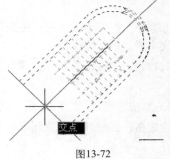

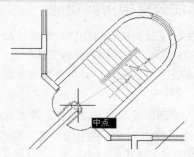

图13-72   图13-73

⒂ 使用命令简写E激活"删除"命令，删除两条构造线，结果如图13-74所示。

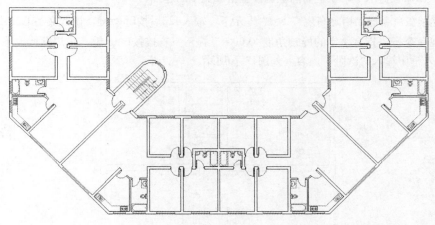

图13-74

⒃ 使用命令简写MI激活"镜像"命令，将楼梯间图形镜像到左边位置，结果如图13-75所示。

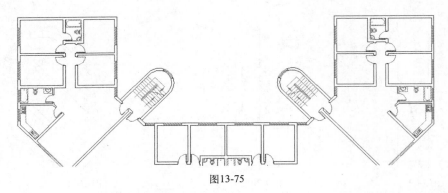

图13-75

⑰ 执行"另存为"命令，将该图形存储为"绘制公寓楼楼梯间平面图.dwg"文件。

13.5 标注公寓楼房间功能与面积

本节继续标注公寓楼房间功能与面积，对公寓楼建筑平面图进行完善。

13.5.1 标注公寓楼房间功能

本节首先标注公寓楼房间功能，在标注公寓楼房间功能时，首先应该设置一种合适的文字样式。在此操作中，可以直接调用样板文件中已经设置好的文字样式进行标注。

① 继续上一节的操作，或打开随书光盘中的"效果文件"\"第13章"\"绘制公寓楼楼梯间平面图.dwg"文件。

② 展开"图层控制"下拉列表，将"文本层"设置为当前图层。

③ 单击"样式"工具栏中的"文字样式控制"下拉按钮，在展开的下拉列表中选择"仿宋体"作为当前的文字样式。

④ 执行菜单栏中的"绘图"｜"文字"|"单行文字"命令，在命令行"指定文字的起点或[对正(J)/样式(S)]:"提示下，在平面图上侧位置拾取文字的起点。

⑤ 继续在命令行"指定高度<2.5>:"提示下，输入420后按Enter键，设置文字的高度。

⑥ 在命令行"指定文字的旋转角度<0.00>:"提示下直接按Enter键，采用默认设置，然后在单行文字输入框中输入"次卧"内容，如图13-76所示。

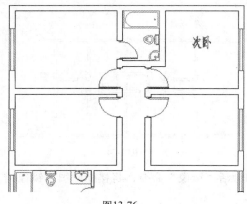

图13-76

⑦ 使用相同的方法，分别将光标移动至其他房间内，标注其他各房间内的功能，结果如图13-77所示。

⑧ 执行菜单栏中的"工具"｜"快速选择"命令，打开"快速选择"对话框，在"特性"选项中选择"图层"，在"值"选项中选择"文本层"，单击 确定 按钮，将文本层中的所有对象选择。

⑨ 使用命令简写MI激活"镜像"命令，对选择的文字对象进行镜像，命令行操作如下。

命令：_mirror 找到 18 个

指定镜像线的第一点： // 捕捉如图 13-78 所示的中点

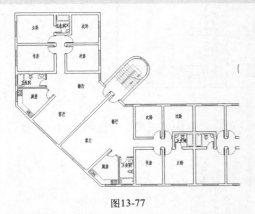

图13-77

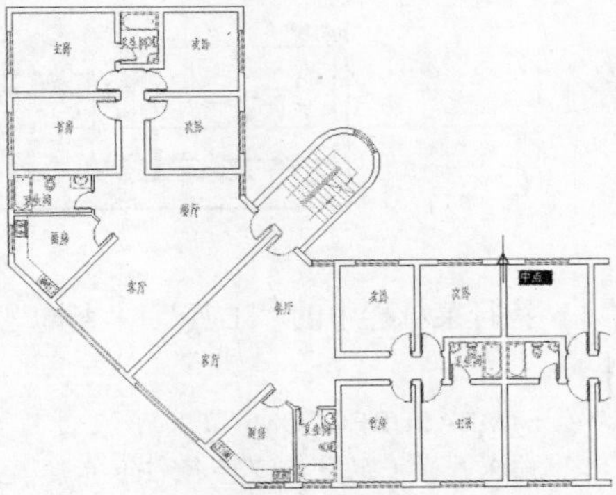

图13-78

指定镜像线的第二点： //@0,1 Enter

要删除源对象吗？ [是 (Y)/ 否 (N)] <N>： // Enter，镜像结果如图 13-79 所示

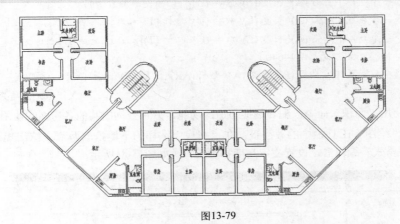

图13-79

⑩ 执行"另存为"命令，将图形存储为"标注公寓楼房间功能.dwg"文件。

13.5.2 标注公寓楼房间面积

本节继续来标注公寓楼房间面积。

① 继续上一节的操作，或打开随书光盘中的"效果文件"\"第13章"\"标注公寓楼房间功能.dwg"文件。

② 使用命令简写LA激活"图层"命令，创建一个名为"面积层"的图层，图层颜色为104号

中文版AutoCAD 2013 从新手到高手

11
12
13
14
15

色，并将其设置为当前层。

③ 使用命令简写ST激活"文字样式"命令，设置一种名为"面积"的文字样式，并将其设置为当前样式，如图13-80所示。

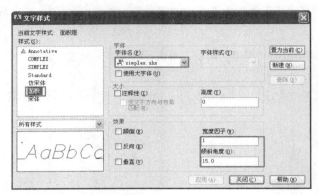

图13-80

④ 执行菜单栏中的"工具"|"查询"|"面积"命令，查询"书房"的使用面积，命令行操作如下。

```
命令：_MEASUREGEOM
    输入选项 [ 距离 (D)/ 半径 (R)/ 角度 (A)/ 面积 (AR)/ 体积 (V)] < 距离 >: _area
    指定第一个角点或 [ 对象 (O)/ 增加面积 (A)/ 减少面积 (S)/ 退出 (X)] < 对象 (O)>:
                                                                // 捕捉书房左上角点
    指定下一个点或 [ 圆弧 (A)/ 长度 (L)/ 放弃 (U)]: // 捕捉书房右上角点
    指定下一个点或 [ 圆弧 (A)/ 长度 (L)/ 放弃 (U)]: // 捕捉书房右下角点
    指定下一个点或 [ 圆弧 (A)/ 长度 (L)/ 放弃 (U)/ 总计 (T)] < 总计 >: // 捕捉书房左下角点
    指定下一个点或 [ 圆弧 (A)/ 长度 (L)/ 放弃 (U)/ 总计 (T)] < 总计 >: // Enter
    区域 = 13035600，周长 = 14640
    输入选项 [ 距离 (D)/ 半径 (R)/ 角度 (A)/ 面积 (AR)/ 体积 (V)/ 退出 (X)] < 面积 >:
                                                        // X Enter，结束命令
```

⑤ 重复使用"面积"命令，配合捕捉与追踪功能，分别查询出其他各房间的使用面积。

⑥ 单击"绘图"工具栏中的A按钮，在"书房"字样的下侧拾取两点，拉出矩形边界框，同时打开"文字格式"编辑器，设置文字高度和对正方式如图13-81所示。

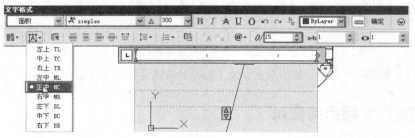

图13-81

⑦ 在下侧的文本编辑框内单击左键，输入"13.04m2^"字样，然后选择"2^"字样，使其反白显示，单击编辑器工具栏中的"堆叠"按钮进行堆叠，单击确定按钮，标注结果如

图13-82所示。

⑧ 执行菜单栏中的"修改"|"复制"命令，选择刚标注的面积，将其复制到其他房间内。

⑨ 执行菜单栏中的"修改"|"对象"|"文字"|"编辑"命令，在命令行"选择注释对象或[放弃(U)]:"提示下，选择"主卧"的面积对象，在打开的"文字格式"编辑器中输入正确的使用面积，单击 确定 按钮确认。

⑩ 继续在"选择注释对象或[放弃(U)]:"提示下，分别选择其他房间的面积对象进行修改，修改结果如图13-83所示。

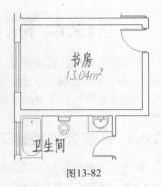

图13-82

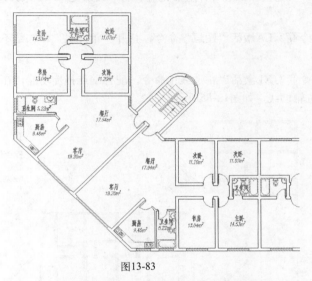

图13-83

⑪ 依照前面的操作方法，使用"快速选择"命令将"面积"层中的所有对象选择，然后使用命令简写MI激活"镜像"命令，将选择的面积对象镜像到右边房间内，结果如图13-84所示。

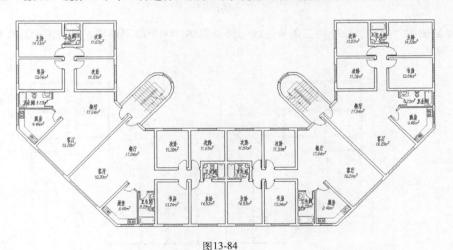

图13-84

⑫ 执行"另存为"命令，将图形存储为"标注公寓楼房间面积.dwg"文件。

中文版AutoCAD 2013 从新手到高手

11

12

13

14

15

13.6 标注公寓楼施工尺寸和墙体序号

本节继续来标注公寓楼施工尺寸和墙体序号，在标注尺寸和墙体序号时需要首先设置一种尺寸样式，同时还要绘制一个轴标号，并将其设置为图块。在该实例中，可以调用样板文件中的尺寸样式和"图块文件"目录下的"轴标号"图块文件。

13.6.1 标注公寓楼施工尺寸

本节首先来标注公寓楼的施工尺寸。

① 继续上一节的操作，或打开随书光盘中的"效果文件"\"第13章"\"标注公寓楼房间面积.dwg"文件。

② 使用命令简写LA激活"图层"命令，打开"轴线层"，冻结不相关图层，然后将"尺寸层"作为当前层。

③ 使用命令简写XL激活"构造线"命令，配合端点捕捉功能，在平面图最外侧绘制三条构造线作为尺寸定位辅助线，如图13-85所示。

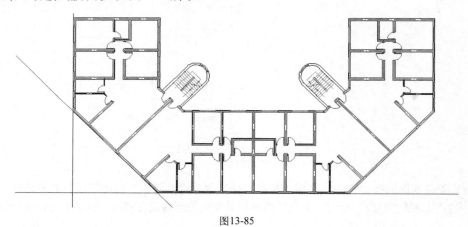

图13-85

④ 使用"偏移"命令将三条构造线向外侧偏移1000个绘图单位，并将源构造线删除，结果如图13-86所示。

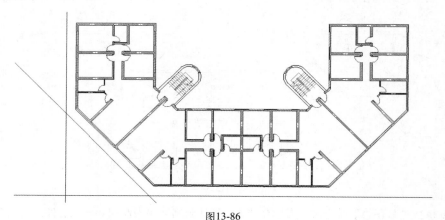

图13-86

⑤ 使用命令简写D激活"标注样式"命令，在打开的"标注样式"对话框中将"建筑标注"样式设置为当前样式，然后单击 修改(M) 按钮，进入"调整"选项卡，修改当前尺寸样式的比例为100。

⑥ 单击"标注"工具栏中的 按钮，在"指定第一个尺寸界线原点或<选择对象>:"提示下，捕捉追踪虚线与辅助线的交点，作为第一尺寸界线起点，如图13-87所示。

⑦ 继续在"指定第二条尺寸界线原点:"提示下，捕捉追踪虚线与辅助线的交点作为第二条界线的起点，如图13-88所示。

⑧ 在命令行"指定尺寸线位置或[多行文字(M)/文字(T)/角度(A)/水平(H)/垂直(V)/旋转(R)]:"提示下，垂直向下移动光标，输入1500并按Enter键，结果如图13-89所示。

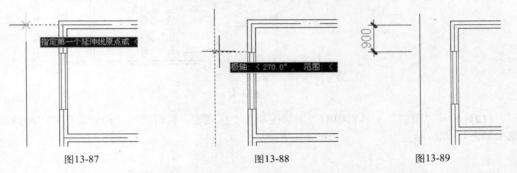

图13-87   图13-88   图13-89

⑨ 单击"标注"工具栏中的 按钮，激活"连续"标注命令，配合捕捉和追踪功能标注下侧的细部尺寸。

⑩ 单击"标注"工具栏中的 按钮，对重叠的尺寸文字进行调整位置，结果如图13-90所示。

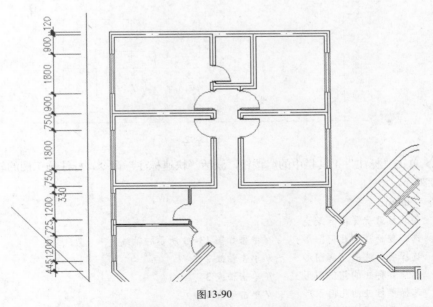

图13-90

⑪ 执行菜单栏中的"标注"｜"对齐"命令，配合端点和最近点捕捉功能，标注对齐尺寸，然后使用"连续"标注命令，配合捕捉和追踪功能标注其他倾斜部分的细部尺寸，结果如图13-91所示。

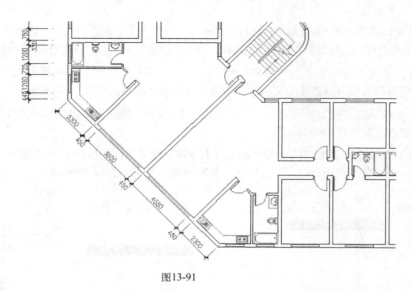

图13-91

⑫ 展开"图层"工具栏中的"图层控制"下拉列表，暂时关闭"门窗层"和"墙线层"，结果如图13-92所示。

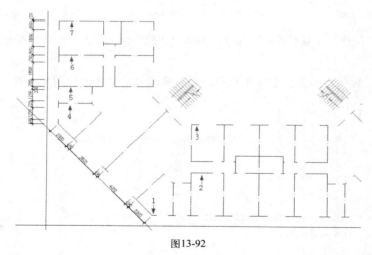

图13-92

⑬ 单击"标注"工具栏中的🔲按钮，激活"快速标注"命令，标注施工图的轴线尺寸，命令行操作如下。

```
命令：_qdim
    关联标注优先级 = 端点
    选择要标注的几何图形：    // 单击如图 13-93 所示的轴线 1
    选择要标注的几何图形：    // 单击轴线 2
    选择要标注的几何图形：    // 单击轴线 3
    选择要标注的几何图形：    // 单击轴线 4
    选择要标注的几何图形：    // 单击轴线 5
    选择要标注的几何图形：    // 单击轴线 6
    选择要标注的几何图形：    // 单击轴线 7
    选择要标注的几何图形：    // Enter
```

指定尺寸线位置或 [连续 (C)/ 并列 (S)/ 基线 (B)/ 坐标 (O)/ 半径 (R)/ 直径 (D)/ 基准点 (P)/
编辑 (E)/ 设置 (T)] < 连续 >: // 向左引出追踪矢量，输入 850 按 Enter 键，标注结果如图 13-93 所示

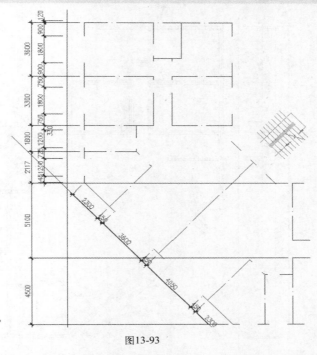

图13-93

⑭ 在无任何命令执行的前提下，选择刚标注的轴线尺寸，使其呈现夹点显示，然后使用夹
点拉伸功能，分别将各轴线尺寸的尺寸界线原点拉伸至尺寸定位辅助线上，结果如图13-94所示。

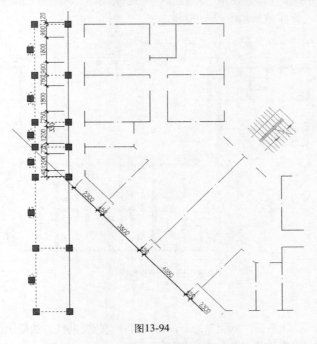

图13-94

⑮ 按下Esc键取消对象的夹点显示，打开被关闭的"墙线层"和"门窗层"。

16 执行"线性"命令，配合捕捉与追踪功能，标注平面图左侧的总尺寸，标注结果如图13-95所示。

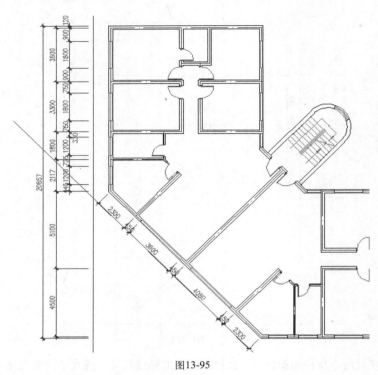

图13-95

17 参照上述步骤，综合使用"线性"、"连续"、"编辑标注文字"等命令，分别标注平面图其他侧的尺寸，标注结果如图13-96所示。

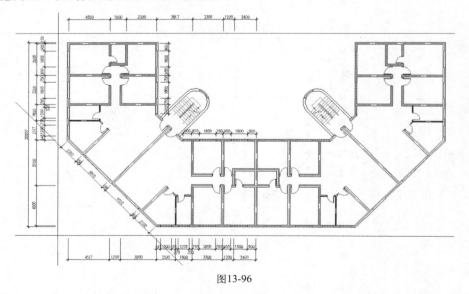

图13-96

18 使用命令简写E激活"删除"命令，删除尺寸定位辅助线，然后执行菜单栏中的"工具"|"快速选择"命令，设置过滤参数如图13-97所示。

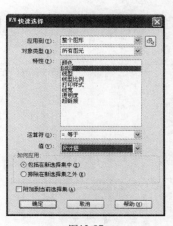

图13-97

(19) 单击 ▢确定▢ 按钮，选择所有位于"尺寸层"上的对象。

(20) 使用命令简写MI激活"镜像"命令，对选择的各尺寸进行镜像，命令行操作如下。

命令：MI   // Enter

MIRROR 找到 67 个

指定镜像线的第一点：   // 捕捉如图 13-98 所示的端点

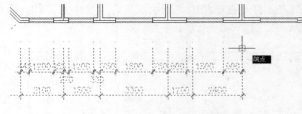

图13-98

指定镜像线的第二点：   //@0,1 Enter

要删除源对象吗？ [是 (Y)/ 否 (N)] <N>：   // Enter，镜像结果如图 13-99 所示

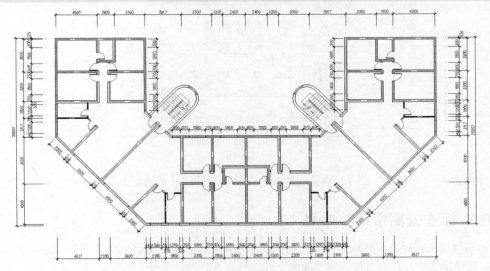

图13-99

21 执行"线性"命令，配合捕捉与追踪功能分别标注平面图上下两侧的总尺寸，标注结果如图13-100所示。

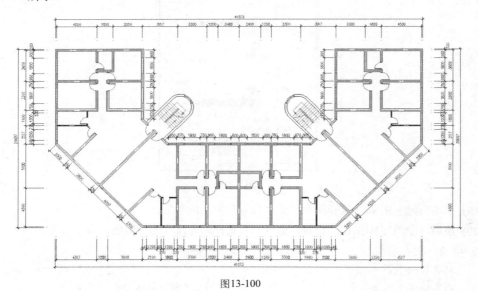

图13-100

22 展开"图层控制"下拉列表，打开被冻结的"图块层"、"文本层"和"面积层"，关闭"轴线层"，结果如图13-101所示。

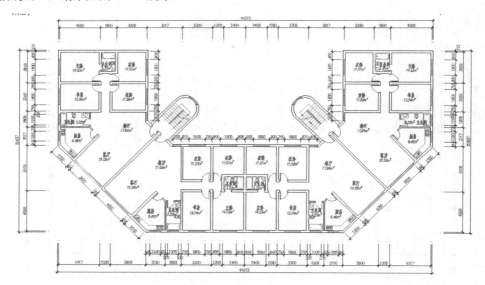

图13-101

23 执行"另存为"命令，将该文件命名存储为"标注公寓楼施工尺寸.dwg"文件。

13.6.2 标注公寓楼墙体序号

本节继续来标注公寓楼墙体序号，在标注序号时，首先需要绘制并设置名为"轴标号"的图块文件，在该操作中，只要直接调用"图块文件"目录下的"轴标号"图块文件即可。

① 继续上一节的操作，或者打开随书光盘中的"效果文件"\"第13章"\"标注公寓楼施工尺寸.dwg"文件。

② 在无命令执行的前提下，选择平面图的一个轴线尺寸，使其夹点显示，如图13-102所示。

③ 按下组合键Ctrl+1，打开"特性"面板，修改尺寸界线超出尺寸线的长度，如图13-103所示。

④ 关闭"特性"面板，取消尺寸的夹点显示，结果所选择的轴线尺寸的尺寸界线被延长，如图13-104所示。

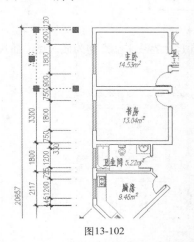

图13-102

图13-103

图13-104

⑤ 单击"标准"工具栏中的 ■ 按钮，激活"特性匹配"命令，选择被延长的轴线尺寸作为源对象，将其尺寸界线的特性复制给其他位置的轴线尺寸，匹配结果如图13-105所示。

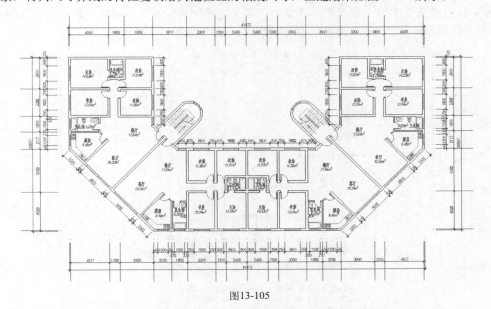

图13-105

⑥ 使用命令简写LA激活"图层"命令，将"其他层"设置为当前图层。

⑦ 使用命令简写I激活"插入块"命令，选择随书光盘中的"图块文件"\"轴标号.dwg"图块文件，其块参数设置如图13-106所示。

图13-106

8 单击 确定 按钮回到绘图区，捕捉左下侧第一道横向尺寸界线末端点作为插入点，插入
结果如图13-107所示。

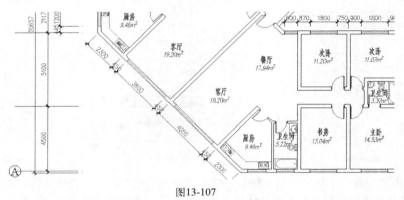

图13-107

9 执行菜单栏中的"修改"｜"复制"命令，将轴线标号分别复制到其他指示线的末端
点，基点为轴标号圆心，目标点为各指示线的末端点，结果如图13-108所示。

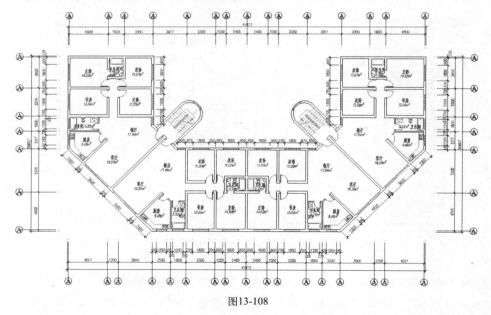

图13-108

10 执行菜单栏中的"修改"｜"对象"｜"属性"｜"单个"命令，选择平面图左下侧

第一个轴标号，在打开的"增强属性编辑器"对话框中进入"属性"选项卡，然后修改属性值为"1"，如图13-109所示。

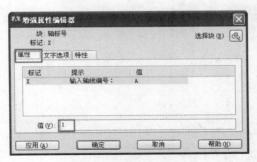

图13-109

⑪ 单击 应用(A) 按钮，然后单击对话框右上角的"选择块"按钮，回到绘图区，选择第二个轴标号，修改其属性值为2。

⑫ 依照相同的方法，继续修改其他位置的轴标号的属性值，修改结果如图13-110所示。

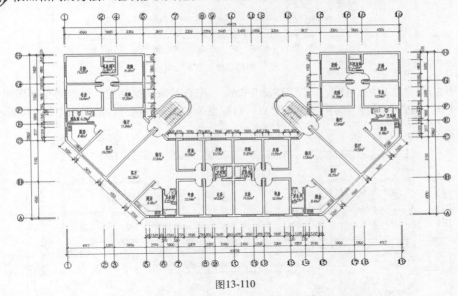

图13-110

⑬ 双击编号为"10"的轴标号，再次打开"增强属性编辑器"对话框，进入"文字选项"选项卡，修改其"宽度因子"为0.7，如图13-111所示。

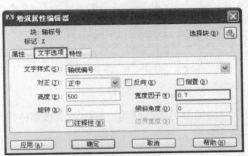

图13-111

14 使用相同的方法，依次修改其他位置的双位编号的宽度因子为0.7，使其双位数字编号完全处于轴标符号内，结果如图13-112所示。

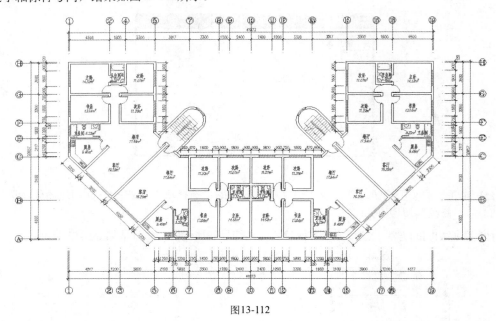

图13-112

15 执行菜单栏中的"修改"｜"移动"命令，配合对象捕捉功能，分别将平面图四侧的轴标号进行外移，基点为轴标号与指示线的交点，目标点为各指示线端点，结果如图13-113所示。

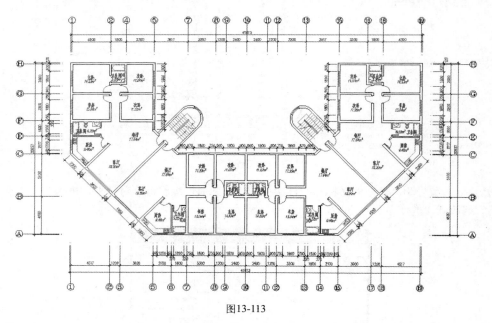

图13-113

16 执行"另存为"命令，将图形另名存储为"标注公寓楼墙体序号.dwg"文件。

第14章 AutoCAD室内设计案例——绘制套三户型平面布置图

平面布置图是室内设计中的重要图纸，主要用于表明建筑室内外种种装修布置的平面形状、位置、大小和所用材料，表明这些布置与建筑主体结构之间，以及这些布置与布置之间的相互关系等，是室内装饰装潢时的依据。

本章将通过绘制某套三户型平面布置图的案例，向大家详细讲解AutoCAD室内布置图的用途、表达内容、绘图流程以及室内布置图的绘制技巧。

14.1 布置图的用途、表达内容以及绘图流程

本节首先了解什么是布置图、平面布置图的表达内容以及平面布置图的绘制流程等知识。

14.1.1 平面布置图及其用途

平面布置图是假想用一个水平的剖切平面在窗台上方位置将经过室内外装修的房屋整个剖开，移去以上部分向下所做的水平投影图。

平面布置图是装修行业中的一种重要的图纸，主要用于表明建筑室内外种种装修布置的平面形状、位置、大小和所用材料，表明这些布置与建筑主体结构之间，以及这些布置与布置之间的相互关系等。因此，平面布置图除了要表明楼地面、门窗、楼梯、隔断、装饰柱、护壁板或墙裙等装饰结构的平面形式和位置外，还要标明室内家具、陈设、绿化和室外水池、装饰小品等配套设置体的平面形状、数量和位置等。

另外，建筑装修平面布置图还控制了水平向纵横两轴的尺寸数据，其他视图又多数是由它引出的，因此平面布置图是绘制和识读建筑装修施工图的重点和基础，是装修施工的首要图纸。

14.1.2 布置图的表达内容

住宅室内环境在建筑设计时只提供了最基本的空间条件，如面积大小、平面关系、结构位置等，其他还需要设计师在这一特定的室内空间中进行再创造，探讨更深、更广的空间内涵。为此，在具体设计时，需要兼顾到以下几点。

1. 功能布局

住宅室内空间的合理利用，在于不同功能区域的合理分割、巧妙布局，充分发挥居室的使用功能。例如：卧室、书房要求静，可设置在靠里边一些的位置以不被其他室内活动干扰；起居室、客厅是对外接待、交流的场所，可设置靠近入口的位置；卧室、书房与起居室、客厅相连处又可设置过渡空间或共享空间，起间隔调节作用。此外，厨房应紧靠餐厅，卧室与卫生间贴近。

2. 空间设计

平面空间设计主要包括区域划分和交通流线两个内容。区域划分是指室内空间的组成，交通流线是指室内各活动区域之间以及室内外环境之间的联系，它包括有形和无形两种，有形的指门厅、

走廊、楼梯、户外的道路等；无形的指其他可能供作交通联系的空间。设计时应尽量减少有形的交通区域，增加无形的交通区域，以达到空间充分利用且自由、灵活，并有和缩短距离的效果。

另外，区域划分与交通流线是居室空间整体组合的要素，区域划分是整体空间的合理分配，交通流线寻求的是个别空间的有效连接。唯有两者相互协调作用，才能取得理想的效果。

3.内含物的布置

室内内含物主要包括家具、陈设、灯具、绿化等设计内容，这些室内内含物通常要处于视觉中显著的位置，它可以脱离界面布置于室内空间内，不仅具有实用和观赏的作用，对烘托室内环境气氛，形成室内设计风格等方面也起到举足轻重的作用。

4.整体上的统一

"整体上的统一"指的是将同一空间的许多细部以一个共同的有机因素统一起来，使其变成一个完整而和谐的视觉系统。设计构思时，就需要根据业主的职业特点、文化层次、个人爱好、家庭成员构成、经济条件等做综合的设计定位。

14.1.3 布置图的绘图流程

在绘制布置图时，具体可以遵循如下思路。

① 绘制轴线网。根据现场测量出来的尺寸，绘制各墙体的定位轴线。

② 绘制墙体平面图。根据墙体定位轴线绘制主次墙线以及门、窗等构件。

③ 布置内含物。根据墙体平面图进行室内内含物的合理布置，如家具的陈设以及室内环境的绿化等。

④ 地面材质的表达。对室内地面、柱等进行装饰设计，分别以线条图案和文字注解的形式表达出设计的内容。

⑤ 装修材料的注解。为室内布置图标注必要的文字注解，以体现出所选材料及装修要求等内容。

⑥ 标注施工尺寸。为布置图标注必要的尺寸，以方便施工人员进行施工。

⑦ 标注投影符号。为居室平面布置标注必要的符号注释。

14.2 绘制套三户型家具布置图

本节首先来绘制套三户型家具布置图，在绘制家具布置图时，首先要绘制出户型结构图，也就是户型平面图，然后在户型平面图的基础上绘制家具布置图。由于篇幅所限，在该案例的操作中，将直接调用已经绘制好的该套三户型图，在此基础上绘制家具布置图，关于平面户型图的绘制方法，读者可以参阅上一章中有关绘制建筑平面图的相关内容。

14.2.1 绘制主卧与次卧家具布置图

本节首先来绘制主卧和次卧家具布置图。

① 执行"打开"命令，打开随书光盘中的"素材文件"\"套三户型墙体图.dwg"文件，如图14-1所示。

② 按功能键F3，打开状态栏上的对象捕捉功能。

③ 在"图层控制"下拉列表中将"家具层"设置为当前图层。

④ 单击"绘图"工具栏中的 ⬚ 按钮，激活"插入块"命令，插入随书光盘中的"图块文件"\"双人床02.dwg"图块文件，然后在"插入"对话框中设置块参数，如图14-2所示。

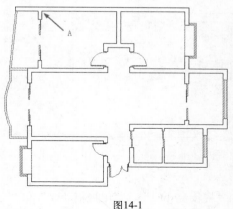

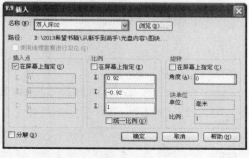

图14-1

图14-2

⑤ 单击"插入"对话框中的 [确定] 按钮，返回绘图区，由如图14-1所示的A点向右引出追踪线，然后输入1857按Enter键，插入结果如图14-3所示。

⑥ 重复执行"插入块"命令，采用默认设置，插入随书光盘中的"图块文件"\"衣柜01.dwg"文件，插入点为如图14-4所示的端点。

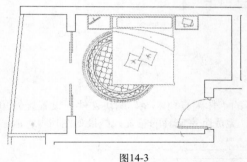

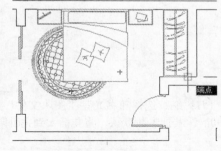

图14-3

图14-4

⑦ 执行菜单栏中的"修改"｜"镜像"命令，配合中点捕捉功能，将衣柜图块镜像到次卧房间，结果如图14-5所示。

⑧ 继续选择随书光盘中的"图块文件"\"双人床03.dwg"图块文件，然后在"插入"对话框中设置块参数，如图14-6所示。

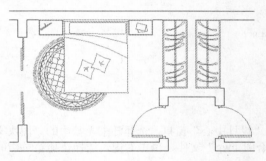

图14-5

图14-6

⑨ 单击"插入"对话框中的 [确定] 按钮，返回绘图区，配合端点捕捉功能，将该图块插入到次卧房间，插入结果如图14-7所示。

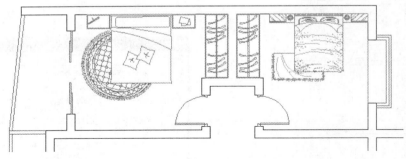

图14-7

⑩ 继续选择随书光盘"图块文件"文件夹下的"梳妆台.dwg"、"电视柜.dwg"和"电视柜01.dwg"图块文件，采用默认参数，将其插入到主卧和次卧房间，结果如图14-8所示。

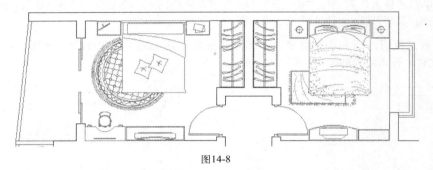

图14-8

⑪ 继续选择随书光盘"图块文件"文件夹下的"休闲桌椅.dwg"图块文件，设置旋转角度为-90°，其他参数默认，将其插入到主卧阳台位置，完成卧室家具的布置，结果如图14-9所示。

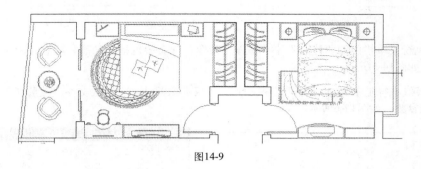

图14-9

14.2.2 绘制客厅家具布置图

本节继续来绘制客厅家具布置图。

① 单击"标准"工具栏中的▦按钮，打开"设计中心"窗口，选择随书光盘中的"图块文件"文件夹，然后在右侧的窗口中选择"沙发组合01.dwg"文件，单击右键，选择快捷菜单中的"插入为块"命令，打开"插入"对话框，设置参数如图14-10所示。

② 单击"插入"对话框中的 确定 按钮，返回绘图区，配合中点捕捉功能捕捉客厅墙线的中点将其插入，结果如图14-11所示。

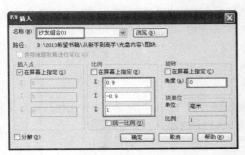

图14-10

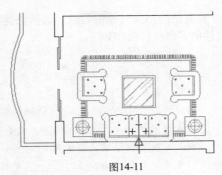

图14-11

③ 继续在"设计中心"右侧窗口中选择"电视柜与暖气包.dwg"文件，单击右键，选择快捷菜单中的"插入为块"命令，打开"插入"对话框，设置参数如图14-12所示。

④ 单击"插入"对话框中的 确定 按钮，返回绘图区，配合中点捕捉功能捕捉客厅墙线的中点将其插入，结果如图14-13所示。

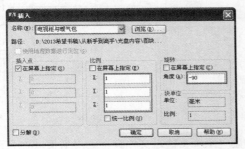

图14-12

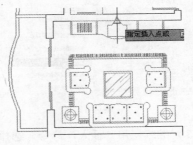

图14-13

⑤ 继续选择随书光盘"图块文件"文件夹下的"绿化植物05.dwg"和"绿化植物06.dwg"图块文件，采用默认设置，将其插入到客厅阳台位置，完成客厅家具的布置，结果如图14-14所示。

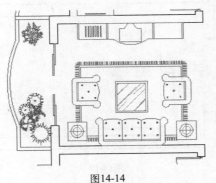

图14-14

14.2.3 绘制书房家具布置图

本节继续来绘制书房家具布置图。

① 在"设计中心"右侧窗口中选择"老板桌与老板椅.dwg"文件，然后单击右键，选择快捷菜单中的"复制"命令，如图14-15所示。

② 返回绘图区，单击右键，选择快捷菜单中的"粘贴"命令，将此图形以块的形式共享到当前文件中，命令行操作如下。

```
命令：_pasteclip
    命令：_-INSERT 输入块名或 [?]
    单位：毫米 转换：     1.0
    指定插入点或 [ 基点 (B)/ 比例 (S)/X/Y/Z/ 旋转 (R)]:         // 捕捉书房左侧墙线的中点
    输入 X 比例因子，指定对角点，或 [ 角点 (C)/XYZ(XYZ)] <1>: // Enter
    输入 Y 比例因子或 < 使用 X 比例因子 >:           // Enter
    指定旋转角度 <0.00>: // Enter，将其插入到书房，结果如图 14-16 所示
```

图14-15

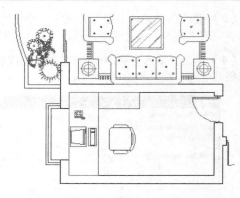

图14-16

③ 继续使用"插入"命令，选择随书光盘"图块文件"文件夹下的"书柜.dwg"图块文件，设置旋转角度为90°，其他设置采用默认，将其插入到书房下方位置。

④ 继续使用"插入"命令，选择随书光盘"图块文件"文件夹下的"平面植物02.dwg"图块文件，采用默认设置，将其插入到书房右下方位置，完成客厅家具的布置，结果如图14-17所示。

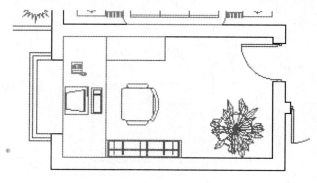

图14-17

14.2.4 绘制厨房、餐厅与卫生间家具布置图

本节继续来绘制厨房、餐厅和卫生间家具布置图。

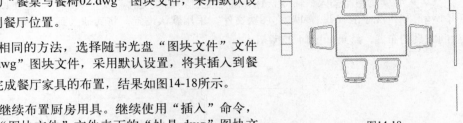

① 继续使用"插入"命令，选择随书光盘"图块文件"文件夹下的"餐桌与餐椅02.dwg"图块文件，采用默认设置，将其插入到餐厅位置。

② 使用相同的方法，选择随书光盘"图块文件"文件夹下的"隔断.dwg"图块文件，采用默认设置，将其插入到餐桌左边位置，完成餐厅家具的布置，结果如图14-18所示。

③ 下面继续布置厨房用具。继续使用"插入"命令，选择随书光盘"图块文件"文件夹下的"灶具.dwg"图块文件，设置旋转角度为-90°，其他参数采用默认设置，将其插入到厨房，如图14-19所示。

图14-18

④ 使用命令简写L激活"直线"命令，配合捕捉与追踪功能，绘制厨房操作台的轮廓线，如图14-20所示。

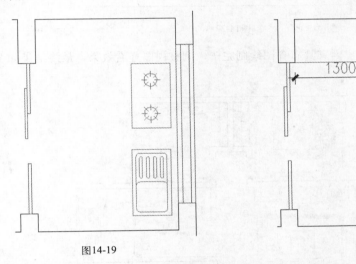

图14-19

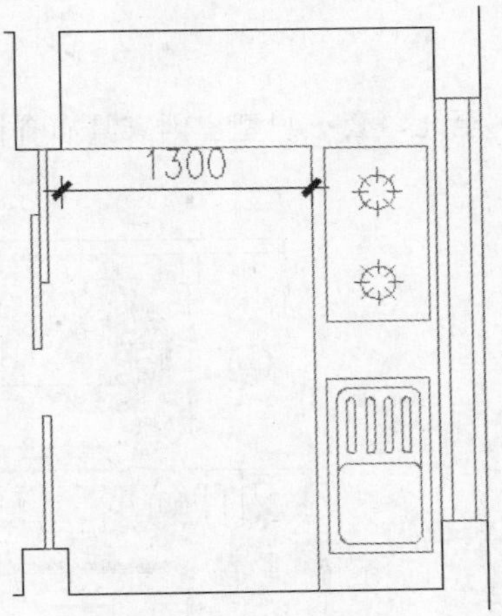

图14-20

⑤ 继续使用"直线"命令，在餐厅下墙面位置绘制酒柜，完成餐厅与厨房家具的布置，结果如图14-21所示。

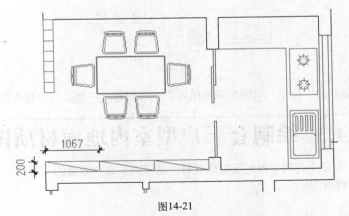

图14-21

⑥ 下面绘制卫生间家具布置图。继续使用"插入"命令，选择随书光盘"图块文件"文件夹下的"淋浴房.dwg"图块文件，设置其比例为0.8，其他参数采用默认设置，将其插入到卫生间左

下角位置。

(7) 继续使用"插入"命令，选择随书光盘"图块文件"文件夹下的"坐便1.dwg"、"浴盆01.dwg"和"洗手池（双）.dwg"图块文件，采用默认设置，将其插入到卫生间其他位置，完成卫生间家具的布置，结果如图14-22所示。

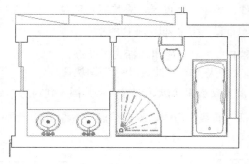

图14-22

(8) 至此，套三户型室内家具布置图绘制完毕，调整视图查看效果，最终结果如图14-23所示。

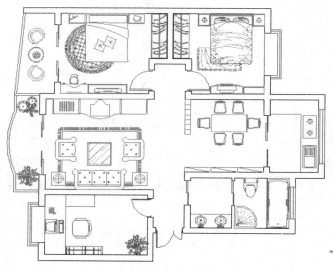

图14-23

(9) 执行"另存为"命令，将图形另名保存为"绘制套三户型室内家具布置图.dwg"文件。

14.3 绘制套三户型室内地面材质图

地面材质图主要用于表明室内地面装修材料，是室内装修中重要的工程图纸。本节继续来绘制套三户型室内地面材质图。

14.3.1 绘制卧室、书房实木地板材质图

本节首先来绘制卧室、书房和阳台实木地板材质图。

①▶ 继续上一节实例操作，或者执行"打开"命令，打开随书光盘中的"效果文件"\"第14章"\"绘制套三户型室内家具布置图.dwg"文件。

②▶ 在"图层控制"下拉列表中，将"地面层"设置为当前图层。

③▶ 打开对象捕捉功能，并设置捕捉模式为端点捕捉和交点捕捉模式。

④▶ 使用命令简写L激活"直线"命令，配合捕捉功能分别将各房间两侧门洞连接起来，以形成封闭区域，如图14-24所示。

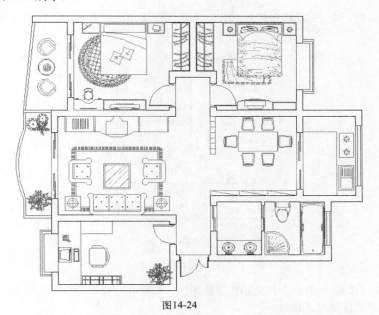

图14-24

⑤▶ 在无命令执行的前提下，分别选择主卧室房间、阳台、次卧室房间和书房房间内的家具图块，使其呈现夹点显示，如图14-25所示。

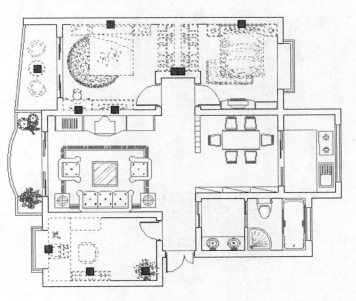

图14-25

中文版AutoCAD 2013 从新手到高手

11
12
13
14
15

6 单击"图层"工具栏中的"图层控制"下拉按钮,在展开的下拉列表中选择"0图层",将夹点显示的图形暂时放置在"0图层"上。

7 取消夹点显示,然后冻结"家具层"。

TIP 更改图层和冻结图块层的目的就是为了方便地面图案的填充,如果不关闭图块层,由于图块太多,会大大影响图案的填充速度。

8 单击"绘图"工具栏中的按钮,激活"图案填充"命令,设置填充图案和填充比例,如图14-26所示。

图14-26

9 单击"添加:拾取点"按钮返回绘图区,分别在主卧、阳台、次卧和书房房间内单击拾取填充区域,填充区域显示虚线。

10 按Enter键返回"图案填充和渐变色"对话框,单击 确定 按钮为主卧、阳台、次卧和书房填充地板图案,填充结果如图14-27所示。

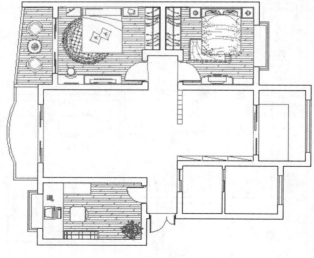

图14-27

11 执行菜单栏中的"工具"│"快速选择"命令,选择"0图层"上的所有家具图块,展开

"图层控制"下拉列表，更改夹点对象的图层为"家具层"，然后解冻图块层，完成对主卧、次卧、阳台和书房地面材质的填充。

14.3.2 绘制厨房、卫生间防滑地板材质图

本节继续来绘制厨房和卫生间防滑地板材质图。

①夹点显示厨房操作台轮廓线以及卫生间、洗手间内的卫生设施图块使其夹点显示，如图14-28所示。

②将夹点显示的各对象放到"0图层"上，同时冻结"家具层"，平面图的显示如图14-29所示。

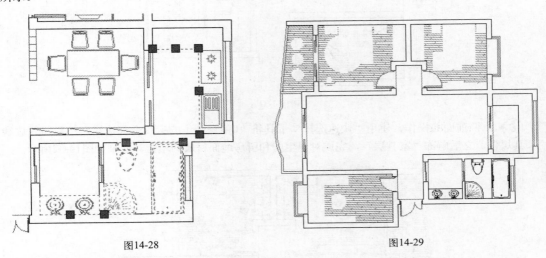

图14-28　　　　　　　　　　　　　　　　图14-29

③重复执行"图案填充"命令，设置填充图案和填充参数如图14-30所示。

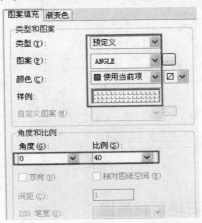

图14-30

④单击"添加:拾取点"按钮⊞返回绘图区，分别在客厅阳台、厨房、卫生间和洗手间房间内单击拾取填充区域，填充区域显示虚线。

⑤按Enter键返回"图案填充和渐变色"对话框，单击 确定 按钮为这些房间地面填充防滑地板材质，结果如图14-31所示。

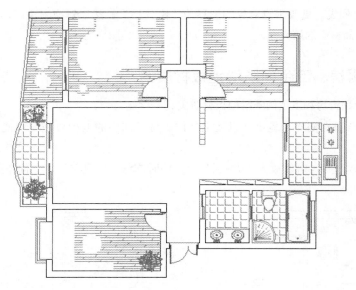

图14-31

6 依照前面的操作，使用"快速选择"工具将"0图层"上的家具全部选择，然后将其放到"家具层"，之后解冻"家具层"，完成对卫生间和厨房地面材质的填充，结果如图14-32所示。

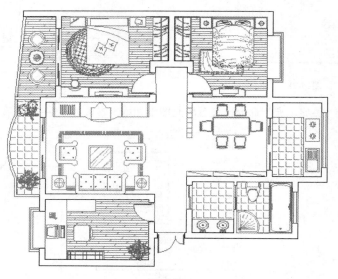

图14-32

14.3.3 绘制客厅大理石地面材质图

本节继续来绘制客厅大理石地面材质图。

1 使用命令简写PL激活"多段线"命令，配合对象捕捉功能，分别沿着客厅"组合沙发"、"电视柜和暖气包"图块的外轮廓边绘制两条闭合的多段线边界，如图14-33所示。

2 在无命令执行的前提下，夹点显示如图14-34所示的客厅家具对象，然后修改夹点对象的图层为"0图层"，并冻结"家具层"。

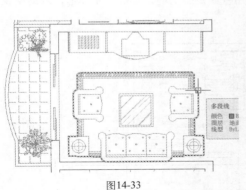

图14-33

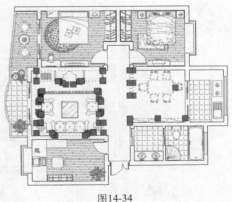

图14-34

③ 使用命令简写H激活"图案填充"命令，在打开的"图案填充和渐变色"对话框中设置填充图案和填充参数如图14-35所示。

④ 单击"添加:拾取点"按钮 ⊞ 返回绘图区，在客厅和餐厅地面单击拾取填充区域，填充区域显示虚线。

⑤ 按Enter键返回"图案填充和渐变色"对话框，单击 确定 按钮为客厅和餐厅房间地面填充防滑大理石地板材质，结果如图14-36所示。

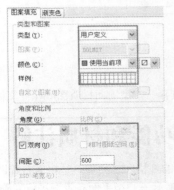

图14-35

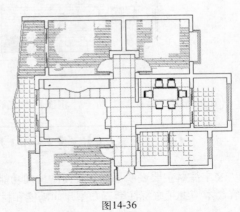

图14-36

⑥ 删除两条闭合的多段线边界，然后夹点显示如图14-37所示的对象，修改其图层为"家具层"，同时解冻"家具层"，结果如图14-38所示。

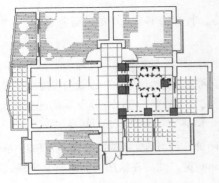

图14-37

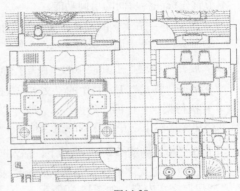

图14-38

⑦ 至此，套三户型地面材质图绘制完毕，使用视图调整功能，全部显示图形，最终结果如图14-39所示。

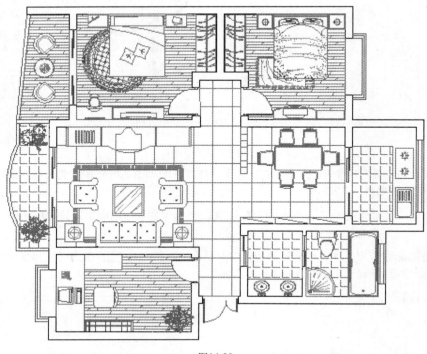

图14-39

⑧ 使用"另存为"命令，将图形另名存储为"绘制套三户型地面材质图.dwg"文件。

14.4 标注套三户型房间功能和材质注解

文字注解主要表明平面布置图的房间功能和装修材料的规格和名称等，是平面布置图中的重要内容。本节继续来标注套三户型房间功能和材质注解，以对套三户型平面布置图进行完善。

14.4.1 标注房间功能

本节首先标注各房间的房间功能。

① 继续上一节实例的操作，或执行"打开"命令，打开随书光盘中的"效果文件"\"第14章"\"绘制套三户型地面材质图.dwg"文件。

② 展开"图层"工具栏中的"图层控制"下拉列表，并将"文字层"设置为当前图层。

③ 展开"样式"工具栏中的"文字样式控制"下拉列表，将"仿宋体"设置为当前文字样式。

④ 执行菜单栏中的"绘图"|"文字"|"单行文字"命令，在"指定文字的起点或 [对正(J)/样式(S)]:"提示下，在书房内的适当位置上单击左键，拾取一点作为文字的起点。

⑤ 在"指定高度<2.5>:"提示下，输入300并按Enter键，将当前文字的高度设置为300个单位。

⑥ 在"指定文字的旋转角度<0.00>:"提示下按Enter键，然后在绘图区的单行文字输入框中输入"书房"文字内容，如图14-40所示。

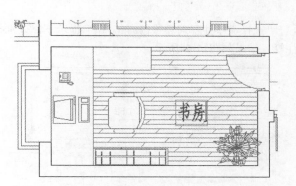

图14-40

⑦ 连续两次按Enter键，结束"单行文字"命令。

⑧ 执行菜单栏中的"修改"｜"复制"命令，将刚标注的单行文字分别复制到其他房间内，结果如图14-41所示。

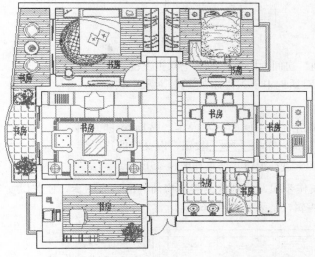

图14-41

⑨ 执行菜单栏中的"修改"｜"对象"｜"文字"｜"编辑"命令，在命令行"选择注释对象或[放弃(U)]:"提示下，单击卫生间的文字，此时该文字呈现反白显示，如图14-42所示。

⑩ 在反白显示的单行文字输入框内输入"卫生间"文字内容，按Enter键确认，修改后的结果如图14-43所示。

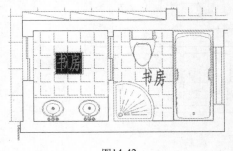

图14-42

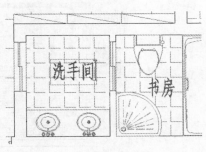

图14-43

11 继续在命令行"选择文字注释对象或[放弃(U)]:"提示下，分别单击其他房间内的文字对象，输入正确的文字注释，结果如图14-44所示。

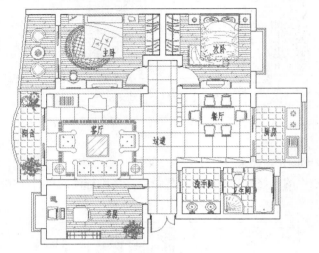

图14-44

12 在"洗手间"房间内的填充图案上双击左键，在打开的"图案填充编辑"对话框中单击"添加:选择对象"按钮，返回绘图区。

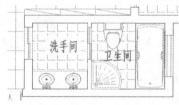

13 在绘图区单击"洗手间"文字内容，按Enter键回到"图案填充编辑"对话框，单击 确定 按钮，以文字的边界作为填充孤岛，对填充图案进行编辑，结果如图14-45所示。

图14-45

14 参照上述操作步骤，分别修改其他房间内的填充图案，使其以文字的边界作为填充孤岛，对填充图案进行编辑，结果如图14-46所示。

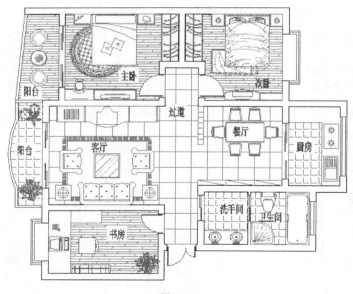

图14-46

14.4.2 标注材质注解

本节继续来标注材质注解，在标注材质注解时将使用引线进行标注。

① 继续上一节的操作。执行菜单栏中的"格式"｜"多重引线样式"命令，在打开的"多重引线样式管理器"对话框中单击 修改(M)... 按钮，修改当前引线样式如图14-47和图14-48所示。

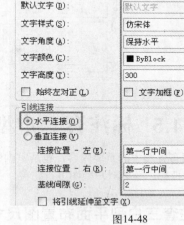

图14-47 图14-48

② 执行菜单栏中的"标注"｜"多重引线"命令，根据命令行的提示，为卧室地板填充图案标注材质注解，命令行操作如下。

```
命令：_mleader
    指定引线箭头的位置或 [ 引线基线优先 (L)/ 内容优先 (C)/ 选项 (O)] < 选项 >：
                                    // 在次卧室房间内拾取一点
    指定引线基线的位置：
                        // 在适当位置拾取第二点，打开"文字格式"编辑器
```

③ 在"文字格式"编辑器的文本输入框内输入"樱桃木地板满铺"的文字内容，如图14-49所示。

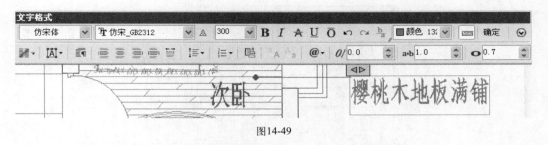

图14-49

④ 单击 确定 按钮，结束"多重引线"命令。

⑤ 参照步骤2~4的操作，使用"多重引线"命令标注其他位置的引线注解，结果如图14-50所示。

⑥ 执行"另存为"命令，将图形另名存储为"标注套三户型布置图文字注解.dwg"文件。

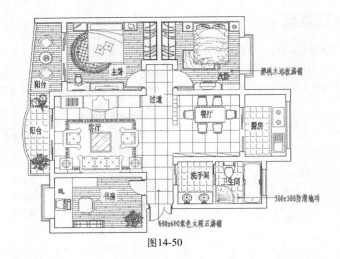

图14-50

14.5 标注套三户型布置图尺寸和投影

尺寸是平面布置图中的重要内容，也是室内装修时的重要依据，本节继续来绘制套三户型平面布置图的尺寸和投影，继续对户型图进行完善。

14.5.1 标注套三户型平面布置图尺寸

本节首先来标注套三户型平面布置图尺寸。

①　继续上一节的操作，或执行"打开"命令，打开随书光盘中的"效果文件"\"第14章"\"标注套三户型布置图文字注解.dwg"文件。

②　展开"图层"工具栏中的"图层控制"下拉列表，并将"尺寸层"设置为当前图层。

③　使用命令简写D激活"标注样式"命令，将"建筑标注"设置为当前文件，并修改标注比例为75。

④　使用命令简写XL激活"构造线"命令，在平面图的左侧绘制一条垂直构造线，作为尺寸定位辅助线，如图14-51所示。

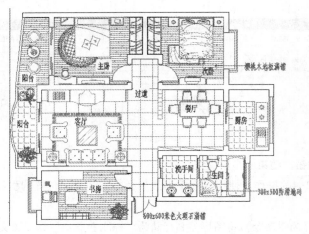

图14-51

⑤ 执行菜单栏中的"修改"｜"线性"命令，配合捕捉与追踪功能标注细部尺寸的第一个尺寸对象，命令行操作如下。

命令：_dimlinear
　　指定第一个尺寸界线原点或<选择对象>：// 捕捉如图 14-52 所示的交点
　　指定第二条尺寸界线原点：// 配合捕捉追踪功能，捕捉如图 14-53 所示的交点
　　指定尺寸线位置或 [多行文字 (M)/ 文字 (T)/ 角度 (A)/ 水平 (H)/ 垂直 (V)/ 旋转 (R)]:
　　　　　　　　// 向左引导光标，在适当位置拾取一点，标注结果如图 14-54 所示
　　标注文字 =480

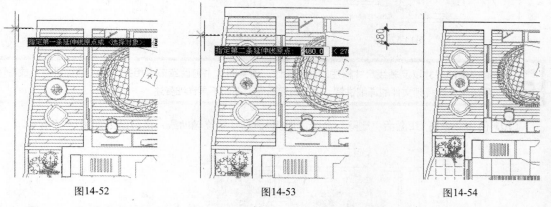

图14-52　　　　　　　　　　图14-53　　　　　　　　　　图14-54

⑥ 执行菜单栏中的"标注"｜"连续"命令，配合捕捉与追踪等功能，标注如图14-55所示的左侧细部尺寸。

⑦ 重复执行"线性"和"连续"命令，配合捕捉与追踪等功能标注如图14-56所示的轴线尺寸。

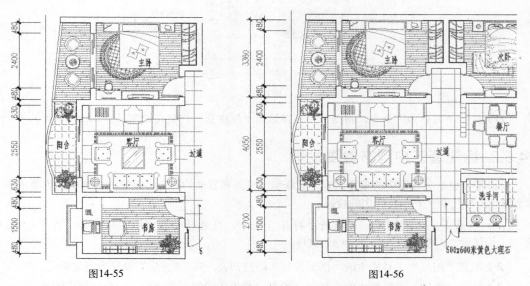

图14-55　　　　　　　　　　　　　　　　图14-56

⑧ 继续执行"线性"命令，配合捕捉与追踪功能标注如图14-57所示的侧面总尺寸。

⑨ 参照上述操作，综合使用"线性"、"连续"、"编辑标注文字"等命令，分别标注布置图其他三侧的尺寸，结果如图14-58所示。

中文版AutoCAD 2013 从新手到高手

11
12
13
14
15

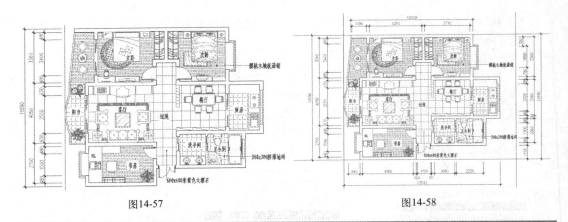

图14-57   图14-58

TIP 有关细部尺寸以及轴线尺寸标注的详细操作，请参阅本书前面章节中相关内容的详细讲解，或观看随书光盘视频文件的详细讲解，由于篇幅所限，在此不再详细赘述。

10 使用命令简写E激活"删除"命令，删除4条尺寸定位辅助线，最终结果如图14-59所示。

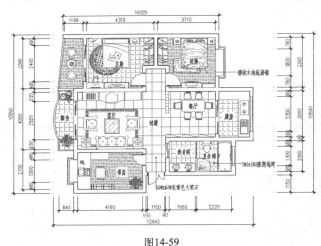

图14-59

11 执行"另存为"命令，将图形另名存储为"标注套三户型布置图尺寸.dwg"文件。

14.5.2 标注套三户型布置图投影

投影符号也是布置图中的重要内容，它标明了平面布置图的方向，是室内装饰中的重要依据。本节继续来标注套三户型布置图的投影。

1 继续上一节的操作，或执行"打开"命令，打开随书光盘中的"效果文件"\"第14章"\"标注套三户型布置图尺寸.dwg"文件。

2 展开"图层"工具栏中的"图层控制"下拉列表，将"0图层"设置为当前图层。

3 单击"绘图"工具栏中的 按钮，绘制边长为1000的正四边形，命令行操作如下。

```
命令：_polygon
    输入边的数目 <4>：              // Enter
    指定正多边形的中心点或 [ 边 (E)]：   //E Enter
```

指定边的第一个端点：	// 在适当位置拾取一点
指定边的第二个端点：	//@1000<45 Enter，绘制结果如图 14-60 所示

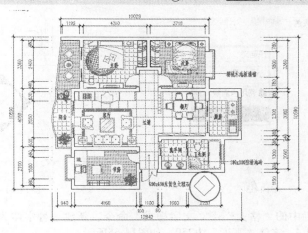

图14-60

④ 执行"圆"命令，配合"两点之间的中点"捕捉功能，以正四边形的正中心点作为圆心，绘制半径为470的圆形，结果如图14-61所示。

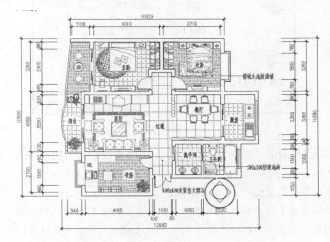

图14-61

⑤ 执行菜单栏中的"绘图"│"直线"命令，绘制正四边形的两条中线，结果如图14-62所示。

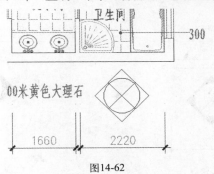

图14-62

⑥ 执行菜单栏中的"绘图"│"图案填充"命令，在打开的"图案填充和渐变色"对话框中选择填充图案，并设置参数如图14-63所示，对图形进行填充，填充结果如图14-64所示。

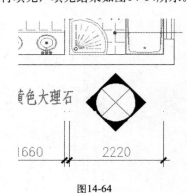

图14-63   图14-64

⑦ 执行菜单栏中的"格式"│"文字样式"命令，新建一种字体为"仿宋体"的文字样式，"宽度因子"为1.4，字体"高度"为250，如图14-65所示。

图14-65

⑧ 使用命令简写DT激活"单行文字"命令，为四面投影符号进行编号，命令行操作如下。

命令：DT   //Enter，激活命令

TEXT 当前文字样式：编号 当前文字高度：5.0

指定文字的起点或 [对正 (J)/ 样式 (S)]:   // 在圆的上侧扇形区内拾取一点

指定文字的旋转角度 <0.00>:   //Enter，采用默认设置

⑨ 此时系统显示出单行文字输入框，在此输入框内输入编号A，如图14-66所示。

⑩ 重复执行"单行文字"命令，使用相同的设置，分别为其他位置填写编号，结果如图14-67所示。

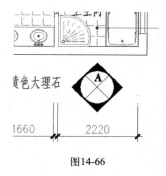

图14-66   图14-67

⑪ 使用命令简写B激活"创建块"命令，将投影符号创建为图块，块的基点为圆心，其他参数如图14-68所示。

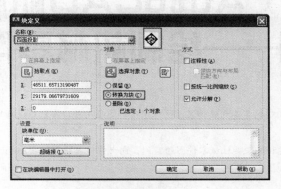

图14-68

⑫ 在命令行输入W激活"写块"命令，将刚创建的"四面投影"内部块转换为外部块，完成对投影的标注，结果如图14-69所示。

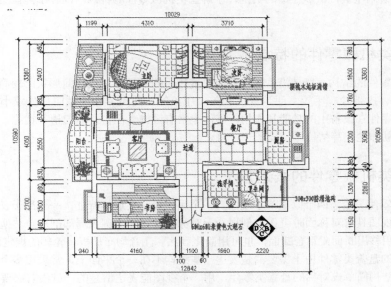

图14-69

⑬ 执行"另存为"命令，将图形另名存储为"标注套三户型布置图投影.dwg"文件。

第15章 AutoCAD机械设计案例——绘制机械零件图

AutoCAD软件除了在建筑与室内装饰装潢设计中被广泛应用外，在机械设计中，AutoCAD同样有着强大的绘图功能。

本章将通过绘制盘类和叉架类机械零件图的案例，向大家详细讲解使用AutoCAD软件进行机械设计的绘图方法、流程与技巧。

15.1 绘制盘类零件——压盖零件

本节通过绘制压盖机械零件图的实例，了解盘类机械零件的特点，同时掌握盘类机械零件图的绘图方法和技巧。

15.1.1 盘类机械零件的特点

盘盖轮类零件的结构一般是沿着轴线方向长度较短的回转体，或几何形状比较简单的板状体，如齿轮、端盖、皮带轮、手轮、法兰盘、阀盖、压盖等。此类零件的轴向尺寸较小而径向尺寸较大，根据此类零件在设备中的功能和作用，零件上常有键槽、凸台、退刀槽、销孔、螺纹以及均匀分布的小孔、肋和轮辐等结构。

15.1.2 盘类机械零件的表达方法

盘盖轮类零件一般需两个以上基本视图，一个用于表示其形体特征，一个用于表示其宽度。根据结构特点，视图具有对称面时可作半剖视；无对称面时可作全剖或局部剖视。其他结构形状如轮辐和肋板等可用移出断面或重合断面，也可用简化画法。注意均布肋板、轮辐的规定画法。

另外，有的盘盖类零件由于需要清楚表达一些结构不在一个平面上，常采用多个剖切平面剖切机件；而对于结构简单或对称的盘盖类零件，用一个视图能表达清楚的，就没有必要机械的使用两个视图。

盘盖轮类零件的主要回转面都在车床上加工，故按加工位置将其轴线水平安放在主视图。对有些不以车削加工为主的某些盘盖轮类零件，也可按工作位置安放主视图。其主视投射方向的形状特征原则应首先满足，通常选投影非圆的视图作为主视图，其主视图通常侧重反映内部形状，故多用剖视。

15.1.3 绘制压盖盘类机械零件俯视图

压盖是一种常用的回转体零件，此种零件具有防尘挡油、为轴承定位以及承载轴向负荷等作用。本节来学习绘制该零件的俯视图。

①执行"新建"命令，以随书光盘中的"样板文件"\"机械样板.dwt"样板文件作为基础样板，新建空白文件。

②▶ 打开状态栏上的对象捕捉、极轴追踪以及线宽等功能。

③▶ 使用命令简写Z激活"视图缩放"命令，将视图高度调整为350个绘图单位。

④▶ 展开"图层"工具栏中的"图层控制"下拉列表，将"中心线"设置为当前图层。

⑤▶ 使用命令简写XL激活"构造线"命令，绘制两条相互垂直的构造线作为视图定位基准线。

⑥▶ 使用命令简写O激活"偏移"命令，分别将水平构造线和垂直构造线对称偏移78个单位，结果如图15-1所示。

⑦▶ 展开"图层"工具栏中的"图层控制"下拉列表，将"轮廓线"设置为当前图层。

⑧▶ 单击"绘图"工具栏中的◎按钮，激活"圆"命令，配合交点捕捉功能，捕捉辅助线的交点，绘制直径为60、85和140的同心圆作为俯视图中的同心圆，结果如图15-2所示。

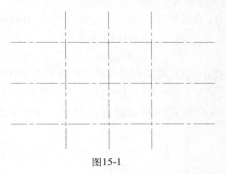

图15-1　　　　　　　　　　　　　　　　图15-2

⑨▶ 重复执行"圆"命令，配合交点捕捉功能绘制直径分别为40和22的同心圆，结果如图15-3所示。

⑩▶ 使用命令简写C再次激活"圆"命令，绘制半径为25的两个相切圆，结果如图15-4所示。

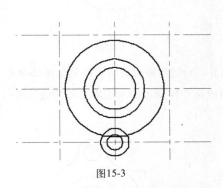
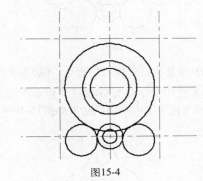

图15-3　　　　　　　　　　　　　　　　图15-4

⑪▶ 单击"修改"工具栏中的▦按钮，激活"环形阵列"命令，对刚绘制的同心圆和相切圆进行阵列，命令行操作如下。

```
命令：_arraypolar
    选择对象：                          // 窗口选择如图 15-5 所示的圆
    选择对象：                          // Enter
    类型 = 极轴  关联 = 是
    指定阵列的中心点或 [ 基点 (B)/ 旋转轴 (A)]:// 捕捉如图 15-6 所示的圆心
```

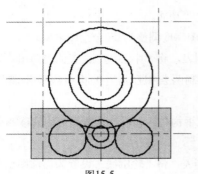

图15-5

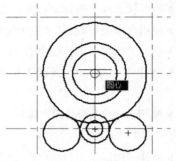

图15-6

输入项目数或 [项目间角度 (A)/ 表达式 (E)] <4>: 　　　　　// Enter

指定填充角度 (+= 逆时针、-= 顺时针) 或 [表达式 (EX)] <360>: // Enter

按 Enter 键接受或 [关联 (AS)/ 基点 (B)/ 项目 (I)/ 项目间角度 (A)/ 填充角度 (F)/ 行 (ROW)/ 层 (L)/ 旋转项目 (ROT)/ 退出 (X)] < 退出 >: 　　　　　　　　　//AS Enter

创建关联阵列 [是 (Y)/ 否 (N)] < 是 >: 　　　　　　　　　　//N Enter

按 Enter 键接受或 [关联 (AS)/ 基点 (B)/ 项目 (I)/ 项目间角度 (A)/ 填充角度 (F)/ 行 (ROW)/ 层 (L)/ 旋转项目 (ROT)/ 退出 (X)] < 退出 >: 　　　　　　　//Enter，阵列结果如图 15-7 所示

⑫ 使用命令简写TR激活"修剪"命令，对所有位置的相切圆进行修剪，结果如图15-8所示。

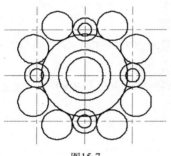

图15-7

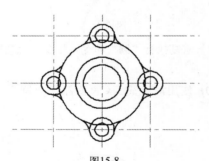

图15-8

⑬ 重复执行"修剪"命令，以8条圆弧作为边界，对圆形进行修剪，结果如图15-9所示。

⑭ 使用命令简写TR激活"修剪"命令，以俯视图外轮廓边作为边界，对构造线进行修剪，将其转换为视图的中心线，结果如图15-10所示。

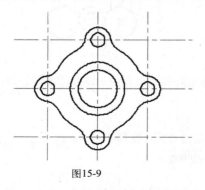

图15-9

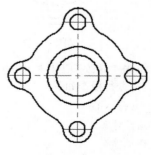

图15-10

⑮ 执行菜单栏中的"修改"｜"拉长"命令，将长度增量设置为9，分别对各位置的中心线

进行两端拉长，完成该零件俯视图的绘制。

⑯ 执行"保存"命令，将图形存储为"绘制压盖零件俯视图.dwg"文件。

15.1.4　绘制压盖主视图

本节继续绘制压盖零件主视图，学习盘类零件主视图的绘制方法和技巧。

① 继续上一节的操作，或者打开随书光盘中的"效果文件"\"第15章"\"绘制压盖零件俯视图.dwg"文件作为当前文件。

② 展开"图层"工具栏中的"图层控制"下拉列表，将"中心线"设置为当前图层。

③ 执行菜单栏中的"绘图"｜"构造线"命令，根据视图间的对正关系，配合交点捕捉功能绘制如图15-11所示的三条垂直构造线。

④ 将"轮廓线"层设置为当前层，继续使用"构造线"命令，根据视图间的对正关系，配合交点捕捉功能绘制如图15-12所示的垂直构造线。

⑤ 重复执行"构造线"命令，在俯视图的上侧绘制一条水平的构造线，如图15-13所示。

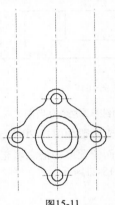
图15-11
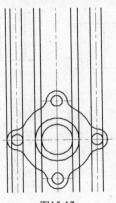
图15-12
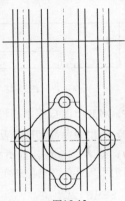
图15-13

⑥ 单击"修改"工具栏中的按钮，激活"偏移"命令，将上侧的水平构造线向上偏移17，再将偏移后的水平构造线向上偏移28，结果如图15-14所示。

⑦ 将最右侧的垂直构造线向右偏移9个单位，然后执行菜单栏中的"修改"｜"修剪"命令，对各位置的构造线进行修剪，编辑出主视图的轮廓结构，结果如图15-15所示。

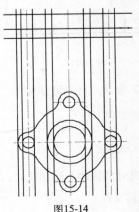
图15-14
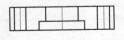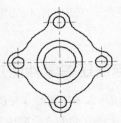
图15-15

⑧ 再次激活"偏移"命令,将主视图两侧的垂直轮廓线分别向内侧偏移42.5和49.5个单位,结果如图15-16所示。

⑨ 重复执行"偏移"命令,将主视图最下侧的水平轮廓线向上侧偏移4个单位,结果如图15-17所示。

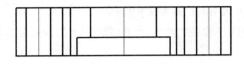

图15-16

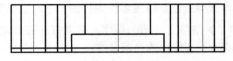

图15-17

⑩ 单击"修改"工具栏中的 ⁄ 按钮,激活"修剪"命令,对构造线进行修剪,编辑出主视图主体结构,结果如图15-18所示。

⑪ 执行菜单栏中的"修改"│"拉长"命令,将两侧的垂直中心线两端拉长9个单位,将中间的垂直中心线两端拉长12个单位,结果如图15-19所示。

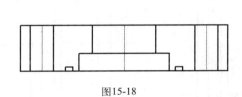

图15-18

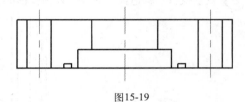

图15-19

⑫ 展开"图层"工具栏中的"图层控制"下拉列表,将"剖面线"设置为当前层。

⑬ 使用命令简写H激活"图案填充"命令,设置填充图案和填充参数如图15-20所示。

⑭ 单击"添加:拾取点"按钮⊞返回绘图区,在零件主视图剖面位置单击拾取填充区域,按Enter键回到"图案填充和渐变色"对话框,确认进行填充,结果如图15-21所示。

图15-20

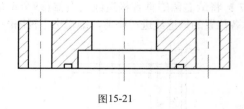

图15-21

⑮ 至此,压盖零件主视图绘制完毕,执行"另存为"命令,将图形存储为"绘制压盖零件主视图.dwg"文件。

15.1.5 标注压盖零件图尺寸与公差

本节标注压盖零件图尺寸与尺寸公差,学习机械零件图尺寸的标注方法和技巧。

① 以上例存储的"绘制压盖零件主视图.dwg"作为当前文件。

(2) 展开"图层控制"下拉列表,将"标注线"设置为当前层。

(3) 使用命令简写D激活"标注样式"命令,将"机械样式"设置为当前标注样式,然后修改标注比例为2.2。

(4) 按功能键F3,打开状态栏中的对象捕捉功能。

(5) 执行菜单栏中的"标注"|"线性"命令,配合端点捕捉或交点捕捉功能,标注如图15-22所示的水平尺寸。

(6) 重复执行"标注"命令,配合端点捕捉功能标注如图15-23所示的垂直尺寸。

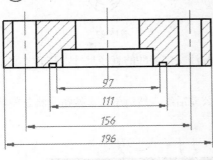

图15-22

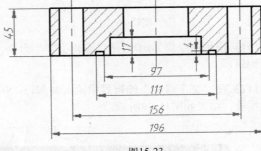

图15-23

(7) 执行"标注样式"命令,将"角度标注"设置为当前标注样式,并修改标注比例为2.2。

(8) 执行菜单栏中的"标注"|"直径"命令,标注左视图M8螺钉孔位置的角度,命令行操作如下。

```
命令:_dimdiameter
    选择圆弧或圆:                                    //选择如图15-24所示的圆
    标注文字 = 22
    指定尺寸线位置或 [ 多行文字 (M)/ 文字 (T)/ 角度 (A)]: // T [Enter]
    输入标注文字 <22>:                               //4x%%C22 [Enter]
    指定尺寸线位置或 [ 多行文字 (M)/ 文字 (T)/ 角度 (A)]: // 指定尺寸线位置,标注结果
                                                        如图 15-25 所示
```

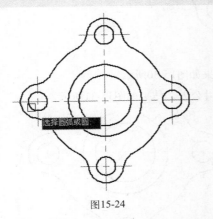

图15-24

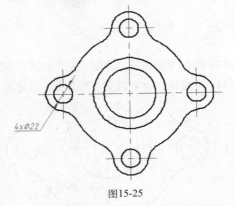

图15-25

(9) 重复执行菜单栏中的"标注"|"直径"命令,标注其他直径尺寸,结果如图15-26所示。

(10) 执行菜单栏中的"标注"|"半径"命令,标注俯视图中的半径尺寸,结果如图15-27所示。

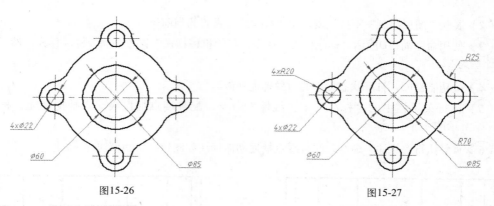

图15-26 图15-27

⑪ 使用命令简写ED激活"编辑文字"命令，选择标注文字为60的直径尺寸，打开"文字格式"编辑器。

⑫ 在"文字格式"编辑器中输入如图15-28所示的公差后缀，然后单击 按钮，将公差后缀进行堆叠，结果如图15-29所示。

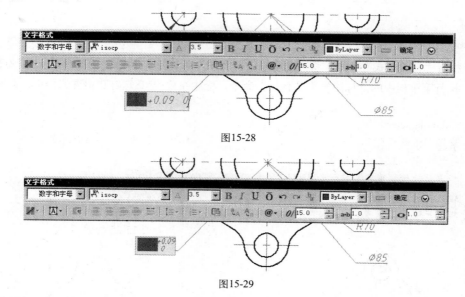

图15-28

图15-29

⑬ 单击 确定 按钮，关闭"文字格式"编辑器，结果如图15-30所示。

⑭ 重复执行"编辑文字"命令，创建另一侧的尺寸公差，结果如图15-31所示。

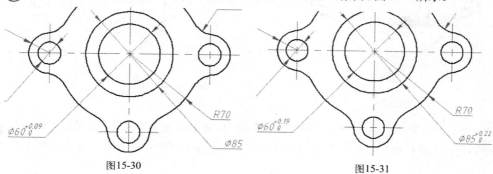

图15-30 图15-31

⑮ 执行"另存为"命令，将图形另名存储为"标注压盖零件图尺寸与公差.dwg"文件。

15.1.6 标注压盖零件粗糙度与技术要求

本节继续为压盖零件标注表面粗糙度和技术要求，学习机械零件图粗糙度和技术要求的标注方法和技巧。

① 以上例存储的"标注压盖零件图尺寸与公差.dwg"作为当前文件，也可以直接打开随书光盘中的"效果文件"\"第15章"\"标注压盖零件图尺寸与公差.dwg"文件。

② 展开"图层"工具栏中的"图层控制"下拉列表，将"细实线"设置为当前层。

③ 使用命令简写I激活"插入块"命令，打开"插入"对话框，设置块参数如图15-32所示。

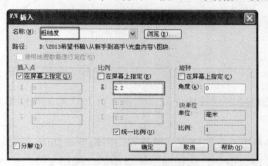

图15-32

④ 选择随书光盘中的"图块文件"\"粗糙度.dwg"属性块，确认回到绘图区，命令行操作如下。

命令：I	// Enter，激活"插入块"命令
INSERT 指定插入点或 [基点 (B)/ 比例 (S)/X/Y/Z/ 旋转 (R)]:	
	// 在主视图下侧水平尺寸线上单击左键
输入属性值	
输入粗糙度值：<3.2>:	// Enter，结果如图 15-33 所示

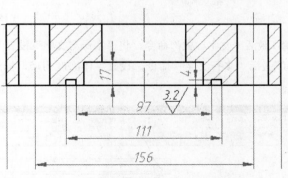

图15-33

⑤ 执行菜单栏中的"修改"｜"镜像"命令，对刚插入的粗糙度图块进行水平镜像和垂直镜像，并将两次镜像出的粗糙度进行位移，结果如图15-34所示。

⑥ 使用命令简写CO激活"复制"命令，将位移后的粗糙度属性块分别复制到其他位置，结果如图15-35所示。

11
12
13
14
15

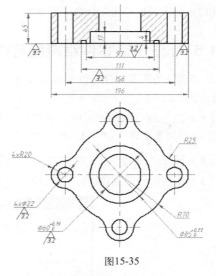

图15-35

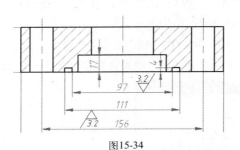

图15-34

⑦ 在主视图左侧的粗糙度属性块上双击左键，打开"增强属性编辑器"对话框，然后修改属性值为12.5。

⑧ 继续使用相同的方法，分别修改其他位置的粗糙度属性值，结果如图15-36所示。

⑨ 继续执行"插入块"命令，选择随书光盘中的"图块文件"\"粗糙度02.dwg"属性块，然后设置其比例为3.5，标注主视图下侧的粗糙度，结果如图15-37所示。

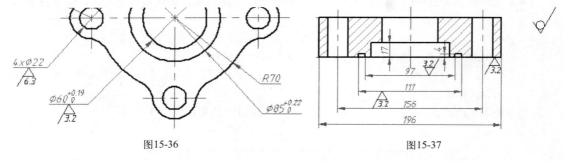

图15-36   图15-37

⑩ 使用命令简写ST激活"文字样式"命令，将"字母与文字"设置为当前文字样式。

⑪ 使用命令简写T激活"多行文字"命令，设置字体高度为15，标注如图15-38所示的技术要求标题。

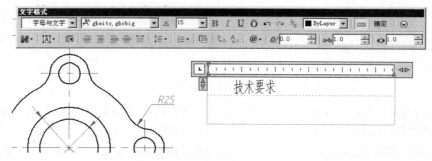

图15-38

12 按Enter键，修改字体高度为13，在多行文字输入框内分别输入技术要求的内容，如图15-39所示。

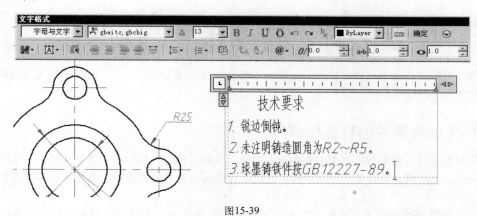

图15-39

13 重复执行"多行文字"命令，设置字体高度为14，在视图右上侧标注如图15-40所示的"其余"字样。

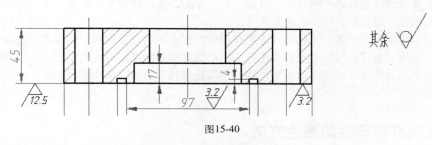

图15-40

14 至此，压盖零件图绘制完毕，结果如图15-41所示。

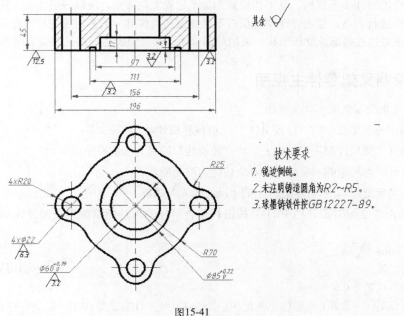

图15-41

⑮ 执行"另存为"命令，将图形另名存储为"标注压盖零件粗糙度与技术要求.dwg"文件。

15.2 绘制叉架类零件——叉架零件

本节通过绘制某叉架机械零件图的实例，了解叉架类机械零件的特点，同时掌握叉架类机械零件图的绘图方法和技巧。

15.2.1 叉架类零件的特点和作用

叉架杆类零件一般是在机械制造业中起着操纵、支撑、传动、联接等重要作用的一种零件，如拨叉、连杆、支撑臂、夹具架、轴承座等，此类零件多为铸件或模锻成型，再经过多种机床加工而成的。

叉架杆类零件的形体多不规则，但是大多数叉架杆类零件的主体部分都可以分为支撑部分、工作部分和连接部分。支撑部分和工作部分多为变形基本体，细部结构比较多，如圆孔、螺孔、油槽、油孔、凸台和凹坑等；而连接部分多为不同截面形状的肋或杆构成，其形状多为弯曲、扭斜等。由于叉架杆类零件形体多不规则，尺寸标注有一定的难度，通常有长、宽、高三个方向的尺寸基准，以孔的轴线、对称面、结合面作为基准。

另外，这类零件尺寸较多，定性尺寸应先按形体分析法注出。定位尺寸除要求柱注得完整外，还要注意尺寸精度。定位尺寸一般要标注出孔的中心线之间的距离，或孔的中心线到平面之间的距离，或平面到平面的距离。又由于这类零件图的圆弧连接较多，所以要注意已知弧、中间弧的圆心应给出定位尺寸。

15.2.2 叉架杆类零件的表达方法

由于叉架杆类零件一般都包含工作部分、支撑部分和连接部分，因此在绘制时可以逐一绘制。由于此类零件的形体多不规则，且工作位置和加工位置方向多变，所以一般需要采用两个或两个以上的基本视图进行表达，且选择能明显反应零件固定和工作部分的方向为主视图投影方向。另外，常采用断面图表达连接部分肋板形状，采用局部视图、剖视图表达一些孔、安装面等结构。

15.2.3 绘制叉架零件主视图

本节首先来绘制叉架零件主视图。

① 调用随书光盘中的"样板文件"\"机械样板.dwt"样板文件。

② 展开"图层控制"下拉列表，将"轮廓线"设置为当前操作层。

③ 打开状态栏中的对象捕捉和对象捕捉追踪功能。

④ 按功能键F12，打开状态栏上的"动态输入"功能。

⑤ 单击"绘图"工具栏中的 ⇆ 按钮，配合坐标输入功能绘制主视图外轮廓，命令行操作如下。

```
命令：_pline
    指定起点：                                              //0,0 Enter
    当前线宽为 0.0
    指定下一个点或 [ 圆弧 (A)/ 半宽 (H)/ 长度 (L)/ 放弃 (U)/ 宽度 (W)]：    //@32,0 Enter
```

指定下一点或 [圆弧 (A)/ 闭合 (C)/ 半宽 (H)/ 长度 (L)/ 放弃 (U)/ 宽度 (W)]:

//@32.33<-30 Enter

指定下一点或 [圆弧 (A)/ 闭合 (C)/ 半宽 (H)/ 长度 (L)/ 放弃 (U)/ 宽度 (W)]: //@0,-30 Enter

指定下一点或 [圆弧 (A)/ 闭合 (C)/ 半宽 (H)/ 长度 (L)/ 放弃 (U)/ 宽度 (W)]: //@91,0 Enter

指定下一点或 [圆弧 (A)/ 闭合 (C)/ 半宽 (H)/ 长度 (L)/ 放弃 (U)/ 宽度 (W)]: //A Enter

指定圆弧的端点或 [角度 (A)/ 圆心 (CE)/ 闭合 (CL)/ 方向 (D)/ 半宽 (H)/ 直线 (L)/ 半径 (R)/ 第二个点 (S)/ 放弃 (U)/ 宽度 (W)]: //@15,-15 Enter

指定圆弧的端点或 [角度 (A)/ 圆心 (CE)/ 闭合 (CL)/ 方向 (D)/ 半宽 (H)/ 直线 (L)/ 半径 (R)/ 第二个点 (S)/ 放弃 (U)/ 宽度 (W)]: //L Enter

指定下一点或 [圆弧 (A)/ 闭合 (C)/ 半宽 (H)/ 长度 (L)/ 放弃 (U)/ 宽度 (W)]: //@0,-18 Enter

指定下一点或 [圆弧 (A)/ 闭合 (C)/ 半宽 (H)/ 长度 (L)/ 放弃 (U)/ 宽度 (W)]: //@-18,0 Enter

指定下一点或 [圆弧 (A)/ 闭合 (C)/ 半宽 (H)/ 长度 (L)/ 放弃 (U)/ 宽度 (W)]: //@0,15 Enter

指定下一点或 [圆弧 (A)/ 闭合 (C)/ 半宽 (H)/ 长度 (L)/ 放弃 (U)/ 宽度 (W)]: //@-108,0 Enter

指定下一点或 [圆弧 (A)/ 闭合 (C)/ 半宽 (H)/ 长度 (L)/ 放弃 (U)/ 宽度 (W)]: //@0,24 Enter

指定下一点或 [圆弧 (A)/ 闭合 (C)/ 半宽 (H)/ 长度 (L)/ 放弃 (U)/ 宽度 (W)]: //@-40,0 Enter

指定下一点或 [圆弧 (A)/ 闭合 (C)/ 半宽 (H)/ 长度 (L)/ 放弃 (U)/ 宽度 (W)]: //@0,40.2 Enter

指定下一点或 [圆弧 (A)/ 闭合 (C)/ 半宽 (H)/ 长度 (L)/ 放弃 (U)/ 宽度 (W)]: //C Enter，结束

命令，绘制结果如图 15-42 所示

⑥ 重复执行"多线段"命令，以图15-42所示的A点为起点，绘制主视图右部分轮廓，命令行操作如下。

命令：

PLINE 指定起点： // 捕捉如图 15-42 所示的点 A

当前线宽为 0.0

指定下一个点或 [圆弧 (A)/ 半宽 (H)/ 长度 (L)/ 放弃 (U)/ 宽度 (W)]: //@45,0 Enter

指定下一点或 [圆弧 (A)/ 闭合 (C)/ 半宽 (H)/ 长度 (L)/ 放弃 (U)/ 宽度 (W)]: //A Enter

指定圆弧的端点或 [角度 (A)/ 圆心 (CE)/ 闭合 (CL)/ 方向 (D)/ 半宽 (H)/ 直线 (L)/ 半径 (R)/ 第二个点 (S)/ 放弃 (U)/ 宽度 (W)]: //@15,15 Enter

指定下一点或 [圆弧 (A)/ 闭合 (C)/ 半宽 (H)/ 长度 (L)/ 放弃 (U)/ 宽度 (W)]: //L Enter

指定下一点或 [圆弧 (A)/ 闭合 (C)/ 半宽 (H)/ 长度 (L)/ 放弃 (U)/ 宽度 (W)]: //@0,26 Enter

指定下一点或 [圆弧 (A)/ 闭合 (C)/ 半宽 (H)/ 长度 (L)/ 放弃 (U)/ 宽度 (W)]: //@36,0 Enter

指定下一点或 [圆弧 (A)/ 闭合 (C)/ 半宽 (H)/ 长度 (L)/ 放弃 (U)/ 宽度 (W)]: //@0,44 Enter

指定下一点或 [圆弧 (A)/ 闭合 (C)/ 半宽 (H)/ 长度 (L)/ 放弃 (U)/ 宽度 (W)]: //@-36,0 Enter

指定下一点或 [圆弧 (A)/ 闭合 (C)/ 半宽 (H)/ 长度 (L)/ 放弃 (U)/ 宽度 (W)]: //@0,10 Enter

指定下一点或 [圆弧 (A)/ 闭合 (C)/ 半宽 (H)/ 长度 (L)/ 放弃 (U)/ 宽度 (W)]: //@-22,0 Enter

指定下一点或 [圆弧 (A)/ 闭合 (C)/ 半宽 (H)/ 长度 (L)/ 放弃 (U)/ 宽度 (W)]: //@0,-62 Enter

指定下一点或 [圆弧 (A)/ 闭合 (C)/ 半宽 (H)/ 长度 (L)/ 放弃 (U)/ 宽度 (W)]: //A Enter

指定圆弧的端点或 [角度 (A)/ 圆心 (CE)/ 闭合 (CL)/ 方向 (D)/ 半宽 (H)/ 直线 (L)/ 半径 (R)/ 第二个点 (S)/ 放弃 (U)/ 宽度 (W)]: //@-15,-15 Enter

指定圆弧的端点或 [角度 (A)/ 圆心 (CE)/ 闭合 (CL)/ 方向 (D)/ 半宽 (H)/ 直线 (L)/ 半径 (R)/ 第二个点 (S)/ 放弃 (U)/ 宽度 (W)]: //L Enter

指定下一点或 [圆弧 (A)/ 闭合 (C)/ 半宽 (H)/ 长度 (L)/ 放弃 (U)/ 宽度 (W)]:

// 向左捕捉与垂直轮廓的交点

指定下一点或 [圆弧 (A)/ 闭合 (C)/ 半宽 (H)/ 长度 (L)/ 放弃 (U)/ 宽度 (W)]:

// Enter，结果如图 15-43 所示

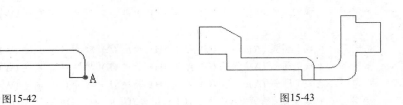

图15-42　　　　　　　　　　　　图15-43

⑦ 单击"修改"工具栏中的 ⚙ 按钮，激活"分解"命令，将最后绘制的多线段分解。

⑧ 展开"图层控制"下拉列表，将"中心线"设置为当前图层。

⑨ 单击"绘图"工具栏中的 ✏ 按钮，以主视图右侧的垂直轮廓中点为起点，绘制主视图中心线，结果如图15-44所示。

⑩ 单击"修改"工具栏中的 ⚙ 按钮，将主视图中心线上下对称偏移10个单位，结果如图15-45所示。

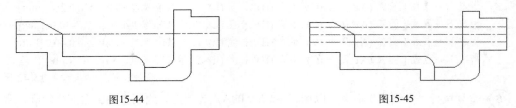

图15-44　　　　　　　　　　　　图15-45

⑪ 单击"修改"工具栏中的 ✂ 按钮，以主视图相邻轮廓为修剪边界，修剪偏移出的图元，结果如图15-46所示。

⑫ 选择修剪后的两条线段放置到"隐藏线"层上，然后执行"偏移"命令，将最左侧的垂直轮廓线向右偏移15个单位，结果如图15-47所示。

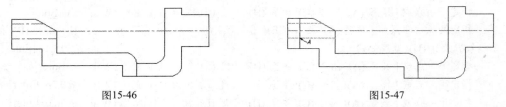

图15-46　　　　　　　　　　　　图15-47

⑬ 将"轮廓线"层设置为当前层，然后以偏移所得的线段与隐藏线的交点A为圆心，绘制半径为14的圆形，如图15-48所示。

⑭ 单击"修改"工具栏中的 ✂ 按钮，对刚绘制的圆进行修剪，结果如图15-49所示。

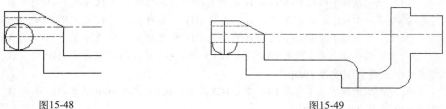

图15-48　　　　　　　　　　　　图15-49

⑮ 单击"绘图"工具栏中的 ✏ 按钮，以圆弧两端点为起点，绘制垂直线，结果如图15-50所示。

⑯ 单击"修改"工具栏中的 ◻ 按钮，在"不修剪"圆角模式下创建如图15-51所示的两处圆角，其中圆角半径为1。

⑰ 单击"修改"工具栏中的 ↗ 按钮，以圆角轮廓为修剪边界，修剪垂直线，结果如图15-52所示。

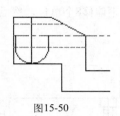 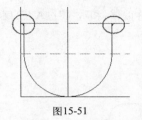 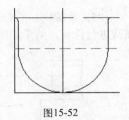

图15-50　　　　　　　　　图15-51　　　　　　　　　图15-52

⑱ 选择中间的垂直图线，将其放置到"中心线"层，然后执行"偏移"命令，将水平中心线向下偏移16个单位，结果如图15-53所示。

⑲ 单击"绘图"工具栏中的 ⊙ 按钮，以偏移所得的线段与垂直中心线的交点为圆心，绘制半径为3.5和4的同心圆，结果如图15-54所示。

⑳ 单击"修改"工具栏中的 ↗ 按钮，修剪掉1/4半径为4的圆和中心线，结果如图15-55所示。

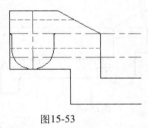 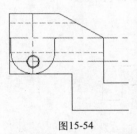 

图15-53　　　　　　　　　图15-54　　　　　　　　　图15-55

㉑ 单击"修改"工具栏中的 ⊕ 按钮，将水平中心线向下偏移40，将最左侧的垂直轮廓线向左偏移10，结果如图15-56所示。

㉒ 选择偏移出的两条线段夹点拉伸至如图15-57所示的状态，以定位圆心。

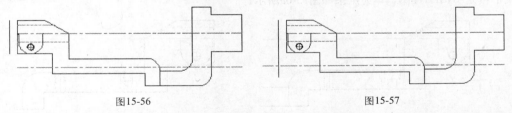

图15-56　　　　　　　　　　　　　　　图15-57

㉓ 将"隐藏线"层设置为当前图层，然后以夹点拉伸后产生的两条线交点作为圆心，绘制半径为50的圆，结果如图15-58所示。

㉔ 单击"修改"工具栏中的 ↗ 按钮，对刚绘制的圆进行修剪，然后将左侧的垂直图线放置到"中心线"上，并调整中轴线的长度，结果如图15-59所示。

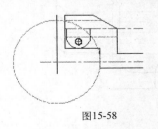 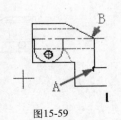

图15-58　　　　　　　　　　图15-59

㉕ 单击"修改"工具栏中的 按钮，将图15-60所示的线段AB向右偏移11个单位，然后对偏移出的垂直图线夹点编辑，结果如图15-60所示。

㉖ 将编辑后的垂直线段对称偏移4和7，将过A点的水平轮廓线向下偏移8个单位，然后对各图线进行修剪，结果如图15-61所示。

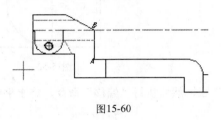
图15-60

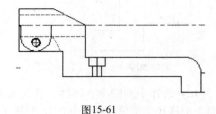
图15-61

㉗ 继续使用"偏移"命令将阶梯孔中心线向右偏移60，然后将偏移后的线段对称偏移2个单位，结果如图15-62所示。

㉘ 选择阶梯孔中心线和Φ4的孔中心线，将其放到"中心线"层，并对其进行夹点拉伸，使其超出轮廓线2个单位，结果如图15-63所示。

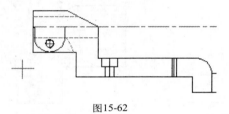
图15-62

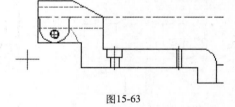
图15-63

㉙ 将"波浪线"设置为当前层，然后单击"绘图"工具栏中的 按钮，在阶梯孔两侧、Φ4孔两侧绘制剖切线，结果如图15-64所示。

㉚ 将"剖面线"层设置为当前层，然后单击"绘图"工具栏中的 按钮，采用默认参数，为图形填充ANSI31图案，填充结果如图15-65所示。

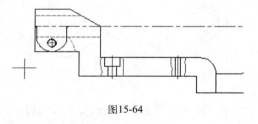
图15-64

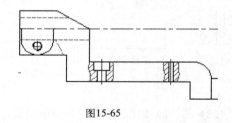
图15-65

㉛ 继续使用"偏移"命令，将水平中心线对称偏移12和24个单位，将垂直轮廓线AB向右偏移8个单位，结果如图15-66所示。

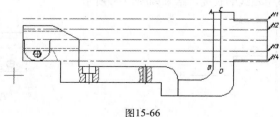
图15-66

32 单击"修改"工具栏中的 ✎ 按钮，以AB、CD为修剪边界，修剪水平线H1、H4；以CD为修剪边界，修剪水平线H2、H3；以修剪后的H1、H4为修剪边界，修剪垂直线CD，结果如图15-67所示。

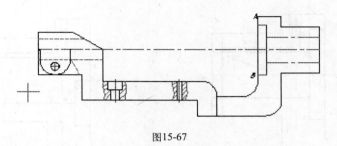

图15-67

33 选择修剪后的线段，将其放置到"轮廓线"上，然后将垂直线AB向右偏移15个单位，结果如图15-68所示。

34 重复执行"偏移"命令，将线段EF对称偏移2和3个单位；将水平线轮廓线AE向下偏移6和7个单位，结果如图15-69所示。

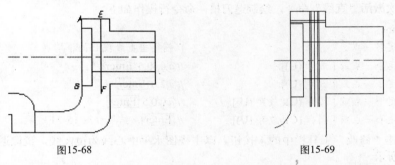

图15-68   图15-69

35 将线段EF放到"中心线"上，然后使用"修剪"命令将各图线编辑成图15-70所示的状态。

26 单击"绘图"工具栏中的 ✎ 按钮，配合端点捕捉功能绘制如图15-71所示的两条斜线段。

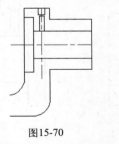
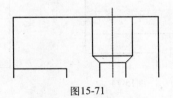

图15-70   图15-71

37 继续使用"偏移"命令将最右侧的垂直轮廓线向左偏移5个单位。

38 单击"绘图"工具栏中的 ✎ 按钮，以A为起点，补画主视图内部轮廓，命令行操作如下。

```
命令: _line 指定第一点:               // 捕捉点 A
指定下一点或 [ 放弃 (U)]:              // @0,2 Enter
指定下一点或 [ 放弃 (U)]:              // 向左捕捉 Φ4 轮廓的交点
指定下一点或 [ 闭合 (C)/ 放弃 (U)]:    // @-2,-2 Enter
```

指定下一点或 [闭合 (C)/ 放弃 (U)]:　　　　　　// Enter，结果如图 15-72 所示

(39) 删除步骤37中偏移所得的垂直线段，然后以刚绘制的线段为修剪边界，修剪螺钉孔轮廓，结果如图15-73所示。

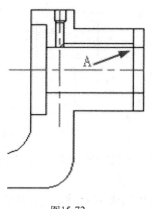

图15-72

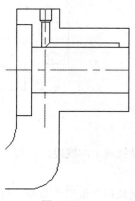

图15-73

(40) 再次激活"直线"命令，绘制退刀槽，命令行操作如下。

命令 : _line
　指定第一点 :　　　　　　　　　　　　　// 捕捉垂直线段 L 的下端点
　指定下一点或 [放弃 (U)]:　　　　　　//@0,-0.5 Enter
　指定下一点或 [放弃 (U)]:　　　　　　//@2,0 Enter
　指定下一点或 [闭合 (C)/ 放弃 (U)]:　　//@0,0.5 Enter
　指定下一点或 [闭合 (C)/ 放弃 (U)]:　　// Enter，结果如图 15-74 所示

(41) 单击"修改"工具栏中的 按钮，以主视图水平中心线为镜像线，镜像退刀槽轮廓，结果如图15-75所示。

(42) 单击"修改"工具栏中的 按钮，执行"修剪"命令，修剪退刀槽轮廓，结果如图15-76所示。

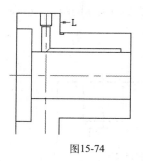

图15-74

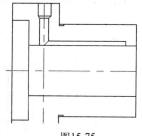

图15-75

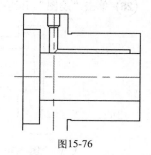

图15-76

(43) 单击"修改"工具栏中的 按钮，执行"倒角"命令，对主视图倒直角，倒角尺寸为 $1 \times 45°$。

(44) 将"剖面线"设置为当前层，然后单击"绘图"工具栏中的 按钮，绘制如图15-77所示的剖切线。

(45) 单击"绘图"工具栏中的 按钮，执行"图案填充"命令，采用默认参数，填充ANSI31图案，填充结果如图15-78所示。

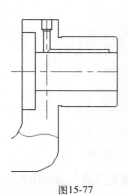
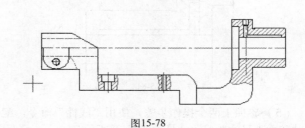

图15-77　　　　　　　　　　　　　　　　图15-78

46 执行"保存"命令，将图形命名存储为"绘制叉架零件主视图.dwg"文件。

15.2.4　标注叉架尺寸、公差与基面代号

本节来为叉架零件主视图标注尺寸、公差和基面代号，学习叉架零件图尺寸、尺寸公差、形位公差以及基面代号等内容的标注过程和标注技巧。

1 打开上例保存的"绘制叉架零件主视图.dwg"文件，然后适当调整零件方向视图的位置，并关闭线宽的显示功能。

2 将"标注线"设置为当前层，将"机械样式"设置为当前标注样式，并设置标注比例为1.4。

3 执行菜单栏中的"标注"｜"线性"命令，标注主视图孔轮廓，命令行操作如下。

命令：_dimlinear
　　指定第一个尺寸界线原点或 <选择对象>：　　// 捕捉如图 15-79 所示的端点
　　指定第二条尺寸界线原点：　　　　　　　　　// 捕捉如图 15-80 所示的端点

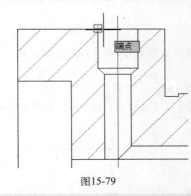
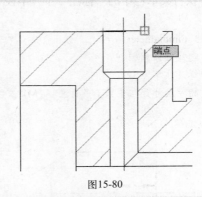

图15-79　　　　　　　　　　　　　　　图15-80

　　指定尺寸线位置或 [多行文字 (M)/ 文字 (T)/ 角度 (A)/ 水平 (H)/ 垂直 (V)/ 旋转 (R)]:
　　　　　　　　　　　　　　　　　　　//T Enter
　　输入标注文字 <6>:　　　　　　　　　　//%%C6H9 Enter
　　指定尺寸线位置或 [多行文字 (M)/ 文字 (T)/ 角度 (A)/ 水平 (H)/ 垂直 (V)/ 旋转 (R)]:
　　　　　　　　　　　　　　// 在适当位置拾取点，标注结果如图 15-81 所示
　　标注文字 = 6

4 重复执行"线性"命令，配合对象捕捉功能标注上侧的线性尺寸，标注结果如图15-82所示。

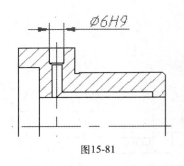

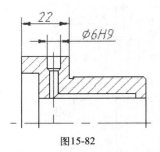

图15-81 图15-82

⑤ 参照上两个操作步骤，使用"线性"命令，配合对象捕捉功能分别标注其他位置的水平尺寸和垂直尺寸，标注结果如图15-83所示。

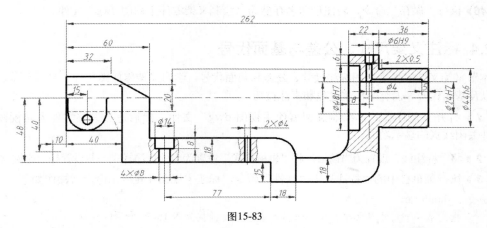

图15-83

⑥ 执行菜单栏中的"标注"｜"半径"命令，标注主视图外轮廓圆弧的半径尺寸，命令行操作如下。

```
命令：_dimdiameter
    选择圆弧或圆：                        // 选择如图 15-84 所示的外轮廓圆弧
    标注文字 = 32
    指定尺寸线位置或 [ 多行文字 (M)/ 文字 (T)/ 角度 (A)]:
                                        // 指定尺寸线位置，标注结果如图 15-85 所示
```

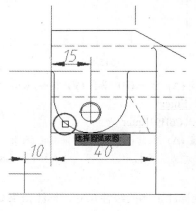

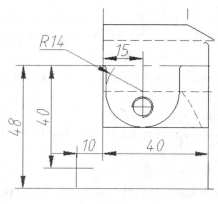

图15-84 图15-85

⑦ 继续使用"半径"命令，标注其他位置的半径尺寸，标注结果如图15-86所示。

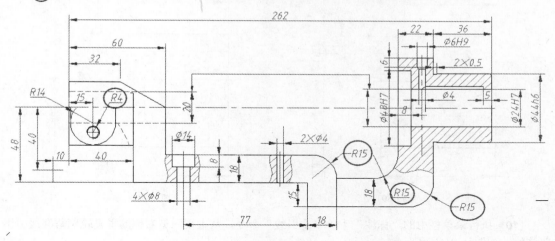

图15-86

⑧ 执行菜单栏中的"标注"｜"角度"命令，标注主视图斜线段倾斜角度尺寸，命令行操作如下。

命令：_dimangular
    选择圆弧、圆、直线或 < 指定顶点 >：   // 选择如图 15-87 所示的图线
    选择第二条直线：   // 选择如图 15-88 所示的图线

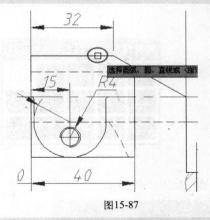

图15-87

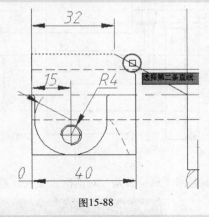

图15-88

    指定标注弧线位置或 [多行文字 (M)/ 文字 (T)/ 角度 (A)/ 象限点 (Q)]：
                      // 指定尺寸线放置位置，结果如图 15-89 所示
    标注文字 = 30

⑨ 执行菜单栏中的"标注"｜"标注打断"命令，对尺寸进行打断，命令行操作如下。

命令：_DIMBREAK
    选择要添加 / 删除折断的标注或 [多个 (M)]：// 选择如图 15-89 所示的尺寸
    选择要折断标注的对象或 [自动 (A)/ 手动 (M)/ 删除 (R)] < 自动 >：
                      // 选择刚标注的角度尺寸
    选择要折断标注的对象：   // Enter，结束命令，打断结果如图 15-90 所示
    1 个对象已修改

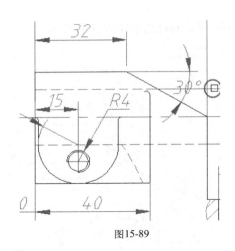

图15-89

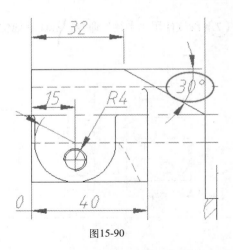

图15-90

⑩ 执行菜单栏中的"标注"｜"多重引线"命令，从主视图最右侧的垂直轮廓基准线引出标注线，如图15-91所示。

⑪ 执行菜单栏中的"标注"｜"公差"命令，打开"形位公差"对话框，单击"符号"颜色块，打开"特征符号"对话框，选择如图15-92所示的垂直度符号。

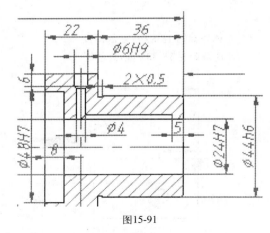

图15-91

图15-92

⑫ 返回"形位公差"对话框，输入公差值及基准，如图15-93所示。

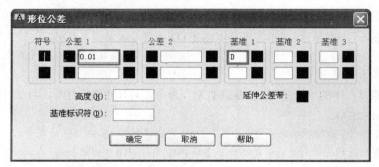

图15-93

⑬ 单击 确定 按钮，捕捉引线标注的端点，插入公差值，如图15-94所示。

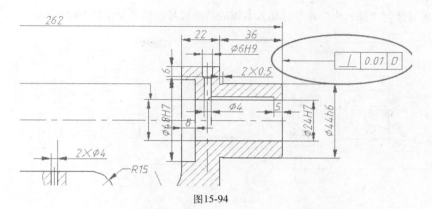

图15-94

(14) 参照相同的方法，标注左侧的形位公差，标注结果如图15-95所示。

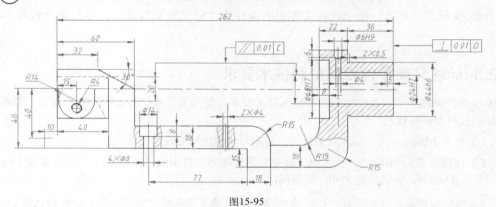

图15-95

(15) 将"细实线"设置为当前图层，然后使用命令简写I激活"插入块"命令，选择随书光盘中的"图块文件"\"基面代号.dwg"图块，设置比例的"X"值为1.3，设置"Y"值为-1.3。

(16) 确认回到绘图区，命令行操作如下。

INSERT 指定插入点或 [基点 (B)/ 比例 (S)/X/Y/Z/ 旋转 (R)]:
　　　　　　　　　　　　　　// 在如图 15-96 所示的位置单击左键

输入属性值
输入基准代号：<A>:　　　　　　// C Enter，结果如图 15-97 所示
正在重生成模型。

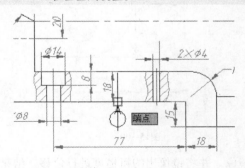

图15-96

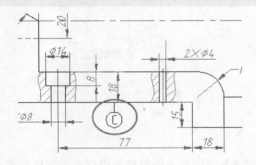

图15-97

17 重复执行"插入块"命令，插入右侧的基准代号，结果如图15-98所示。

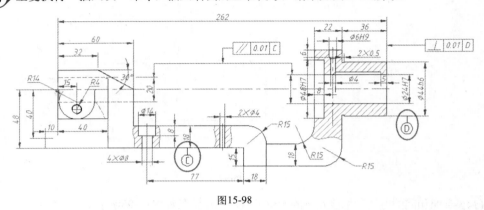

图15-98

18 执行"另存为"命令，将文件另名保存为"标注叉架尺寸、公差与基准代号.dwg"文件。

15.2.5 标注叉架零件粗糙度和技术要求

本节继续标注叉架零件的粗糙度和输入技术要求，学习叉架零件图表面粗糙度与技术要求等内容的标注过程和标注技巧。

1 打开上例保存的"标注叉架尺寸、公差与基准代号.dwg"文件。

2 使用命令简写I激活"插入块"命令，选择随书光盘中的"图块文件"\"粗糙度.dwg"文件，设置比例为1.4，旋转角度为90，然后确认。

3 回到绘图区，在如图15-99所示的位置单击，为叉架标注"粗糙度"，命令行操作如下。

命令：I   //Enter，激活"插入块"命令
INSERT 指定插入点或 [基点 (B)/ 比例 (S)/X/Y/Z/ 旋转 (R)]: // 在所需位置单击左键
输入属性值：
输入粗糙度值：<0.8>:   //12.5 Enter，插入结果如图 15-100 所示
正在重生成模型。

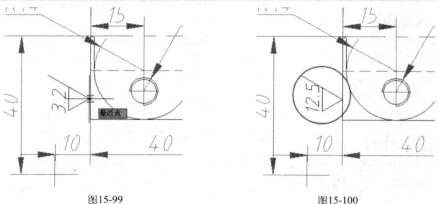

图15-99   图15-100

4 对刚插入的粗糙度进行水平镜像和垂直镜像，并将镜像出的粗糙度进行位移，结果如图15-101所示。

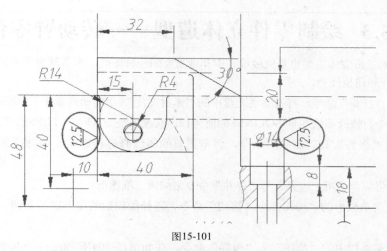

图15-101

⑤ 使用命令简写CO激活"复制"命令，将粗糙度复制到其他位置上，并修改属性值，结果如图15-102所示。

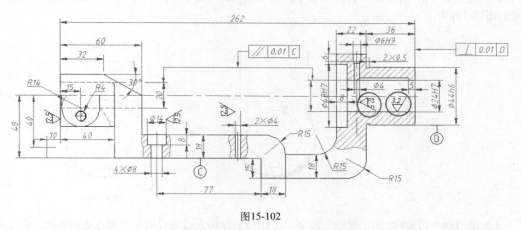

图15-102

⑥ 执行菜单栏中的"绘图"｜"文字"｜"多行文字"命令，设置字体高度分别为10和8，标注技术要求的标题和内容，如图15-103所示。

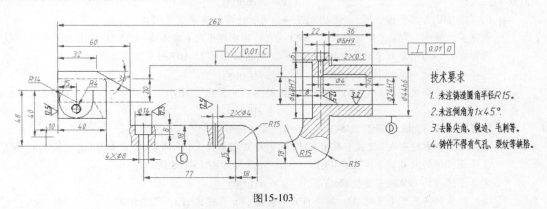

图15-103

⑦ 执行"另存为"命令，将图形另存为"标注叉架零件粗糙度和技术要求.dwg"文件。

技术要求
1. 未注铸造圆角半径R15。
2. 未注倒角为1x45°。
3. 去除尖角、锐边、毛刺等。
4. 铸件不得有气孔、裂纹等缺陷。

15.3 绘制零件立体造型——转动臂零件

机械零件的三维立体造型也是机械设计中非常重要的一种图纸，本节就来学习转动臂零件立体造型的制作过程和建模技巧。

① 执行"打开"命令，打开随书光盘中的"素材文件"\"转动臂零件主视图.dwg"文件。

② 在命令行修改系统变量ISOLINES的值为12，修改系统变量FACETRES的值为10。

③ 使用"修剪"和"删除"命令，将不需要的图线修剪和删除，编辑成图15-104所示的状态。

④ 下面将综合运用"边界"与"合并"命令来编辑二维图形。

⑤ 执行菜单栏中的"编辑" | "剪切"命令，选择编辑后的图形进行剪切，然后切换到左视图进行粘贴。

⑥ 执行菜单栏中的"绘图" | "边界"命令，在如图15-104所示的A、B两个闭合区域拾取点，创建4条闭合的多段线边界。

⑦ 使用命令简写J激活"合并"命令，选择如图15-105所示的圆弧，将其合并为一个整圆，结果如图15-106所示。

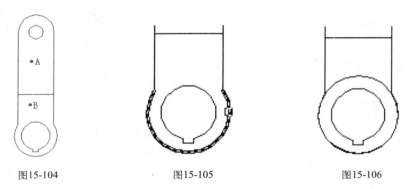

图15-104   图15-105   图15-106

⑧ 使用命令简写E激活"删除"命令，选择与边界和面域重合的多余图线进行删除。

⑨ 使用命令简写EXT激活"拉伸"命令，将6个闭合图形拉伸为三维实体，命令行操作如下。

```
命令 : EXT                                    // Enter
    EXTRUDE 当前线框密度 : ISOLINES=4，闭合轮廓创建模式 = 实体
    选择要拉伸的对象或 [ 模式 (MO)]:_MO 闭合轮廓创建模式 [ 实体 (SO)/ 曲面 (SU)]< 实体 >: _SO
    选择要拉伸的对象或 [ 模式 (MO)]:          // 选择如图 15-107 所示的边界和圆
    选择要拉伸的对象或 [ 模式 (MO)]:          // Enter
    指定拉伸的高度或 [ 方向 (D)/ 路径 (P)/ 倾斜角 (T)/ 表达式 (E)]:              //12.5 Enter
命令 :                                        // Enter
    EXTRUDE 当前线框密度 : ISOLINES=4，闭合轮廓创建模式 = 实体
    选择要拉伸的对象或 [ 模式 (MO)]:_MO 闭合轮廓创建模式 [ 实体 (SO)/ 曲面 (SU)] < 实体 >: _SO
    选择要拉伸的对象或 [ 模式 (MO)]:          // 选择如图 15-108 所示的边界
    选择要拉伸的对象或 [ 模式 (MO)]:          // Enter
    指定拉伸的高度或 [ 方向 (D)/ 路径 (P)/ 倾斜角 (T)/ 表达式 (E)]: <12.5000>:          //40 Enter
命令 :                                        // Enter
    EXTRUDE 当前线框密度 : ISOLINES=4，闭合轮廓创建模式 = 实体
```

选择要拉伸的对象或 [模式 (MO)]:_MO 闭合轮廓创建模式 [实体 (SO)/ 曲面 (SU)]< 实体 >:_SO
选择要拉伸的对象或 [模式 (MO)]:   // 选择如图 15-109 所示的圆和边界
选择要拉伸的对象或 [模式 (MO)]:   // Enter
指定拉伸的高度或 [方向 (D)/ 路径 (P)/ 倾斜角 (T)/ 表达式 (E)] <40.0000>:   //46 Enter

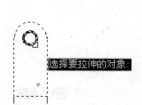
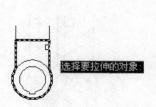

图15-107   图15-108   图15-109

10 执行"西南等轴测"命令,将当前视图切换为西南视图。

11 执行"三维镜像"命令,配合中点捕捉功能对上侧的拉伸体进行镜像,命令行操作如下。

命令:_mirror3d
选择对象: // 选择如图 15-110 所示的两个实体
选择对象: // Enter
指定镜像平面 (三点) 的第一个点或 [对象 (O)/ 最近的 (L)/Z 轴 (Z)/ 视图 (V)/XY 平面 (XY)/
YZ 平面 (YZ)/ZX 平面 (ZX)/ 三点 (3)] < 三点 >:   //XY Enter,激活"XY 平面"选项
指定 XY 平面上的点 <0,0,0>:   // 捕捉如图 15-111 所示的中点
是否删除源对象? [是 (Y)/ 否 (N)] < 否 >:   //N Enter,镜像结果如图 15-112 所示

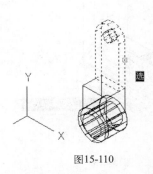
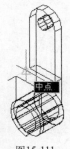
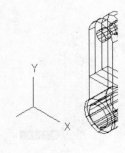

图15-110   图15-111   图15-112

12 使用命令简写3M激活"三维移动"命令,对下侧的两个拉伸体进行位移,命令行操作如下。

命令:3m   // Enter
3DMOVE 选择对象: // 选择如图 15-113 所示的两个拉伸实体
选择对象: // Enter
指定基点或 [位移 (D)] < 位移 >:   // 拾取任一点作为基点
指定第二个点或 < 使用第一个点作为位移 >:   //@0,0,-3 Enter,结果如图 15-114 所示
正在重生成模型。

13 使用命令简写SU激活"差集"命令,对各实体进行差集,命令行操作如下。

命令 : SU   // Enter
    SUBTRACT 选择要从中减去的实体或面域 ...
    选择对象 :   // 选择如图 15-115 所示的 4 个实体

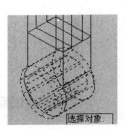
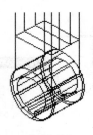
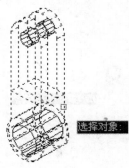

图 15-113   图 15-114   图 15-115

    选择对象 :   // Enter
    选择要减去的实体或面域 ..
    选择对象 :   // 选择如图 15-116 所示的三个实体
    选择对象 :   // Enter，差集后的结果如图 15-117 所示

(14) 使用命令简写CHA激活"倒角"命令，对下侧的孔结构进行倒角，命令行操作如下。

命令 : CHA   // Enter
    CHAMFER("修剪"模式) 当前倒角距离 1 = 1.0000，距离 2 = 1.0000
    选择第一条直线或 [放弃 (U)/ 多段线 (P)/ 距离 (D)/ 角度 (A)/ 修剪 (T)/ 方式 (E)/ 多个 (M)]:
             // 选择如图 15-118 所示的基面

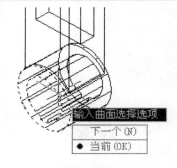

图 15-116   图 15-117   图 15-118

    基面选择 ...
    输入曲面选择选项 [下一个 (N)/ 当前 (OK)] < 当前 (OK)>:   // Enter
    指定基面的倒角距离 <1.0000>:   //2 Enter
    指定其他曲面的倒角距离 <1.0000>:   //2 Enter
    选择边或 [环 (L)]:   // 选择如图 15-119 所示的倒角边
    选择边或 [环 (L)]:   // Enter，进行倒角

(15) 重复执行"倒角"命令，对另一侧的棱边进行倒角，倒角结果如图15-120所示。

(16) 使用命令简写F激活"圆角"命令，对平行臂下侧的交接边进行圆角，圆角半径为1.5，结果如图15-121所示。

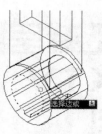

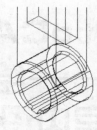
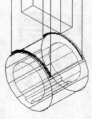

图15-119　　　　　　　　　　　图15-120　　　　　　　　　　　图15-121

17 使用命令简写VS激活"视觉样式"命令，对模型进行灰度着色，结果如图15-122所示。

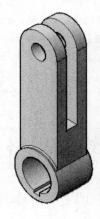
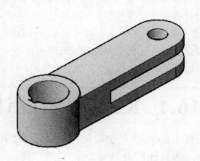

图15-122

18 执行"保存"命令，将该图形命名为"绘制转动臂零件立体造型.dwg"文件进行保存。

第16章 AutoCAD工装室内设计案例——绘制KTV包厢室内设计图

KTV包厢是为了满足顾客团体的需要，提供相对独立、无拘无束、畅饮畅叙的环境。KTV包厢的布置应为客人提供一个以围为主、围中有透的空间。KTV包厢的空间是以KTV经营内容为基础，一般分为小包厢、中包厢和大包厢三种类型，必要时可提供特大包厢。小包房设计面积一般在8~12平米，中包房设计面积一般在15~20平米，大包房一般在24~30平米，特大包房在一般55平米以上为宜。

本章将通过绘制某KTV包厢室内设计图的案例，详细讲解KTV室内设计图的用途、表达内容、绘图流程以及室内设计图的绘图技巧与方法。

16.1 KTV包厢设计理念与绘图思路

KTV包厢装修中的问题十分复杂，不仅涉及到建筑、结构、声学、通风、暖气、照明、音响、视频等多个方面，而且还涉及到安全、实用、环保、文化等多方面问题。在装修设计时，一般要兼顾以下几点。

1. 房间的结构

依据建筑学和声学原理，并结合人体工程学和舒适度来考虑，KTV房间的长和宽的黄金比例为0.618，也就是说如果设计长度为1米，宽度至少应考虑在0.6米偏上。

2. 房间的家具

在KTV包厢内除包含电视、电视柜、点歌器、麦克风等视听设备外，还应配置沙发、茶几等基本家具，若KTV包厢内设有舞池，还应提供舞台和灯光空间。除此之外，在家具本身上面需要放置的东西有点歌本、摆放的花瓶和花、话筒托盘、宣传广告等。这些东西有些是吸音的，有些是反射的，而有些又是扩散的，这种不规则的物体对于声音的传播起到了很好的帮助作用。

在装修设计KTV包厢时，还应考虑客人座位与电视荧幕的最短距离，一般最小不得小于3~4米。总之，KTV包厢的空间应具有封闭、隐密、温馨的特征。

3. 房间的隔音

隔音是解决"串音"的最好办法，从理论上讲材料的硬度越高，隔音效果就越好。最常见的装修方法是轻钢龙骨石膏板隔断墙，在石膏板的外面附加一层硬度比较高的水泥板；或者是2/4红砖墙，两边水泥墙面。

除此之外，在装修KTV包厢时，还要兼顾到房间的混响、房间的装修材料以及房间的声学要求等。

在绘制并设计KTV包厢方案图时，可以参照如下思路。

◆ 首先根据原有建筑平面图或测量数据，绘制并规划KTV包厢墙体平面图。
◆ 根据绘制出的KTV包厢墙体平面图，绘制KTV包厢布置图和地面材质图。
◆ 根据KTV包厢布置图绘制KTV包厢的吊顶方案图，要注意吊顶轮廓线的表达以及吊顶各灯具的布局。

◆ 根据KTV包厢的平面布置图，绘制包厢墙面的投影图，重点是KTV包厢有墙面装饰轮廓图案的表达以及装修材料的说明等。

16.2 绘制KTV包厢装修布置图

本节主要学习KTV包厢装修布置图的绘制方法和具体绘制过程。KTV包厢装修布置图的最终绘制效果如图16-1所示。

在绘制KTV包厢装修布置图时，具体可以参照如下绘图思路。

◆ 首先调用样板并设置绘图环境。

◆ 使用"多线"、"多线编辑工具"命令并配合"捕捉自"功能绘制包厢主次外墙线。

◆ 使用"偏移"、"直线"、"矩形"、"图案填充"、"插入块"等命令绘制墙体平面图内部构件。

◆ 使用"插入块"、"矩形阵列"、"复制"、"直线"、"矩形"和"偏移"命令绘制KTV包厢平面布置图。

◆ 最后使用"图案填充"命令绘制KTV包厢地面材质图。

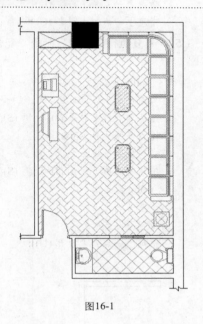

图16-1

16.2.1 绘制KTV包厢墙体结构图

① 以随书光盘中的文件"样板文件"\"室内设计样板.dwt"作为基础样板，新建文件。

② 执行菜单栏中的"格式"｜"图层"命令，在弹出的"图层特性管理器"面板中双击"墙线层"，将其设置为当前图层，如图16-2所示。

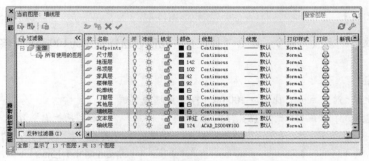

图16-2

③ 按下功能键F3，打开状态栏上的"对象捕捉"功能。

④ 执行菜单栏中的"绘图"｜"多线"命令，绘制宽度为300的酒店包间的外墙线，命令行操作如下。

```
命令: _mline
    当前设置: 对正 = 上，比例 = 20.00，样式 = 墙线样式
    指定起点或 [ 对正 (J)/ 比例 (S)/ 样式 (ST)]:          //S Enter
```

输入多线比例 <20.00>:	//300 Enter
当前设置：对正=上，比例=300.00，样式=墙线样式	
指定起点或 [对正 (J)/ 比例 (S)/ 样式 (ST)]:	// 在绘图区拾取一点
指定下一点:	//@4820,0 Enter
指定下一点或 [放弃 (U)]:	//@0,-8150 Enter
指定下一点或 [闭合 (C)/ 放弃 (U)]:	// Enter，绘制结果如图 16-3 所示

⑤ 重复执行"多线"命令，配合"捕捉自"功能，绘制宽度为100的垂直墙线，命令行操作如下。

命令：_mline	
当前设置：对正=上，比例=300.00，样式=墙线样式	
指定起点或 [对正 (J)/ 比例 (S)/ 样式 (ST)]:	//S Enter
输入多线比例 <300.00>:	//100 Enter
当前设置：对正=上，比例=100.00，样式=墙线样式	
指定起点或 [对正 (J)/ 比例 (S)/ 样式 (ST)]:	// 激活"捕捉自"功能
_from 基点:	// 捕捉如图 16-4 所示的端点
< 偏移 >:	//@-4000,0 Enter
指定下一点:	//@0,-6200 Enter
指定下一点或 [放弃 (U)]:	
	// Enter，结束命令，绘制结果如图 16-5 所示

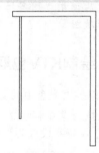

图16-3	图16-4	图16-5

⑥ 重复执行"多线"命令，配合"捕捉自"功能，绘制宽度为100的水平墙线，命令行操作如下。

命令：_mline	
当前设置：对正=上，比例=100.00，样式=墙线样式	
指定起点或 [对正 (J)/ 比例 (S)/ 样式 (ST)]:	// 激活"捕捉自"功能
_from 基点:	// 捕捉如图 16-6 所示的端点
< 偏移 >:	//@0,-6300 Enter
指定下一点:	//@-3070,0 Enter
指定下一点或 [放弃 (U)]:	// Enter，结束命令
命令：	
MLINE	
当前设置：对正=上，比例=100.00，样式=墙线样式	
指定起点或 [对正 (J)/ 比例 (S)/ 样式 (ST)]:	// 激活"捕捉自"功能
_from 基点:	// 捕捉如图 16-7 所示的端点

＜偏移＞:	//@-850,0 Enter
指定下一点:	//@-600,0 Enter
指定下一点或 [放弃 (U)]:	// Enter，绘制结果如图 16-8 所示

图16-6　　　　　　　　　　　図16-7　　　　　　　　　　　图16-8

⑦ 重复执行"多线"命令，配合"捕捉自"功能，绘制卫生间墙线，命令行操作如下。

命令: _mline	
当前设置: 对正 = 上，比例 = 100.00，样式 = 墙线样式	
指定起点或 [对正 (J)/ 比例 (S)/ 样式 (ST)]:	//S Enter
输入多线比例 <100.00>:	//150 Enter
当前设置: 对正 = 上，比例 = 150.00，样式 = 墙线样式	
指定起点或 [对正 (J)/ 比例 (S)/ 样式 (ST)]:	// 激活"捕捉自"功能
_from 基点:	// 捕捉如图 16-9 所示的端点
＜偏移＞:	//@0,-1240 Enter
指定下一点:	//@-3000,0 Enter
指定下一点或 [放弃 (U)]:	// Enter，结束命令
命令:	
MLINE	
当前设置: 对正 = 上，比例 = 150.00，样式 = 墙线样式	
指定起点或 [对正 (J)/ 比例 (S)/ 样式 (ST)]:	//S Enter
输入多线比例 <150.00>:	//100 Enter
当前设置: 对正 = 上，比例 = 100.00，样式 = 墙线样式	
指定起点或 [对正 (J)/ 比例 (S)/ 样式 (ST)]:	// 捕捉如图 16-10 所示的端点
指定下一点:	//@0,1090 Enter
指定下一点或 [放弃 (U)]:	// Enter，绘制结果如图 16-11 所示

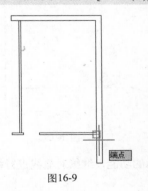

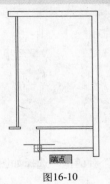

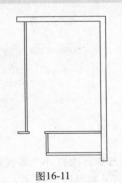

图16-9　　　　　　　　　　　图16-10　　　　　　　　　　　图16-11

中文版AutoCAD 2013从新手到高手

16

17

至此，KTV包厢主次墙线绘制完毕，下一小节将学习KTV包厢单开门、柱子和推拉门等建筑构件的具体绘制过程。

16.2.2 绘制KTV包厢建筑构件图

① 继续上节操作。

② 执行菜单栏中的"绘图"｜"矩形"命令，绘制长宽均为800的柱子轮廓线，命令行操作如下。

```
命令：_rectang
    指定第一个角点或 [ 倒角 (C)/ 标高 (E)/ 圆角 (F)/ 厚度 (T)/ 宽度 (W)]:
                                        // 激活"捕捉自"功能
    _from 基点：                          // 捕捉如图 16-12 所示的端点
    <偏移>:                              //@-2500,0 Enter
    指定另一个角点或 [ 面积 (A)/ 尺寸 (D)/ 旋转 (R)]:
                                        //@-800,-800 Enter，绘制结果如图 16-13 所示
```

③ 使用命令简写H激活"图案填充"命令，为矩形柱填充如图16-14所示的实体图案。

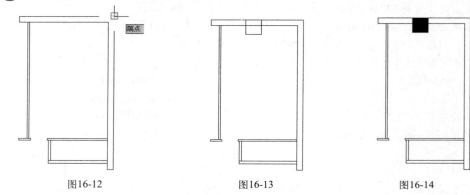

图16-12　　　　　　　　　图16-13　　　　　　　　图16-14

④ 在绘制的多线上双击左键，打开"多线编辑工具"对话框，选择如图16-15所示的"T形合并"功能，对墙线进行编辑，结果如图16-16所示。

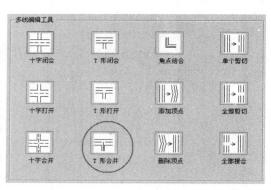 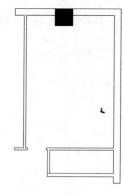

图16-15　　　　　　　　　　　　　　　　图16-16

⑤ 再次打开"多线编辑工具"对话框，选择如图16-17所示的功能，继续对墙线进行编辑，编辑结果如图16-18所示。

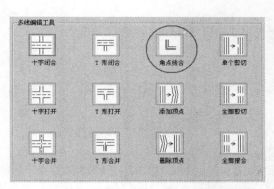

图16-17

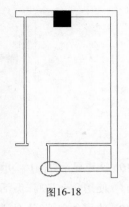

图16-18

6 ▶ 展开"图层控制"下拉列表，将"门窗层"设置为当前图层。

7 ▶ 执行菜单栏中的"插入"｜"块"命令，插入随书光盘中的文件"图块文件"\"单开门.dwg"，设置参数如图16-19所示，插入结果如图16-20所示。

图16-19

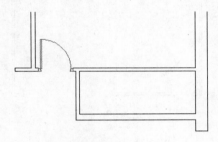

图16-20

8 ▶ 执行菜单栏中的"绘图"｜"矩形"命令，配合"捕捉自"功能绘制卫生间门洞，命令行操作如下。

```
命令：_rectang
    指定第一个角点或 [ 倒角 (C)/ 标高 (E)/ 圆角 (F)/ 厚度 (T)/ 宽度 (W)]:
                                    // 激活"捕捉自"功能
    _from 基点：                     // 捕捉如图 16-21 所示的端点
    < 偏移 >:                        //@-900,0 Enter
    指定另一个角点或 [ 面积 (A)/ 尺寸 (D)/ 旋转 (R)]:
                                    //@-700,100 Enter，绘制结果如图 16-22 所示
```

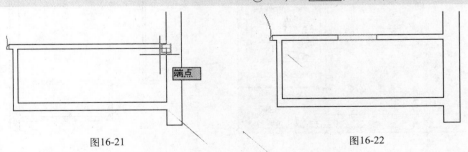

端点

图16-21

图16-22

9 ▶ 重复执行"矩形"命令，绘制长度为700、宽度为40的矩形，作为推拉门轮廓线，并对其进行位移，结果如图16-23所示。

中文版 AutoCAD 2013 从新手到高手

16

17

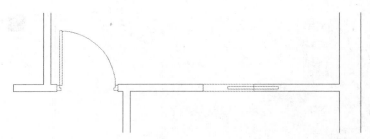

图16-23

10 夹点显示如图16-24所示的墙线，然后执行菜单栏中的"修改"｜"分解"命令，将其分解。

11 使用命令简写E激活"删除"命令，删除前端的墙线，结果如图16-25所示。

12 使用命令简写L激活"直线"命令，绘制如图16-26所示的折断线。

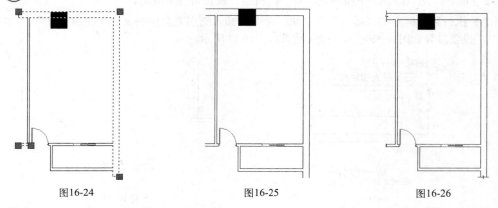

图16-24 　　　　　　　　　　图16-25 　　　　　　　　　　图16-26

13 使用命令简写H激活"图案填充"命令，设置填充图案与参数如图16-27所示，为墙体填充如图16-28所示的图案。

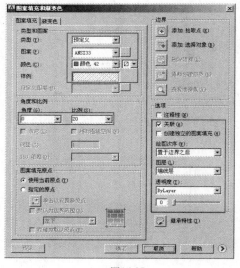

图16-27

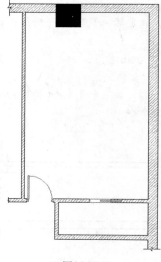

图16-28

　　至此，KTV包厢单开门、推拉门和柱子等建筑构件图绘制完毕，下一小节将学习KTV包厢布置图的具体绘制过程。

16.2.3　绘制KTV包厢平面布置图

(1) 继续上节操作。

(2) 展开"图层控制"下拉列表，将"家具层"设置为当前图层。

(3) 单击"绘图"工具栏中的⬚按钮，在打开的对话框中单击 浏览(B)... 按钮，选择随书光盘中的文件"图块文件"\"block06.dwg"，如图16-29所示。

(4) 采用默认设置，将其插入到平面图中，插入结果如图16-30所示。

 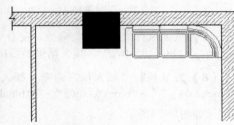

图16-29　　　　　　　　　　　　　　　　图16-30

(5) 重复执行"插入块"命令，配合中点捕捉和对象追踪功能，插入随书光盘中的文件"图块文件"\"blokc04.dwg"，插入结果如图16-31所示。

(6) 执行菜单栏中的"修改"｜"阵列"｜"矩形阵列"命令，对刚插入的沙发图块进行阵列，命令行操作如下。

```
命令：_arrayrect
    选择对象：                                          //选择最后插入的沙发图块
    选择对象：                                          // Enter
    类型=矩形 关联=否
    选择夹点以编辑阵列或 [ 关联 (AS)/ 基点 (B)/ 计数 (COU)/ 间距 (S)/ 列数 (COL)/ 行数 (R)/
层数 (L)/ 退出 (X)] < 退出 >：                          //COU Enter
    输入列数数或 [ 表达式 (E)] <4>：                     //1 Enter
    输入行数数或 [ 表达式 (E)] <3>：                     //6 Enter
    选择夹点以编辑阵列或 [ 关联 (AS)/ 基点 (B)/ 计数 (COU)/ 间距 (S)/ 列数 (COL)/ 行数 (R)/
层数 (L)/ 退出 (X)] < 退出 >：                          //S Enter
    指定列之间的距离或 [ 单位单元 (U)] <17375>：          //1 Enter
    指定行之间的距离 <11811>：                           //-610 Enter
    选择夹点以编辑阵列或 [ 关联 (AS)/ 基点 (B)/ 计数 (COU)/ 间距 (S)/ 列数 (COL)/ 行数 (R)/
层数 (L)/ 退出 (X)] < 退出 >：                          //AS Enter
    创建关联阵列 [ 是 (Y)/ 否 (N)] < 否 >：               // Enter
    选择夹点以编辑阵列或 [ 关联 (AS)/ 基点 (B)/ 计数 (COU)/ 间距 (S)/ 列数 (COL)/ 行数 (R)/
层数 (L)/ 退出 (X)] < 退出 >：                          // Enter，阵列结果如图 16-32 所示
```

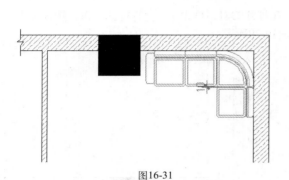

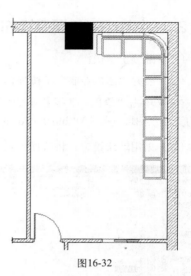

图16-31 图16-32

7 重复执行"插入块"命令，配合中点捕捉和对象追踪功能，插入随书光盘中的文件"图块文件"\"blokc05.dwg"，插入结果如图16-33所示。

8 重复执行"插入块"命令，插入随书光盘"图块文件"文件夹下的"block1.dwg"、"block2.dwg"、"block03.dwg"、"block07.dwg"、"面盆01.dwg"和"马桶3.dwg"文件，插入结果如图16-34所示。

9 使用命令简写CO激活"复制"命令，选择茶几图块沿y轴负方向复制1840个单位，结果如图16-35所示。

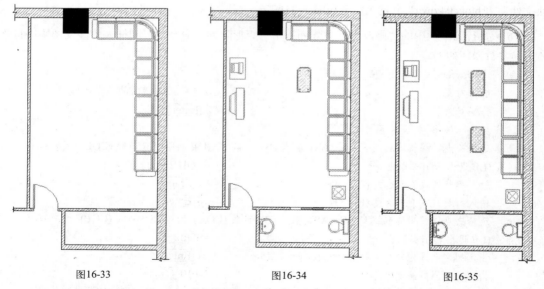

图16-33 图16-34 图16-35

10 使用命令简写L激活"直线"命令，配合延伸捕捉和交点捕捉功能绘制洗手池台面轮廓线，结果如图16-36所示。

11 使用命令简写REC激活"矩形"命令，绘制长度为100、宽度为500的矩形作为衣柜外轮廓线，并将绘制的矩形向内偏移20个单位，结果如图16-37所示。

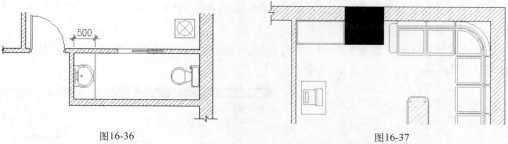

图16-36　　　　　　　　　　　　　　图16-37

⑫ 使用命令简写L激活"直线"命令，配合端点捕捉功能绘制内侧矩形的对角线，结果如图16-38所示。

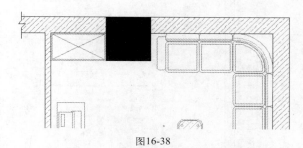

图16-38

至此，KTV包厢装修布置图绘制完毕，下一小节将学习KTV包厢地面装修材质图的具体绘制过程。

16.2.4　绘制KTV包厢地面材质图

① 继续上节操作。

② 展开"图层控制"下拉列表，将"地面层"设置为当前图层。

③ 使用命令简写H激活"图案填充"命令，打开"图案填充和渐变色"对话框，然后设置填充图案及参数如图16-39所示。

④ 单击"图案填充和渐变色"对话框中的"添加:拾取点"按钮，返回绘图区拾取填充边界，如图16-40所示。

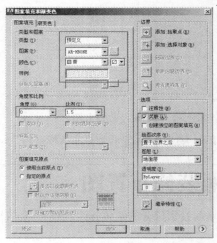

图16-39

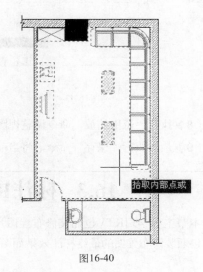

图16-40

⑤ 返回"图案填充和渐变色"对话框后单击 确定 按钮,结束命令,填充后的结果如图16-41所示。

⑥ 重复执行"图案填充"命令,在打开的"图案填充和渐变色"对话框中设置填充图案及参数如图16-42所示。

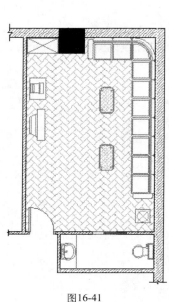

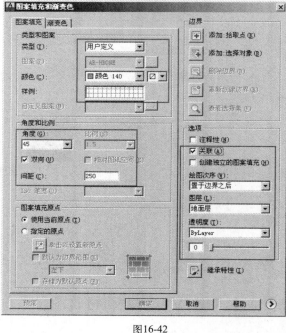

图16-41   图16-42

⑦ 单击"图案填充和渐变色"对话框中的"添加:拾取点"按钮 ,返回绘图区拾取如图16-43所示的填充边界,填充如图16-44所示的图案。

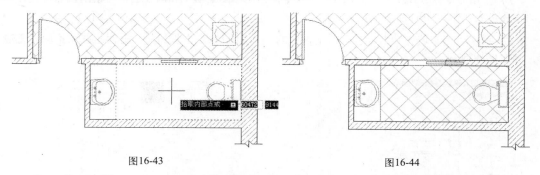

图16-43   图16-44

⑧ 执行"范围缩放"命令调整视图,使平面图全部显示,最终结果如上图16-1所示。

⑨ 最后执行"保存"命令,将当前图形命名存储为"绘制KTV包厢装修布置图.dwg"。

16.3 标注KTV包厢装修布置图

本节主要学习KTV包厢装修布置图尺寸、文字和墙面投影符号的具体标注过程和标注技巧。KTV包厢装修布置图的最终标注效果如图16-45所示。

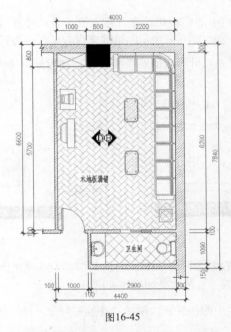

图16-45

在标注KTV包厢装修布置图时，具体可以参照如下绘图思路。

◆ 首先调用源文件并设置当前操作层和标注样式。

◆ 使用"线性"、"连续"和"编辑标注文字"命令标注KTV包厢装修布置图尺寸。

◆ 使用"单行文字"和"编辑图案填充"命令标注KTV包厢装修布置图文字。

◆ 最后使用"插入块"、"镜像"和"编辑属性"命令标注KTV包厢装修布置图投影。

16.3.1 标注KTV包厢布置图尺寸

① 继续上节操作。

② 展开"图层"工具栏中的"图层控制"下拉列表，选择"尺寸层"，将其设置为当前图层。

③ 执行菜单栏中的"标注"｜"标注样式"命令，打开"标注样式管理器"对话框，修改"建筑标注"样式的标注比例如图16-46所示，同时将此样式设置当前尺寸样式。

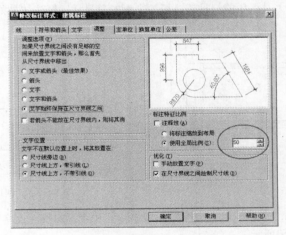

图16-46

④ 单击"标注"工具栏中的按钮，在"指定第一条尺寸界线原点或<选择对象>:"提示下，配合捕捉与追踪功能，捕捉如图16-47所示的追踪虚线的交点作为第一条延界线的起点。

⑤ 在命令行"指定第二条尺寸界线原点:"提示下，捕捉如图16-48所示的追踪虚线的交点。

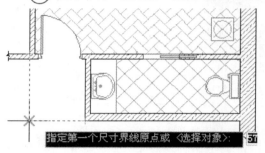

指定第一个尺寸界线原点或〈选择对象〉:

图16-47

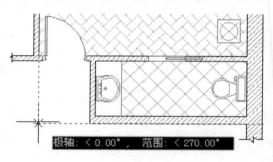

极轴：〈 0.00°，范围：〈 270.00°

图16-48

⑥ 在"指定尺寸线位置或[多行文字(M)/文字(T)/角度(A)/水平(H)/垂直(V)/旋转(R)]:"提示下，在适当位置指定尺寸线位置，标注结果如图16-49所示。

⑦ 单击"标注"工具栏中的按钮，激活"连续"命令，标注结果如图16-50所示的连续尺寸作为细部尺寸。

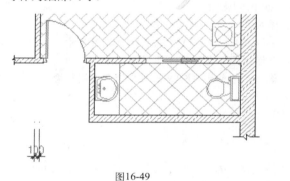

图16-49

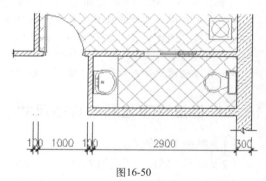

图16-50

⑧ 执行"编辑标注文字"命令，对尺寸文字的位置进行适当的调整，结果如图16-51所示。

⑨ 单击"标注"工具栏中的按钮，标注上侧的总尺寸，标注结果如图16-52所示。

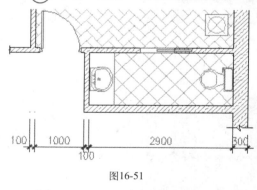

图16-51

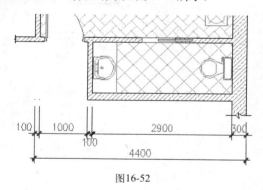

图16-52

⑩ 参照上述操作，重复使用"线性"、"连续"和"编辑标注文字"命令，标注其他侧的尺寸，标注结果如图16-53所示。

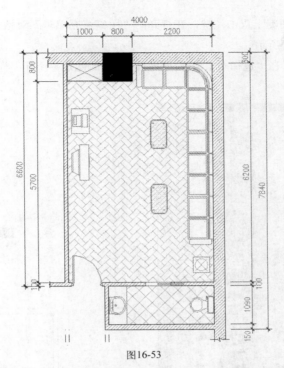

图16-53

至此，KTV包厢布置图尺寸标注完毕，下一小节将为KTV布置图标注文字与墙面投影符号。

16.3.2 标注KTV包厢布置图文字

①　继续上节操作。

②　展开"文字样式控制"下拉列表，将"仿宋体"设置为当前样式。

③　展开"图层控制"下拉列表，将"文本层"设置为当前图层。

④　使用命令简写DT激活"单行文字"命令，设置字高为200，标注如图16-54所示的文字注释。

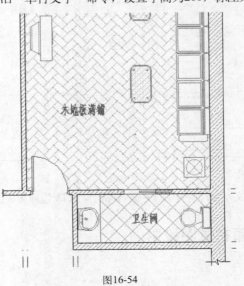

图16-54

⑤ 在地板填充图案上双击左键，在打开的"图案填充编辑"对话框中单击"添加:选择对象"按钮 ，如图16-55所示。

⑥ 返回绘图区，在"选择对象或[拾取内部点(K)/删除边界(B)]:"提示下，选择"木地板满铺"对象，如图16-56所示。

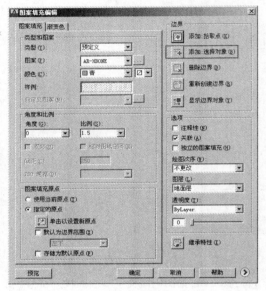

图16-55

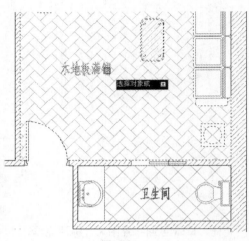

图16-56

⑦ 按Enter键，结果文字后面的填充图案被删除，如图16-57所示。

⑧ 参照步骤5~7的操作，修改卫生间内的填充图案，修改结果如图16-58所示。

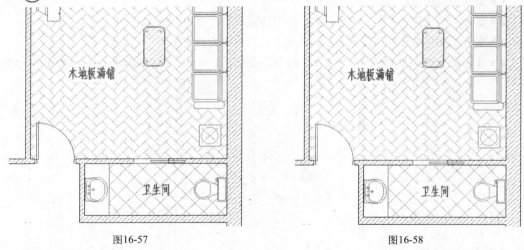

图16-57　　　　　　　　　　　　　　　　　　图16-58

至此，KTV包厢布置图文字标注完毕，下一小节将学习KTV包厢布置图投影符号的具体标注过程。

16.3.3 标注KTV包厢布置图投影

① 继续上节操作。

② 展开"图层控制"下拉列表，将"其他层"设置为当前图层。

③ 使用命令简写I激活"插入块"命令，插入随书光盘中的文件"图块文件"\"投影符号.dwg"，设置块的缩放比例和旋转角度如图16-59所示。

④ 返回绘图区指定插入点，在打开的"编辑属性"对话框中输入属性值，如图16-60所示，插入结果如图16-61所示。

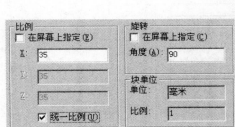

图16-59

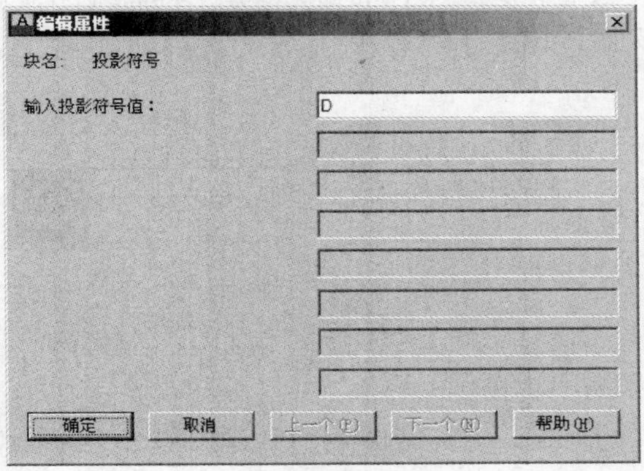

图16-60

⑤ 使用命令简写MI激活"镜像"命令，配合象限点捕捉功能将投影符号进行镜像，结果如图16-62所示。

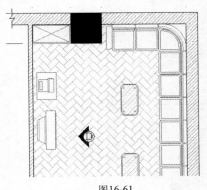

图16-61

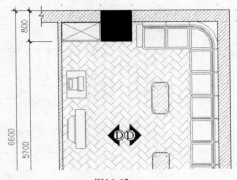

图16-62

⑥ 在镜像出的投影符号属性块上双击左键，打开"增强属性编辑器"对话框，然后修改属性值如图16-63所示。

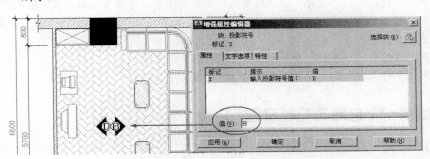

图16-63

⑦ 执行"范围缩放"命令调整视图,使平面图全部显示,最终结果如上图16-45所示。

⑧ 最后执行"另存为"命令,将当前图形命名存储为"标注KTV包厢装修布置图.dwg"。

16.4 绘制KTV包厢天花装修图

本节主要学习KTV包厢天花装修图的绘制方法和具体绘制过程。KTV包厢天花图的最终绘制效果如图16-64所示。

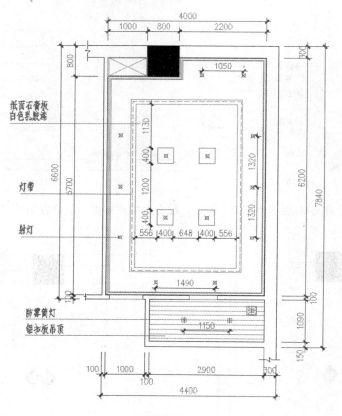

图16-64

在绘制KTV包厢天花图时,具体可以参照如下思路。

◆ 使用"图层"、"直线"、"删除"等命令初步绘制天花轮廓图。

◆ 使用"多段线"、"偏移"、"线型"、"图案填充"等命令绘制天花吊顶图。

◆ 使用"插入块"、"偏移"、"直线"、"点样式"、"多点"、"复制"等命令绘制辅助线并布置灯具。

◆ 使用"线性"、"连续"命令标注天花图灯具定位尺寸。

◆ 使用"单行文字"、"直线"命令标注天花图文字注释。

16.4.1 绘制KTV包厢天花轮廓图

① 打开随书光盘中的文件"效果文件"\"第16章"\"标注KTV包厢装修布置图.dwg"。

② 执行菜单栏中的"格式"│"图层"命令,在打开的面板中双击"吊顶层",将此图层

设置为当前图层，然后冻结"尺寸层"，此时平面图的显示效果如图16-65所示。

③ 使用命令简写E激活"删除"命令，删除不需要的图形对象，结果如图16-66所示。

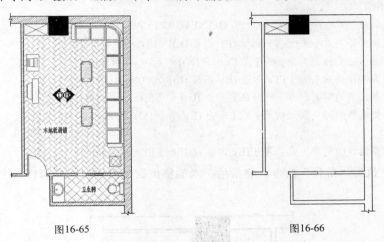

图16-65　　　　　　　　　　　　　　　　图16-66

④ 夹点显示如图16-67所示的图形对象，将其放置到"吊顶层"上，然后使用"直线"命令封闭门洞，结果如图16-68所示。

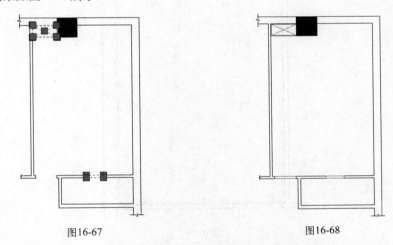

图16-67　　　　　　　　　　　　　　　　图16-68

⑤ 执行菜单栏中的"绘图"｜"多段线"命令，配合端点捕捉功能，分别沿着内墙线角点绘制一条闭合的多段线。

⑥ 执行菜单栏中的"修改"｜"偏移"命令，对绘制的多段线进行偏移，命令行操作如下。

命令：_offset
　　　当前设置：删除源＝否　图层＝源　OFFSETGAPTYPE=0
　　　指定偏移距离或 [通过 (T)/ 删除 (E)/ 图层 (L)] <20.0>:　　　　　//E Enter
　　　要在偏移后删除源对象吗？ [是 (Y)/ 否 (N)] < 否 >:　　　　　　 //Y Enter
　　　指定偏移距离或 [通过 (T)/ 删除 (E)/ 图层 (L)] <20.0>:　　　　　//18 Enter
　　　选择要偏移的对象，或 [退出 (E)/ 放弃 (U)] < 退出 >:
　　　　　　　　　　　　　　　　　　　　　　　　　　　// 选择刚绘制的多段线
　　　指定要偏移的那一侧上的点，或 [退出 (E)/ 多个 (M)/ 放弃 (U)] < 退出 >:
　　　　　　　　　　　　　　　　　　　　　　　　　　　// 在多段线内侧拾取点

选择要偏移的对象，或 [退出 (E)/ 放弃 (U)] < 退出 >: // Enter

命令 :

OFFSET

当前设置 : 删除源 = 是　图层 = 源　OFFSETGAPTYPE=0

指定偏移距离或 [通过 (T)/ 删除 (E)/ 图层 (L)] <18.0>://E Enter

要在偏移后删除源对象吗？ [是 (Y)/ 否 (N)] < 是 >: //N Enter

指定偏移距离或 [通过 (T)/ 删除 (E)/ 图层 (L)] <18.0>://44 Enter

选择要偏移的对象，或 [退出 (E)/ 放弃 (U)] < 退出 >: // 选择偏移出的多段线

指定要偏移的那一侧上的点，或 [退出 (E)/ 多个 (M)/ 放弃 (U)] < 退出 >:

// 在多段线内侧拾取点

选择要偏移的对象，或 [退出 (E)/ 放弃 (U)] < 退出 >: // Enter

⑦ 重复执行"偏移"命令，将最后一次偏移出的多段线向内侧偏移18个单位，结果如图16-69所示。

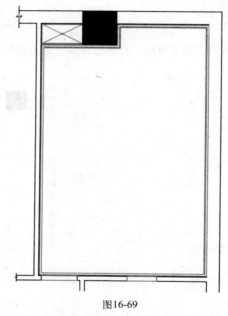

图16-69

至此，KTV包厢天花轮廓图绘制完毕，下一小节将学习KTV包厢吊顶灯池与灯带的具体绘制过程。

16.4.2　绘制KTV包厢灯池与灯带

① 继续上节操作。

② 执行菜单栏中的"绘图"｜"矩形"命令，配合"捕捉自"功能绘制长度为2800、宽度为4500的矩形吊顶，命令行操作如下。

命令 : _rectang

指定第一个角点或 [倒角 (C)/ 标高 (E)/ 圆角 (F)/ 厚度 (T)/ 宽度 (W)]:

// 激活"捕捉自"功能

_from 基点 :　　　　　　　　　　　　　　// 捕捉如图 16-70 所示的端点

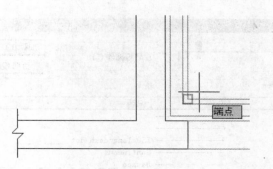

图16-70

<画移>:   //@520,520 Enter
指定另一个角点或 [面积 (A)/ 尺寸 (D)/ 旋转 (R)]:
                                                    //@2800,4500 Enter，绘制结果如图 16-71 所示

③ 执行菜单栏中的"修改"｜"偏移"命令，将绘制的矩形向内偏移40和120个单位，结果如图16-72所示。

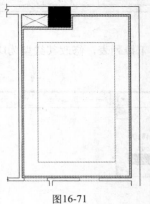

图16-71

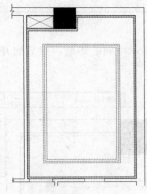

图16-72

④ 执行菜单栏中的"格式"｜"线型"命令，选择如图16-73所示的线型进行加载，然后设置线型比例等参数，如图16-74所示。

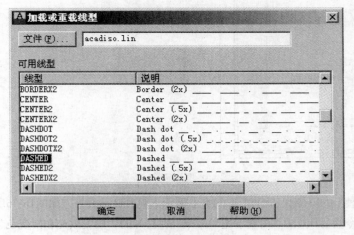

图16-73

中文版 AutoCAD 2013 从新手到高手

16

17

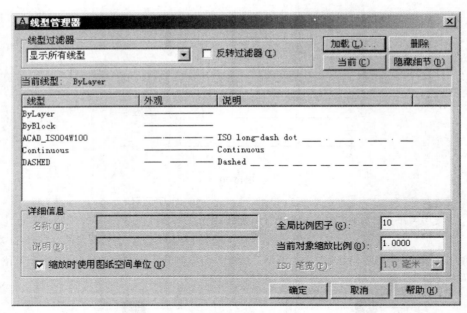

图16-74

⑤ 夹点显示中间的矩形，然后展开"线型控制"下拉列表，修改其线型为DASHED线型，如图16-75所示。

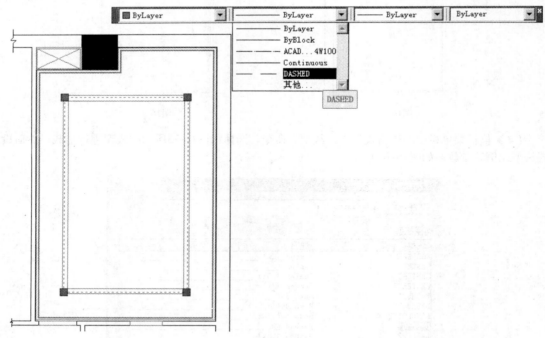

图16-75

⑥ 按下键盘上的Esc键，取消图形的夹点显示，观看显示效果，如图16-76所示。

⑦ 使用命令简写H激活"图案填充"命令，在打开的"图案填充和渐变色"对话框中设置填充图案及填充参数，如图16-77所示。

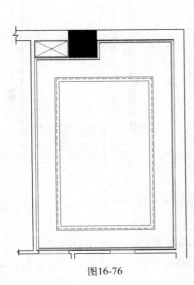

图16-76

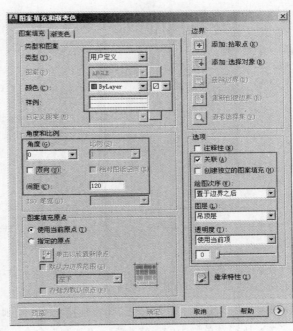

图16-77

⑧ 返回绘图区，根据命令行的提示拾取如图16-78所示的填充区域，为卫生间填充如图16-79所示的吊顶图案。

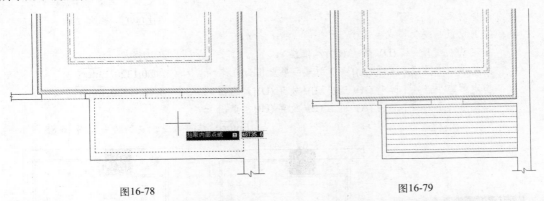

图16-78 图16-79

至此，KTV包厢吊顶灯池与灯带绘制完毕，下一小节将学习KTV包厢天花灯具图的具体绘制过程。

16.4.3 绘制KTV包厢天花灯具图

① 继续上节操作。

② 展开"颜色控制"下拉列表，修改当前颜色为"洋红"，

③ 执行菜单栏中的"修改"｜"偏移"命令，选择如图16-80所示的矩形，将其向外偏移260个单位，结果如图16-81所示。

④ 使用命令简写L激活"直线"命令，配合中点捕捉功能，绘制如图16-82所示的两条定位辅助线。

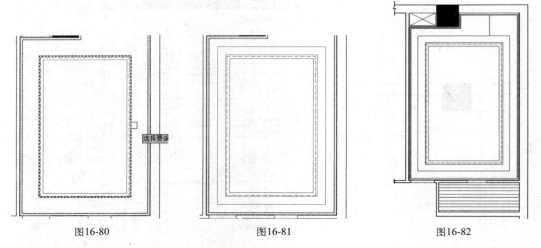

图16-80   图16-81   图16-82

⑤ 执行菜单栏中的"格式"｜"点样式"命令，在打开的"点样式"对话框中，设置当前点的样式和点的大小，如图16-83所示。

⑥ 使用"多点"命令，配合中点捕捉功能，绘制如图16-84所示的4个点作为射灯。

⑦ 执行菜单栏中的"修改"｜"复制"命令，选择中间的两个点，对其进行对称复制，命令行操作如下。

```
命令：_copy
    选择对象：                                    // 选择中间的两个点
    选择对象：                                    // Enter，结束选择
    当前设置：复制模式 = 多个
    指定基点或 [ 位移 (D)/ 模式 (O)] < 位移 >:      // 捕捉任一点
    指定第二个点或 [ 阵列 (A)] < 使用第一个点作为位移 >:   //@0,1320 Enter
    指定第二个点或 [ 阵列 (A)/ 退出 (E)/ 放弃 (U)] < 退出 >:   //@0,-1320 Enter
    指定第二个点或 [ 阵列 (A)/ 退出 (E)/ 放弃 (U)] < 退出 >:
                                    // Enter，结束命令，复制结果如图 16-85 所示
```

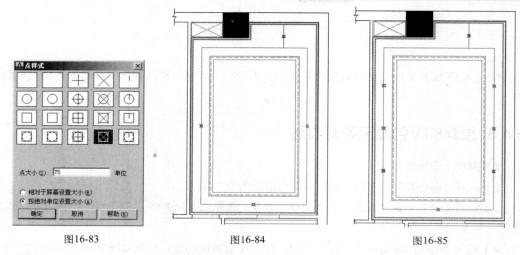

图16-83   图16-84   图16-85

⑧ 重复执行"复制"命令，选择两侧的两个点，对其进行对称复制，命令行操作如下。

```
命令：_copy
    选择对象：                                          // 选择上侧的点标记
    选择对象：                                          // Enter
    当前设置：复制模式 = 多个
    指定基点或 [ 位移 (D)/ 模式 (O)] < 位移 >:          // 拾取任一点
    指定第二个点或 [ 阵列 (A)] < 使用第一个点作为位移 >:  //@525,0 Enter
    指定第二个点或 [ 阵列 (A)/ 退出 (E)/ 放弃 (U)] < 退出 >:  //@-525,0 Enter
    指定第二个点或 [ 阵列 (A)/ 退出 (E)/ 放弃 (U)] < 退出 >:  // Enter
命令：
    COPY 选择对象：                                     // 选择下侧的点标记
    选择对象：                                          // Enter
    当前设置：复制模式 = 多个
    指定基点或 [ 位移 (D)/ 模式 (O)] < 位移 >:          // 拾取任一点
    指定第二个点或 [ 阵列 (A)] < 使用第一个点作为位移 >:  //@745,0 Enter
    指定第二个点或 [ 阵列 (A)/ 退出 (E)/ 放弃 (U)] < 退出 >:  //@-745,0 Enter
    指定第二个点或 [ 阵列 (A)/ 退出 (E)/ 放弃 (U)] < 退出 >:
                                                       // Enter，复制结果如图 16-86 所示
```

⑨ 使用命令简写E激活"删除"命令，删除不需要的点以及定位辅助线，结果如图16-87所示。

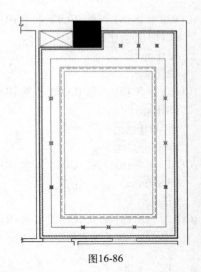
图16-86

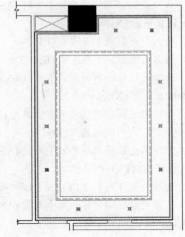
图16-87

⑩ 执行菜单栏中的"绘图" | "矩形"命令，配合"捕捉自"功能绘制长度为400、宽度为400的矩形灯池，命令行操作如下。

```
命令：_rectang
    指定第一个角点或 [ 倒角 (C)/ 标高 (E)/ 圆角 (F)/ 厚度 (T)/ 宽度 (W)]:
                                                       // 激活"捕捉自"功能
    _from 基点：                                        // 捕捉如图 16-88 所示的端点
    < 偏移 >:                                           //@556,1130 Enter
    指定另一个角点或 [ 面积 (A)/ 尺寸 (D)/ 旋转 (R)]:
                                                       //@400,400 Enter，绘制结果如图 16-89 所示
```

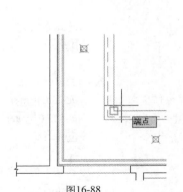

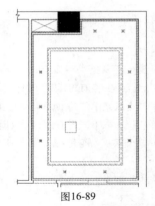

图16-88   图16-89

11 使用命令简写CO激活"复制"命令，配合中点捕捉、节点捕捉以及追踪功能，将任一位置的点复制到矩形正中心处，结果如图16-90所示。

12 执行菜单栏中的"修改"｜"阵列"｜"矩形阵列"命令，框选如图16-91所示的矩形和点标记进行阵列，命令行操作如下。

命令：_arrayrect
    选择对象：   // 选择如图 16-91 所示的对象
    选择对象：   // Enter
    类型 = 矩形 关联 = 否
    选择夹点以编辑阵列或 [关联 (AS)/ 基点 (B)/ 计数 (COU)/ 间距 (S)/ 列数 (COL)/ 行数 (R)/
层数 (L)/ 退出 (X)] < 退出 >：   //COU Enter
    输入列数数或 [表达式 (E)] <4>：   //2 Enter
    输入行数数或 [表达式 (E)] <3>：   //2 Enter
    选择夹点以编辑阵列或 [关联 (AS)/ 基点 (B)/ 计数 (COU)/ 间距 (S)/ 列数 (COL)/ 行数 (R)/
层数 (L)/ 退出 (X)] < 退出 >：   //S Enter
    指定列之间的距离或 [单位单元 (U)] <17375>：   //1048 Enter
    指定行之间的距离 <11811>：   //1600 Enter
    选择夹点以编辑阵列或 [关联 (AS)/ 基点 (B)/ 计数 (COU)/ 间距 (S)/ 列数 (COL)/ 行数 (R)/
层数 (L)/ 退出 (X)] < 退出 >：   //AS Enter
    创建关联阵列 [是 (Y)/ 否 (N)] < 否 >：   // Enter
    选择夹点以编辑阵列或 [关联 (AS)/ 基点 (B)/ 计数 (COU)/ 间距 (S)/ 列数 (COL)/ 行数 (R)/
层数 (L)/ 退出 (X)] < 退出 >：   // Enter，阵列结果如图 16-92 所示

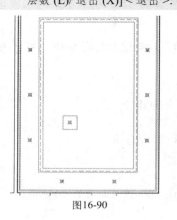

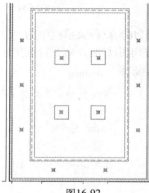

图16-90   图16-91   图16-92

13 使用命令简写I激活"插入块"命令，以默认参数插入随书光盘"图块文件"文件夹下的"防雾筒灯.dwg"和"排气扇.dwg"，结果如图16-93所示。

14 使用"图案填充编辑"命令，对卫生间内的吊顶图案进行编辑，编辑结果如图16-94所示。

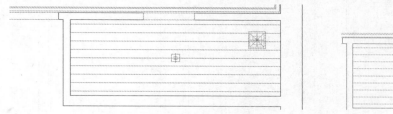

图16-93   图16-94

15 使用命令简写CO激活"复制"命令，对刚插入的筒灯进行对称复制，命令行操作如下。

```
命令：_copy
    选择对象：                                      // 选择刚插入的筒灯
    选择对象：                                      // Enter
    当前设置：复制模式 = 多个
    指定基点或 [ 位移 (D)/ 模式 (O)] < 位移 >:        // 拾取任一点
    指定第二个点或 [ 阵列 (A)] < 使用第一个点作为位移 >: //@575,0 Enter
    指定第二个点或 [ 阵列 (A)/ 退出 (E)/ 放弃 (U)] < 退出 >: //@-575,0 Enter
    指定第二个点或 [ 阵列 (A)/ 退出 (E)/ 放弃 (U)] < 退出 >: // Enter
                                                   // Enter，复制结果如图 16-95 所示
```

16 使用命令简写E激活"删除"命令，删除定位辅助线和中间的点标记，结果如图16-96所示。

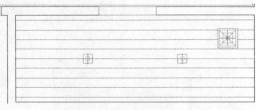

图16-95   图16-96

至此，KTV包厢天花灯具图绘制完毕，下一小节将学习KTV包厢天花图尺寸的具体标注过程。

16.4.4 标注KTV包厢天花图尺寸

1 继续上节操作。

2 展开"图层控制"下拉列表，解冻"尺寸层"，并将其设置为当前图层，此时图形的显示结果如图16-97所示。

3 展开"颜色控制"下拉列表，将当前颜色设置为随层。

4 打开对象捕捉功能，并启用节点捕捉和插入点捕捉功能。

5 执行菜单栏中的"标注" | "线型"命令，标注如图16-98所示的线性尺寸作为灯具定位尺寸。

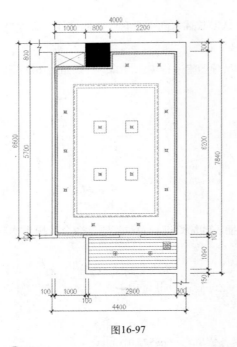

图16-97

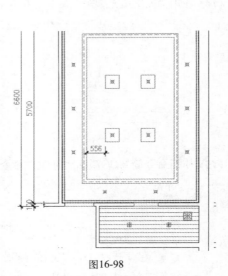

图16-98

6 执行菜单栏中的"标注"│"连续"命令，配合交点捕捉或端点捕捉功能标注如图16-99所示的连续尺寸。

7 综合使用"线性"和"连续"命令，配合节点捕捉等功能，标注其他位置的定位尺寸，结果如图16-100所示。

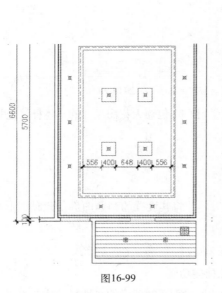

图16-99

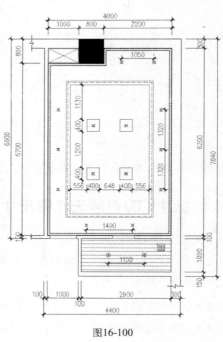

图16-100

至此，KTV包厢天花图尺寸标注完毕，下一小节将学习KTV包厢天花图引线注释内容的具体标注过程。

16.4.5 标注KTV包厢天花图文字

① 继续上节操作。

② 展开"图层控制"下拉列表，解冻"文本层"，并将"文本层"设置为当前图层。

③ 展开"图层控制"下拉列表，将"仿宋体"设置为当前文字样式。

④ 暂时关闭状态栏上的对象捕捉功能。

⑤ 使用命令简写L激活"直线"命令，绘制如图16-101所示的文字指示线。

⑥ 使用命令简写DT激活"单行文字"命令，设置字体高度为200，为天花图标注如图16-102所示的文字注释。

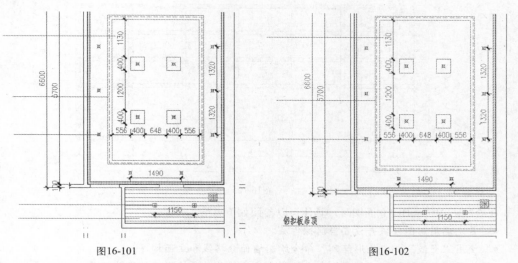

图16-101　　　　　　　　　　　　　　　图16-102

⑦ 使用命令简写CO激活"复制"命令，将标注的文字注释分别复制到其他指示线位置上，结果如图16-103所示。

⑧ 使用命令简写ED激活"编辑文字"命令，对复制出的文字注释进行编辑修改，结果如图16-104所示。

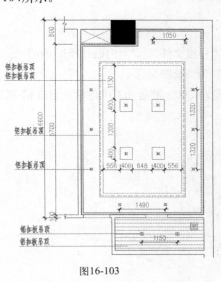

图16-103

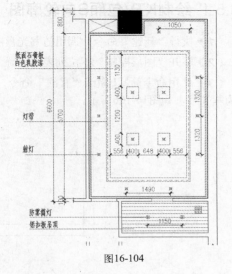

图16-104

⑨ 执行"范围缩放"命令调整视图，使平面图全部显示，最终结果如上图16-64所示。

⑩ 最后执行"另存为"命令，将图形另名存储为"绘制KTV包厢天花装修图.dwg"。

16.5 绘制KTV包厢B向装修立面图

本例主要学习KTV包厢B向装修立面图的具体绘制过程和绘制技巧。KTV包厢B向装修立面图的最终绘制效果如图16-105所示。

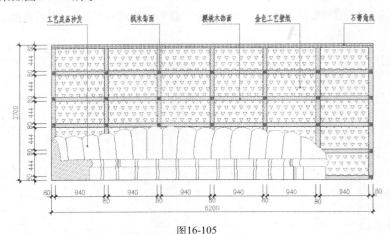

图16-105

在绘制KTV包厢B向立面图时，具体可以参照如下思路。

◆ 首先调用制图样板并设置当前操作层。

◆ 使用"直线"、"矩形阵列"命令绘制墙面分格线和立面构件。

◆ 使用"插入块"、"修剪"命令绘制立面构件并对分格线进行修整完善。

◆ 使用"图案填充"、"线型"命令绘制墙面装修材质图。

◆ 使用"线性"、"连续"和"编辑标注文字"命令标注包厢立面图尺寸。

◆ 使用"标注样式"、"快速引线"、"编辑文字"等命令标注立面图注释。

16.5.1 绘制KTV包厢B向轮廓图

① 执行"新建"命令，调用随书光盘中的文件"样板文件"\"室内设计样板.dwt"。

② 展开"图层控制"下拉列表，设置"轮廓线"为当前图层。

③ 使用命令简写L激活"直线"命令，绘制长度为6200、高度为2700的两条垂直相交的直线作为基准线，如图16-106所示。

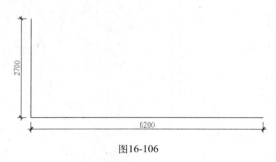

图16-106

④ 使用命令简写O激活"偏移"命令，将水平基准线向上偏移80、将垂直基准线向右偏移80，结果如图16-107所示。

图16-107

⑤ 执行菜单栏中的"修改"|"阵列"|"矩形阵列"命令，对两条水平轮廓线进行阵列，命令行操作如下。

命令: _arrayrect
　　选择对象:　　　　　　　　　　　　　　　　// 选择两条水平轮廓线
　　选择对象:　　　　　　　　　　　　　　　　// Enter
　　类型 = 矩形 关联 = 否
　　选择夹点以编辑阵列或 [关联 (AS)/ 基点 (B)/ 计数 (COU)/ 间距 (S)/ 列数 (COL)/ 行数 (R)/ 层数 (L)/ 退出 (X)] < 退出 >:　　//COU Enter
　　输入列数或 [表达式 (E)] <4>:　　//1 Enter
　　输入行数数或 [表达式 (E)] <3>:　　//6 Enter
　　选择夹点以编辑阵列或 [关联 (AS)/ 基点 (B)/ 计数 (COU)/ 间距 (S)/ 列数 (COL)/ 行数 (R)/ 层数 (L)/ 退出 (X)] < 退出 >:　　//S Enter
　　指定列之间的距离或 [单位单元 (U)] <1071>:　　//1 Enter
　　指定行之间的距离 <900>:　　//524 Enter
　　选择夹点以编辑阵列或 [关联 (AS)/ 基点 (B)/ 计数 (COU)/ 间距 (S)/ 列数 (COL)/ 行数 (R)/ 层数 (L)/ 退出 (X)] < 退出 >:　　// Enter，结束命令，阵列结果如图 16-108 所示

图16-108

⑥ 重复执行"矩形阵列"命令，对两条垂直轮廓线进行阵列，命令行操作如下。

命令: _arrayrect
　　选择对象:　　　　　　　　　　　　　　　　// 选择两条水平轮廓线
　　选择对象:　　　　　　　　　　　　　　　　// Enter
　　类型 = 矩形 关联 = 否
　　选择夹点以编辑阵列或 [关联 (AS)/ 基点 (B)/ 计数 (COU)/ 间距 (S)/ 列数 (COL)/ 行数 (R)/

层数 (L)/ 退出 (X)] < 退出 >:	//COU Enter
输入列数数或 [表达式 (E)] <4>:	//7 Enter
输入行数数或 [表达式 (E)] <3>:	//1 Enter

选择夹点以编辑阵列或 [关联 (AS)/ 基点 (B)/ 计数 (COU)/ 间距 (S)/ 列数 (COL)/ 行数 (R)/

层数 (L)/ 退出 (X)] < 退出 >:	//S Enter
指定列之间的距离或 [单位单元 (U)] <1071>:	//1020 Enter
指定行之间的距离 <900>:	//1 Enter

选择夹点以编辑阵列或 [关联 (AS)/ 基点 (B)/ 计数 (COU)/ 间距 (S)/ 列数 (COL)/ 行数 (R)/

层数 (L)/ 退出 (X)] < 退出 >:   // Enter，结束命令，阵列结果如图 16-109 所示

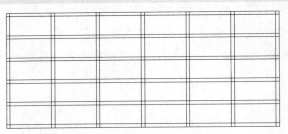

图16-109

⑦ 展开"图层控制"下拉列表，设置"图块层"为当前图层。

⑧ 使用命令简写I激活"插入块"命令，配合延伸捕捉功能，以默认设置插入随书光盘中的文件"图块文件"\"大型沙发组.dwg"，插入结果如图16-110所示。

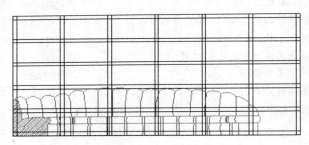

图16-110

⑨ 执行"修剪"命令，以立面图块外边缘作为边界，对内部的墙面分隔线进行修剪，结果如图16-111所示。

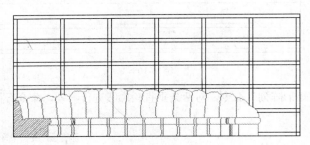

图16-111

至此，KTV包厢B向立面轮廓图和立面构件绘制完毕，下一小节将学习KTV包厢B向墙面材质图的具体绘制过程。

16.5.2 绘制KTV包厢B向材质图

1 继续上节操作。

2 执行"图层"命令，将"填充层"设置为当前图层。

3 使用命令简写H激活"图案填充"命令，设置填充图案及填充参数如图16-112所示，为立面图填充如图16-113所示的图案。

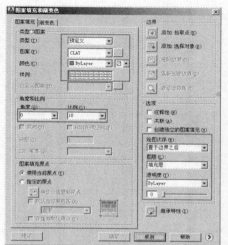

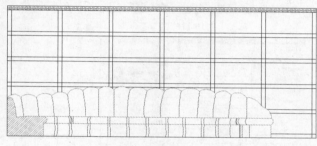

图16-112　　　　　　　　　　　　　　　　图16-113

4 重复执行"图案填充"命令，设置填充图案及填充参数如图16-114所示，为立面图填充如图16-115所示的图案。

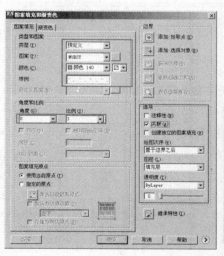

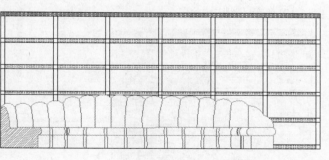

图16-114　　　　　　　　　　　　　　　　图16-115

5 重复执行"图案填充"命令，设置填充图案及填充参数如图16-116所示，为立面图填充如图16-117所示的图案。

6 重复执行"图案填充"命令，设置填充图案及填充参数如图16-118所示，为立面图填充如图16-119所示的图案。

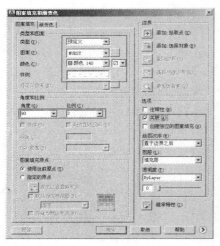

图16-116

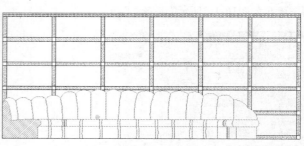

图16-117

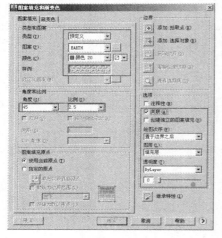

图16-118

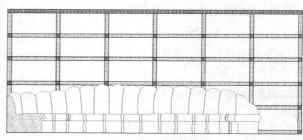

图16-119

⑦ 重复执行"图案填充"命令，设置填充图案及填充参数如图16-120所示，为立面图填充如图16-121所示的图案。

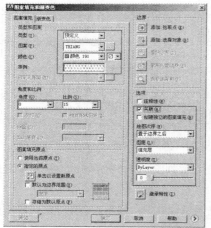

图16-120

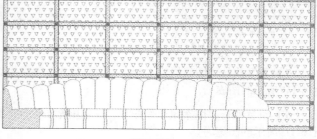

图16-121

至此，KTV包厢B向墙面材质图绘制完毕，下一小节将学习包厢B向立面图尺寸的标注过程。

16.5.3　标注KTV包厢B向立面尺寸

1 继续上节操作。

2 执行菜单栏中的"标注"｜"标注样式"命令，将"建筑标注"设置为当前标注样式，并修改标注比例为30。

3 单击"标注"工具栏中的□按钮，激活"线性"命令，配合端点捕捉功能标注如图16-122所示的线性尺寸作为基准尺寸。

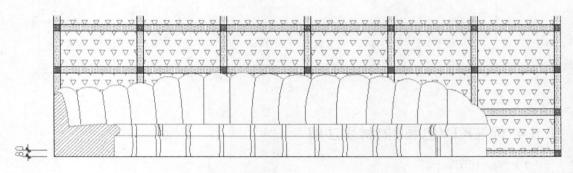

图16-122

4 单击"标注"工具栏中的按钮，激活"连续"命令，配合捕捉和追踪功能，标注如图16-123所示的连续尺寸作为细部尺寸。

5 执行"线性"命令，配合捕捉功能标注总尺寸，标注结果如图16-124所示。

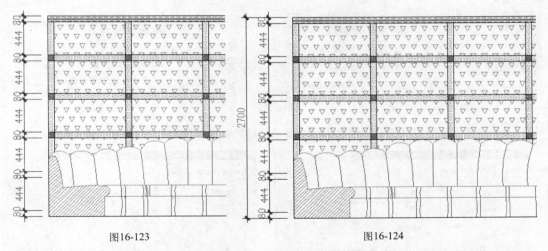

图16-123　　　　　　　　　　　　　　　　図16-124

6 参照上述操作，综合使用"线性"、"连续"和"编辑标注文字"命令，配合端点捕捉功能标注立面图下侧的尺寸，标注结果如图16-125所示。

至此，KTV包厢B向立面图尺寸标注完毕，下一小节将学习KTV包厢B向立面图墙面材质注解的具体标注过程。

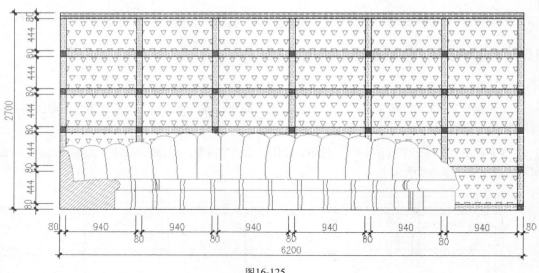

图16-125

16.5.4 标注KTV包厢B向材质注解

1 继续上节操作。

2 展开"图层控制"下拉列表，将"文本层"设置为当前图层。

3 使用命令简写D激活"标注样式"命令，对"建筑标注"样式进行替代，参数设置如图16-126和图16-127所示，标注比例为图16-128所示。

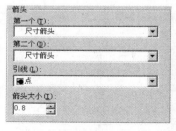

图16-126

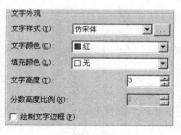

图16-127

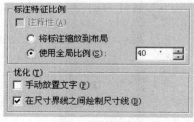

图16-128

4 使用命令简写LE激活"快速引线"命令，设置引线参数如图16-129和图16-130所示。

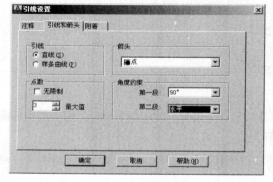

图16-129

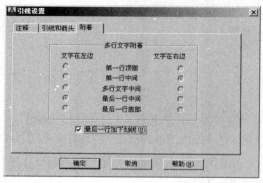

图16-130

⑤ 单击 [确定] 按钮，根据命令行的提示指定引线点绘制引线，并输入引线注释，标注结果如图16-131所示。

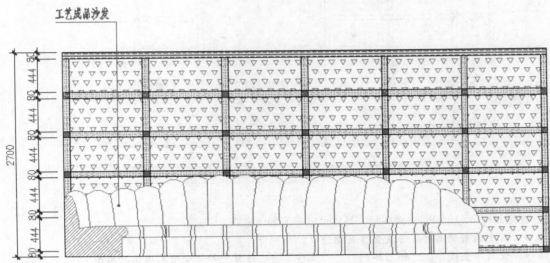

图16-131

⑥ 重复执行"快速引线"命令，按照当前的引线参数设置，标注其他位置的引线注释，结果如图16-132所示。

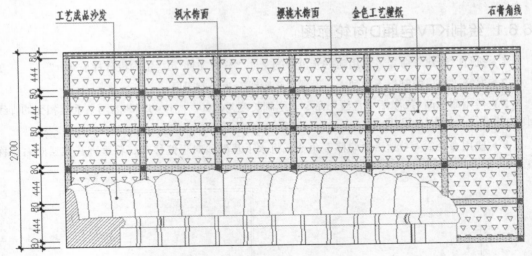

图16-132

⑦ 最后执行"保存"命令，将图形命名存储为"绘制包厢B向立面图.dwg"。

16.6　绘制KTV包厢D向装修立面图

本例主要学习KTV包厢D向装修立面图的具体绘制过程和绘制技巧。KTV包厢D向立面图的最终绘制效果如图16-133所示。

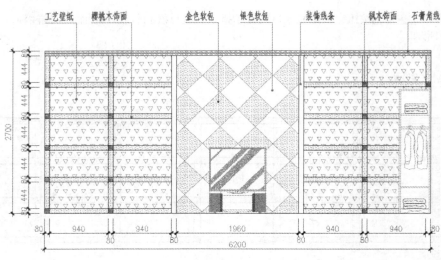

工艺壁纸　櫻桃木饰面　　金色软包　银色软包　　装饰线条　　枫木饰面　石膏角线

图16-133

在绘制KTV包厢D向立面图时，具体可以参照如下思路。

◆ 首先调用制图样板并设置当前操作层。
◆ 使用"直线"、"矩形阵列"、"偏移"、"修剪"等命令绘制墙面轮廓图。
◆ 使用"插入块"、"修剪"、"构造线"、"偏移"等命令绘制墙面构件及墙面分隔线条。
◆ 使用"图案填充"命令绘制KTV包厢墙面装修材质图。
◆ 使用"线性"、"连续"和"编辑标注文字"命令标注包厢立面图尺寸。
◆ 使用"标注样式"、"快速引线"命令标注KTV包厢立面图材质注解。

16.6.1 绘制KTV包厢D向轮廓图

①　执行"新建"命令，调用随书光盘中的文件"样板文件"\"室内设计样板.dwt"。

②　展开"图层控制"下拉列表，设置"轮廓线"为当前图层。

③　使用命令简写L激活"直线"命令，绘制长度为6200、高度为2700的两条垂直相交的直线段作为基准线，如图16-134所示。

④　使用命令简写O激活"偏移"命令，将水平基准线向下偏移80、将垂直基准层向右偏移80，结果如图16-135所示。

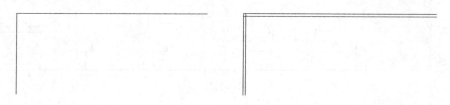

图16-134　　　　　　　　　　　　　　图16-135

⑤　执行菜单栏中的"修改"│"阵列"│"矩形阵列"命令，对两条水平轮廓线进行阵列，命令行操作如下。

```
命令 :_arrayrect
    选择对象 :                          // 选择两条水平轮廓线
    选择对象 :                          // Enter
```

类型 = 矩形 关联 = 否

选择夹点以编辑阵列或 [关联 (AS)/ 基点 (B)/ 计数 (COU)/ 间距 (S)/ 列数 (COL)/ 行数 (R)/
层数 (L)/ 退出 (X)] < 退出 >:   //COU Enter

输入列数数或 [表达式 (E)] <4>:   //1 Enter

输入行数数或 [表达式 (E)] <3>:   //6 Enter

选择夹点以编辑阵列或 [关联 (AS)/ 基点 (B)/ 计数 (COU)/ 间距 (S)/ 列数 (COL)/ 行数 (R)/
层数 (L)/ 退出 (X)] < 退出 >:   //S Enter

指定列之间的距离或 [单位单元 (U)] <1071>://1 Enter

指定行之间的距离 <900>:   //-524 Enter

选择夹点以编辑阵列或 [关联 (AS)/ 基点 (B)/ 计数 (COU)/ 间距 (S)/ 列数 (COL)/ 行数 (R)/
层数 (L)/ 退出 (X)] < 退出 >:   // Enter，结束命令，阵列结果如图 16-136 所示

图16-136

6 重复执行"矩形阵列"命令，对两条垂直轮廓线进行阵列，命令行操作如下。

命令：_arrayrect

选择对象：   // 选择两条水平轮廓线

选择对象：   // Enter

类型 = 矩形 关联 = 否

选择夹点以编辑阵列或 [关联 (AS)/ 基点 (B)/ 计数 (COU)/ 间距 (S)/ 列数 (COL)/ 行数 (R)/
层数 (L)/ 退出 (X)] < 退出 >:   //COU Enter

输入列数数或 [表达式 (E)] <4>:   //7 Enter

输入行数数或 [表达式 (E)] <3>:   //1 Enter

选择夹点以编辑阵列或 [关联 (AS)/ 基点 (B)/ 计数 (COU)/ 间距 (S)/ 列数 (COL)/ 行数 (R)/
层数 (L)/ 退出 (X)] < 退出 >:   //S Enter

指定列之间的距离或 [单位单元 (U)] <1071>://1020 Enter

指定行之间的距离 <900>:   //1 Enter

选择夹点以编辑阵列或 [关联 (AS)/ 基点 (B)/ 计数 (COU)/ 间距 (S)/ 列数 (COL)/ 行数 (R)/
层数 (L)/ 退出 (X)] < 退出 >:   // Enter，结束命令，阵列结果如图 16-137 所示

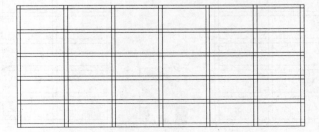

图16-137

⑦ 执行菜单栏中的"修改"｜"修剪"命令，对偏移出的图形进行修剪，结果如图16-138
所示。

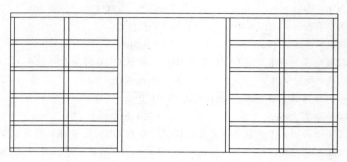

图16-138

至此，KTV包厢D向墙面主体轮廓图绘制完毕，下一小节将学习KTV包厢D向墙面构件和墙面
分隔线的具体绘制过程。

16.6.2 绘制D向构件和墙面分隔线

① 继续上节操作。

② 展开"图层控制"下拉列表，设置"图块层"为当前图层。

③ 使用命令简写I激活"插入块"命令，配合延伸捕捉功能，以默认设置插入随书光盘中的
文件"图块文件"＼"立面衣柜03.dwg"，插入结果如图16-139所示。

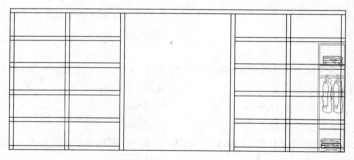

图16-139

④ 重复执行"插入块"命令，以默认参数插入随书光盘中的文件"图块文件"＼"立面电视
02.dwg"，插入点为下侧水平边的中点，插入结果如图16-140所示。

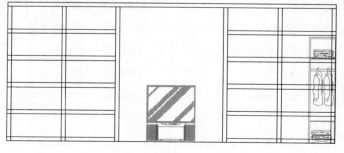

图16-140

5 执行菜单栏中的"格式"│"颜色"命令,将当前颜色设置为绿色。

6 执行菜单栏中的"绘图"│"构造线"命令,配合中点捕捉功能绘制角度分别为45和135的两条构造线,结果如图16-141所示。

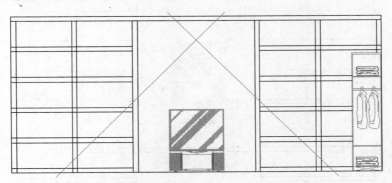

图16-141

7 执行菜单栏中的"修改"│"偏移"命令,将两条构造线向上偏移两次,偏移距离为400,偏移结果如图16-142所示。

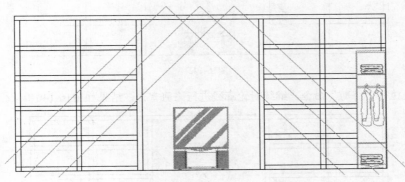

图16-142

8 重复执行"偏移"命令,再次将两条构造线向下侧偏移5次,间距为400,结果如图16-143所示。

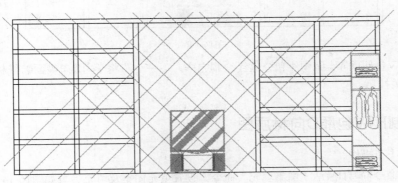

图16-143

9 执行菜单栏中的"修改"│"修剪"命令,选择如图16-144所示的4条虚线轮廓边作为修剪边界,对构造线进行修剪,修剪结果如图16-145所示。

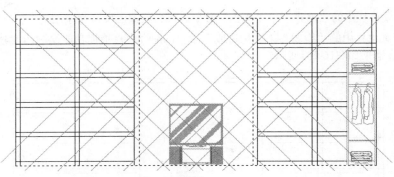

图16-144

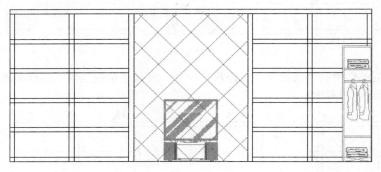

图16-145

⑩ 重复执行"修剪"命令，继续对轮廓线进行修剪完善，结果如图16-146所示。

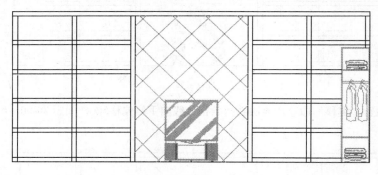

图16-146

至此，KTV包厢D向墙面构件和分隔线绘制完毕，下一小节将学习D向墙面装修材质图的具体绘制过程和相关技巧。

16.6.3 绘制KTV包厢D向材质图

①▶ 继续上节操作。

②▶ 使用命令简写H激活"图案填充"命令，设置填充图案及填充参数如图16-147所示，为立面图填充如图16-148所示的图案。

③▶ 重复执行"图案填充"命令，设置填充图案及填充参数如图16-149所示，为立面图填充如图16-150所示的图案。

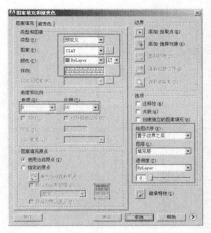

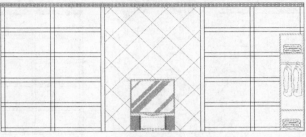

图16-147　　　　　　　　　　　　　　图16-148

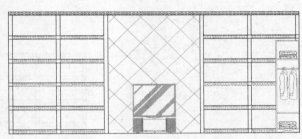

图16-149　　　　　　　　　　　　　　图16-150

④ 重复执行"图案填充"命令，设置填充图案及填充参数如图16-151所示，为立面图填充如图16-152所示的图案。

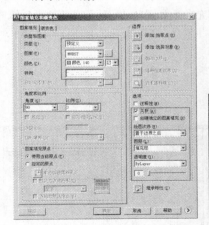

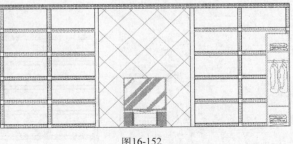

图16-151　　　　　　　　　　　　　　图16-152

⑤ 重复执行"图案填充"命令，设置填充图案及填充参数如图16-153所示，为立面图填充如图16-154所示的图案。

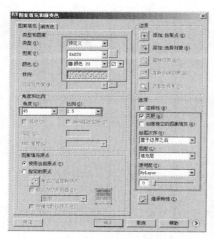

图16-153

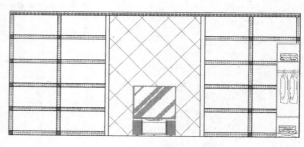

图16-154

⑥ 重复执行"图案填充"命令，设置填充图案及填充参数如图16-155所示，为立面图填充如图16-156所示的图案。

图16-155

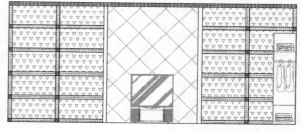

图16-156

⑦ 重复执行"图案填充"命令，设置填充图案及填充参数如图16-157所示，为立面图填充如图16-158所示的图案。

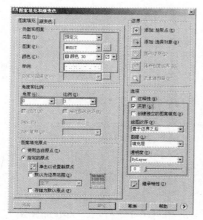

图16-157

图16-158

　　至此，KTV包厢D向墙面装修材质图绘制完毕，下一小节将学习包厢D向立面尺寸的具体标注过程。

16.6.4 标注KTV包厢D向图尺寸

① 继续上节操作。

② 展开"图层"工具栏中的"图层控制"下拉列表，将"尺寸层"设置为当前图层。

③ 执行菜单栏中的"标注"｜"标注样式"命令，将"建筑标注"设置为当前标注样式，并修改标注比例为30。

④ 单击"标注"工具栏中的 按钮，激活"线性"命令，配合端点捕捉功能标注如图16-159所示的线性尺寸作为基准尺寸。

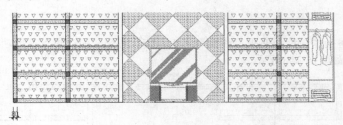

图16-159

⑤ 单击"标注"工具栏中的 按钮，激活"连续"命令，配合捕捉和追踪功能，标注如图16-160所示的连续尺寸作为细部尺寸。

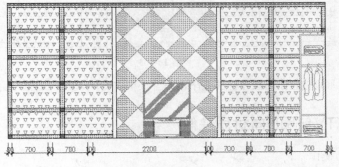

图16-160

⑥ 执行"编辑标注文字"命令，对下侧的细部尺寸文字进行调整位置，结果如图16-161所示。

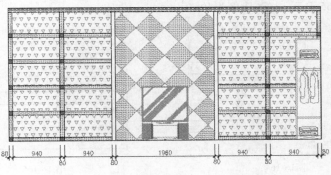

图16-161

⑦ 执行"线性"命令，配合捕捉功能标注总尺寸，标注结果如图16-162所示。

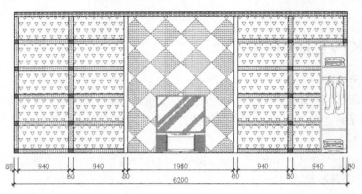

图16-162

⑧ 参照上述操作，综合使用"线性"和"连续"命令，配合端点捕捉功能标注立面图左侧的尺寸，标注结果如图16-163所示。

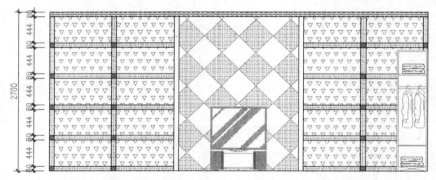

图16-163

至此，KTV包厢D向立面图尺寸标注完毕，下一小节将为D向立面图标注墙面材质注解。

16.6.5 标注KTV包厢D向材质注解

① 继续上节操作。

② 展开"图层控制"下拉列表，将"文本层"设置为当前图层。

③ 使用命令简写D激活"标注样式"命令，对"建筑标注"样式进行替代，参数设置如图16-164和图16-165所示，标注比例为40。

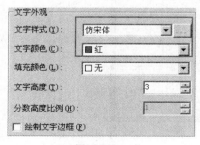

图16-164

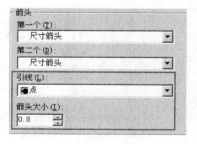

图16-165

④ 使用命令简写LE激活"快速引线"命令，设置引线参数如图16-166和图16-167所示。

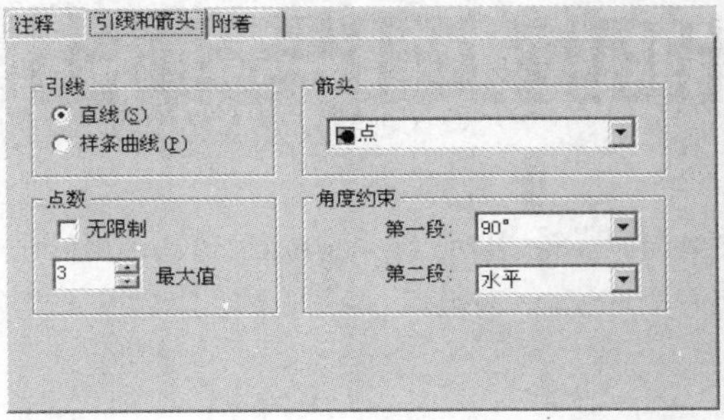

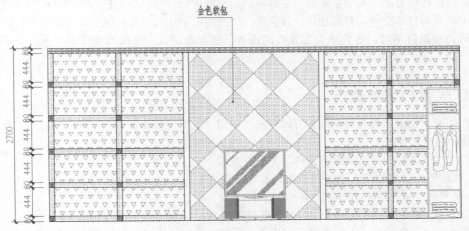

图16-166 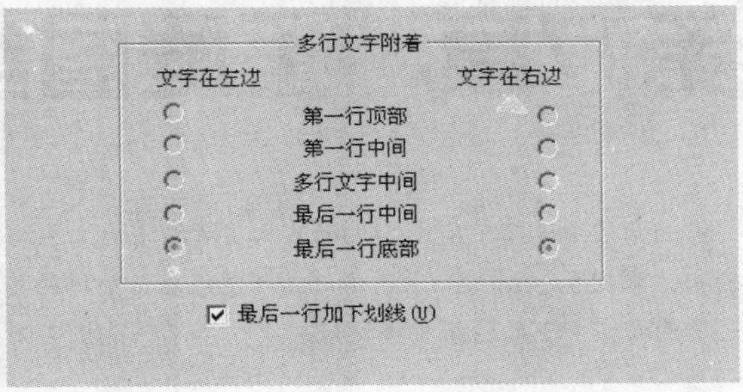　　　　　　　　　　　　图16-167

⑤ 单击 确定 按钮，根据命令行的提示指定引线点并绘制引线，然后输入引线注释，标注结果如图16-168所示。

图16-168

⑥ 重复执行"快速引线"命令，按照当前的引线参数设置，标注其他位置的引线注释，结果如图16-169所示。

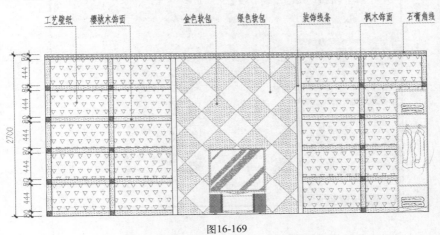

图16-169

⑦ 最后执行"保存"命令，将图形命名存储为"绘制包厢D向立面图.dwg"。

第17章 工程图纸的打印与输出

前面章节中学习了AutoCAD的基本操作与实际工程绘图等相关知识和技巧，本章主要来学习CAD图纸的打印输出，掌握在AutoCAD中绘制好工程图纸后，如何将其打印输出到工程图纸上。本章将学习"模型"和"布局"这两种空间下的图纸打印技巧。

17.1 配置打印设备

AutoCAD为用户提供了"模型"和"布局"这两种空间模式，其中模型空间是图形的主要设计空间，但在打印方面，模型空间有一定的缺陷，只能进行一些简单的打印操作，而布局空间则是AutoCAD的主要打印空间，打印功能比较完善，一般情况下，可以在打印空间对图形进行输出。

在进行图纸打印时，首先需要配置打印设备，例如绘图仪、图纸大小等。下面就来学习这些知识。

17.1.1 配置打印设备

在打印图形之前，首先需要配置打印设备，使用"绘图仪管理器"命令可以配置绘图仪设备、定义和修改图纸尺寸等。

执行"绘图仪管理器"命令主要有以下几种方式。

◆ 执行菜单栏中的"文件"|"绘图仪管理器"命令。
◆ 在命令行输入Plottermanager后按Enter键。
◆ 单击"输出"选项卡|"打印"面板中的 按钮。

下面通过添加光栅格式的绘图仪打印设备，学习"绘图仪管理器"命令的使用方法和技巧。

①执行"绘图仪管理器"命令后，将打开如图17-1所示的窗口。

图17-1

②双击"添加绘图仪向导"图标 ，打开如图17-2所示的"添加绘图仪-简介"对话框。

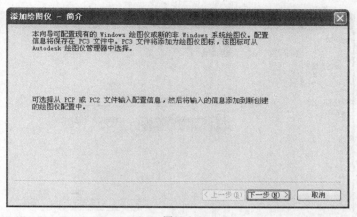

图17-2

③ 单击 下一步(N) 按钮,打开"添加绘图仪-绘图仪型号"对话框,设置绘图仪型号及其生产商,如图17-3所示。

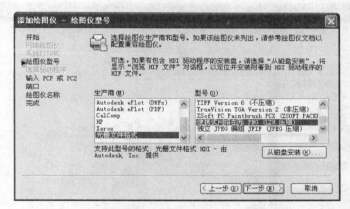

图17-3

④ 单击 下一步(N) 按钮,打开如图17-4所示的"添加绘图仪-绘图仪名称"对话框,用于为添加的绘图仪命名,在此采用默认设置。

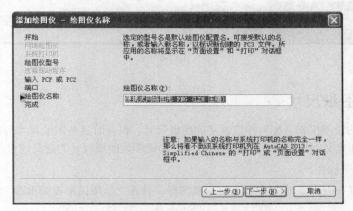

图17-4

⑤ 单击 下一步(N) 按钮,打开如图17-5所示的"添加绘图仪-完成"对话框。

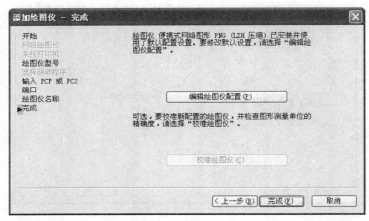

图17-5

6 单击 完成(F) 按钮，添加的绘图仪会自动出现在"Plotters"窗口内，如图17-6所示。

图17-6

17.1.2 配置图纸尺寸

每一款型号的绘图仪都自配有相应规格的图纸尺寸，但有时这些图纸尺寸与打印图形很难相匹配，需要用户重新定义图纸尺寸。下面通过具体的实例学习图纸尺寸的定义过程。

1 继续上节操作。

2 在如图17-6所示的窗口中双击打印机图标，打开"绘图仪配置编辑器"对话框，如图17-7所示。

3 在"绘图仪配置编辑器"对话框中展开"设备和文档设置"选项卡，单击"自定义图纸尺寸"选项，打开"自定义图纸尺寸"选项组，如图17-8所示。

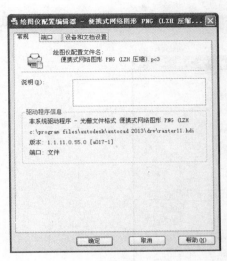
图17-7

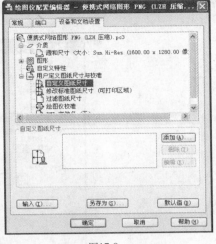
图17-8

④ 单击 添加(A) 按钮，此时系统打开如图17-9所示的"自定义图纸尺寸-开始"对话框，开始自定义图纸的尺寸。

⑤ 单击 下一步(N) 按钮，打开"自定义图纸尺寸-介质边界"对话框，然后分别设置图纸的宽度、高度以及单位，如图17-10所示。

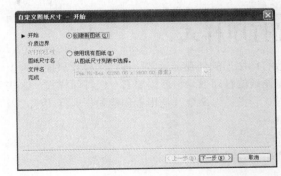
图17-9   图17-10

⑥ 依次单击 下一步(N) 按钮，直至打开如图17-11所示的"自定义图纸尺寸-完成"对话框，完成图纸尺寸的自定义过程。

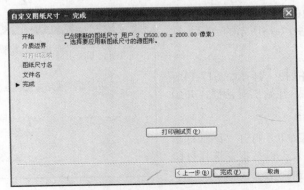
图17-11

中文版 AutoCAD 2013 从新手到高手

16
17

⑦ 单击 完成(F) 按钮，结果新定义的图纸尺寸自动出现在"自定义图纸尺寸"选项组中，如图17-12所示。

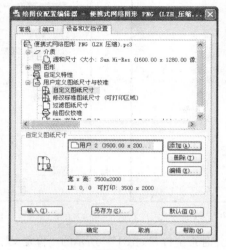

图17-12

⑧ 如果用户需要将此图纸尺寸进行保存，可以单击 另存为(S)... 按钮；如果用户仅在当前使用一次，可以单击 确定 按钮。

17.2 配置打印样式

打印样式主要用于控制图形的打印效果，修改打印图形的外观。通常一种打印样式只控制输出图形某一方面的打印效果，要让打印样式控制一张图纸的打印效果，就需要有一组打印样式，这些打印样式集合在一块称为打印样式表，而"打印样式管理器"命令就是用于创建和管理打印样式表的工具。

执行"打印样式管理器"命令主要有以下几种方式。

◆ 执行菜单栏中的"文件"|"打印样式管理器"命令。
◆ 在命令行输入Stylesmanager按Enter键。

下面通过添加名为"stb01"的颜色相关打印样式表，学习"打印样式管理器"命令的使用方法和技巧。

① 执行菜单栏中的"文件"|"打印样式管理器"命令，打开"Plotters"窗口。

② 双击窗口中的"添加打印样式表向导"图标，打开如图17-13所示的"添加打印样式表"对话框。

③ 单击 下一步(N) > 按钮，打开如图17-14所示的"添加打印样式表-开始"对话框，开始配置打印样式表的操作。

④ 单击 下一步(N) > 按钮，打开"添加打印样式表-选择打印样式表"对话框，选择打印样表的类型，如图17-15所示。

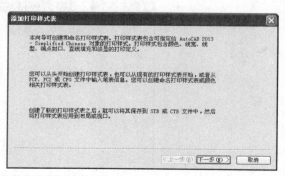

图17-13

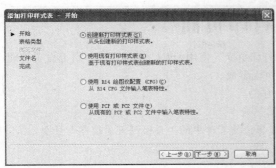 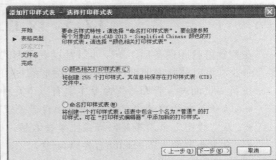

图17-14　　　　　　　　　　　　图17-15

⑤ 单击 下一步(N) 按钮，打开"添加打印样式表-文件名"对话框，为打印样式表命名，如图17-16所示。

⑥ 单击 下一步(N) 按钮，打开如图17-17所示的"添加打印样式表-完成"对话框，完成打印样式表各参数的设置。

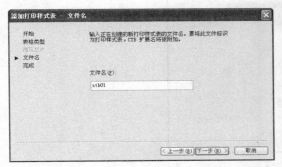 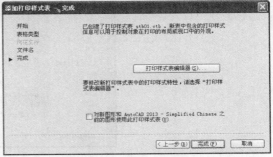

图17-16　　　　　　　　　　　　图17-17

⑦ 单击 完成 按钮，即可添加设置的打印样式表，新建的打印样式表文件图标显示在"Plot Styles"窗口中，如图17-18所示。

图17-18

17.3 设置打印页面

在配置好打印设备后，下一步就是设置图形的打印页面。使用AutoCAD提供的"页面设置管理器"命令，可以非常方便地设置和管理图形的打印页面参数。

执行"页面设置管理器"命令主要有以下几种方式。

◆ 执行菜单栏中的"文件"|"页面设置管理器"命令。

◆ 在"模型"或"布局"标签上单击右键，选择快捷菜单中的"页面设置管理器"命令。

◆ 在命令行输入Pagesetup后按Enter键。

◆ 单击"输出"选项卡|"打印"面板中的 按钮。

执行"页面设置管理器"命令后，系统打开如图17-19所示的"页面设置管理器"对话框，此对话框主要用于设置、修改和管理当前的页面设置。

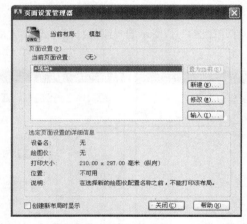

图17-19

在此对话框中单击 新建(N)... 按钮，弹出"新建页面设置"对话框，其用于为新页面命名，例如命名为"设置1"，单击 确定(O) 按钮，打开如图17-20所示的"页面设置-模型"对话框，在此对话框中可以进行打印设备的配置、图纸尺寸的匹配、打印区域的选择以及打印比例的调整等操作。

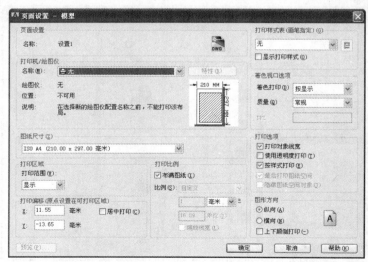

图17-20

17.3.1 选择打印设备

在"打印机/绘图仪"选项组中，主要用于配置绘图仪设备，单击"名称"下拉按钮，在展开的下拉列表中选择Windows系统打印机或AutoCAD内部打印机（".Pc3"文件）作为输出设备。

如果用户在此选择了".pc3"文件打印设备，AutoCAD将会创建出电子图纸，即将图形输出并存储为Web上可用的".dwf"格式的文件。AutoCAD提供了两类用于创建".dwf"文件的".pc3"文件，分别是"ePlot.pc3"和"eView.pc3"。前者生成的".dwf"文件较适合于打印，后者生成的文件则适合于观察。

17.3.2 选择图纸幅面

"图纸尺寸"选项用于配置图纸幅面，展开此下拉列表，在其中包含了选定打印设备可用的标准图纸尺寸。

当选择了某种幅面的图纸时，该列表右上角将出现所选图纸及实际打印范围的预览图像，将光标移到预览区中，光标位置会显示出精确的图纸尺寸以及图纸的可打印区域的尺寸。

17.3.3 设置打印区域

在"打印区域"选项组中可以设置需要输出的图形范围。展开"打印范围"下拉列表，在其中包含三种打印区域的设置方式，具体有"显示"、"窗口"和"图形界限"。

17.3.4 设置打印比例

在"打印比例"选项组中可以设置图形的打印比例。其中，"布满图纸"复选框仅适用于模型空间中的打印，当勾选该复选框后，AutoCAD将缩放并自动调整图形，与打印区域和选定的图纸等相匹配，使图形取得最佳位置和比例。

另外，在"着色视口选项"选项组中，可以将需要打印的三维模型设置为着色、线框或以渲染图的方式进行输出。

17.3.5 调整出图方向与位置

在"图形方向"选项组中，可以调整图形在图纸上的打印方向。在右侧的图纸图标中，图标代表图纸的放置方向，图标中的字母A代表图形在图纸上的打印方向，共有"纵向"、"横向"和"上下颠倒打印"三种打印方向。

在"打印偏移"选项组中，可以设置图形在图纸上的打印位置。在默认设置下，AutoCAD从图纸左下角打印图形。打印原点处在图纸左下角，坐标是（0,0），用户可以在此选项组中重新设定新的打印原点，这样图形在图纸上将沿x轴和y轴移动。

17.4 预览与打印图形

"打印"命令主要用于打印或预览当前已经设置好的页面布局，也可直接使用此命令设置图形的打印布局。

执行"打印"命令主要有以下几种方式。

◆ 执行菜单栏中的"文件"|"打印"
　命令。
◆ 单击"标准"工具栏或"打印"面板
　中的🖨按钮。
◆ 在命令行输入Plot后按Enter键。
◆ 按组合键Ctrl+P。
◆ 在"模型"选项卡或"布局"选项卡
　上单击右键，选择快捷菜单中的"打
　印"命令。

　　激活"打印"命令后，可打开如图17-21
所示的"打印"对话框。在此对话框中，具
备"页面设置管理器"对话框中的参数设置
功能，用户不仅可以按照已设置好的打印页
面进行预览和打印图形，还可以在对话框中
重新设置、修改图形的打印参数。

图17-21

 TIP 单击对话框右侧的"扩展/收缩"按钮◀，可以展开或隐藏右侧的部分选项。

　　单击 预览(P)... 按钮，可以提前预览图形的打印结果，单击 确定 按钮，即可对当前的页面设置
进行打印。
　　另外可以执行"打印预览"命令进行预览。执行此命令主要有以下几种方式。
◆ 执行菜单栏中的"文件"|"打印预览"命令。
◆ 单击"标准"工具栏或"打印"面板中的🔍按钮。
◆ 在命令行输入Preview后按Enter键。

17.5　快速打印压盖零件二视图

本章将通过快速打印压盖零件二视图的实例，主要学习在模型空间内快速打印图纸的技能。

① 打开随书光盘中的"效果文件"\"第15章"\"标注压盖零件粗糙度与技术要求.dwg"文
件，如图17-22所示。

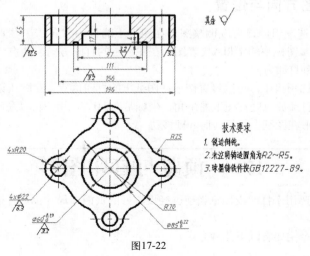

图17-22

② 执行菜单栏中的"文件"|"绘图仪管理器"命令，在打开的对话框中双击 "DWF6 ePlot"图标，打开"绘图仪配置编辑器- DWF6 ePlot.pc3"对话框。

③ 展开"设备和文档设置"选项卡，选择"修改标准图纸尺寸（可打印区域）"选项，然后在"修改标准图纸尺寸"选项组内选择如图17-23所示的图纸尺寸。

④ 单击 修改(M)... 按钮，在打开的"自定义图纸尺寸-可打印区域"对话框中设置参数如图17-24所示。

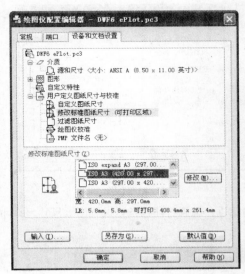

图17-23

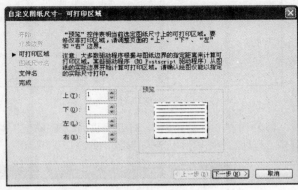

图17-24

⑤ 单击 下一步(N)> 按钮，在打开的"自定义图纸尺寸-文件名"对话框中，列出了所修改后的标准图纸的尺寸，如图17-25所示。

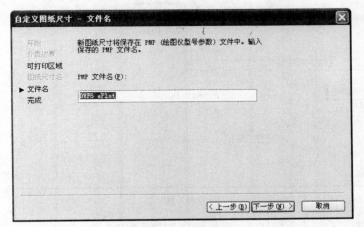

图17-25

⑥ 依次单击 下一步(N)> 按钮，在打开的"自定义图纸尺寸-完成"对话框中，列出了所修改后的标准图纸的尺寸，如图17-26所示。

⑦ 单击 完成 按钮系统返回"绘图仪配置编辑器-DWF6 ePlot.pc3"对话框，然后单击 另存为(S)... 按钮，将当前配置进行保存。

⑧ 单击 保存(S) 按钮返回 "绘图仪配置编辑器-DWF6 ePlot.pc3" 对话框，然后单击 确定 按钮，结束命令。

⑨ 下面来设置打印页面。执行菜单栏中的 "文件" | "页面设置管理器" 命令，在打开的 "页面设置管理器" 对话框中单击 新建(N).... 按钮，然后在 "新建页面设置" 对话框中为新页面命名，如图17-27所示。

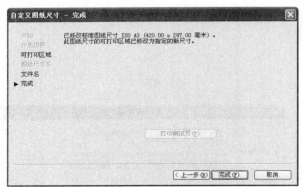

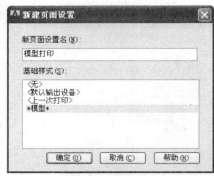

图17-26   图17-27

⑩ 单击 确定 按钮，打开 "页面设置-模型" 对话框，配置打印设备，设置图纸尺寸、打印偏移、打印比例和图形方向等参数，如图17-28所示。

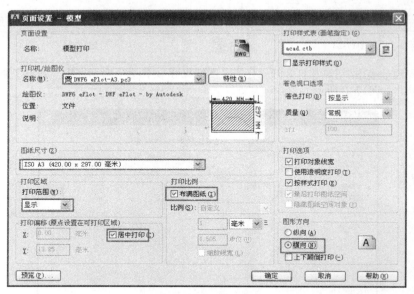

图17-28

⑪ 单击 "打印范围" 下拉按钮，在展开的下拉列表内选择 "窗口" 选项，返回绘图区，根据命令行的操作提示，在绘图区确定打印区域。

⑫ 此时系统自动返回 "页面设置-模型" 对话框，单击 确定 按钮返回 "页面设置管理器" 对话框，将刚创建的新页面置为当前。

⑬ 执行菜单栏中的 "文件" | "打印预览" 命令，对图形进行打印预览，预览结果如上图17-29所示。

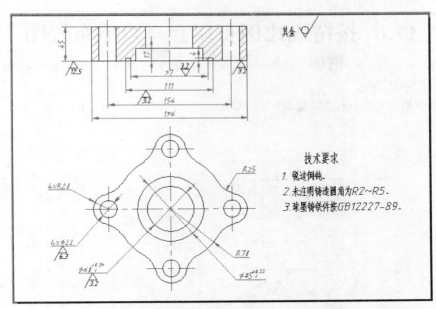

图17-29

⑭ 单击右键，选择快捷菜单中的"打印"命令，此时系统打开如图17-30所示的"浏览打印文件"对话框，设置打印文件的保存路径及文件名称。

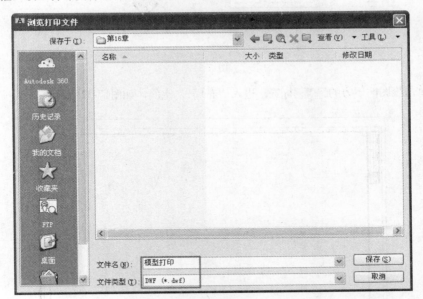

图17-30

将打印文件进行保存，可以方便用户进行网上发布、使用和共享。

⑮ 单击 保存... 按钮，系统弹出"打印作业进度"对话框，等此对话框关闭后，打印过程即可结束。

⑯ 最后使用"另存为"命令，将图形另名存储为"快速打印压盖零件二视图.dwg"文件。

17.6 按精确比例打印套三户型布置图

本节继续在布局空间内按照1∶50的出图比例精确打印套三户型布置图，主要学习在布局空间内精确打印图形的技能。

① 打开随书光盘中的"效果文件"\"第14章"\"标注套三户型布置图投影.dwg"文件，如图17-31所示。

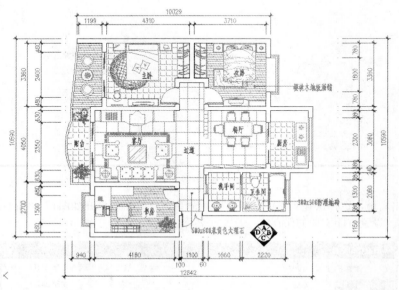

图17-31

② 单击绘图区下方的 布局1 标签，进入"布局1"空间，如图17-32所示。

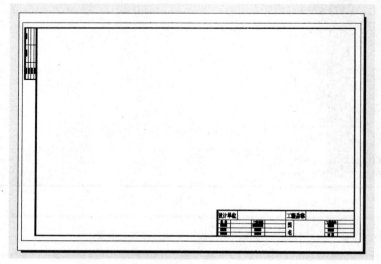

图17-32

③ 执行菜单栏中的"视图"｜"视口"｜"多边形视口"命令，分别捕捉图框内边框的角点，创建多边形视口，将平面图从模型空间添加到布局空间，如图17-33所示。

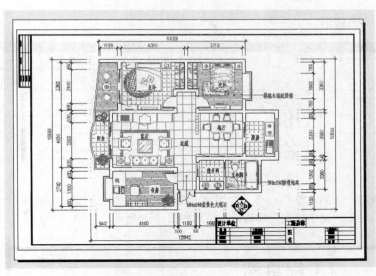

图17-33

④ 单击状态栏中的 图纸 按钮，激活刚创建的视口，然后打开"视口"工具栏，调整比例为 1：50，结果如图17-34所示。

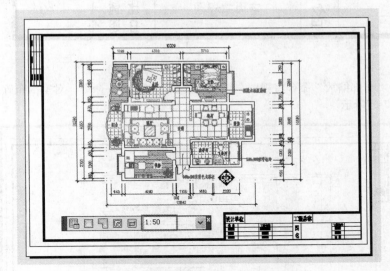

图17-34

中文版AutoCAD 2013 从新手到高手

16
17

TIP 如果状态栏上没有显示出 图纸 按钮，可以在状态栏上的快捷菜单中选择"图纸"｜"模型"命令。

⑤ 接下来使用"实时平移"工具调整图形的出图位置，然后单击状态栏中的 模型 按钮返回图纸空间。

⑥ 设置"文本层"为当前层，设置"宋体"为当前文字样式，并使用"窗口缩放"工具将图框标题栏区域放大。

⑦ 使用命令简写T激活"多行文字"命令，设置字高为5、对正方式为正中对正，为标题栏

填充图名，如图17-35所示。

图17-35

⑧ 重复执行"多行文字"命令，设置文字样式和对正方式不变，为标题栏填充出图比例为 1：50，然后确认关闭"文字格式"编辑器，结果如图17-36所示。

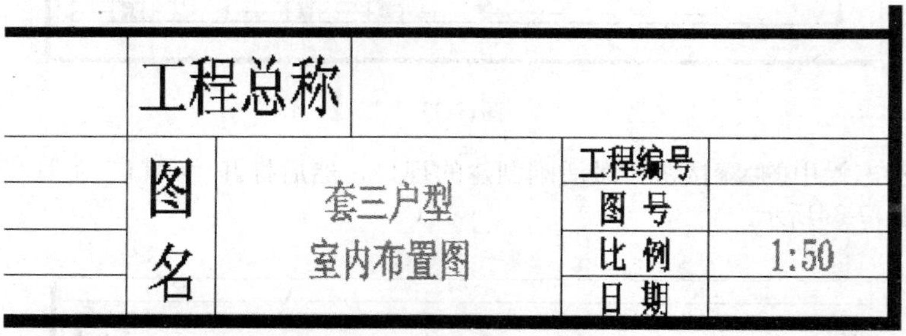

工程总称

图 名	套三户型 室内布置图	工程编号	
		图 号	
		比 例	1:50
		日 期	

图17-36

⑨ 使用"全部缩放"命令将视图全部显示，执行"打印"命令，对室内布置图进行打印预览，效果如图17-37所示。

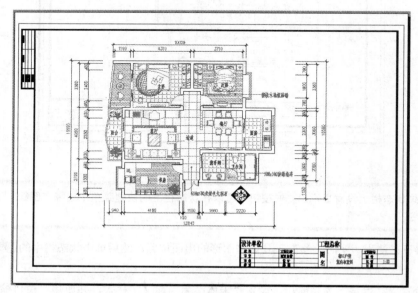

图17-37

⑩ 单击鼠标右键，选择快捷菜单中的"打印"命令，在打开的"浏览打印文件"对话框内设置打印文件的保存路径并命名，如图17-38所示。

图17-38

(11) 单击 [保存] 按钮，将此平面图输出到相应图纸上。

(12) 执行"另存为"命令，将图形另名存储为"精确打印套三户型布置图.dwg"文件。

17.7 多视口并列打印室内装修图

本节通过将套三户型室内装修家具布置图和地面材质图打印输出到同一张图纸上，学习多视口并列打印的操作方法和操作技巧。

(1) 执行"打开"命令，打开随书光盘中的"效果文件"\"第14章"\"绘制套三户型室内家具布置图.dwg"文件和"标注套三户型布置图投影.dwg"文件。

(2) 执行菜单栏中的"窗口"|"垂直平铺"命令，将各文件进行垂直平铺，并使用视图调整工具调整各文件，使文件内的图形完全显示，结果如图17-39所示。

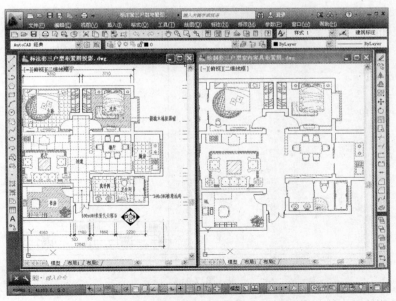

图17-39

③ 使用多文档间的数据共享功能，将其中一个文件中的平面图以块的方式共享到一个文件中，并将其最大化显示，结果如图17-40所示。

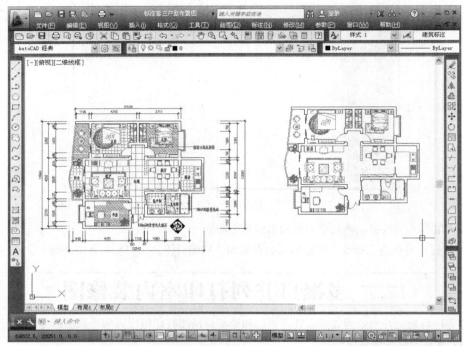

图17-40

④ 进入布局1空间，并将"0图层"设置为当前图层。

⑤ 使用命令简写REC激活"矩形"命令，配合端点捕捉和中点捕捉功能，绘制如图17-41所示的两个矩形。

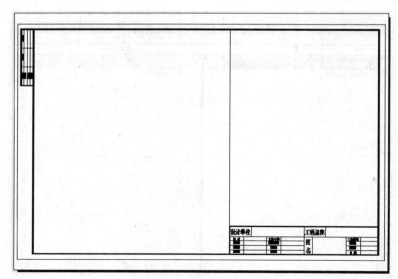

图17-41

⑥ 执行菜单栏中的"视图"｜"视口"｜"对象"命令，选择右侧的矩形，将其转换为矩

形视口，结果如图17-42所示。

⑦ 重复执行"对象视口"命令，将左边的矩形转换为矩形视口，结果如图17-43所示。

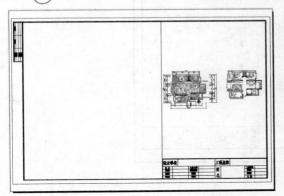

图17-42

图17-43

⑧ 单击状态栏中的图纸按钮，激活左侧的视口，然后调整图形的大小和位置，如图17-44所示。

⑨ 激活右侧的视口，继续调整其图形位置和大小，结果如图17-45所示。

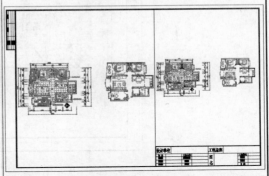

图17-44

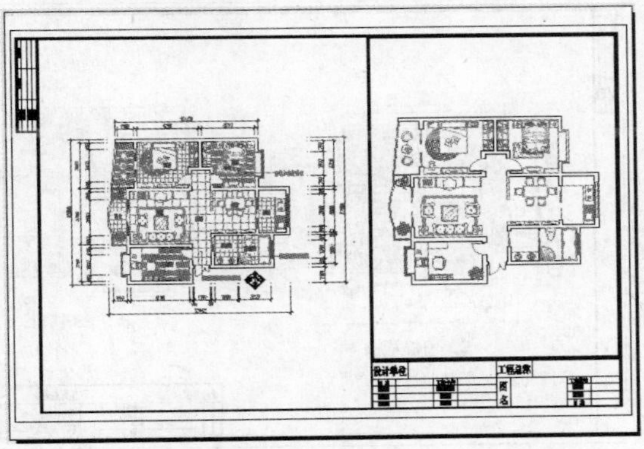

图17-45

⑩ 单击状态栏中的模型按钮返回图纸空间，展开"图层控制"下拉列表，将"文本层"设置为当前图层。

⑪ 展开"文字样式控制"下拉列表，将"仿宋体"设置为当前文字样式。

⑫ 使用命令简写DT激活"单行文字"命令，设置文字高度为6，填充标题栏，如图17-46所示。

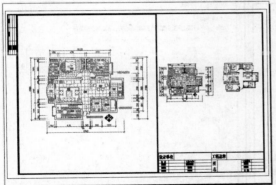

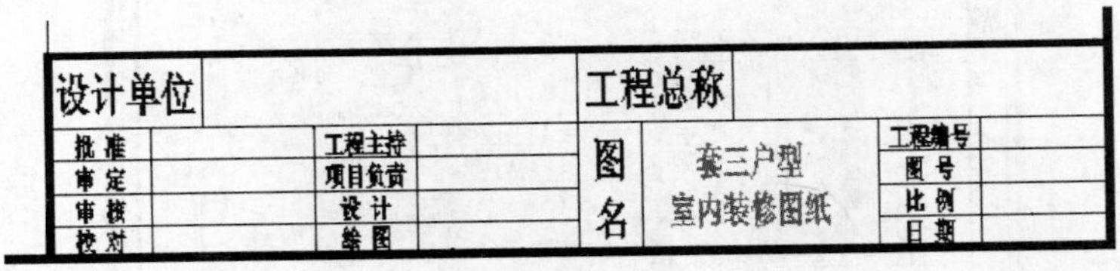

图17-46

⑬ 继续使用"单行文字"命令，设置文字高度为6，标注各图名，如图17-47所示。

⑭ 选择两个矩形视口边框线，将其放置到其他的Defpoints图层上，并将此图层关闭，结果如图17-48所示。

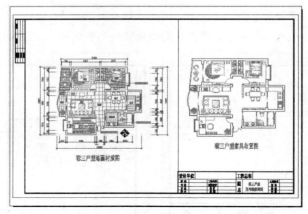

图17-47

15 单击"标准"工具栏中的 ⊟ 按钮，激活"打印"命令，打开如图17-49所示的"打印-布局1"对话框。

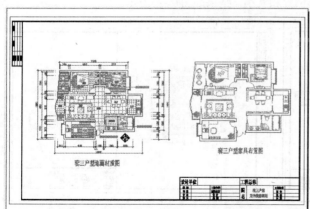

图17-48

图17-49

16 单击 预览(P) 按钮，对图形进行打印预览，效果如图17-50所示。

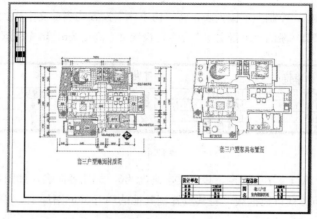

图17-50

(17) 退出预览状态，返回"打印-布局1"对话框，单击 确定 按钮，在打开的"浏览打印文件"对话框中保存打印文件，如图17-51所示。

图17-51

(18) 单击 保存 按钮，系统弹出"打印作业进度"对话框，系统将按照所设置的参数进行打印。

(19) 使用"另存为"命令，将图形另名存储为"多视口打印套三户型室内装修图.dwg"文件。

17.8 多视图打印转动臂零件立体造型

本节继续学习在布局空间内以并列视图的方式打印转动臂零件的立体造型，以学习立体造型多视图的打印方法和出图技巧。

(1) 打开随书光盘中的"效果文件"\"第15章"\"绘制转动臂立体造型.dwg"文件，如图17-52所示。

(2) 单击 布局1 标签，进入布局空间，使用命令简写E激活"删除"命令，删除系统自动产生的矩形视口。

(3) 执行菜单栏中的"文件"｜"页面设置管理器"命令，在打开的"页面设置管理器"对话框中单击 新建(N)... 按钮，为新页面命名为"立体造型的多视口打印"，如图17-53所示。

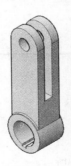

图17-52

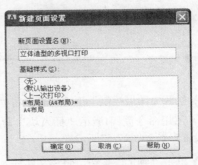

图17-53

④ 单击 确定 按钮，打开"页面设置-布局1"对话框，设置打印机名称、图纸尺寸、打印比例和图形方向等页面参数，如图17-54所示。

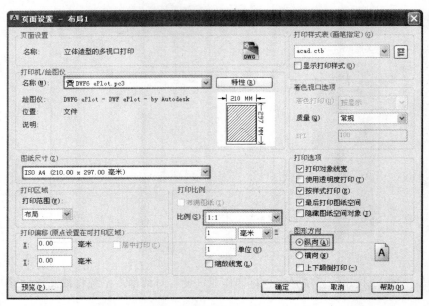

图17-54

⑤ 单击 确定 按钮返回"页面设置管理器"对话框，将创建的新页面置为当前，如图17-55所示。

⑥ 关闭"页面设置管理器"对话框，返回布局空间，页面设置后的布局显示如图17-56所示。

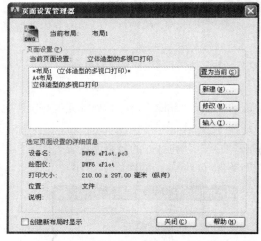

图17-55

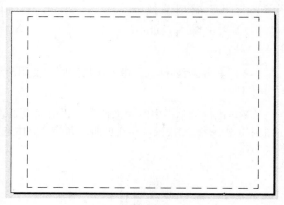

图17-56

⑦ 展开"图层控制"下拉列表，将"0图层"设置为当前图层。

⑧ 使用命令简写I激活"插入块"命令，选择随书光盘中的"图块文件"\"A4-H.dwg"图块，并设置参数如图17-57所示。

⑨ 单击"确定"按钮，将该文件插入到视口，结果如图17-58所示。

图17-57

图17-58

10 执行菜单栏中的"视图"|"视口"|"新建视口"命令，在打开的"视口"对话框中选择如图17-59所示的视口模式。

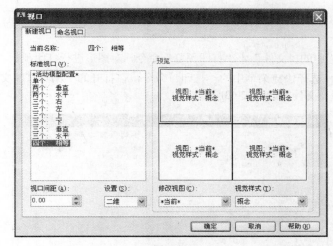

图17-59

11 单击 确定 按钮返回绘图区，根据命令行的提示，捕捉内框的两个对角点，将内框区域分割为4个视口，结果如图17-60所示。

13 分别激活每个视口，调整每个视口内的视图及着色方式，结果如图17-61所示。

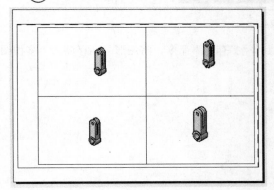

图17-60

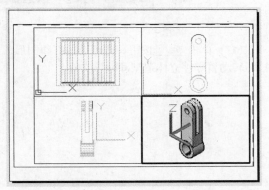

图17-61

14 返回图纸空间，然后使用命令简写OP激活"选项"命令，关闭坐标系图标，结果如图17-62所示。

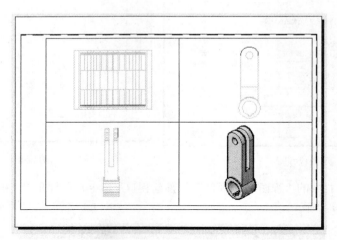

图17-62

15 执行菜单栏中的"文件"｜"打印预览"命令，对图形进行打印预览。

16 单击右键，选择快捷菜单中的"打印"命令，在打开的"浏览打印文件"对话框内设置打印文件的保存路径及文件名如图17-63所示。

图17-63

17 单击 保存 按钮，即可进行打印图形。执行"另存为"命令，将图形另名存储为"多视图打印转动臂零件立体造型.dwg"文件。